中国石油天然气集团有限公司统建

科技项目管理知识体系概要

《科技项目管理知识体系概要》编委会 编

石油工业出版社

内容提要

本书以科技项目管理知识体系为主线，从项目管理核心概念和框架、科技项目管理知识领域、科技项目管理数字化实践应用等逐层深入的三个层次，全面系统地介绍科技项目管理理念、框架、知识、工具、技术及其在企业的实战应用，重点阐述了项目管理框架和流程、科技项目管理十大知识领域的知识和技能、中国石油科技管理平台建设与应用实践。本书对外协管理做了特别介绍，对科技管理岗位职责和业务流程做了全面细致的梳理，包含了最新的项目管理（包括敏捷项目管理）的理念和发展趋势。

本书适用于科技研发人员和科技管理人员的研究学习和岗位培训，也可供各行业、科研机构和其他组织的人员自学使用，同时也可供参加 PMP 认证人员学习使用。

图书在版编目（CIP）数据

科技项目管理知识体系概要/《科技项目管理知识体系概要》编委会编. --北京：石油工业出版社，2024.12. --（中国石油天然气集团有限公司统建培训资源）. --ISBN 978-7-5183-6960-7

Ⅰ.G311

中国国家版本馆CIP数据核字第2024HY3956号

出版发行：石油工业出版社
　　　　　（北京市朝阳区安华里二区 1 号楼　100011）
网　　址：http://www.petropub.com
编 辑 部：(010) 64523602　图书营销中心：(010) 64523633
经　　销：全国新华书店
印　　刷：北京晨旭印刷厂

2024年12月第1版　2024年12月第1次印刷
787×1092毫米　开本：1/16　印张：24.75
字数：590千字

定　价：90.00元
（如发现印装质量问题，我社图书营销中心负责调换）
版权所有，翻印必究

《科技项目管理知识体系概要》
编委会

主　任：江同文

副主任：张建军　王正元

委　员：刘亚旭　江如意　陈　蕊　丁传峰　彭宏韬

　　　　戴世青　肖斌涛　吴谋远　彭正新　陈　雷

　　　　王雪松　任宏伟　彭继林　张程光　唐纯静

编审人员

主　　编：吴树廷　陈　雷

副主编：宋海燕

编写人员：窦红波　张俏俏　朱春光　汪　炯　吴德彬

　　　　　和冬梅　范向红　车春霞　侯艳慧　邱梅馨

　　　　　肖华娟　房东毅　刘一心　李　睿

前　言

当今世界已经进入"项目经济"时代，项目工作占全球 GDP 的 30% 以上，项目的作用和影响巨大。未来越来越多的组织将以项目为导向，项目管理能力将成为组织的核心能力之一。集团公司石油企事业单位尤其是科研单位人员承担大量重要的科技项目，在集团公司创新等五大发展战略引领下，科技项目创新与管理成效显著，"国字号"石油科技在一些前沿领域已经从跟跑进入并跑、领跑阶段，增强了集团公司在能源与化工领域的国际话语权。与此同时，集团公司也面临科技管理体制机制尚未完善、科研人员项目管理能力亟待提升等诸多难题和挑战。

科技项目研发和管理工作是一项具有前瞻性和引领性的系统工程，科技管理人员除了要具备深厚的特定专业知识，还要具备国际视野、先进的思维理念、项目管理专业知识技能和集成管理等综合能力。

为了贯彻集团公司"人才强企"战略举措和满足科研人员项目管理能力提升需求，在调研分析的基础上，组织编写《科技项目管理知识体系概要》培训教材，为集团公司科研人员提供项目管理学习资料，支撑集团公司科技项目管理知识技能培训，逐步提升集团公司科技人才队伍的项目管理能力和创新能力，助力培育具备国际项目管理理念、知识和技能的复合型人才。

本书基于国际最新的项目管理知识体系构建主体框架，全面系统介绍科技项目管理知识体系理念、知识、工具、技术及其实践应用。全书分三篇十四章，第一篇为基础篇，包括第一章至第三章，导入科技项目管理的核心概念、理念和项目管理框架等；第二篇为体系篇，包括第四章至第十三章，系统阐述科技项目管理十大知识领域——整合、范围、进度、成本、质量、人力资源、沟通、风险、采购和干系人等领域的相关知识和技能，这是科技项目管理的核心知识；第三篇为应用篇，即第十四章，探讨中国石油科技管理平台建设与应用，这是科技项目管理理念、知识和技能在大型企业集团的实践应用，是科技项目管理的数字化管理实战案例，代表了未来科技项目管理的应用趋势。附录 1 概述了科技项目管理独特的知识领域——外协管理的流程和提升措施，附录 2 则对某集团科技管理岗位职责和业务流程做了详细梳理，以增强本书的针对性和实用性。

本书旨在概要介绍科技项目管理理念、知识、工具与技术。在编写过程中，力求达到理念的先进性、思维的前瞻性、知识体系的专业性和系统性、内容的适用性和实用性。为此，组建了多元化的跨单位跨专业的编写团队并做了明确的职责分工。本书编写成员主要来自石油管理干部学院、石油科研院所等单位，是成员结合多年科技项目管理培训教学经验、科技研发和管理实践编写而成的。成员的职责分工如下：吴树廷、陈雷负责第一章的编写工作；吴树廷负责第二章、第四章、第五章的编写工作；宋海燕、窦红波负责第三章的编写工作；宋海燕负责第六章、第十一章、第十三章的编写工作；张俏俏负责第七章、第十章的编写工作；朱春光负责第八章、第十二章的编写工作；汪炯负责第九章的编写工作；和冬梅、侯艳慧负责第十四章的编写工作；车春霞、吴德彬负责附录1的编写工作；陈雷、邱梅馨负责附录2的编写工作；肖华娟负责全书章节内容的校对；吴树廷负责全书的统稿和定稿。

本教材适用于集团公司科技研发人员和科技管理人员的研究学习和岗位培训，可供石油石化等各行业企业、科研机构、其他组织及人员自学使用，同时也可供参加PMP认证的人员学习使用。

在本书的编写过程中学习查阅并参考了许多文献资料和研究成果，在此对相关学者和专家的辛勤付出和贡献表示衷心的感谢；同时，感谢中国石油经济技术研究院张运东首席专家、中国矿业大学刘方副院长对教材编写的精心指导；还要特别感谢中国石油集团科技管理部、石油工业出版社、中国石油管理干部学院各级领导和专家对本书的编写给予的大力支持。

由于编者水平和时间所限，书中疏漏和不足在所难免，恳请专家和读者批评指正。

目 录

第一篇 基础篇

第一章 绪 论 ······ 3
- 第一节 项目和科技项目 ······ 3
- 第二节 项目管理 ······ 8
- 第三节 项目经理的角色与能力 ······ 15
- 第四节 科技项目事业环境因素 ······ 21
- 第五节 科技项目管理知识体系 ······ 23
- 思考题 ······ 30

第二章 项目生命周期及其组织结构 ······ 33
- 第一节 项目生命周期 ······ 33
- 第二节 项目阶段 ······ 36
- 第三节 项目干系人及其管理 ······ 38
- 第四节 项目组织结构类型、特点及其影响 ······ 44
- 第五节 组织过程资产 ······ 50
- 思考题 ······ 51

第三章 项目管理过程 ······ 54
- 第一节 项目管理过程及其相互作用 ······ 54
- 第二节 项目管理五大过程组 ······ 56
- 第三节 项目信息流 ······ 58
- 第四节 项目管理知识领域 ······ 59
- 思考题 ······ 61

第二篇 体系篇

第四章 科技项目整合管理 ······ 65
- 第一节 项目整合管理概述 ······ 65

第二节　制定项目章程 …………………………………………………………… 66
　　第三节　制定项目管理计划 ……………………………………………………… 68
　　第四节　指导与管理项目工作 …………………………………………………… 70
　　第五节　监控项目工作 …………………………………………………………… 72
　　第六节　实施整体变更控制 ……………………………………………………… 74
　　第七节　结束项目或阶段 ………………………………………………………… 76
　　思考题 ……………………………………………………………………………… 78

第五章　科技项目范围管理 ………………………………………………………… 80
　　第一节　项目范围管理概述 ……………………………………………………… 80
　　第二节　规划范围管理 …………………………………………………………… 81
　　第三节　收集需求 ………………………………………………………………… 82
　　第四节　定义范围 ………………………………………………………………… 85
　　第五节　创建工作分解结构 ……………………………………………………… 89
　　第六节　确认范围 ………………………………………………………………… 95
　　第七节　控制范围 ………………………………………………………………… 96
　　思考题 ……………………………………………………………………………… 98

第六章　科技项目进度管理 ………………………………………………………… 101
　　第一节　项目进度管理概述 ……………………………………………………… 101
　　第二节　规划进度管理 …………………………………………………………… 102
　　第三节　定义活动 ………………………………………………………………… 103
　　第四节　排列活动顺序 …………………………………………………………… 104
　　第五节　估算活动资源 …………………………………………………………… 107
　　第六节　估算活动持续时间 ……………………………………………………… 109
　　第七节　制定进度计划 …………………………………………………………… 111
　　第八节　控制进度 ………………………………………………………………… 117
　　思考题 ……………………………………………………………………………… 119

第七章　科技项目成本管理 ………………………………………………………… 121
　　第一节　项目成本管理概述 ……………………………………………………… 121
　　第二节　规划成本管理 …………………………………………………………… 123
　　第三节　估算成本 ………………………………………………………………… 126
　　第四节　制定预算 ………………………………………………………………… 133
　　第五节　控制成本 ………………………………………………………………… 138
　　思考题 ……………………………………………………………………………… 147

第八章　科技项目质量管理 150
- 第一节　项目质量管理概述 150
- 第二节　规划质量管理 155
- 第三节　管理质量 159
- 第四节　控制质量 164
- 思考题 167

第九章　科技项目人力资源管理 170
- 第一节　科技项目人力资源管理概述 170
- 第二节　规划人力资源管理 172
- 第三节　组建项目团队 174
- 第四节　建设项目团队 176
- 第五节　管理科技项目团队 182
- 思考题 185

第十章　科技项目沟通管理 188
- 第一节　科技项目沟通管理概述 188
- 第二节　规划沟通 192
- 第三节　管理沟通 196
- 第四节　控制沟通 201
- 思考题 204

第十一章　科技项目风险管理 206
- 第一节　科技项目风险管理概述 206
- 第二节　规划风险管理 208
- 第三节　识别风险 210
- 第四节　实施定性风险分析 212
- 第五节　实施定量风险分析 214
- 第六节　规划风险应对 217
- 第七节　实施风险应对 220
- 第八节　监督风险 220
- 思考题 221

第十二章　科技项目采购管理 223
- 第一节　科技项目采购管理概述 223
- 第二节　规划采购管理 224
- 第三节　实施采购 234
- 第四节　控制采购 236

思考题 ··· 239
第十三章　科技项目干系人管理 ·· 242
　　第一节　科技项目干系人管理概述 ··· 242
　　第二节　识别干系人 ·· 243
　　第三节　规划干系人管理 ··· 245
　　第四节　管理干系人参与 ··· 247
　　第五节　控制干系人参与 ··· 248
　　思考题 ··· 248

第三篇　应用篇

第十四章　中国石油科技管理平台建设与应用实践 ··· 253
　　第一节　科技管理数字化转型要求 ··· 253
　　第二节　中国石油科技管理数字化应用现状及发展概要 ······························· 256
　　第三节　中国石油科技项目管理操作实务 ·· 259
　　第四节　科技项目管理关键环节与技术 ··· 272
　　思考题 ··· 275

附录 1　外协管理 ·· 278
附录 2　科技管理岗位职责与业务流程 ··· 283

第一篇

基础篇

本篇包括第一章至第三章，探讨了科技项目管理的核心概念、理念和知识体系框架，阐述了科技项目生命周期，分析干系人及其管理，透视项目组织结构的特点、规律和相关理念，详述项目管理流程及其作用机理、管理关键和项目管理知识领域等。通过学习之旅的开篇探索，您将了解科技项目管理的基础概念、先进理念、总体框架和标准化流程，建构项目管理思维，理解并认同科技项目管理的价值和作用。

第一章　绪　论

第一节　项目和科技项目

一、项目及其特点

1. 项目的定义

项目的实践源远流长，埃及的金字塔、中国的古长城等已被人们普遍誉为早期成功项目的典范。阿波罗登月计划项目、我国三峡大坝水利工程项目，乃至港珠澳大桥项目、神舟十六号飞船太空探索项目等因取得巨大成功而备受瞩目。

国内外许多相关组织和学者都对项目进行过抽象性概括和描述。其中最具代表性的是美国项目管理协会对项目的定义："项目是为创造独特的产品、服务或成果而进行的临时性工作。"

项目的例子包括（但不限于）：
（1）开发新能源无人驾驶汽车；
（2）在某地区进行石油勘探并形成研究报告；
（3）优化公司内部的业务流程；
（4）研发人工智能辅助医疗诊断系统；
（5）研究自动化生产流程；
（6）研发新的石油化工产品。

其他较有影响的对项目的定义还有以下几种：

国家质量监督检验检疫总局和国家标准化管理委员会 2009 年制定发布的 GB/T 23691—2009《项目管理—术语》对项目的定义是："创造独特产品或提供独特服务的，有起止时间的努力过程。"借鉴了美国项目管理协会的定义。国家市场监督管理总局和国家标准化管理委员会 2022 年制定发布的 GB/T 41831—2022《项目管理专业人员能力评价要求》则延续了上述定义。

GB/T 19016—2021（ISO 10006：2017）《质量管理——项目管理质量指南》将项目定义为：为实现目标所开展的独特过程。强调项目是："独特过程"，其独特性、过程性主要表现在：其一，包含一组有起止日期的、相互协调的受控活动，且符合包括时间、费用和资源的约束条件的特定要求；其二，项目通常规定开始和完成日期，项目组织通常是临时的；其三，项目的输出可以是一个或几个产品或服务单元。该定义还拓展了项目的外延，特别指出，在一些项目（如敏捷型项目）中，随着项目的进展，目标和范围会更新，产品或服务特性逐步确定。

德国国家标准DIN6901将项目定义为：在总体上符合如下条件的、具有唯一性的任务：具有预定的目标；具有时间、财务、人力和其他限制条件；具有专门的组织。

威索基（R.K.Wysocki）、贝克（R.Beck，Jr）和克兰（D.B.Crane）认为，项目是由一些独特的、复杂的和相关的活动所组成的一个序列。项目都具有必须根据规范要求，在特定时间和预算之内完成的目的或目标。

综合上述定义，本教材采用美国项目管理协会的最广义的项目的定义，这种定义也是国际最认可的项目定义。项目是为实现特定目标的一次性任务，项目驱动于任务，其本质是任务，是在一定的组织机构内，在既定的资源、进度、成本、质量约束下，完成特定的任务，如工程建设项目、IT项目、石油石化科技项目等都是典型的项目。

2. 项目的特点

1）独特性

指项目都会创造独特的产品、服务或成果。独特的产品、服务或成果即可交付成果，开展项目就是通过交付可交付成果来达成目标。可交付成果是指在某一过程、阶段或项目完成时，必须产出的任何独特并可核实的产品、成果或服务能力。可交付成果可能是有形的，也可能是无形的。

某些项目可交付成果和活动中可能存在重复的元素，但这种重复并不会改变项目工作本质上的独特性。例如，即使采用相同或类似的材料，由相同或不同的团队来建设建筑项目，每个建筑项目仍具备独特性（如项目设计、地理位置、内外环境、参与人员等仍然是独特的）。

2）临时性

指项目有明确的起点和终点，当项目目标达成或中止时项目就结束了。"临时性"并不一定意味着项目的持续时间短，不同的项目，其建设周期长短不同。虽然项目都是临时性工作，但其产出的可交付成果可能会在项目结束后依然存在并发挥作用或影响。例如，大庆铁人纪念馆建设项目就是要创建一个流传百世的可交付成果。

3）不确定性

指项目目标、计划、过程和成果等变化多，风险大，非常不确定。这是由前面两个特点决定的，即由于项目都是独特的，从未做过的，而且是临时的，一次性要做成功的，因而必然存在很大的不确定性。此外，外部因素也会导致不确定性，如供应商破产、政策变化、技术发生重大变革或项目团队成员临时休假等。不确定性是项目管理者经常面临和必须应对的挑战之一，尤其是在涉及新技术的研发项目中。

4）价值创造性

指项目要通过成功地交付成果，进而实现收益，创造价值。这里的价值包括商业价值或社会价值，可以是有形的、无形的或两者兼而有之。和以往版本只关注交付不同，最新的《项目管理知识体系指南》（第七版）特别强调，管理者要关注项目收益或价值，价值才是项目成功的最终度量指标。项目是组织战略引领下的价值交付系统的重要组成部分。项目不仅仅只是简单地创建特定的可交付物，更要能真正产出有用的成果，能转化创效。

例如，客户需要某一特定的软件解决方案，该解决方案可以满足其提高生产力这一商业需要。软件供应商如果仅提供软件这一可交付物，该软件本身并不能实现预期的生产力成果。此时若增加一项新的可交付物，如提供使用软件的培训和教练，从而形成系统的问题解决方案，就能真正实现更好的生产力成果，为客户更快更好地创造价值。

项目创造价值的方式包括（但不限于）：
- 创造满足客户或最终用户需求的创新产品、服务或成果；
- 通过引入 AI 工具提升公司效率、效能或响应速度；
- 推动公司必要的变革，促进其向期望的未来状态转型；
- 维持以前的项目或业务运营的收益。

此外，项目还有目标性、渐进明细性、变革驱动性、基于特定背景启动等特点。

二、科技项目及其特点

1. 科技项目的定义

科技项目泛指以科学研究和技术开发为内容而单独立项的项目，其目的在于解决企业发展中出现的科学技术问题。不同的科技项目，根据其性质、实施范围、运作特点有不同的分类。按照项目研究所产生的成果来分类，通常把科技项目分为：

1）基础研究项目

指为获得关于现象和可观察事实的基本原理及新知识而进行实验性和理论性工作的项目，这类项目一般不以任何专门或特定的应用或使用为目的。

2）应用研究项目

指为获得新知识而进行的创造性研究的项目，这类项目主要是针对某一特定的目的或目标。

3）试验发展类项目

指利用从基础研究、应用研究和实际经验中所获得的现有知识，为产生新的产品、材料和装置，建立新的工艺、系统和服务，以及对已产生和建立的上述各项做实质性的改进而实施的项目。

2. 科技项目的分级

以某能源集团公司为例，按照该公司"业务主导、自主创新、强化激励、开放共享"科技发展总体要求，其科技项目管理体制是分级投入，分类管理，科技项目实行项目经理负责制。其科技项目分级和管理如下：

科技项目根据管理层级，划分为 A 级、B 级、C 级和 D 级。

A 级项目为国家级科技项目，是指列入国务院有关归口管理部门以"国家"或"全国"名义组织实施和管理的各类科技计划或基金项目。

B 级项目为集团公司级科技项目，包括重大科技专项、关键核心技术攻关项目、前瞻性基础性技术攻关项目、重大技术现场试验项目、重大技术推广专项、科技基础条件平台建设项目 6 类项目。

C 级项目为专业公司级科技项目，由专业公司投入经费、立项管理，包括本业务领域预研性前期研究项目、生产技术攻关与现场试验项目、生产应用技术项目、新技术推广项目4类。

D级项目为所属单位级科技项目（含所属二级单位设立并组织实施的科技项目），由所属单位根据自身生产经营特点及生产需求，自主投入经费、立项管理，包括具有本单位特色的基础性研究项目、预研性前期研究项目、技术攻关与现场试验项目、生产应用技术项目、新技术推广项目5类。

3. 科技项目的分级管理

各级各类科技项目由科技管理部统一归口管理，主要职责：负责组织制（修）订集团公司科技项目管理规章制度及相应规范，并推进其执行；负责编制集团公司年度研发经费预算及科技项目计划，负责组织A级和职责范围内B级科技项目，并负责其经费使用的监督检查、技术保密管理、执行情况考核、配合审计等相关工作；负责统筹专业公司组织的B级科技项目的立项与验收工作，指导专业公司、所属单位的科技项目管理，并对各级各类科技项目的组织实施情况进行监督检查；负责集团公司各级科技项目知识产权管理。

集团公司有关部门的主要职责：发展计划部负责职责范围内科技项目资本化经费的审查，负责将总部部门组织的B级科技项目资本化经费纳入批次投资计划下达，并负责相应项目的后评价工作；集团公司财务部负责总部部门组织的B级科技项目费用化经费拨款计划的审查、下达与拨付；其他相关部门按照职责分工负责科技项目管理的相关工作。

业务板块（子集团）负责本业务板块（子集团）内各专业公司（企业）科技项目的统筹协调工作。

专业公司主要职责：负责贯彻落实集团公司相关科技项目管理规章制度，并制定本专业公司科技项目实施管理规章制度；负责编制本专业公司年度研发经费预算及科技项目计划，组织职责范围内的科技项目，并负责经费计划下达与拨付、经费使用监督检查、技术保密管理、执行情况考核，配合审计等相关工作；配合总部相关部门，参与集团公司其他科技项目管理，负责落实和协调A级与B级科技项目现场试验、示范工程；负责本业务领域科技项目成果转化与推广应用。

所属单位是集团公司科技项目承担和组织实施的责任主体，主要职责：负责贯彻落实集团公司相关科技项目管理规章制度，并制定本单位科技项目实施管理规章制度；负责所承担的各级科技项目的实施管理，并提供必要的人员、实验设备、办公环境、配套资金，以及落实现场试验、示范工程等支撑条件、职能服务；负责编制本单位年度研发经费预算及科技项目计划，并组织实施；负责所承担的各级科技项目经费的预决算和使用管理、技术保密、知识产权权属和权益管理、QHSE管理等，配合协调各级科技项目的审计、监督检查与评估等相关工作；负责所承担的各级科技项目的外协研究任务管理及其知识产权权属与权益的监督和管理；尊重项目经理和项目组的自主管理权，负责保障和监督项目组合规运行，协调解决项目经理在项目运行过程中遇到的问题；负责组织实施科技项目的成果转化与推广应用。

4. 科技项目的项目经理负责制

科技项目实行项目经理负责制。项目经理是项目的第一责任人，在项目承担单位的组织指导下负责项目全过程的技术研发与管理，主要职责是：

（1）负责确定技术路线、组织并参加主要研究工作，负责组织编制开题设计报告、合同（计划任务书）、项目实施方案、项目进展材料、验收材料、成果转化推广等，并向组织方和承担单位汇报或报告，协调解决有关问题；

（2）负责项目外协研究任务的选择和管理，组织相关技术交流与研讨；

（3）负责科技项目经费的预算、使用、管理和决算，并按规定进行调整；

（4）负责科技项目实施过程中知识产权、保密、技术资料归档管理工作；

（5）负责项目组内部的研究计划进度控制与风险、质量管理，组织自我检查与评估，并按规定进行调整；

（6）负责科技项目团队建设，包括岗位设置、项目组成员推荐、组建、培训、日常运行管理、工作业绩考核激励等。

当前实施的科技项目管理体制，按照"统一规划、分级管理"的原则对科技项目分级分类管理，有利于科研与生产的紧密结合，也有利于调动各级的积极性。项目经理负责制有利于项目目标的达成。

5. 科技项目的特点

科技项目除了具备一般项目的特点外，还具有自身的特点，主要体现在以下几个方面：

1）知识管理重要性凸显

科技项目管理中的知识管理是指对科技项目所涉及的知识资源进行识别、获取、评价并加以利用的管理过程。科技项目的目的之一是获得知识产品，科技项目属于知识密集型项目，科研人员管理理念变革、知识和素养提升、能力开发等都属于知识管理的领域。当前，科技项目知识管理已由层级型的控制与监督式项目管理，发展到引导与激励相结合的扁平式管理。

2）创新性强

创新是指人们在不断改造自然与实践的过程中，创造出新事物、新产品、新方法及新思想等。科技项目的本质属性即其创新性，没有创新性，其立项及实施的必要性就不存在。创新是一种具有探索性、独创性、新颖性、实践性的人类活动。科技项目的创新性不仅指项目的研究内容、目标、研究方法、技术路线、可交付成果具有创新性，还包括对科技项目管理的创新。任何一个项目的管理都没有一成不变的模式和方法可简单套用，必须不断寻找和学习新的项目管理思路，通过管理创新来实现对具体项目的有效管理。

3）不确定性大

科技项目研究和开发过程中存在较大的不确定性，这些不确定性主要包括：一是未来事物存在不确定性；二是人们对一些客观事物的客观认识存在不确定性；三是人们对一些客观事物的主观认识存在一些不确定性。这就造成了科技项目管理不确定性或风险比较大。有些不确定性因素可以运用灰色系统理论、模糊数学理论及数理统计理论等手段来量化，从而有助于科技项目风险的预测，进而对风险进行定性定量分析，制定并实施风险应对计划，管控好科技项目风险。

4）系统性

科技项目需要进行系统性的研究、开发或实验等工作，需要制定完整的研究计划和方案，确保项目的各项工作有序进行。

5）复杂性

科技项目涉及的研究领域广泛，需要跨学科合作，涉及的研究人员和团队众多，需要协调和管理好各个方面的资源和工作。

第二节　项目管理

一、项目管理的定义和原则

1. 项目管理的定义

项目管理指将知识、技能、工具与技术应用于项目活动，以达到组织的要求。项目管理通过整合运用特定项目所需的项目管理过程得以实现。项目管理使组织能够高效地开展项目并达成目标。

有效的项目管理能够帮助个人、群体以及组织实现业务目标，满足各干系人（Stakeholders，又译为利益相关方，定义详见第二章第三节）的期望，提高项目成功的概率，按时交付符合要求的产品，及时有效应对风险，优化使用组织资源，更好地管理变更，管理制约因素（如范围、进度、成本、质量、风险、资源等），识别、挽救或终止失败项目等。

项目管理不善或缺位可能会导致项目范围扩大失控、进度延误、成本超支、质量低劣、返工、组织声誉受损、干系人不满意、项目无法达成目标等。

项目是组织创造价值和效益的主要方式。在当今动荡而多变的商业环境下，组织领导者需要应对技术快速变化、预算紧缩、工期缩短以及资源稀缺等各种复杂情况。为了在全球经济中保持竞争力，公司日益广泛利用项目管理，来持续创造商业价值。

高效的项目管理应被视为组织的战略能力。它使组织能够将项目成果与业务目标联系起来，更有效地展开市场竞争，支持组织发展，通过适当调整项目管理计划，以应对商业环境改变给项目带来的影响。

2. 项目管理的原则

在特定的预算、工期、质量约束下完成一项任务就是项目管理，该任务可以是科研报告、产品研发、工程建设等。项目管理过程中，需要把握以下5大原则（图1-1）：

1）识别需求

项目需求通常是指客户对项目的要求，包括项目的范围、进度、成本、质量等方面的要求，通常是甲乙双方达成共识的需要满足的需求，一般都在合同中明确，作为项目验收的重要指标，是客观的、可量化的。项目需求决定了项目的方向和目标，是项目管理的核心和基础。任何项目都起源于某种外部或内部需求。成功的项目应该结束于需求的被满足。管理项目就要先管理需求，项目需求管理（或项目范围管理）是项目管理中的关键。

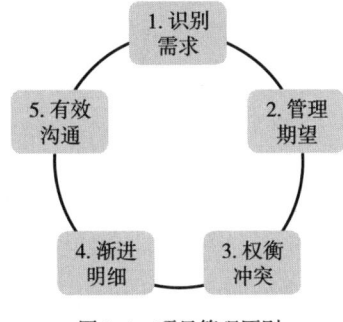

图 1-1 项目管理原则

一个有趣的漫画故事这样描述：某动物园的袋鼠老是逃出笼框，园方管理者于是加高围栏。不久，发现袋鼠又逃出来，于是再加高围栏，没过多久袋鼠还是逃出来。袋鼠得意地对旁边的兔子说："如果愚蠢的园方一直没发现围栏角落的小洞……"从项目管理的角度看，园方管理者做的加高围栏的工作，并没有解决问题，因为他没有识别和定义真正的需求是什么。如果把图 1-2 看作某项目的全过程，该项目真正需求到底是什么？这幅图说明识别和管理需求的重要性，同时也说明了跨部门沟通的复杂性。

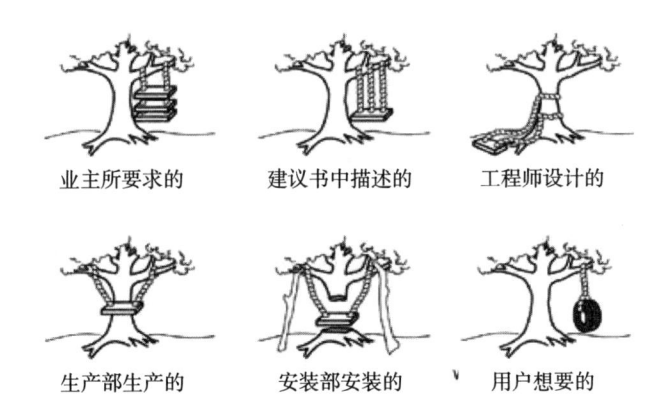

业主所要求的　　建议书中描述的　　工程师设计的

生产部生产的　　安装部安装的　　用户想要的

图 1-2 你真正了解项目需求吗

2）管理期望

即在项目生命周期中管理好干系人对项目的期望。项目期望是项目各类干系人（包括客户）对项目的主观期望和要求，同样包括项目的范围、进度、成本、质量、服务等方面。不同的干系人，如客户、上级领导、职能经理、团队成员等，对同一项目的期望值是不同的。联合开发项目中，如果团队成员来自不同单位、不同层级、不同岗位，那么即使是团队成员，其期望也不一致，期望值有高有低，差别极大，研发设计和实施难度也随之增大，客户对最终成果的满意度往往较低。项目期望不等于项目需求。因此，满足客户需求（如各种量化的验收标准）并不必然获得客户满意，因为客户满意度是客户的主观评价，其是否满意除了和需求是否实现有关，更与其主观期望是否达到有关。管理期望对干系人尤其是客户的满意度至关重要。

项目需求和项目期望是相互关联的，需要在项目实施过程中进行平衡和协调。项目实施方一方面要明确项目的需求和目标，另一方面要对干系人的期望善加引导和管理，必要时实施变更，以满足各方需求和期望。同时，项目实施方也需要关注项目中存在的风险和挑战，并采取有效措施进行管理和控制，以避免项目失败。

3）权衡冲突

指项目范围、时间、成本、质量等各要素或子目标两两相互冲突，需要加以平衡。项目管理中的"三重制约原理"，是指项目范围、时间和成本三个要素或子目标之间的相互制约和平衡关系。这三要素构成一个三角形，三角形中间代表质量，因此，这三角形实际涉及四个要素或子目标，四者之间两两相互冲突，任何一条边（要素）发生变动，必然影响至少一个其他要素或目标，例如，如果客户提出要增加范围，那么时间、成本就必然受到影响，可能导致延长工期或追加预算。项目经理必然受到这四个要素或目标制约，权衡它们之间的冲突，必要时管理其变更，才能确保项目各个目标的实现。三重制约原理如图1-3所示。

图1-3 三重制约原理（项目管理传统铁三角）

4）渐进明细

渐进明细是项目规划时要遵循的重要原则，指随着信息越来越详细具体，估算越来越准确，而持续迭代改进和细化计划。否则，计划一经制定就不变，不"与时俱进"，与实际项目进展脱节，这种计划就是毫无意义的摆设。渐进明细的方法使得项目管理团队可以随项目进展，对项目工作进行更明确的界定和更深入的管理。

渐进明细原则的具体表现是做规划时要滚动规划，即对近期工作做详细计划，而对远期工作只做粗略计划——近细远粗（图1-4）。又如，以3个月为滚动期，则1月的计划详细，2月中等详细，3月粗略；进入第2月后，则将原第2月的计划细化，第3月中等详细，第4月粗略即可。

5）有效沟通

项目管理的有效沟通是指项目干系人（包括团队成员）之间及时、准确、有效地传递和分享项目信息、思想和观点的过程。前述4个管理原则的落实都有赖于积极、开放、合作和有效的沟通。有效沟通关键点包括：

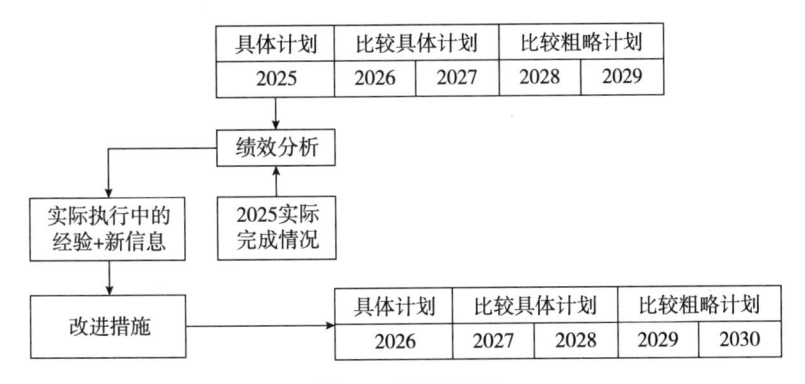

图 1-4 滚动式规划

（1）及时性。项目管理中涉及的信息和问题往往具有很强的时效性，项目干系人之间需要及时沟通，避免信息延误。

（2）准确性。项目管理的有效沟通需要确保传递的信息准确无误，避免因误解或错误信息导致的消极后果。

（3）有效性。项目管理需要采取有效的沟通方式，如面对面沟通、电话、电子邮件、即时通信等，确保信息能够被正确理解和接收。

（4）双向性。有效的沟通不仅是信息的传递，还包括信息的反馈和收集。项目干系人之间需要相互交流，分享观点和意见，以便推进项目进展并解决问题。

（5）建立良好的沟通机制。项目需要建立一套有效的沟通机制，包括定期会议、信息共享平台、团队建设活动等，更好地促进干系人之间的沟通交流。

二、项目管理与运营管理的关系

项目管理是一种针对具体项目的管理方法，它侧重于项目的计划、执行和监控，以确保项目的顺利完成。运营管理则负责监督、指导和控制组织的日常业务运作，包括生产、制造、销售、财务、软件或数字化平台支持和运行维护等方面。

两者既有共性，又有区别。两者的共性表现为：都由人来做；都受资源等因素限制；都需要规划、执行和监控；都为了实现组织的目标或战略计划。两者的区别则表现在时间、成果、工具与技术和关注点等方面。以技术研发（项目）和技术研发成果的应用（运营）为例，比较二者的区别（表 1-1）。

表 1-1 项目和运营区别

要素	项目	运营
时间	临时性	持续性
成果	独特性	重复性
管理	项目管理	业务流程/运营管理

续表

要素	项目	运营
工具与技术	多为独有	多为通用
关注	目标的实现/变更管理	持续改进/维护一致性
管理团队	不同	相同（稳定）
工作环境	相对开放和不确定	相对封闭和确定

运营不属于项目的范畴，但项目与运营会在产品生命周期的不同时点交叉，两者相互转化，如在每个项目启动时；在每个项目收尾时；在新产品开发、产品升级时；在改进运营或产品开发流程时；在产品生命周期结束之前。

在每个交叉点，可交付成果（包括知识等）在项目与运营之间转移，以完成工作交接。在项目开始时，运营资源被转移到项目中；而随着项目结束，项目资源又被转移到运营中。

三、项目管理、运营管理与组织战略的关系

组织战略是指导组织整体运营的重要框架，它确定了组织的目标和方向，为组织的长期发展提供指导。项目管理、运营管理与组织战略之间有着密切的关系，前两者相辅相成，都要与组织战略保持一致性，共同支撑组织战略的实现。项目管理、运营管理都是实现组织战略的手段。

在实践中，组织常常通过涉足新项目，采用项目管理的方式来实现战略目标或战略转型。当组织决定进入新领域或开发新产品时，可能会成立一个专门的项目团队，对该产品进行从概念到上市的全过程管理。例如，华为公司自2021年起先后成立智慧公路、数据中心能源等10多个大军团，进军新领域、新项目。在此过程中，运营管理在项目实施过程中也发挥着重要的作用，它需要对现有的业务流程进行优化和改进，以支持项目的顺利实施。当然，运营管理本身是企业管理不可或缺的重要专业领域，它关注产品的持续生产或服务的持续运作，通过综合运用各种资源和满足客户需求，保证业务运作的持续高效。

综上所述，项目管理、运营管理与组织战略是相互关联、相互支持的。组织通过实施项目管理来落实组织战略，同时需要运营管理的支持和配合，以确保项目的顺利实施和组织的长期发展。

四、项目、项目集、项目组合与组织级项目管理

1. 项目、项目集和项目组合比较

比项目更大的概念包括：项目集、项目组合。表1-2从定义、总体特征、涉及范围、变更管理、规划制定、管理职权、成功标准、监督内容等八个维度对项目、项目集和项目组合进行了比较分析。另外，一个项目可以采用三种不同的模式进行管理：作为独立项目（不包括在项目集和项目组合中）、在项目集内或在项目组合内。如果在项目组合或项目

集内管理某个项目，项目经理需要与项目集和项目组合经理互动合作。

表1-2 项目、项目集和项目组合比较

维度	项目	项目集	项目组合
定义	为创建独特的产品、服务或成果而进行的临时性工作，就是将知识、技能、工具与技术应用于项目活动，以满足组织的要求	项目集是一组相互关联且被协调管理的项目、子项目集和项目集活动，以便获得分别管理所无法获得的效益	项目组合是为实现战略目标而组合在一起管理的项目、项目集、子项目组合和运营管理工作的集合
总体特征	短期临时的、战术性的	长期的、战略性的	管理周期较长，通常以季度、半年和一年为管理周期
涉及范围	项目范围在项目生命周期中渐进明细	项目集的范围一般比单个项目更大	项目组合的范围随着组织战略目标的变化而变化
变更管理	项目经理预期变更，通过实施变更控制流程，管理变更并确保变更受控	项目集经理预期来自项目集内部和外部的变更，并为管理和控制变更做好准备	项目组合经理在广泛的内部和外部环境中，持续监督变更
规划制定	项目经理在项目生命周期中，根据项目的各种信息和输入，细化为可行的详细项目计划	项目集经理制定项目集整体计划，同时制定项目宏观计划，来指导下一层级的详细规划	项目组合经理针对整个项目组合，建立并维护必要的过程和沟通，确保项目组合目标的实现
管理职权	项目经理通过建设和管理项目团队，实现项目目标	项目集经理管理项目集人员和项目经理，确立愿景，统筹全局	项目组合经理管理或协调项目组合管理人员，以及可能向项目组合经理汇报的项目集人员或项目人员
成功标准	以产品和项目的质量、进度、预算达成度及干系人满意度来衡量成功	以项目集满足预期需求和利益的程度来衡量成功	以项目组合的综合投资绩效和收益的实现程度来衡量成功
监督内容	项目经理对创造预定产品、服务或者成果的工作进行监督	项目集经理监督项目集内所有组成部分的工作进展，确保项目集的目标、进度和收益等符合预期	项目组合经理监督组织战略变更、总体资源分配、绩效结果以及项目组合风险并规避

2. 项目集管理和项目组合管理

项目集管理是在项目集中应用知识、技能、工具和技术，来满足项目集的管理要求，获得分别管理各项目时无法实现的利益和控制。项目集管理重点关注项目集内部项目之间的相互依赖关系，并找到管理这些依赖关系的最佳方法。例如，建立一个新的通信卫星系统就是一个项目集，其所辖项目包括卫星与地面站的设计、卫星与地面站的建造、卫星发射以及系统整合。

项目组合管理是为了实现组织战略目标，而对一个或多个项目组合进行的集中管理。项目组合中的项目集或项目不一定彼此依赖或直接相关。项目组合管理体现一种集中化管理。项目组合管理重点关注：通过审查其所包含的项目和项目集，确定资源分配的优先顺序，并确保对项目组合管理与组织战略协调一致。

例如，某基础设施公司为实现投资回报最大化的战略目标，把油气、供电、供水、道路、铁路和机场等项目混合成一个项目组合。而为了更好地管理这些项目，公司还可把相互关联的项目作为项目集来管理。所有供电项目组成供电项目集，所有供水项目组成供水项目集。这样，供电项目集和供水项目集就是该基础设施公司企业级项目组合中的基本组成部分。

从组织的角度来看项目、项目集和项目组合管理，项目集和项目管理的重点在于以"正确"的方式开展项目集和项目，项目组合管理则注重于开展"正确"的项目集和项目。

3. 组织级项目管理

组织级项目管理是一种战略执行力，把项目、项目集和项目组合管理的原则和实践与组织驱动因素（如组织结构、组织文化、组织技术、人力资源实践）联系起来，从而提升组织能力，支持战略目标（图1-5）。

组织要不断优化组织结构、组织文化、人力资源政策等，来支持采用最佳的项目管理、项目集、项目组合管理实践。

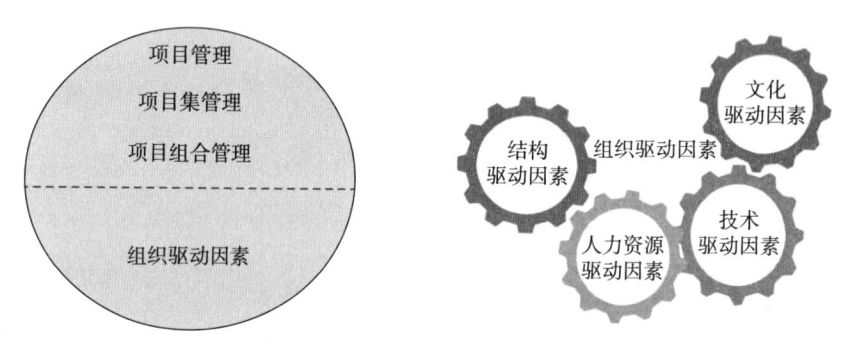

图1-5　组织级项目管理和组织驱动因素

五、项目管理办公室

项目管理办公室（Project Management Office，PMO）是对与项目相关的治理过程进行标准化，并促进资源、方法论、工具和技术共享的一个组织部门。项目管理办公室所支持和管理的项目不一定彼此关联；为保证项目符合组织的业务目标，项目管理办公室可能有权在每个项目的生命周期中充当重要干系人和关键决策者，有权提出建议，中止项目或采取其他行动。

项目管理办公室负责对所辖各项目进行集中协调管理的一个组织部门，其职责可涵盖从提供项目管理支持到直接管理项目。项目管理办公室一般可分为以下三种类型：支持型、控制型、指令型（表1-3）。

表1-3　项目管理办公室的类型及其特点

类型	职责范围	控制程度（权力）
支持型	担当顾问角色；提供模板、最佳实践、培训、信息、经验教训	低
控制型	不仅提供支持，且要求项目服从，如要求采用PM框架或方法论、特定模板等或服从治理	中等
指令型	直接管理和控制项目	高

项目管理办公室的职能之一是通过各种方式向项目经理提供支持，这些方式包括（但不限于）：

（1）管理项目管理办公室所辖全部项目的共享资源；
（2）识别和开发项目管理方法、最佳实践和标准；
（3）指导、辅导、培训、监督；
（4）开发并管理项目标准、政策、程序、模板和其他共享文件，审计其遵守程度；
（5）协调项目间的沟通。

第三节　项目经理的角色与能力

一、项目经理的角色

项目经理是由执行组织委派，领导团队实现项目目标的个人。项目经理的角色不同于职能经理、运营经理，也不同于项目集或项目组合经理。通常，职能经理专注于监管某职能领域，运营经理负责保证业务运营的高效性，项目集或项目组合经理对各自包括的全部项目负最终责任。

项目经理在领导项目团队实现目标中扮演核心角色。通常，项目经理从项目启动便介入，直至项目结束。在一些组织中，项目经理的职责甚至延伸至项目启动前，参与评估和分析等工作，这包括与管理层和业务部门领导沟通，旨在推动战略目标达成、提升组织效能或满足客户期望。部分组织还要求项目经理负责或协助项目的商业分析、商业论证的编制以及项目组合管理。此外，项目经理也可能参与后续跟进活动，以确保项目能够带来预期的商业效益。

将大型项目的项目经理与大型管弦乐队的指挥作比较，有助理解项目经理角色：

（1）成员与角色。两者都涉及众多成员，各自扮演不同角色。管弦乐队由指挥带领上百位演奏者，演奏25种不同乐器，分为弦乐、木管、铜管和打击等乐器组。类似地，大型项目由项目经理领导上百位成员，承担设计、制造、设施管理等不同角色，形成多个业务部门或小组。

（2）团队职责。项目经理和指挥都需为团队成果负责，分别是项目成果和交响音乐会。他们需从整体角度审视团队产品，进行规划、协调和完成。这包括审查组织愿景、使命和目标，确保与产品一致，向团队沟通并激励其成功。

（3）知识和技能。指挥虽不需掌握每种乐器，但需具备音乐知识、理解和经验。他们通过沟通、领导乐队，使用乐谱和排练计划进行书面沟通，同时运用指挥棒和肢体语言进行实时沟通。项目经理同样不需承担每个项目角色，但需具备项目管理、技术知识和经验。他们通过沟通、领导团队，使用书面沟通、会议、口头和非言语提示进行实时协调。

二、项目经理的影响力范围

项目经理的影响力范围可以涵盖多个领域，包括项目、组织、行业、专业学科以及跨领域。项目经理在其影响力范围内担任多种角色，这些角色反映了项目经理的能力，体现了项目经理职业的价值和作用。

1. 项目

项目经理领导项目团队实现项目目标和干系人的期望。项目经理是项目发起人、团队成员与其他干系人之间的关键沟通者，包括提供指导和展示项目成功的愿景。项目经理使用软技能（如人际关系技能和团队管理技能）来平衡项目干系人之间相互冲突和竞争的目标，以达成共识，进而获得干系人对项目决策和行动的支持。

研究显示，在由上级和团队成员指定的项目经理中，排名前2%的项目经理之所以脱颖而出，是因为他们展现出了超凡的人际关系技能、沟通技能和积极主动的态度。

2. 组织

项目经理需要积极与其他项目经理互动，因其他项目可能对本项目造成影响，原因包括：资源需求冲突、资金分配优先级、可交付成果的接收或发布等。互动有助于满足项目需求，包括人力、技术、财务资源和可交付成果。项目经理需要发展人际关系，帮助团队达成目标。

另外，项目经理在组织内扮演倡导者角色，积极与各级经理互动，与项目发起人合作处理内部问题。

项目经理应致力于提升项目管理能力和技能，参与隐性和显性知识转移或整合计划，展现项目管理价值，提高组织接受度，并提升项目管理办公室的效率。根据项目结构，项目经理可能向职能经理、项目集或项目组合经理报告，需与所有相关经理紧密合作，确保项目管理计划与组织计划一致，并与其他关键角色协作。

3. 行业

项目经理应关注行业的最新发展趋势，思考其对当前项目是否有影响并加以运用。这些趋势包括：产品和技术开发；新兴并在演变的市场领域；项目管理标准、质量管理标准、信息安全管理标准等各种标准；影响当前项目的经济力量；流程改进和可持续发展战略。

4. 专业学科

对于项目经理来说，持续的知识传递与整合至关重要。无论是项目管理专业领域，还是项目经理兼任主题专家的其他领域，都在不断推进专业发展。知识传递与整合的内容广泛，包括但不限于：在当地、行业、全国乃至全球层面，向其他专业人员分享知识与专业技能；积极参与培训、继续教育及专业发展活动，这些活动涵盖项目管理专业领域，同时也涉及相关专业（如工程管理、系统工程）以及其他专业领域（如信息技术、软件工程）。

三、科技项目经理角色的特殊性

科技项目经理在项目管理中扮演的角色比较特殊，他们除了需要负责常规的项目管理任务，如计划、组织、协调和风险管理之外，还需对科技项目中的技术活动进行管理。具体来说，科技项目经理可能需要负责以下一些特定职责：

1. 科技项目的技术管理

科技项目经理需要理解科技项目的技术原理、技术路线和技术实现，以及如何将这些技术元素整合到项目计划中。他们需要具备足够的专业知识，以便更好地制定和执行有效的技术策略。

2. 创新和变革管理

科技项目经理通常需要积极寻找和探索新的科技趋势、新的技术方法和新的业务模式。他们需要能够预见并应对这些变革带来的挑战，同时利用这些变革带来的机会。

3. 知识管理和知识产权管理

科技项目经理需要关注知识管理和知识产权工作，包括专利申请、论文发表、技术转移等。他们需要了解如何保护项目的知识产权，还要了解如何在适当的时候将知识产权转化为商业利益。

4. 与其他干系人的协调

科技项目经理需要与其他干系人进行密切合作，包括政府机构、行业协会、学术界、供应商等。他们要能够有效地与这些干系人进行沟通和协作，以确保项目的顺利实施。

5. 风险管理

科技项目经理还需要对项目中的技术风险进行预测和管理。他们需要了解如何识别和评估风险，制定应对风险的策略，并在必要时调整项目策略以降低风险。

四、项目经理的能力

美国项目管理协会（Project Management Institute，PMI）发布的《项目经理能力发展框架》第三版提出了"人才三角"模型（图1-6），指出项目经理需要具备的关键技能。"人才三角"模型重点关注三个关键技能组合：

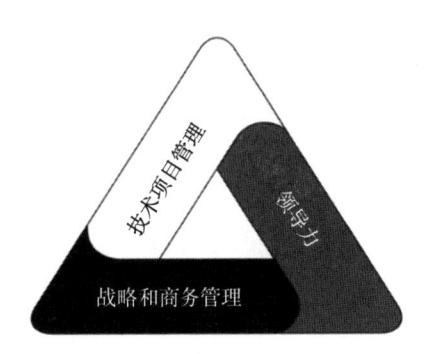

图1-6 "人才三角"模型

技术项目管理：与项目、项目集和项目组合管理特定领域相关的知识、技能和行为，即履行项目经理角色所需的技术能力。

领导力：指导、激励和带领团队所需的知识、技能和行为，即项目经理帮助组织达成业务目标所需的领导能力。

战略和商务管理：关于行业和组织的知识和专业技能，即有助于项目经理提高绩效并取得更好成果的其他相关能力。

尽管技术项目管理技能是项目和项目集管理的核心，但美国项目管理协会研究揭示，在全球市场日益复杂化和竞争愈发激烈的情形下，仅凭技术项目管理技能是不够的。各组织正在探寻与领导力及商业智慧相关的技能。来自不同组织的实践者均强调，这些能力对于支撑更长远的战略目标并实现盈利至关重要。为实现目标和最大化项目价值，项目经理需在这三种技能之间找到平衡点。

1. 技术项目管理技能

技术项目管理技能指有效运用项目管理知识实现项目或项目集的预期成果的能力。项目经理掌握技术项目管理技能，了解个人专长并找到具备所需专业知识的人员，对项目成功非常重要。

研究表明，优秀的项目经理常具备几种关键技能，包括（但不限于）：

（1）重点关注所管理的各个项目的关键技术项目管理要素，主要包括项目成功的关键因素、进度、特定的财务报告、问题日志等。

（2）针对每个项目裁剪传统和敏捷流程、工具和技术。

（3）制定完整的计划并排定优先顺序。

（4）管理项目要素，包括进度、成本、资源和风险等。

2. 战略和商务管理技能

战略和商务管理技能包括总览组织概况并协商和执行有利于战略调整和创新的决策和行动的能力。这项能力涉及其他职能部门的工作知识，例如市场部、运营部和财务部等。战略和商务管理技能可能还包括掌握和运用相关的产品和行业专业知识。项目经理应掌握足够的业务知识，以便与项目发起人、团队和主题专家合作制定项目交付策略；实现项目商业价值最大化的方式执行策略；向相关方解释关于项目的必要商业信息。

为制定确保项目成功交付的最佳决策，项目经理应咨询运营经理，后者需具备组织运营的专业知识，并理解组织工作及项目计划对其的影响。项目经理应尽可能深入了解项目主题，至少能够向他人阐述组织的战略、使命、目的和目标、产品和服务、运营情况（如技术、类型、位置）、市场及市场条件（如客户、市场状况）、竞争态势（如竞争对手、市场地位）等方面。

为确保一致性，项目经理需要将以下关于组织的知识和信息运用到项目中：战略、使命、目的和目标、优先级、策略、产品或服务（包括可交付成果）。

战略和商业管理技能有助于项目经理确定应考虑何种战略和商业因素并确定这些因素对项目可能造成的影响，同时了解项目与组织之间的相互关系。这些因素包括：风险和问题、财务影响、商业价值、效益与其实现情况和战略等。

通过运用这些商务知识，项目经理能够为项目提出合适的决策和建议。随着环境的变化，项目经理应寻求项目发起人持续支持，确保业务战略和项目策略的一致性。

3. 领导力技能

领导力技能包括指导、激励和带领团队的能力。这些技能包括协商、抗压、沟通、解决问题、批判性思维和人际关系技能等基本能力。随着越来越多的公司通过项目执行战略，项目日趋复杂。项目管理不仅仅涉及计划、流程、程序、计算机系统和平台等方面的工作，更涉及人的工作。人是所有项目中的共同点，项目经理要更加关注人的方面。

1）人际交往

人际交往占据项目经理的大部分工作。项目经理应研究人的行为和动机，努力成为一个好的领导者，因为领导力对项目是否成功至关重要。项目经理需要运用领导力技能和品质与所有项目干系人合作，包括项目发起人、项目团队和团队指导者。

2）领导者的品质和技能

领导者的品质和技能包括（但不限于）：

（1）有远见（能够构建梦想并向他人诠释愿景）；
（2）积极乐观；
（3）乐于合作；
（4）管理关系和冲突；
（5）有效沟通；
（6）尊重他人、忠诚可靠、遵守职业道德；
（7）展现出诚信正直和文化敏感性，果断、勇敢，能够解决问题；
（8）适时称赞他人；
（9）终身学习，结果和行动导向；
（10）要事优先；
（11）以系统思维来看待项目及内外部因素；
（12）能够运用批判性思维，并将自己视为变革推动者；
（13）能够创建高效的团队，以服务为导向，展现出幽默的一面，与团队成员分享乐趣。

3）领导者的权力和行使方式

权力是指领导者所拥有的能够影响他人行为和决策的能力。行使权力的方式有很多，项目经理可自行决定。由于权力的性质以及影响项目的各种因素，权力及其运用非常复杂。权力的方式包括（但不限于）：

（1）地位：如组织或团队授予的正式职位，具有正式、权威、合法的特性。
（2）信息：通过控制信息的收集或分发来影响他人。
（3）参照：因他人的尊重和赞赏而获得信任。
（4）情境：在特殊情况下，如危急时刻，获得的权力。
（5）个性或魅力：凭借个人魅力和吸引力来影响他人。
（6）关系：通过人际交往、联系和结盟来增强权力。
（7）专家：凭借技能、信息、经验、培训、教育等专业素养来获得权力。
（8）奖励：能够给予表扬、金钱或其他形式的奖励。
（9）处罚或强制：具有给予纪律处分或施加负面后果的能力。
（10）迎合：运用奉承等手段赢得他人的青睐或合作。
（11）施加压力：通过限制选择或活动自由来促使他人符合预期行动。

（12）出于愧疚：利用义务或责任感来影响他人。
（13）说服力：提供有力论据，使他人执行预期的行动方案。
（14）回避：通过拒绝参与来间接影响局势。

在权力运用上，顶尖的项目经理目标明确且积极主动。他们会在组织政策、协议和程序允许的范围内主动争取所需的权力，而非被动等待组织的授权。

五、领导与管理的区别

"领导"和"管理"常被混用，但两者有很大不同。"管理"多指运用一系列已知的预期行为指示另一个人从一个位置到另一个位置。而"领导"多指通过讨论或辩论与他人合作，带领他们从一个位置到另一个位置。

为获得成功，项目经理必须同时采用领导和管理两种方式，关键在于如何针对各种情况找到恰当的平衡点。项目经理的领导风格体现了他们所采用的管理和领导力方式。

1. 领导和管理内涵的区别

表1-4从不同维度对管理和领导进行比较。项目经理所选择的方法体现了他们在行为、自我认知和项目角色方面的差异。

表1-4 领导与管理内涵的区别

管理	领导
直接利用职位权力	利用关系的力量指导、影响与合作
维护	发展
管理	创新
关注系统和架构	关注人际关系
依赖控制	激发信任
关注近期目标	关注长期愿景
了解方式和时间	了解情况和原因
关注赢利	关注前景
接受现状	挑战现状
正确地做事	做正确的事
关注操作层面的问题及其解决	关注愿景、一致性、动力和激励

2. 领导风格

领导风格，是指领导者与团队互动时所展现出的特定行为模式和管理方式，它反映了领导者的个人特质和偏好，还受到多种因素的影响，包括团队成员的特点、组织环境以及具体情境等。

项目经理可以采用多种领导风格。常见的领导风格见表1-5。不同的领导风格各有特点和应用场景，领导者应根据实际情况选择适合的风格来领导团队。

表 1-5　领导风格及其比较

领导风格	定义和特点	举例
放任型领导	一种给予团队成员高度自主权的领导风格，领导者几乎不干预团队的工作过程，让团队成员自行决定如何完成任务。这种风格在高度专业化的团队或需要创新的环境中可能有效，但也可能导致团队缺乏方向和凝聚力	腾讯创始人马化腾
交易型领导	强调任务导向和目标管理。领导者通过设定明确的目标和奖励机制来激励团队成员，确保任务完成和目标实现。这种风格注重效率和结果，但可能忽视员工的个人成长和内在动机	通用电气公司前 CEO 杰克·韦尔奇
服务型领导	一种将团队成员的需求置于首位的领导风格。领导者通过倾听、关心和支持团队成员，营造一种信任和尊重的氛围，以激发团队成员的积极性和创造力	玫琳凯化妆品公司的创始人玫琳凯
变革型领导	通过激发团队成员的内在动机和潜能，引导他们超越个人利益，为组织的共同愿景和目标努力。该风格强调领导者的魅力和影响力，能够激励团队成员实现更高的绩效和更大的成就	苹果公司创始人和前 CEO 史蒂夫·乔布斯
魅力型领导	依赖领导者个人的魅力和吸引力来影响团队成员。他们通常具有非凡的沟通能力、强烈的自信和愿景，能够激发团队成员的忠诚和奉献精神	南非前总统纳尔逊·曼德拉
交互型领导	强调领导者与团队成员之间的双向互动和共同决策。这种风格注重建立开放、平等和协作的沟通机制，鼓励团队成员积极参与决策过程，共同解决问题和制定计划。兼具交易型、变革型和魅力型领导的特点	谷歌前 CEO 埃里克·施密特

第四节　科技项目事业环境因素

项目所处的环境可能对项目的开展产生有利或不利的影响。事业环境因素是指项目团队不能控制的，将对项目产生影响、限制或指令作用的各种条件。这些条件可能来自组织的内部和（或）外部。例如，组织文化、组织结构、资源可用性、政府法规、天气、地理位置等都可能成为事业环境因素。

这些因素会对项目管理过程，尤其是大多数规划过程产生影响，并可能提高或限制项目管理的灵活性，对项目结果产生积极或消极的影响。因此，项目经理需要密切关注和适应这些环境因素，以确保项目的成功实施。

一、组织内部的事业环境因素

如图 1-7 所示，组织内部的事业环境因素包括（但不限于）：

（1）组织文化、结构和治理。例如包括愿景、使命、价值观、信念、文化规范、领导风格、等级制度和职权关系、组织风格、道德和行为规范。

（2）设施和资源的地理分布。例如包括工厂位置、虚拟团队、共享系统和云计算。

（3）基础设施。例如包括现有设施、设备、组织通信渠道、信息技术硬件、可用性和功能。

（4）项目管理信息系统。例如包括进度计划软件工具、配置管理系统、进入其他在线自动化系统的网络界面和工作授权系统。该系统常与外部系统整合，也可以认为是组织外部的事业环境因素。

（5）人事管理制度。例如包括人员招聘和留用指南、员工绩效评价与培训记录、加班政策和时间记录。

（6）人力资源状况。例如包括现有人力资源的专业知识、技能、能力和特定知识。

（7）公司的工作授权系统。工作授权系统是为确保工作按规定时间与顺序进行而采取的一套项目工作正式审批程序。包括分配项目团队成员具体活动、赋予其完成活动的责任、实施具体活动的决策权以及对他们取得预定目标的信任。

（8）组织已有的沟通渠道。例如包括已有的正式沟通和非正式沟通；下行沟通、上行沟通和横向沟通等。

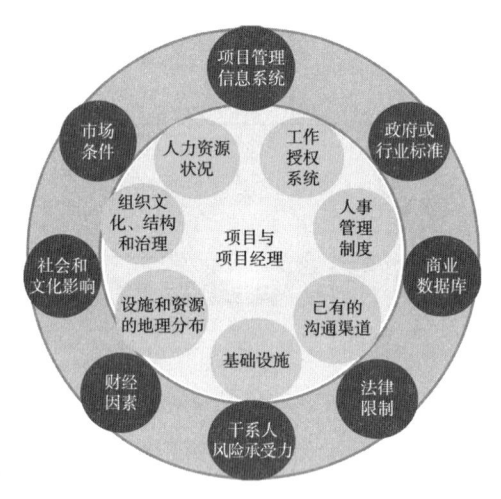

图1-7 组织内部和外部事业环境因素

二、组织外部的事业环境因素

组织外部的事业环境因素（图1-7）包括（但不限于）：

（1）市场条件。例如包括竞争对手、市场份额、品牌认知度和商标。

（2）社会和文化影响。例如包括政治氛围、行为规范、道德和观念。

（3）法律限制。例如与安全、数据保护、商业行为、雇佣和采购有关的国家或地方法律法规。

（4）商业数据库。例如包括标杆对照成果、标准化的成本估算数据、行业风险研究资料和风险数据库。

（5）政府或行业标准。例如包括与产品、生产、环境、质量和工艺有关的监管机构条例和标准。

（6）干系人风险承受力。不同的干系人对于风险的承受能力是不同的，这取决于他们的具体情况和风险偏好。

（7）财经因素。例如包括货币汇率、利率、通货膨胀率、关税和地理位置。

三、科技项目运行的事业环境因素分析

科技项目运行的事业环境因素有其特点，主要包括以下方面：

（1）组织文化和结构。科技项目的成功往往受组织文化和结构的影响。组织文化包括组织的愿景、使命、价值观、信念、文化规范等，这些都会对项目运行产生影响。组织结构则包括等级制度和职权关系、组织风格等，这些都可能影响到项目的实施。

（2）设施和资源。科技项目的实施需要一定的设施和资源支持，如工厂位置、虚拟团队、共享系统和云计算等，这些都是项目运行中需要考虑的重要因素。

（3）信息技术。科技项目离不开信息技术，例如进度计划软件工具、配置管理系统、进入其他在线自动化系统的网络界面和工作授权系统等，这些信息技术对项目的实施有着重要影响。

（4）资源可用性。科技项目的实施受到资源可用性的限制。例如合同和采购制约因素、获得批准的供应商和分包商以及合作协议等，这些都会对项目的资源可用性产生影响。

（5）员工能力。科技项目的实施需要具备一定的员工能力。员工的专业知识、技能和能力，以及特定的知识，都是项目成功的重要因素。

（6）法律限制和行业标准。科技项目还需考虑法律限制和行业标准，例如与产品、生产、环境、质量和工艺有关的监管机构条例和标准等，这些都需要项目团队密切关注。

除了以上因素，物理环境、组织治理等因素也可能对科技项目运行产生影响。因此，项目经理应在全项目生命周期保持对事业环境因素的敏感性，尤其在科技项目运行前期，在制定各种规划时，就应对这些事业环境因素进行全面分析和评估，以确保项目的顺利实施。

第五节　科技项目管理知识体系

一、通用项目管理知识体系

美国项目管理知识体系和国际项目管理知识体系都是全球知名的项目管理领域的重要体系框架，分别由美国项目管理协会和欧洲国际项目管理协会创建，都属于通用项目管理知识体系。它们之间有一些共性和差异。

首先，两者都致力于提供一套全面的项目管理知识体系，以便项目管理专业人员更好地进行项目规划、执行和监控。在知识领域上，两者都涉及项目管理的多个方面，包括进度管理、成本管理、质量管理、风险管理、采购管理、沟通管理等。

然而，在具体的知识点和方法上，两者存在一些差异。例如，美国项目管理知识体系强调了计划驱动的项目管理，注重在项目开始阶段制定详细的计划，而国际项目管理知识体系可能更加注重灵活性和适应性，强调根据项目的实际情况进行计划和调整。

此外，美国项目管理知识体系从第五版开始到第七版，持续引入并强化了敏捷项目管理的理念和概念，整合了敏捷项目管理的最佳实践，而国际项目管理知识体系也可能包括这一方面的内容，但具体形式和方法则有所侧重和不同。

总的来说，两者都是非常优秀的项目管理知识体系，在具体实践中，可以根据项目需求和个人偏好选择使用一个知识体系，或者构建企业独有的项目管理知识体系。

无论哪种项目管理知识体系，都包含了适用于许多行业、可在大多数时候用来管理大多数项目的标准，描述了可用于管理单个项目的项目管理过程，以便取得成果并创造价值。项目管理知识体系专用于单个项目的管理，同时，与其他项目管理学科分支，如项目集管理、项目组合管理相互关联。

项目管理知识体系（标准）并未涉及所有主题的所有细节，仅适用于单个项目，且仅包含被普遍公认为良好做法的项目管理过程。为更好地了解项目所处的大环境，可能需要参考其他标准，包括《项目集管理标准》《项目组合管理标准》《组织级项目管理成熟度模型》等。

二、科技项目管理知识体系

科技项目属于狭义项目范畴，同其他项目管理一样需要研究并应用整合、范围、进度、成本、质量、人力资源、沟通、风险、采购、干系人等知识领域技能。备受推崇的国际项目管理体系应当可以用于科技项目管理，借助现代项目管理的成熟理论和方法、工具，可以大大改善和优化科技项目的管理模式。

借鉴美国和国际项目管理协会的项目管理知识体系，构建科技项目管理知识体系是一个系统、复杂的任务和过程，关键步骤包括：

（1）理解项目管理知识体系。首先需要深入研究项目管理知识体系指南，理解项目管理的价值观、原则、方法论、概念、工具和方法等；其次应分析项目管理知识体系的五大过程组和十大知识领域，了解通用的项目管理的整体框架和细节；再次要评估项目管理知识体系的实用性和适应性，考虑其对不同行业科技项目的适用性。

（2）分析科技项目管理的特点。一方面，通过广泛和典型调查，识别中国科技项目管理的独特性和挑战，如政策环境、公司治理独特性、技术复杂性、创新需求等；另一方面，需要深入剖析中国科技项目管理的发展阶段和现状，明确构建知识体系的需求和目标。

（3）制定构建策略。其一，确定知识体系的基本框架，包括主要领域、主要过程、具体过程的输入、工具技术和输出等；其二，结合科技项目管理的特点，对项目管理知识体系的知识领域进行适当调整和优化；其三，注重实践性和可操作性，确保项目管理知识体系能够指导和支持实际项目管理工作。

（4）特色化内容的开发与整合。科技项目管理知识体系要体现其独特性，需要收集并整理中国科技项目管理的案例、最佳实践和经验教训，然后加以概括、提炼和萃取，进而将其与项目管理知识体系的理论框架相结合，形成特色化的科技项目管理知识体系。同时，确保知识体系内容的完整性和一致性，避免重复或遗漏。项目管理是一个不断发展的领域，其知识体系还需要定期更新，确保其适应新的社会、经济和政策等环境、管理理念、管理技术和方法等。

由上可见，真正构建一个既符合国际项目管理标准又具有中国特色的科技项目管理知识体系是一个宏大而复杂的系统工程，这将有助于提升中国科技项目管理水平，推动科技创新和发展。受编写者学识、经验、能力和资源限制，考虑到本教材的目的和读者对象，借鉴通用国际项目管理知识体系构建科技项目管理知识体系框架（表1-6），涵盖5大过程组、10大知识领域，共47个过程。结合科技项目管理特点和实际，概要性介绍重要理念、典型工具和技术、重要输入和输出，以助力科技项目管理人员拓展思维，学习先进的理念和方法论，让科技研发和科技项目管理更有章法，提高科技项目管理的效率和效果。

表1-6 科技项目管理知识体系

知识领域	启动过程组（2）	规划过程组（24）	执行过程组（9）	监控过程组（11）	收尾过程组（1）
4.项目整合管理	4.1 制定项目章程	4.2 制定项目管理计划	4.3 指导和管理项目工作	4.4 监控项目工作 4.5 实施整体变更控制	4.6 结束项目或阶段
5.项目范围管理		5.1 规划范围管理 5.2 收集需求 5.3 定义范围 5.4 创建工作分解结构		5.5 确认范围 5.6 控制范围	
6.项目进度管理		6.1 规划进度管理 6.2 定义活动 6.3 排列活动顺序 6.4 估算活动资源 6.5 估算活动持续时间 6.6 制定进度计划		6.7 控制进度	
7.项目成本管理		7.1 规划成本管理 7.2 估算成本 7.3 制定预算		7.4 控制成本	
8.项目质量管理		8.1 规划质量管理	8.2 管理质量	8.3 控制质量	
9.项目人力资源管理		9.1 规划人力资源管理	9.2 组建项目团队 9.3 建设项目团队 9.4 管理项目团队		
10.项目沟通管理		10.1 规划沟通管理	10.2 管理沟通	10.3 控制沟通	

续表

知识领域	启动过程组（2）	规划过程组（24）	执行过程组（9）	监控过程组（11）	收尾过程组（1）
11.项目风险管理		11.1 规划风险管理 11.2 识别风险 11.3 实施风险定性分析 11.4 实施风险定量分析 11.5 规划风险应对	11.6 实施风险应对	11.7 控制风险	
12.项目采购管理		12.1 规划采购管理	12.2 实施采购	12.3 控制采购	
13.项目干系人管理	13.1 识别干系人	13.2 规划干系人管理	13.3 管理干系人参与	13.4 控制干系人参与	

三、科技项目管理知识体系应用案例

下面以中国石油工程建设公司构建石油工程建设科技项目管理知识体系的实践为例，说明该公司是如何根据行业、公司科技项目（案例中使用"科研项目"提法）的实际情况，通过灵活裁剪科技项目管理知识体系的各个过程，构建符合公司自身特点的工程建设企业科技项目管理知识体系，进而更好地发挥科技项目的作用，持续为公司创造价值。

【案例】中国石油工程建设公司借鉴项目管理知识体系理论，系统解决科技项目管理问题

1. 消化吸收再创新，准确分析工程建设科技项目特点

工程建设项目强调"三控三管一协调"（控制进度、成本、质量，管理安全、合同、信息，组织协调）。工程建设科研项目对比工程项目本身，弱化了进度控制，强化了里程碑控制；弱化了安全管理，强化了信息管理。

通过对比分析项目管理知识体系结构，工程建设科研项目与工程建设项目在成本管理、采购管理和风险管理上有显著区别（图1-8）。

图1-8 工程建设科研项目特点

1）成本管理

工程建设项目是要考虑盈利性的，成本管理在于成本控制、挣值计算、控制成本开销。科研项目的盈利与项目的研发阶段在时间上往往是割裂的。短时间看，科研项目在研究期内属于非盈利项目，项目经理和任务下达方往往不关心挣值情况。通俗地说，集团公司和工程建设分公司对项目的要求往往是科研资金在项目执行期内可任意结转、跨年使用，而这种做法在工程建设项目中往往是不现实的。

在这种情况下，计划阶段成本管理的关键有两点：一是根据下达计划任务书内容和经费匹配情况，承担单位在项目启动前决定本单位是否需要配套资金或根据下达预算适当调整项目范围或内容；二是根据下达的预算对项目经费使用科目进行可靠估计，分解预算科目，编制预算细表。

在控制阶段，成本管理的重点是控制项目在预算总额范围内使用及财务报销科目的合规性。一般由单位科技管理部门负责间接成本控制，如管理费、人工费、折旧摊销费等；由项目经理负责直接成本控制，如材料费、设备费、试验检验费、设计制图费、技术服务费、评审费、差旅费等。

2）采购管理

工程建设科研项目中涉及的采购可以分为两大类。

第一类是设备、材料、软件等采购，这方面的管理流程与项目管理知识体系中的采购管理一脉相承。但是这类采购往往跟工程建设项目采购一样是由公司的采购部门负责的，项目经理和项目团队只需要提供性能参数需求，而且所提供的资源只要能满足研发需要，项目组不必关心资源的来源，这种采购往往采取公开招标的方式。

另一类采购是技术开发，或者称为技术服务，在石油行业中通常称作"外协"。这类采购与第一类有着鲜明的区别，其本质是由外协单位（一般是高等院校或者科研院所）对某一特定领域的工作提供技术支持。虽然形式上依然是签订合同，走公司采购程序，但此时若继续由公司采购部门单方面按照一般采购程序执行，往往不能达到技术研发的要求。因为这种技术服务不是普通单位能够提供的，科研工作不同于生产项目，所进行的一般都是创新性较强、技术要求较高但不成熟的工作，其技术服务一般也具有一定难度和定向性。换句话而言，不是每所高校或院所都能提供，甚至有的报价较低的单位提供的技术服务水平较低，反而会严重影响整个研发工作的质量。

鉴于技术服务采购的特殊性和关键性，研发团队往往要参与采购的全过程，包括技术调研、意向单位选择、技术洽谈、合同签订、跟踪检查、技术验收等过程。个别情况下只能跟某家技术独有单位进行合作。

3）风险管理

科研项目的风险管理与项目管理知识体系中的风险管理在内涵和外延上有着较大的区别。

以工程建设项目为例，在项目前期可行性研究阶段，从财务经济角度分析项目的投资回报是重要内容之一。一般在投资估算或概算时，要把风险成本以涨价预备费、购买工程建设险和收取保证金等形式涵盖到项目投资中去，必须把项目的风险作为是否立项的重要因素考虑进来。在项目执行过程中，安全因素是较大的风险管控点，安全事故一票否决制往往是悬在大家头上的一把利剑。

科研项目与工程建设项目属性不同。以财务风险为例，一些与生产项目联系较紧密的研发工作，随着工程项目的开展，如果研发成果得到及时应用，项目收益才有评估可能性。除此之外，大量的储备型研发项目在立项初期基本无法算出收益，在一定意义上可以视为"稳赔不赚"的投资。但是在企业发展战略意义上，此类技术仍然需要投资研发。若类比工程项目，此类研发项目将无一立项。

另外，科研项目还有一个特别的风险，就是对外协单位的选择和监控。某些项目之所以需要外协，往往是因为本单位对该外协部分不熟悉。假如对外协单位的能力了解不到位，项目开展过程中，项目人员对外协单位的研发工作把控程度往往较弱，失败的外协往往会在很大程度上影响科研项目的进展，甚至导致科研失败。

2. 引进项目管理知识体系理论，系统解决科技项目管理问题

科研项目属于狭义项目范畴，同项目管理一样需要研究计划、范围、成本、质量、进度、风险、干系人等内容。广受推崇的项目管理知识体系应当可以用于科研项目管理，借助现代项目管理的成熟理论和管理方法、工具，可以大大改善和优化科研项目的管理模式。通过分析项目管理知识体系中的项目管理知识在成本管理、采购管理和风险管理方面的特殊性，提炼出了适合工程建设科研项目管理的五大过程组、十大领域共41个过程（表1-7），并通过对项目管理知识体系中知识的应用，对公司科技项目管理中出现的若干问题给出了应对措施。

表1-7　科技项目五大过程组十大领域结构图

知识领域	启动过程组	规划过程组	执行过程组	监控过程组	收尾过程组
整合管理	1.1 签订计划任务书	1.2 制定科研项目目标	1.3 指导和管理科研项目，开展研发工作	1.4 监控科研项目 1.5 实施整体变更控制	1.6 项目验收
范围管理		2.1 定义范围 2.2 创建工作分解结构		2.3 确认范围 2.4 控制范围	
进度管理		3.1 规划进度管理 3.2 排列工作包顺序 3.3 估算工作包资源 3.4 估算工作包持续时间 3.5 制定进度计划		3.6 周报月报、阶段及年度检查	
成本管理		4.1 制定项目预算，合理分配预算科目 4.2 根据下达计划任务书决定是否配套或调整范围		4.3 控制经费在预算内使用及报销科目合规性	
质量管理		5.1 规划质量管理	5.2 实施质量保证	5.3 控制质量	
人力资源管理		6.1 任命项目经理	6.2 组建项目团队 6.3 建设项目团队 6.4 管理项目团队		

续表

知识领域	启动过程组	规划过程组	执行过程组	监控过程组	收尾过程组
沟通管理		7.1 规划沟通管理	7.2 管理沟通	7.3 控制沟通	
风险管理		8.1 规划风险管理 8.2 识别风险 8.3 规划风险应对		8.4 控制风险	
采购管理		9.1 提供一般采购需求，制定外协计划	9.2 参与技术服务谈判、签订外协合同	9.3 检查外协单位工作	9.4 组织外协验收
干系人管理	10.1 识别干系人	10.2 规划干系人	10.3 管理干系人	10.4 控制干系人	

项目管理知识体系为科技项目管理提供了系统的理论、大量实用的工具和管理方法，如五过程十领域、PEST 分析、SWOT 分析、项目章程、工作分解结构、标杆对照法、项目管理信息系统、责任分配矩阵等。以下列举三方面的成功应用。

1）项目顶层设计，成立项目管理办公室，成果共享

由于工程建设公司总部不做具体业务，在公司开展的各类科研项目中，基本都是以二级单位为主体承担，各个二级单位的主营业务和主要研发方向十分类似，重叠度较高。比如，五家设计分公司主营业务都限制在油气田地面工程、油气长输管道、LNG 工程、油气库工程等领域，每个领域面临的前沿技术问题是相同的，需要攻关组成的科技队伍专业配备上也是类似的。项目立项申请时往往在同一领域提出类似课题，有限的资金面临两种选择，一种是"吃大锅饭"，每家分点；一种是鼓励其中一家立项，然而其他家也会自行想办法开展研究工作，造成重复研究。

为解决重复立项的问题，公司主要从加强统筹协调和成果共享方面开展工作，组建由不同单位同专业负责人构成的项目管理办公室。在项目管理办公室主导下，公司组织编制《"十二五"高端技术发展规划》，系统梳理技术需求，制定顶层发展规划，确定研发目标和突破方向，确立了包括非常规天然气集输工艺技术在内的 8 大类 33 个科研课题，分年度有计划组织实施。

有了项目管理办公室，一方面从立项到研发过程组织各技术需求单位共同参与，即使项目牵头单位只落在了其中一家单位，其余单位的技术骨干也是项目成员，全程参与整个研发过程；另一方面，研发形成的成果资料便于在项目管理办公室范围内共享，在很大程度上解决了重复立项问题。

2）引入标杆对照法，严把研发质量关

研发工作的难度大，研发质量的把控难度更大。如技术指标的确定依据，定在 0.1 还是 0.5 更合适？同样是申请了一项专利，专利水平的高低、应用前景如何评价？都是技术创新，新颖性如何？同为技术研发，研发成果代表国内领先还是国际先进？凡此种种，如何表征成为了摆在研发人员和科技管理人员面前的一道难题。

项目管理知识体系在质量管理部分介绍了 QC7 工具，其中标杆对照法非常适合科研

项目的质量管理。项目立意高低、专业水平、创新性、先进性等均可应用标杆对照法。公司在顶层设计和组织具体项目过程中，将科技项目的研发目标和水平与国内同行、国际同业进行比较，得出的量化结果往往更便于把控。

3）推行项目管理信息系统，提升多项目管理能力

公司"十二五"期间承担国家级科研课题4项，集团公司科研课题26项，集团公司工程建设板块科研课题25项，局级自行立项开展课题48项，运行的科技项目多达上百项，研发投入超过6亿元。每个项目都涉及立项、中期检查、经费管理、外协管理、变更管理、验收等事项，公司总部管理部门除了与上下级进行沟通，还需和公司财务部门、外协单位进行沟通联系。在此背景下，管理人员自建台账的方式给管理人员带来极大不便，各级领导对于项目的掌控越发困难。

面对项目多、信息量大、协调难度大的特点，公司广泛利用信息化工具并加强沟通协调工作。一是推广和加强项目管理信息系统在科研项目中的应用。在做好保密工作的情况下，项目管理系统的使用大幅提高了管理效率，有利于管理人员和领导查阅相关数据，动态跟踪各项目进展。二是注重加强项目经理的领导力、沟通和冲突管理能力，这也是工程建设科研项目成败的关键。特别是在生产单位开展科研工作，大量研发人员身兼数职的情况下，项目经理领导力的高低将直接决定项目的成败。

思考题

一、单项选择题

1. 项目管理应把握的关键要点不包括（　　）。
A. 识别需求
B. 管理期望
C. 制定计划
D. 权衡冲突

2. 下面不属于项目管理标准中的五大过程组的是（　　）。
A. 规划过程组
B. 执行过程组
C. 收尾过程组
D. 验收过程组

3. 如果项目经理关注收集、整合和传播项目管理过程成果，以便为项目从启动到收尾的所有方面提供支持。他应该关注改进：（　　）。

　　A. 工作分解结构

　　B. 沟通管理计划

　　C. 范围管理计划

　　D. 项目管理信息系统

4. 你的一个团队成员告诉你，他不知道他所工作的许多项目中的哪一个项目是最重要的。谁应该决定公司项目之间的优先级？（　　）。

　　A. 项目经理

　　B. 项目管理团队

　　C. 项目管理办公室

　　D. 项目团队

5. 识别需求后，需要转化为项目的目标，设定目标时必须遵循 SMART 原则，以下不属于该原则的是（　　）。

　　A. 具体的

　　B. 可测量的

　　C. 有时限的

　　D. 有目标的

二、多项选择题

1. 三重制约原理是指项目经理受到各种因素的制约，需要权衡他们之间的冲突，即权衡各种因素或目标之间的冲突，这些因素或目标包括（　　）。

　　A.（时间）进度

　　B. 干系人

　　C. 范围

　　D. 成本

2. 美国项目管理协会提出的项目经理"人才三角"模型认为，项目经理要关注下列哪几个关键技能（　　）？

　　A. 战略和商务管理

　　B. 领导力

　　C. 技术项目管理

　　D. 执行力

3. 以下属于所有项目都具有的特点，包括（　　）。

　　A. 独特性

　　B. 临时性

　　C. 跨部门性

　　D. 不确定性

三、判断题

1.（　　）识别需求后，需要转化为项目的目标，设定目标时必须遵循SMART原则，即目标必须是：具体的、可测量的、有时限的、相关的、有计划的。

2.（　　）项目集管理就是将知识、技能、工具和技术应用于项目活动，以达到组织的要求。

3.（　　）项目组合管理强调达到战略目标，而项目管理则专注于战术目标。

参考答案：

一、单项选择题：1.C，2.D，3.D，4.C，5D

二、多项选择题：1.ACD，2.ABC，3.ABD

三、判断题：

1.（×）解析：识别需求后，需要转化为项目的目标，设定目标时必须遵循SMART原则，即目标必须是：具体的、可测量的、有时限的、相关的、可实现的。

2.（×）解析：项目管理就是将知识、技能、工具和技术应用于项目活动，以达到组织的要求。

3.（√）。

第二章　项目生命周期及其组织结构

第一节　项目生命周期

一、项目生命周期的定义和类型

1. 项目生命周期的定义

项目生命周期是一个项目由启动到收尾所经过的一系列阶段的集合。这些阶段通常按一定的顺序排列，阶段的名称和数量则取决于组织的管理与控制需要、项目特点及行业领域。一般来说，可按照职能目标或分项目标、中间成果或可交付成果，或特定的里程碑来划分这些阶段。每个阶段都应设定明确的时间框架，包括起始点、结束点或关键的控制点，以确保项目的顺利进行。

根据组织或行业的性质、技术特点，可以对项目生命周期进行灵活的设计和调整。尽管每个项目都拥有明确的起点和终点，但在项目的实际执行过程中，具体的可交付成果以及期间所开展的活动往往会因项目的不同而呈现很大的差异。实际上，无论项目涉及何种具体工作，始终可以将项目生命周期作为管理项目的基本框架。

2. 项目生命周期的类型

根据产品开发方法或产品特点，项目生命周期通常可以分为预测型项目生命周期和适应型项目生命周期。传统项目如建筑物，其项目生命周期属于典型的预测型生命周期；IT项目，面临的环境和需求变化大，其项目生命周期属于适应型生命周期。在项目管理的连续方法谱系中，项目生命周期可以灵活地位于预测型（或称计划驱动型）方法和适应型（或称变更驱动型）方法之间的任何位置，即混合型生命周期。在预测型生命周期中，产品和可交付成果在项目启动之初就被明确定义，并且任何范围的变化都会受到严格的管理和控制。相对而言，在适应型生命周期中，产品的开发需要经历多次迭代。每次迭代开始时，才会详细定义该次迭代的具体范围，从而更好地适应变化的需求和环境。这种灵活性使得项目能够在不断变化的市场和技术环境中保持竞争力和创新性。

二、项目生命周期的特点

项目的行业、规模和复杂程度各不相同，但无论其大小繁简，所有项目的生命周期都包括四大构成，即启动项目、组织与准备、执行项目工作、结束项目。所有项目都呈现如

图 2-1 所示的通用项目生命周期结构。

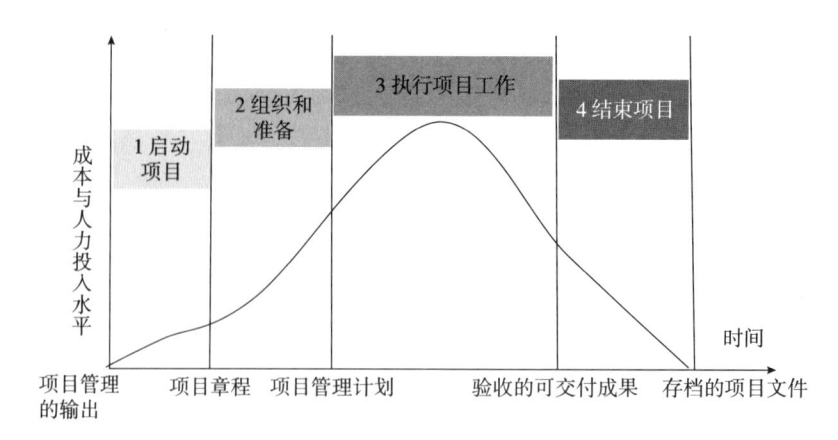

图 2-1　通用项目生命周期结构中典型的成本与人力投入水平

通用项目生命周期结构常用于和高级管理层进行沟通。值得注意的是，通用项目生命周期容易与项目管理过程组（详见第三章第一节）混淆，因为过程组中的过程所包含的活动，可以在每个项目阶段执行或重复执行，也可以在整体项目层面执行或重复执行。项目生命周期通常包含在产品生命周期中，产品生命周期是一个更大的概念。但项目应该考虑该产品当前所处的产品生命周期阶段。虽然项目不同，其性质也不同，但通用项目生命周期结构能从宏观视角为项目间的比较提供参照。

通用项目生命周期结构具有以下特征（图 2-2）：

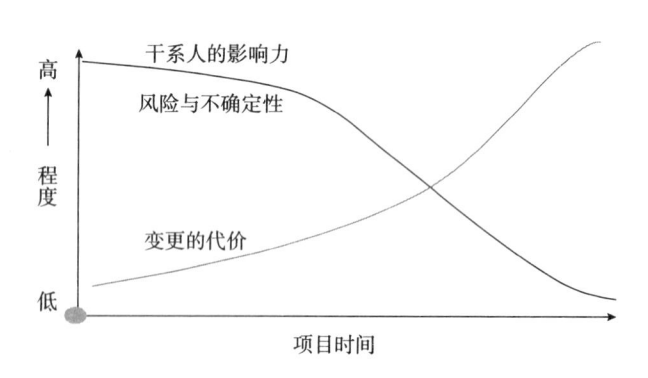

图 2-2　随项目时间而变化的变量影响

（1）成本与人力投入在开始时较低，在工作执行期间达到最高，在项目即将结束时快速回落。需要注意的是，这一模式并不适用于所有项目，有的项目在生命周期早期可能需要较大的支出，以确保所需资源到位。

（2）风险与不确定性在项目开始时最大，在项目生命周期中随着决策的制定与可交付成果的验收而逐渐降低。

（3）在不显著影响成本的前提下，干系人改变项目产品最终特性的能力在项目开始时最大,随着项目的进展而减弱。同时,做出变更和纠正错误的成本,随着项目逐渐接近完成而显著提高。

上述特征在几乎所有项目生命周期中都不同程度存在。许多创新型科技项目采用适应性生命周期或混合型生命周期,其干系人在整个生命周期中的影响力比预测性生命周期中的影响力更大,而变更的成本更低。

在通用生命周期结构的指导下,项目经理可以确定需要对哪些可交付成果施加更为有力的控制,哪些可交付成果完成之后才能完全确定项目范围。大型复杂项目一般将项目分解为若干阶段,以便通过阶段管控更好地控制项目。

三、科技项目生命周期及其独特性

科技项目生命周期是指科技项目从开始到结束的全过程。科技项目生命周期是科技项目管理的核心概念之一,其独特性主要体现在以下几个方面:

1. 创新性

科技项目的核心在于创新,包括技术创新、产品创新、工艺创新等。这种创新性大大增加了科技项目生命周期的不确定性,创新过程中可能会遇到更多预期之外的问题和挑战。

2. 探索性

科技项目通常涉及未知或未完全了解的技术领域,因此需要进行大量的探索和研究。这种探索性使得项目生命周期中的各个阶段都可能充满变数。

3. 风险性

由于科技项目的创新性和探索性,其生命周期中往往伴随着较高的风险。这些风险可能来自技术的不确定性、市场的不稳定性、政策的变化等。

4. 阶段性

科技项目的生命周期通常可以划分为不同的阶段,如研发阶段、试验阶段、推广阶段等。每个阶段都有其特定的任务和目标,需要不同的资源和管理策略。

5. 协作性

科技项目的成功往往依赖于多个团队和部门的协作。在项目生命周期中,需要建立有效的沟通机制和合作模式,以确保项目的顺利进行。

6. 成果导向性

科技项目的最终目标是产生具有实际应用价值或理论意义的成果。在项目生命周期中,需要始终关注成果的质量和影响力,以确保项目的成功。

这些独特性使得科技项目的生命周期管理具有复杂性和挑战性,需要综合运用项目管理、风险管理、创新管理等多方面的知识和技能。

第二节 项目阶段

一、项目阶段的定义和关系

1. 项目阶段的定义

项目阶段是一组具有逻辑关系的项目活动的集合。这些阶段通常具有明确的开始和结束点,以及特定的任务、目标或可交付成果,通常以一个或多个可交付成果的完成为结束。如果待执行的工作具有某种独特性,就可以把它们当作一个项目阶段。一个阶段可能主要执行某个特定项目管理过程组中的过程,但是也会不同程度地执行其他多数或全部项目管理过程。

2. 项目阶段的关系

当项目包含一个以上的阶段时,这些阶段通常按顺序排列,用来保证对项目的适当控制,并产出所需的产品、服务或成果,而在某些情形下,阶段交叠或迭代可能有利于项目。因此,项目阶段之间的关系有三种,分别是顺序关系、交叠关系和迭代关系。

1)顺序关系

顺序关系是指项目的各个阶段按照既定的顺序依次进行,每个阶段都有明确的开始和结束时间,且前一阶段的输出是后一阶段的输入。这种关系有利于减少项目的不确定性,但可能不利于缩短工期。例如,软件开发项目通常遵循顺序关系,如需求分析、设计、编码、测试和部署等阶段依次进行。在需求分析阶段完成后,设计阶段才能开始,以此类推,直至项目完成。

2)交叠关系

交叠关系是指项目的各个阶段在时间上存在重叠,即一个阶段在前一个阶段完成前就开始。这种关系可以节省时间,有利于快速开展工作,但可能增加项目风险和导致返工。例如,在新产品开发项目中,为了缩短上市时间,设计阶段可能与原型制造阶段存在交叠。即在设计还未完全完成时,就开始制造原型,以便尽早发现潜在问题并进行改进。

3)迭代关系

迭代关系是指项目阶段在多次循环中不断完善和优化。每次循环都包括一个或多个阶段的实施和评估,根据评估结果对下一轮循环进行调整和改进。这种关系适用于不明确、不确定或快速变化的环境。例如,在敏捷软件开发项目中,通常采用迭代的方式进行开发。每个迭代周期(如2周或1个月)内,开发团队会完成一部分功能并进行测试,然后根据测试结果和客户需求调整后续的开发计划。通过这种方式,项目团队可以在不断反馈和调整中逐步完善产品。

二、项目阶段的特征

采用项目阶段结构，把项目划分为合乎逻辑的阶段，有助于项目的规划、管理和控制。阶段划分的数量和必要性及每个阶段所需的控制程度，取决于项目的规模、复杂程度和潜在影响。但不论项目被划分成几个阶段，所有的项目阶段都具有以下类似特征：

1. 各阶段的工作重点不同

不同的项目阶段，可能处于不同的地理环境，参与该阶段的组织也不同，需要项目管理者具备不同的知识技能组合。

2. 各阶段过程及运行独特

各阶段需要进行独特的控制或采用独特的过程，以成功交付该阶段的可交付成果或目标。各阶段通常需要反复执行全部五大过程组中的过程，必要时可明确定义阶段的边界，实施额外的过程控制。

3. 阶段性可交付成果的转移或移交代表阶段的结束

阶段结束点是重新评估项目活动，并变更或终止项目的时点。这个时点可称为阶段关口、阶段审查、阶段门或关键决策点。在许多情况下，阶段收尾还需要高管或客户的批准，阶段才能结束。

项目没有统一的最佳结构。同一个行业甚至同一个组织中项目的阶段划分可能也不相同，有些组织会为所有项目制定标准化的结构，有些组织则允许项目管理团队自行选择和裁剪最适合其项目的结构。有些项目仅有一个阶段，有些项目则有两个或多个阶段。

三、科技项目阶段及其管理

科技项目生命周期通常包括以下几个阶段（图2-3）：

（1）立项阶段。确定项目的目标、范围、可行性、预算等关键因素。这个阶段的目标是确保项目的基本要素得到确定，并为后续实施阶段提供基础。

（2）规划阶段。制定详细的计划和进度表，包括人员、资源、时间、预算等方面的安排。这个阶段的目标是确保项目能够按照计划进行，并为实施阶段提供详细的指导。

（3）实施阶段。根据计划进行项目开发和实施工作，涉及研发、采购、制造、测试等活动。这个阶段的目标是确保项目能够按时、按质完成，并满足预定的目标。

（4）收尾阶段。项目完成后的验收、交付和总结工作。这个阶段的目标是确保项目成果得到确认和交付，并总结项目经验教训，为未来项目提供参考。在此阶段还应从产品生命周期维度考虑科技成果移交后的应用创效问题。

需要注意的是，在科技项目的全生命周期中，都要对项目的进展进行跟踪和监控，确保项目按照计划进行，及时发现和解决潜在问题，确保项目能够得到有效的管理和控制。

在科技项目生命周期的不同阶段，管理的重点和任务也有所不同。例如，立项阶段需要确定项目的目标和范围，制定预算和计划；实施阶段需要按照计划进行研发和生产活动，控制成本和质量，这一阶段尤其需要对项目进展进行跟踪和监控，及时发现问题并采取纠正措施；收尾阶段需要进行验收、交付和总结工作，评估项目的成果和经验教训。

科技项目生命周期是科技项目管理的基础，它为项目管理提供了框架和指导，确保项目能够按照预定的目标、范围、时间和预算完成。

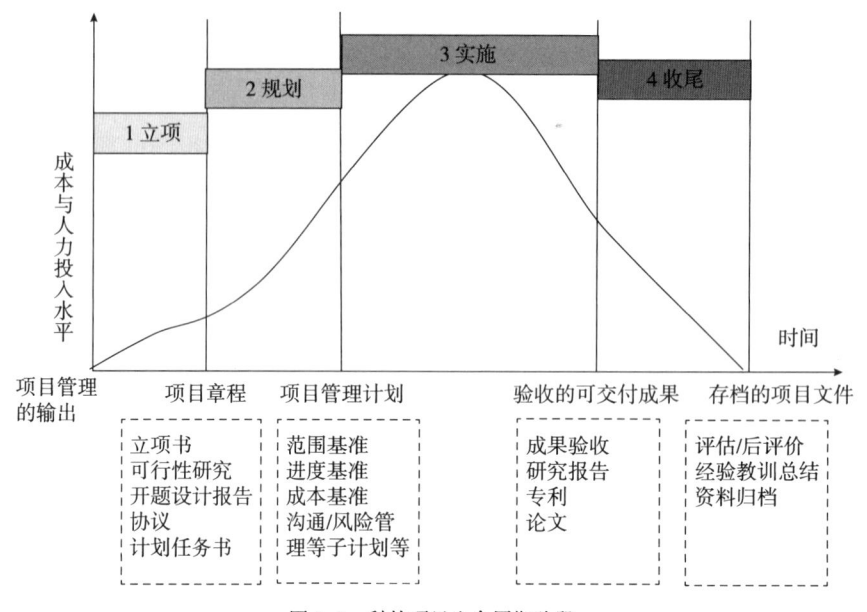

图 2-3　科技项目生命周期阶段

第三节　项目干系人及其管理

一、项目干系人的定义和分类

1. 项目干系人的定义

项目干系人是指所有影响项目的决策、活动或成果的个人、群体或组织，或被项目的决策、活动或成果影响的个人、群体或组织。所有项目团队成员，以及组织内部或外部与项目有利益关系的人员或实体都是项目干系人。项目干系人可能来自项目内部或外部，可能主动或被动参与项目，甚至完全不了解项目。如图2-4所示，干系人包括：

内部干系人： 团队成员；发起人；职能/资源经理；其他项目的项目经理；项目管理办公室；项目集经理；项目组合指导委员会等。

外部干系人： 客户；最终用户；供应商；股东；监管机构；竞争者等。

图 2-4　项目干系人示例

常见项目干系人概念如下：

发起人：为项目提供资源和支持的个人或团体，负责为成功创造条件。发起人可能来自项目经理所在组织的内部或外部。从提出初始概念到项目收尾，发起人一直都在推动项目的进展，包括游说更高层的管理人员，以获得组织的支持，并宣传项目给组织带来的利益。在整个启动过程中，发起人始终领导着项目，直到项目正式批准。对于那些超出项目经理控制范围的事项，将向上汇报给发起人。

客户和用户：客户是将要批准和管理项目产品、服务或成果的个人或组织。用户是将要使用项目产品、服务或成果的个人或组织。客户和用户可能来自项目执行组织的内部或外部，也可能是多层次的。例如，某种新药的客户包括开处方的医生、用药的病人和为之付款的保险公司。在某些应用领域，客户与用户是同义词；而在另一些领域，客户是指项目产品的购买者，用户则指项目产品的直接使用者。

卖方：又称为供应商、供方或承包方，是根据合同协议为项目提供组件或服务的外部公司。

业务伙伴：与本企业存在某种特定关系的外部组织，这种关系可能是通过某个认证过程建立的。业务伙伴为项目提供专业技术或填补某种空白，例如提供安装、定制、培训或支持等特定服务。

组织内的团体：是受项目团队活动影响的内部干系人。例如，市场营销、人力资源、法律、财务、运营、制造和客户服务等业务部门，都可能受项目影响。业务部门和项目团队之间通常都有大量的合作。为了使项目成果能顺利移交生产或运营，业务部门可以对项目需求提出意见，并参与项目可交付成果的验收。

职能/资源经理：在行政或职能领域（如人力资源、财务、会计或采购）承担管理角色的重要人物。他们配有固定员工，以开展持续性工作；他们对所辖职能领域中的所有任务有明确的指挥权。职能经理及其部门可为项目提供相关领域的专业技术或相关服务。

PPP 经理：项目经理、项目集经理和项目组合经理的简称，如其他项目的项目经理、项目集经理、项目组合指导委员会等。

其他干系人： 如采购单位、金融机构、政府机构、主题专家、顾问和其他人，可能在项目中有财务利益，可能向项目提供建议，或者对项目结果感兴趣。

管理者有意识地应用这一概念识别、分析和管理好项目干系人将有助项目成功。我国著名神话小说《西游记》，讲述的就是号称"史上最成功的项目"——唐僧师徒西天取经项目。在该项目中，主要干系人包括：项目经理——唐僧；项目团队成员——孙悟空、猪八戒、沙僧和白龙马（准项目团队成员）；项目发起人（赞助人）——唐太宗；项目高级管理层——如来佛祖，观音菩萨；其他干系人则包括在取经路上帮助项目排忧解难的各路大神小仙等。如果从项目管理视角分析《西游记》，你将发现取经路上遭遇的种种磨难和经验教训，许多都和干系人识别和管理相关。

不同干系人在项目中的职权和责任各不相同，并且随项目生命周期的进展而变化。他们参与项目的方式和程度可能差别很大，有些干系人为项目提供全方位资助，包括资金支持、政治支持或其他类型的支持，有些干系人则只是偶尔参与项目调查或焦点小组活动等。因此，在整个项目生命周期中，及早识别和分析干系人，引导他们合理参与，有效管理他们的期望和参与，对项目成功至关重要。

2. 一般项目干系人的分类

干系人是影响项目成败的第一因素。干系人可能来自公司内部职能部门，也可能来自公司外部合作方。如果在项目早期阶段，能够尽可能多地识别干系人，并将他们按照既定规则分类，同时分析他们的利益、期望、影响力和参与程度等要素，进而制定针对性的管理干系人的策略，就有助于提高干系人满意度，推动项目成功。一般来说，干系人分为两种：第一种，直接投身参与项目的干系人；第二种，虽然不直接投身参与项目，但其利益会因项目成败而受到积极或者消极影响的干系人。从项目管理看，干系人通常分为八类，见表2-1。

表2-1 从项目管理对干系人分类

类别	典型代表	关系特点或识别方法
上方干系人	公司高管	不直接参与项目执行，但其利益会因项目成败而受到影响的干系人
下方干系人	工程师	直接参与项目执行的干系人
前方干系人	一线主管	在项目计划制定和设计方案评审等方面，能够提供帮助指导的干系人
后方干系人	项目发起人	对项目结果进行检视、评测和验收的干系人
内部干系人	职能经理	参与项目执行的各职能部门及其主要负责人
外部干系人	外部公司的合作接口人	在公司对外合作类项目中，与项目团队成员打交道但不在本公司工作的干系人
左侧干系人	外部公司的合作接口人	所有的外部干系人
右侧干系人	外部公司的合作接口人	当某一项目成果需要被用于做其他新项目的时候，那些与新项目合作的干系人

资料来源：杜炎.《互联网项目管理实践精粹》.北京：电子工业出版社，2018.P146

上方干系人、下方干系人和右侧干系人等专业称谓，可能会由于不同公司的组织文化、习惯而有不同的称呼。例如，上方干系人在有些公司里被称为核心干系人、关键干系人等。

3. 科技项目干系人的分类

以集团公司科技管理部下达，直属院所承担的科技项目为例，常见的干系人见表2-2，主要包括11类干系人。在过去的项目执行过程中，第1到第7种是项目团队重点关注的，作为"客户和用户"的专业公司和企业在科技项目管理中发挥的作用尚显不足。近几年，科技管理部在科技项目管理开题论证、验收等关键环节，注意邀请更多的专业公司、企业相关人员参与，让他们以"主题专家"的身份参与项目管理，以便更好地了解并满足其需求。表2-2不仅列示了干系人及其角色，同时还记录了干系人的重要信息，并对其进行优先级分类，制定管理策略。这是干系人管理中非常重要的管理工具——干系人登记册，该工具将在第十三章做进一步介绍。

表2-2　中国石油科技项目干系人登记册

序号	主要干系人	角色	联系方式	需求	期望	利益	影响	优先级分类	管理策略
1	科技管理部	发起人+项目管理办公室							
2	项目经理	项目团队负责人							
3	项目成员	其他团队成员							
4	项目团队的领导	职能经理							
5	研究院科研处	职能部门+项目管理办公室							
6	研究院财务处	职能部门							
7	研究院人事处	职能部门							
8	专家	主题专家							
9	对外协作单位	卖方/业务伙伴							
10	专业公司	客户和用户							
11	企业	客户和用户							

集团公司2017年印发的《中国石油天然气集团公司专业技术专家委员会管理办法》，对建立统一的科技项目管理平台发挥了重要作用，有助于打破项目管理过程中管理部门之间的壁垒。该公司将进一步加强科技管理、生产管理、生产、销售、技术服务等部门及研发单位的深度合作，在科技项目全生命周期，特别是计划、立项、检查、验收等重要环节，合理定义各部门在不同研发阶段的权限与职责，强化干系人管理，群策群力做好科技项目管理工作，提高科技项目成功的可能性。

二、项目团队及其组成

1. 项目团队

项目团队包括项目经理及为实现项目目标而一起工作的一群人，如项目经理、项目管理人员和其他项目团队成员。项目团队可能来自不同单位或部门，他们具有执行项目工作所需的专业知识和技能。不管项目团队的结构和特点如何，项目经理都扮演团队领导者的重要角色。

项目团队中的具体角色包括：

（1）项目管理人员，负责开展项目管理活动的核心成员，具体职责包括规划进度、制定预算、管理沟通、管理风险以及提供行政支持等。项目管理办公室在这些工作中可能扮演参与或支持的角色。

（2）项目人员，执行项目工作以创造可交付成果的关键成员，直接负责项目的实施和成果的产出。

（3）支持专家，在项目管理计划的制定或执行过程中提供重要的专业支持，涵盖合同、财务管理、物流、法律、安全、工程、测试或质量控制等多个方面。他们可全职或兼职参与项目工作。

（4）用户或客户代表，将要接收项目可交付成果或产品的组织，参与项目以协调工作、提出需求建议，或确认项目结果的可接受性。

（5）卖方，又称供应商、供方或承包方，是根据协议为项目提供组件或服务的外部公司。通常，项目团队负责监管卖方的工作绩效并验收其可交付成果或服务。

（6）业务伙伴，是与本企业存在某种特定关系的外部组织，为项目提供专业技术支持，如安装、定制、培训或特定的支持服务等。

（7）业务伙伴成员。业务伙伴组织可派代表参与项目团队，以便协调相关工作。

2. 项目团队的组成

项目团队的组成受组织结构、组织文化、业务范围和地理位置等因素影响，项目经理的权限同样受组织结构、文化和治理等因素影响。在有些环境下，项目经理是团队的直线经理，能全权管理团队成员。而在另一些环境下，项目经理几乎没有管理团队成员的职权，可能只是兼职或按合同领导项目。表2-3展示了项目团队的两种基本组成方式与区别。

表2-3 团队组成方式及其区别

团队组成方式	全职还是兼职	向谁汇报/谁控制成员和资源	适用的组织形式
专职团队	所有或大部分全职	项目经理	项目型/矩阵型
兼职团队	兼职	职能经理	职能型/矩阵型

1）专职团队

全部或大部分项目团队成员都全职参与项目工作。项目团队可能集中办公，也可能是虚拟团队。团队成员通常直接向项目经理汇报工作。这是最简单的结构，职权关系清晰，成员专注于项目目标。

2）兼职团队

项目经理和团队成员除了在本部门从事本职工作，同时又在项目团队从事临时性的项目工作。职能经理控制团队成员和项目资源，项目经理可能同时肩负其他管理职责。兼职的团队成员也可能同时参与多个项目。

专职团队和兼职团队可存在于任何组织结构中。项目团队的组成会因组织结构而发生变化。例如，在科技合作项目上，多个组织通过合同或协议，建立合作、合伙、合资、结盟或联盟关系来开展某个项目。这类项目可用较低的成本获取较大的灵活性，但也面临项目经理对团队成员的控制程度较低等问题，需要建立强大的沟通和监控机制。

项目团队的组成还会受到成员地理位置的影响，如虚拟项目团队的情况。得益于沟通技术的发展，位于不同地理位置或国家的人员能够组成虚拟团队来执行工作任务。虚拟团队可利用协同工具，如共享在线平台、视频会议等，来协调项目活动并传递项目信息。虚拟团队可以采用任何形式的组织结构和团队构成方式。领导虚拟团队的项目经理需要适应文化、语言、时区、工作时间以及当地条件等多方面的差异。

3. 科技项目团队的特点

1）专业性强

科技项目通常涉及复杂的技术问题，需要团队成员具备深厚的专业知识和丰富的经验。团队成员应具备相关技术领域的专业背景和技能，能够进行高效的技术研发和实施。

2）目标明确

科技项目团队的目标通常很明确，团队成员需要围绕这一目标开展工作。目标应具有可衡量性和可达成性，以确保项目的成功实施。

3）团队协作

科技项目团队需要具备良好的团队协作精神，成员之间应相互信任、尊重和支持。在项目实施过程中，团队成员应积极沟通、协调，共同解决问题。

4）创新性强

科技项目通常需要突破现有技术，探索新的解决方案。团队成员应具备创新意识和能力，能够不断提出新的思路和解决方案。

5）注重实践

科技项目的实施需要注重实践和应用。团队成员应具备实际操作能力，能够将理论知识与实践相结合，确保项目的实际效果。

6）跨学科合作

科技项目往往涉及多个学科领域，需要团队成员具备跨学科的知识和技能。团队应积极寻求与其他学科领域的合作机会，充分利用各领域的优势资源，共同推进科技创新。

7）灵活应对变化

科技项目在实施过程中可能会面临各种不确定性和变化。团队成员应具备灵活应对变化的能力，能够及时调整工作策略和方向，确保项目的顺利进行。

三、项目治理

项目治理是指导项目管理活动的框架、功能和过程，以创建独特的产品、服务或结果来满足组织、战略和运营目标。项目治理是一种项目监管职能，覆盖整个项目生命周期，同时它需要服从整体组织治理模式。项目层面的治理包括：

（1）指导和监督对项目工作的管理；

（2）确保遵守政策、标准和指南；
（3）确立治理角色、职责和职权；
（4）关于风险上报、变更和资源的决策；
（5）确保相应干系人的参与；
（6）监督绩效。

项目治理框架为项目干系人提供管理项目的结构、过程、角色、职责、终责和决策模型。项目治理框架的内容包括以下原则或过程：阶段关口或阶段审查；识别、上报和解决风险及问题；明确角色、职责和职权；开展项目知识管理并吸取项目经验教训的过程；超出项目经理职权的决策制定、问题解决等；审查和批准超出项目经理职权的项目及产品变更。

项目治理是"项目管理"的管理，项目治理非常关键，尤其是对于复杂和高风险项目。项目治理需要由项目经理以上的项目组合、项目集或发起组织来确定。在项目治理中，项目管理办公室可做出部分决策。

项目经理和项目团队应该在项目治理框架和时间、预算等因素限制之下确定最合适的项目实施方法。应在项目管理计划中阐述项目治理方法，例如，谁应该参与、升级的流程、需要哪些资源和通用工作方法等。此外，要考虑是否把项目划分成一个以上的阶段；如果是，还要确定具体的项目生命周期。

第四节　项目组织结构类型、特点及其影响

一、项目组织结构的类型和特点

1. 组织结构的定义

组织结构是指一个组织为了实现组织目标，在管理工作中进行分工与协作，在职务范围、角色划分、工作职责和权利义务等方面所形成的结构体系。这种结构体系是整个组织的管理框架，也是公司业务流程运转和职能部门规划的基本依据。组织结构是一种重要的内部事业环境因素，它可能影响项目资源的可用性和项目的执行方式，最终影响项目的成败。同一项目团队，在不同的组织结构中，即使做同样的项目，也可能会得到非常不同的项目结果。

2. 组织结构的类型及其特点

组织结构的类型包括职能型、项目型及介于两者之间的矩阵型结构。这三种组织结构都有各自的优缺点，都对项目管理有着不同程度的影响。下面简要介绍三种主要组织结构及其重要特征。

1）职能型组织结构及特点

职能型组织结构是一种层级结构，在这种结构中，职能经理向总经理汇报工作，而每一个职员都有一个明确的上级。每个职员按照其专业特长，被分派到相应的职能部门工作。在职能型组织结构中，各个部门相互独立地开展各自职能或项目工作。职能型组织结构适用于那些可以由一个职能部门独立完成或者跨部门合作少、项目风险较小的项目。一个项目可能由某一个职能部门独自完成，也可能由多个职能部门共同协作完成。对于多部门协作完成的项目，各部门之间的沟通协调工作需要在职能经理这一层面上进行。职能型组织结构如图2-5所示，其中浅色背景的矩形框表示参与项目活动的职员。

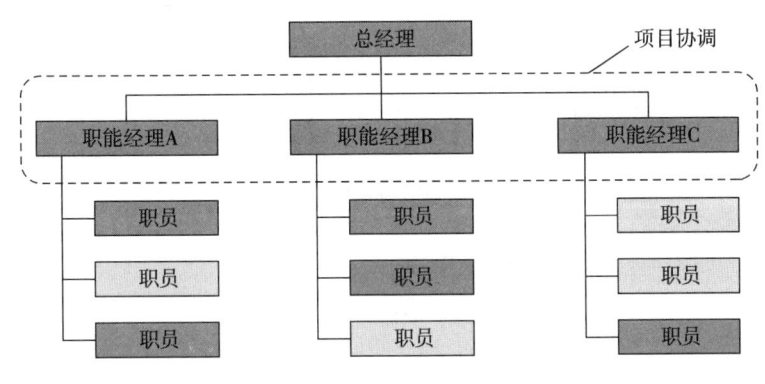

浅色框的职员表示参与项目活动的职员

图2-5 职能型组织结构

职能型组织结构的优缺点见表2-4。

表2-4 职能型组织结构的优缺点

优点	缺点
只向一个上司汇报 有利于专业知识的积累 项目人员有"家"	项目经理没有足够的权力 没有明确的责任人 不利于项目管理经验的积累 部门工作优先
适用于：风险很小，项目较简单，只需要特定技术知识，变更不很多	

2）项目型组织结构及特点

项目型组织结构也是层级结构，但在这种结构下，不是职能经理而是项目经理（或项目集经理）直接向总经理汇报工作。该组织结构建立以项目经理为首的自我管理控制单元，项目团队成员通常集中办公，组织中的大部分资源都被用于项目工作，项目经理拥有较大的职权和资源，可以调动组织的内外部资源。项目型组织结构适用于那些对资源配置要求高、项目规模和项目风险都比较大的项目。

例如，许多大型互联网公司将公司内部非核心业务的技术开发工作外包，由与之合作的软件外包公司派驻技术工程师到互联网公司现场办公，这就是一种项目型组织结构。项目型组织结构有利于沟通协作效率的提升和项目节奏的把控，但项目团队成员往往会缺少一种"家"的归属感，因为当项目结束，项目团队被解散的时候，常常会面临一种"无家可归"的窘境。项目型组织结构如图2-6所示，其中灰色背景的矩形框表示参与项目活动的职员。

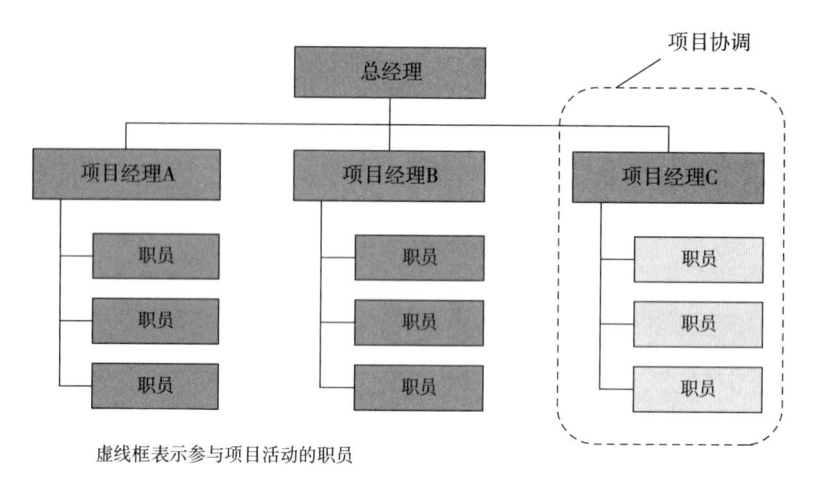

图 2-6 项目型组织结构

项目型组织结构的优缺点见表2-5。

表 2-5 项目型组织结构的优缺点

优点	缺点
项目经理拥有权力及资源 项目成员直接向项目经理汇报 有效沟通，快速决策 对项目忠诚 组织简单，权责明确	公司资源利用率不佳 项目结束时"无家可归" 决策时项目导向
适用于：高风险、规模大、尖端技术、投资大等项目	

3）矩阵型组织结构及特点

矩阵型组织结构介于职能型组织结构和项目型组织结构之间，该组织结构兼具职能型组织结构和项目型组织结构的部分特征。通常，员工既要向职能经理汇报，又要向一个或多个项目经理汇报。例如，许多公司的IT人员经常同时参与两个或两个以上项目，他既要向所参与项目的项目经理汇报，又要向所在IT部门的经理汇报工作。根据项目经理管理权限的不同，矩阵型组织结构又可进一步细分为强矩阵型、弱矩阵型和平衡矩阵型三种类型。矩阵型组织结构适用于那些跨部门、跨职能，甚至跨多个产品线的项目。

矩阵型组织结构优点是能够有效地利用资源，项目团队成员都属于某一职能部门，因而有"家"的归属感，同时也会给项目更多的支持，有利于项目风险和问题的解决。其较大的缺点是，对于项目团队成员个人来讲，常常有"两个老板"，要作双重汇报，平时既要参与项目工作，又要完成所在职能部门的一些工作。如果缺少必要的正向激励机制，就会导致项目团队成员产生疲倦和抵触心理，影响项目工作的进展。矩阵型组织结构如图2-7所示，其中灰色背景的矩形框表示参与项目活动的职员。

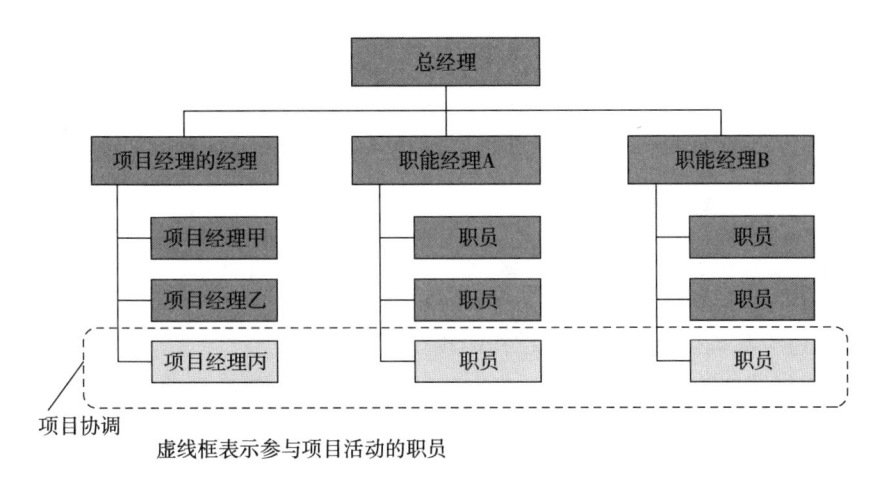

图 2-7　矩阵型组织结构

矩阵型组织结构的优缺点见表 2-6。

表 2-6　矩阵型组织结构的优缺点

优点	缺点
有效利用资源	结构复杂
成员有"家"，有利于专业技术积累	双重汇报
跨部门的信息流通	权责冲突
有人关注项目目标	运作成本高，需更多程序
适用于：复杂、跨部门、跨职能、跨专业的项目	

很多组织在不同的组织层级上用到上述所有的结构，这种组织通常被称为复合型组织。例如，典型的职能型组织，也有可能建立专门的项目团队，来实施高优先级的重大项目。该团队可能具备项目型组织中项目团队的许多特征。在项目期间，它可能拥有来自不同职能部门的全职人员，可以裁剪制定合适的流程，甚至可在标准化的正式汇报结构之外运作。同样，一个组织可以采用强矩阵型结构管理其大多数项目，而小项目仍由职能部门采用职能型结构来管理。

二、组织结构的影响

1. 组织结构对项目的影响

表 2-7 显示了 3 种组织结构及其与项目有关的重要特征，也代表这些组织结构对项目的影响。

表 2-7 组织结构及其对项目的影响

组织结构 项目特征	职能型	矩阵型			项目型
		弱矩阵	平衡矩阵	强矩阵	
项目经理职权、可用的资源	很少或没有	有限	小到中	中到大	大到几乎全权
项目预算控制者	职能经理	职能经理	职能经理与项目经理	项目经理	项目经理
项目经理角色	兼职	兼职	兼职	全职	全职
项目管理行政人员	兼职	兼职	兼职	全职	全职

项目经理还应掌握以下关于组织结构的规律性认识：

（1）组织结构决定项目经理权责大小：从职能型、矩阵型到项目型组织，项目经理权责由小到大。

（2）在职能型和弱矩阵组织中，项目经理充当联络员或协调员角色，通常没有或只有很小的决策权。

（3）项目经理权小责大是常态。没有人员配备权、提拔权等。

（4）矩阵组织中一个关键因素是界定职能经理和项目经理的职责。

（5）学者研究表明，三种组织结构中，项目型组织能为支持成功的项目管理提供更好的环境。

（6）复合型组织：各种组织结构各有优缺点，没有高低优劣之分，组织应该在不同项目中灵活使用不同的组织结构，让组织成为所谓的复合型组织。

2. 识别并善用组织结构

组织结构作为项目管理工作的一种重要支撑环境，直接决定项目经理权责大小，直接影响项目管理工作的效率和效果。组织结构的设计也反映了一个组织对项目管理的重视和支持。公司的组织结构调整，可能会让项目管理工作更顺畅，也可能会让其更阻滞。例如，某公司项目管理办公室从刚开始设立到运作过程中取消，再到后来又重新设立，这一系列过程变化，正体现了这家公司在其组织结构调整中项目化管理的发展道路。对一个重要项目来说，如果处在一个项目管理工作举步维艰的组织结构环境中，那么即使领导者分派一位优秀的项目经理负责管理，最后项目结果也很可能会是失败的。因为在这种组织结构中，可能就没有项目管理存在的土壤、生态和文化，仅凭项目管理的方法、策略无法确保项目成功。

因此，项目经理要做好项目管理工作，首先，深入分析项目组织结构，把握并善用组织结构的特点，因为不同的项目结构，其权限和资源就不同；其次，评估在当前组织结构下的项目管理成熟度水平；最后，在项目运作中遇到的重大问题，要考虑组织结构等结构性、本质性问题，善于获得高层领导的关注和资源支持。如果不从组织结构的层面去分析，如果不从权责利分配的视角去思考，即使再优秀的项目经理在这样的组织结构做项目，也难免会失败。

三、科技项目组织结构及其特点

科技项目的组织结构和一般项目的组织结构相似,主要有以下几种类型:

1. 职能型科技组织的结构与特点

这种组织结构有利于发挥资源优势,人员使用上具有灵活性,技术专家可以同时参与不同的项目,部门内专业人员易于交流。当有人离开时,可以保持项目技术的连续性,并为本部门专业人员提供升迁途径。然而,这种结构较少考虑项目和客户的利益,管理职责不清晰、管理层次多、协调困难、对客户响应慢、人员积极性差以及跨部门交流困难。这种结构通常适用于小型科技项目。

2. 项目型科技组织的结构与特点

这种组织结构将项目从公司组织中分离出来,作为独立的单元来处理,拥有自己全职的技术人员和管理人员。项目经理对项目全权负责,可以调用整个组织内部与外部的资源。项目组织的所有成员直接对项目经理负责,每个成员只有一个上司,避免了多重领导。项目决策速度快,能对客户的需要和高层的意图做出快速响应。项目的目标单一,项目组成员能够明确理解并达成这一目标,团队精神能够充分发挥。同时,由于项目从职能部门中分离出来,沟通简洁高效,在进度、成本和质量等方面的控制较为灵活。然而,对项目组成员来说,这种结构可能缺乏事业的连续性和保障,项目一旦结束,项目组成员可能"无家可归"。

3. 矩阵型科技组织的结构与特点

这是较新型的科研组织结构,兼具职能型和项目型组织结构的优点。在这种结构中,项目成员既属于某个职能部门,又属于某个具体项目。这种结构可以充分利用组织的资源,提高项目的执行效率。然而,矩阵型组织结构会导致双重领导的问题,即项目成员可能同时接受来自职能部门和项目经理的领导,这必然会产生冲突和混乱。

4. 跨学科综合型科技组织的结构与特点

这种组织结构强调不同学科和组织之间的合作和整合,以促进科技创新。在这种结构中,不同学科领域的专家共同参与项目,共享知识和资源,从而产生更多的创新想法和解决方案。这种组织结构对于解决复杂的科技问题的项目特别有效。

科技项目的组织结构应根据项目的特点、目标、资源等因素进行选择和设计。不同的组织结构具有不同的优缺点,需要根据实际情况做出权衡取舍。

第五节 组织过程资产

一、组织过程资产及其分类

1. 组织过程资产的定义

组织过程资产是执行组织所特有并使用的计划、政策、过程、程序和知识库，会影响对具体项目的管理。组织过程资产包括来自所有项目参与组织的，可用于管理项目的任何模板、文件、成果、实践或知识等，还包括组织以往项目的经验教训和历史信息。组织过程资产可能还包括已完成的进度计划、风险数据和挣值数据。资产是能够给未来带来效益或者价值的任何东西，如企业的厂房，机器设备等，在项目管理中，创建并不断积累、优化的各种过程、程序和知识库（包括经验教训等）对未来项目和组织的成功极为重要，因而被视为一种重要资产。这种理念和做法非常值得科技管理者重视并借鉴。组织过程资产是大部分项目规划过程的输入。在项目全生命周期中，项目团队成员可以对组织过程资产进行必要的更新和增补。

2. 组织过程资产的分类

组织过程资产可分成以下两大类：（1）政策、过程和程序；（2）共享知识库。具体内容见表2-8。充分利用过往的组织过程资产，可以有效提升项目执行效率和效果，借鉴以往类似项目的经验教训，避免再次掉进同一个"坑"，规避和降低项目风险，提升组织未来对项目的管理能力。

表2-8 组织过程资产分类及示例

分类名称	示例	负责人/部门
政策、过程和程序	（1）政策、标准和流程，如项目管理政策、健康与安全政策、质量政策与流程等； （2）指南、指示、准则，如用于裁剪组织标准流程和程序的指南、标准化的指南、工作指示、建议书评价准则、绩效测量准则等； （3）模板，如项目管理计划、项目文件、变更日志、合同、风险登记册、干系人登记册模版等； （4）规定、要求，如组织对沟通的要求、收尾要求等； （5）程序，如问题与缺陷管理程序，变更控制程序，风险控制程序等	项目管理办公室或项目以外的其他职能部门
共享知识库	（1）数据库，如问题与缺陷管理数据库、测量指标数据库、财务数据库等； （2）知识库，如项目历史信息与经验教训知识库、配置管理知识库等； （3）档案库，以往项目的档案（如范围、进度、成本与绩效测量基准、风险报告、关键技术架构方案及代码等）	项目团队成员

二、科技企业组织过程资产及应用

科技企业组织过程资产是指在科技企业项目管理过程中积累的知识、经验、流程、方法、工具和标准等，这些资产对于科技企业的持续发展和创新至关重要。

科技企业组织过程资产主要包括以下几个方面：

1. 技术研发流程和方法

科技企业在技术研发过程中形成的一套完整的管理流程和方法，包括需求分析、设计、开发、测试、发布等阶段的管理流程和方法。这些流程和方法可以帮助企业高效地管理技术研发项目，提高研发效率和质量。

2. 技术文档和知识产权

科技企业在技术研发过程中形成的技术文档和知识产权，如专利、商标、著作权等，这些资产是企业技术创新的重要成果，也是企业核心竞争力的重要组成部分。

3. 项目经验教训

科技企业在过去项目中积累的经验教训，包括项目成功和失败的原因、问题和解决方案等，这些经验教训可以为新项目的实施提供重要的参考和借鉴，帮助企业避免重蹈覆辙，提高项目成功率。

4. 项目管理工具和软件

科技企业在项目执行过程中使用的各种项目管理工具和软件，如项目管理软件、版本控制工具、测试管理工具等，这些工具和软件可以提高项目执行效率和质量，帮助企业更好地管理项目。

科技企业组织过程资产的管理和利用对于企业的持续发展和创新至关重要。通过不断积累和优化组织过程资产，科技企业可以提高自身的核心竞争力，实现技术创新和业务增长。同时，科技企业还需要注重组织过程资产的保密和保护，避免知识产权的泄露和侵犯。

思考题

一、单项选择题

1. 张强是一家综合服务公司的资深项目经理，公司业务众多，他常常需要组织一些团队为不同客户提供不同的产品和服务成果，客户认可后团队随即解散，员工很快又会被分派到其他团队。这种组织结构类型属于（　　）。

A. 强矩阵

B. 项目型

C. 职能型

D. 弱矩阵

2.一名新团队成员加入项目。由于新团队成员之前在公司中没有任何经验，项目经理建议团队成员查看公司之前项目的项目文件和资料。项目经理是希望他好好利用下列哪一项（　　）？

A. 基础设施

B. 项目管理信息系统

C. 组织过程资产

D. 事业环境因素

3.项目管理中的一个重要概念，就是在项目的主要阶段结束时要进行评估。下述哪一个不是通常用来描述这种评估的说法（　　）？

A. 阶段门

B. 关键决策点

C. 标杆对照

D. 阶段关口

4.以下关于项目生命周期特征表述错误的是：（　　）

A. 项目阶段按顺序衔接，但也可快速跟进

B. 开始时项目的风险和不确定性最小

C. 开始时干系人的影响力（改变项目产品最终特性的能力）最高

D. 变更和纠正错误的代价在项目接近完成时显著增高

二、多项选择题

1.通用的项目生命周期结构包括：（　　）

A. 启动项目

B. 组织与准备

C. 执行项目工作

D. 结束项目

2.项目型组织结构的缺点包括：（　　）

A. 公司资源利用率不佳

B. 没有明确的责任人

C. 决策时项目导向

D. 项目结束时"无家可归"

3.项目阶段之间的关系有以下几种：（　　）

A. 交叠关系

B. 迭代关系

C. 互补关系

D. 顺序关系

三、判断题

1.（　　）矩阵组织中一个关键因素是界定职能经理和项目经理的职责。

2.（　　）组织过程资产中的流程和程序，由项目管理办公室或项目外其他职能部门负责更新；组织过程资产中的共享的知识库，则由项目经理更新。

3.（　　）在职能型和弱矩阵型组织中，项目经理充当联络员或协调员角色，通常没有或只有很小的决策权。

参考答案：

一、单项选择题：1. B，2. C，3. C，4. B

二、多项选择题：1. ABCD，2. ACD，3. ABD

三、判断题：

1.（√）。

2.（×）解析：组织过程资产中的流程和程序，由项目管理办公室或项目外其他职能部门负责更新；组织过程资产中的共享的知识库，则由项目团队成员更新。

3.（√）。

第三章 项目管理过程

第一节 项目管理过程及其相互作用

一、项目管理过程和过程组

过程： 在项目管理中，过程是指一系列有序的活动和任务，用于实现特定的目标和交付成果。每个过程都有各自的输入、工具和技术以及相应输出。

根据其用途，可将项目管理过程归为五大过程组（图3-1）。

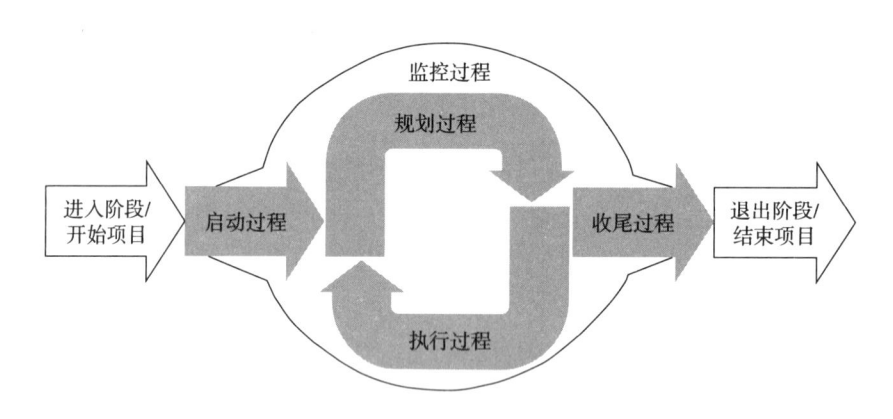

图3-1 项目管理过程组

启动过程组： 定义及授权一个项目或项目阶段的一组过程。启动过程组旨在确立项目的目标、范围和干系人的期望。

规划过程组： 明确项目全部范围、定义和优化目标，制定项目执行和控制的详细计划的一组过程。规划过程组包括一系列活动和任务，用于定义项目的范围、目标、资源需求、进度安排、成本估算、风险管理计划等。

执行过程组： 是按照项目管理计划执行项目活动，以实现项目的目标和交付成果的一组过程。

监控过程组： 跟踪、审查和调整项目的进展和绩效，识别偏差并及时启动变更，必要时采取措施来纠正偏差的一组过程。

收尾过程组： 为完成项目或阶段的各项工作，确保项目交付的成果得到认可，并对项目或阶段进行总结和结算的一组过程。

二、项目管理过程的相互作用

项目管理五大过程组有清晰的相互依赖关系，这些相互作用有助于确保项目的顺利进行和成功交付。以下是一些项目管理过程之间的主要相互作用（图 3-2）。

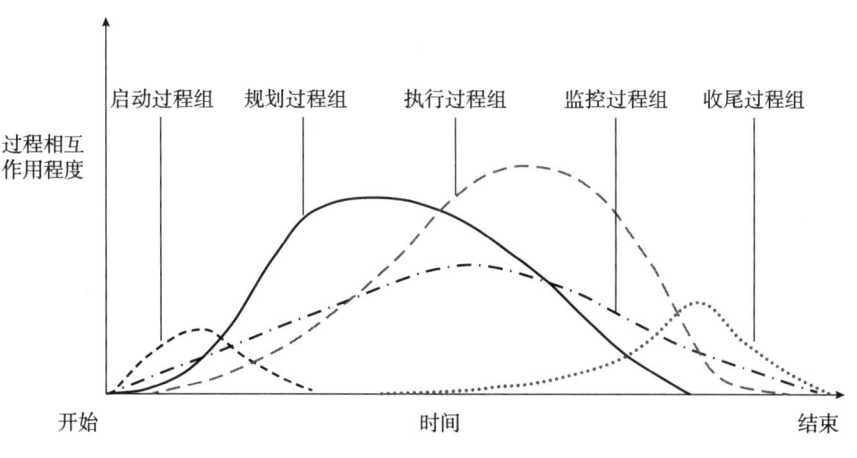

图 3-2 过程组在项目阶段中的相互作用

1. 启动过程组与规划过程组

启动过程组定义了项目的初步范围和目标，为规划过程组提供了基础信息。规划过程组则根据这些信息制定详细的行动方案和项目管理计划，以确保项目的顺利实施。

2. 规划过程组和执行过程组

规划过程组中确定的项目管理计划为执行过程组提供指导和依据。执行过程组根据项目管理计划执行项目工作，同时也会发现一些需要进行规划修订的情况。

3. 规划过程组和监控过程组

规划过程组中确定的项目管理计划为监控过程组提供基准和标准。监控过程组根据项目管理计划来监督项目的执行情况，并对执行情况进行比较和分析，以及做出必要的调整。

4. 执行过程组和监控过程组

执行过程组中完成的工作会产生项目数据，监控过程组会使用这些数据进行项目绩效的评估和监控，并及时采取必要的措施。

项目完成之前，往往需要反复实施各过程组及其所含过程。

5. 规划过程组和收尾过程组

规划过程组中确定的项目管理计划为收尾过程组提供项目完成的标准和依据。收尾过程组根据项目管理计划来总结项目的成果和经验教训，并完成项目的交付和结算。

6. 执行过程组和收尾过程组

执行过程组中完成的工作和项目成果为收尾过程组提供交付的基础，同时也为总结项目经验教训提供实际案例和数据支持。

一个过程组包含若干项目管理过程，各项目管理过程组以所产生的输出相互联系。

过程组不同于项目阶段，大型或复杂项目可以分解为不同的阶段或子项目，如可行性研究、设计、建模等，每个阶段或子项目通常都要重复所有过程组，在每个阶段内严格实施各个具体过程。

第二节　项目管理五大过程组

一、启动过程组

启动过程组是定义及授权一个项目或项目阶段的一组过程。

启动过程组中的过程包括制定章程和识别干系人。具体活动包括：选择项目、确定项目总体目标、定义初步范围、落实初步财务资源、制定并发布项目章程、分析项目需求、分析项目事业环境因素、收集组织过程资产、确定可交付成果、识别主要的制约因素和假设条件、识别主要的资源需求、识别干系人、规划并管理干系人等。

启动过程组的目的是：协调干系人期望与项目目的，告知干系人项目范围和目标，并商讨他们对项目及相关阶段的参与将如何有助实现其期望。

启动过程组需要注意：

（1）启动过程要授权项目经理为开展后续项目活动而动用组织资源。

（2）在每个阶段开始时进行启动过程，有助于保证项目符合其预定的业务需要，验证成功标准，审查项目干系人的影响和目标。然后决定该项目是否继续、推迟或中止。

（3）让发起人、客户和其他干系人参与其他过程，可以建立对成功标准的共同理解，降低参与费用，提升可交付成果的可接受性，提高客户和其他干系人的满意度。

（4）启动过程可以由项目控制范围以外的组织、项目集或项目组合过程来完成。

（5）关于项目启动决策的文件还可以包括初步的项目范围描述、可交付成果、项目工期，以及为进行投资分析所做的资源预测。

二、规划过程组

规划过程组是明确项目全部范围、定义和优化目标，制定项目执行和控制的详细计划的一组过程。

规划过程组中的过程包括：制定项目管理计划；规划范围管理、收集需求、定义范围、创建工作分解结构；规划进度管理、定义活动、排列活动顺序、估算活动资源、估算活动持续时间、制定进度计划；规划成本管理、估算成本、制定预算；规划质量管理；规划人力资源管理；规划沟通管理；规划风险管理、识别风险、实施定性风险分析、实施定量风险分析、规划风险应对；规划采购管理；规划干系人管理等。

规划过程组为执行过程组提供项目管理计划和项目文件，而且随项目进展不断渐进明细并更新。

由于反馈和优化不能无止境地进行下去，组织应该制定程序来规定初始规划过程何时结束。制定这些程序时，要考虑项目的性质、既定的项目边界、所需的监控活动以及项目所处的环境等。

在规划项目、制定项目计划和项目文件时，应当鼓励所有干系人参与。

初始规划工作完成后形成的项目管理计划需经批准，该计划包含范围、成本、进度基准及其他子计划。在整个项目期间，监控过程将把项目绩效与基准进行比较。

三、执行过程组

执行过程组是按照项目管理计划执行项目活动，以实现项目的目标和交付成果的一组过程。

执行过程组中的过程包括：指导与管理项目工作；管理质量；建设团队、管理团队；管理沟通；实施风险应对；实施采购；管理干系人参与等。

执行过程组需要注意：

（1）执行过程组要按照项目管理计划来协调资源，管理干系人参与，以及整合并实施项目活动。

（2）需要根据项目管理计划执行项目工作。

（3）相当多的项目预算、资源和时间将用于开展执行过程组的过程。

（4）开展执行过程组的过程，可能导致变更请求。一旦变更请求获得批准，则可能需要重新修订项目管理计划和相应的项目文件，甚至可能要建立新的基准。

四、监控过程组

监控过程组是跟踪、审查和调整项目的进展和绩效，识别偏差并及时启动变更，必要时采取措施来纠正偏差的一组过程。

监督是收集项目绩效数据，计算绩效指标，并报告和发布绩效信息。控制是比较实际绩效与计划绩效，分析偏差，评估趋势以改进过程，评价可选方案，并建议必要的预防或纠正措施。

监控过程组的过程有：监控项目工作、实施整体变更控制；确认范围、控制范围；控制进度；控制成本；控制质量；控制沟通；监督风险；控制采购；控制干系人参与等，以保证项目实施符合计划要求。

监控过程组的主要作用是，按既定时间间隔，在特定事件发生时或异常情况出现时，对项目绩效进行测量和分析，以识别和纠正与项目管理计划的偏差。其主要工作包括：

（1）评价变更请求并制定恰当的响应行动。

（2）建议纠正措施，或者对可能出现的问题建议预防措施。

（3）对照项目管理计划和项目基准，监督正在进行中的项目活动。

（4）确保只有经批准的变更才能付诸执行。

（5）持续的监督使项目团队和其他干系人得以洞察项目的健康状况，并识别需要格外注意的方面。

（6）在监控过程组，需要监督和控制每个知识领域、每个过程组、每个生命周期阶段以及整个项目中正在进行的工作。

五、收尾过程组

收尾过程组是为完成项目或阶段的各项工作，确保项目交付的成果得到认可，并对项目或阶段进行总结和结算的一组过程。收尾过程组旨在核实为完成项目或阶段所需的所有过程组的全部过程均已完成。

收尾过程组的主要作用是，确保恰当地关闭阶段、项目和合同。

收尾过程组包括一个过程：结束项目或阶段过程。其主要工作包括：

（1）验收项目产品，获得客户或发起人的验收。

（2）进行项目后评价或阶段结束评价。

（3）记录裁剪任何过程的影响。

（4）记录经验教训，对组织过程资产进行适当的更新。

（5）整理项目档案，将所有相关项目文件在项目信息管理系统中归档，以便作为历史数据使用。

（6）结束采购工作、进行采购审计。

（7）对团队成员进行评估，释放项目资源。

第三节　项目信息流

一、项目信息流

项目信息是指在项目管理过程中所使用的各种数据、文档、报告、规范、标准等，用于支持项目管理活动的决策制定、执行和监控。项目信息可以包括项目的范围、目标、需求、约束条件、资源分配、进度计划、风险分析、质量标准等内容。

工作绩效数据：是指项目执行过程中产生的关于工作实际执行情况的原始数据和记录。这些数据通常是定量的，反映了项目工作的实际状态、进展和绩效情况，包括但不限于工作量、进度、成本、质量、风险等方面的数据。工作绩效数据通常是客观、实时的，并且可以用来支持项目管理团队对项目执行情况的分析和决策。

工作绩效信息：是对工作绩效数据进行分析和解释后得出的结果，用于向相关干系人传达关于项目工作绩效的信息。工作绩效信息包括对工作绩效数据的解释、趋势分析、预测结果、问题识别以及对项目绩效的评估等内容。

工作绩效报告：是根据工作绩效信息和其他相关数据，向项目管理团队、利益相关者和干系人传达项目工作绩效情况的文件或文档。工作绩效报告通常包括项目执行情况、进度、成本、质量、风险等方面的绩效信息，以及对这些信息的分析、解释和评估。

二、项目信息流及其管理

图 3-3 展示了项目信息在各过程间的流动情况。

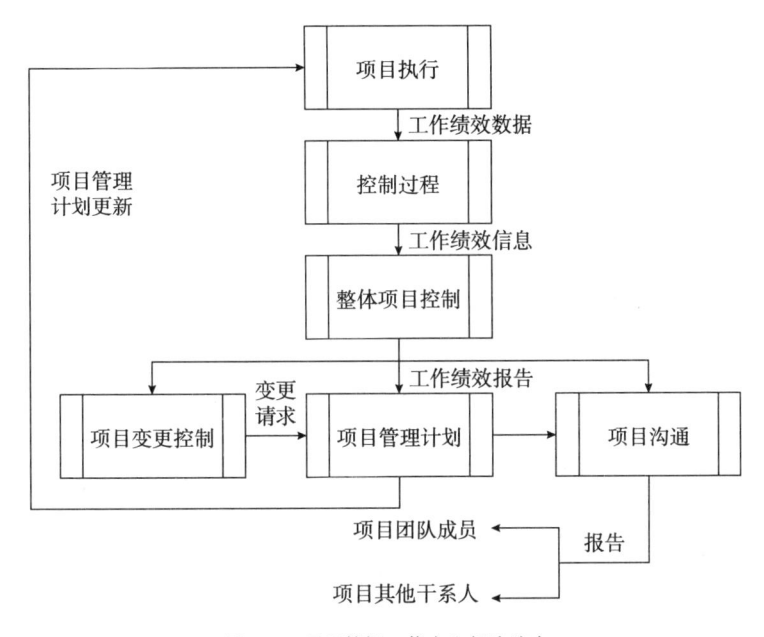

图 3-3　项目数据、信息和报告流向

第四节　项目管理知识领域

一、项目管理知识领域及其作用

项目管理知识领域是指项目管理中涉及的各种知识领域和专业领域，包括但不限于项目整合管理、范围管理、进度管理、成本管理、质量管理、人力资源管理、沟通管理、风险管理、采购管理和干系人管理等。这些知识领域提供了项目管理所需的理论、方法、工具和技术，帮助项目管理团队有效地规划、执行、监控和收尾项目。

以下是各个项目管理知识领域的主要作用：

整合管理： 协调和整合各个知识领域的活动，确保项目按计划执行。
范围管理： 确保明确项目的范围，防止范围蔓延和变更。
进度管理： 制定项目进度计划，确保项目按时完成。
成本管理： 估算、预算和控制项目成本，确保项目在预算内完成。
质量管理： 确保项目交付的成果符合质量标准和客户期望。
人力资源管理： 有效管理项目团队，确保团队成员的有效协作和绩效。
沟通管理： 确保项目干系人之间的有效沟通和信息传递。
风险管理： 识别、评估和应对项目风险，提高正面风险的概率和影响，降低负面风险的概率和影响。
采购管理： 管理项目采购活动，确保项目所需资源的获取。
干系人管理： 管理项目干系人的期望和需求，确保项目干系人的满意度。

二、科技项目管理知识领域的特点

科技项目管理知识领域具有几个特点：

技术复杂性： 科技项目通常涉及高度复杂的技术和工程问题，需要项目管理团队具备深厚的专业知识和技术能力，以有效地规划、执行和监控项目。

创新性： 科技项目通常处于不断变化和创新的环境中，需要项目管理团队具备创新思维和灵活的应对能力，以适应快速变化的技术和市场需求。

风险性： 科技项目往往伴随着较高的技术和市场风险，需要项目管理团队具备有效的风险管理能力，识别和评估各种潜在风险，并采取相应的风险应对措施。

快速变化： 科技行业的快速发展和技术更新换代，使得科技项目的周期通常较短，要求项目管理团队具备高效的项目执行和交付能力，以满足市场的快速变化。

多学科交叉： 科技项目通常涉及多个学科和领域的交叉，需要项目管理团队具备跨学科的知识和技能，协调和整合各种专业资源，确保项目的顺利实施。

干系人的复杂性： 科技项目的利益相关者通常包括技术人员、业务人员、客户、供应商等多方面的利益相关者，需要项目管理团队具备有效的干系人管理能力，平衡各方利益，确保项目目标的实现。

资源整合性： 科技项目通常需要整合各方面的资源，包括人力、物力、财力、技术等。项目管理团队需要具备较高的资源整合能力，能够有效地协调各方面资源，确保项目的顺利实施。

规范性和严谨性： 科技项目管理需要遵循严格的规范和流程，如科研伦理、知识产权保护等。项目管理团队需要具备较高的规范意识和严谨性，确保项目的合法合规和学术道德。

思考题

一、单项选择题

1. 以下选项哪一个是定义及授权一个项目或项目阶段的一组过程。（　　）
   A. 启动过程组
   B. 收尾过程组
   C. 监控过程组
   D. 规划过程组

2. 收集项目绩效数据，计算绩效指标，并报告和发布绩效信息是属于哪一个过程组的工作？（　　）
   A. 启动过程组
   B. 收尾过程组
   C. 监控过程组
   D. 规划过程组

3. 以下选项哪一个是指项目执行过程中产生的关于工作实际执行情况的原始数据和记录。（　　）
   A. 工作绩效信息
   B. 工作绩效数据
   C. 工作绩效偏差
   D. 工作绩效报告

4. 实施定性/定量风险分析属于哪一个过程组？（　　）
   A. 启动过程组
   B. 执行过程组
   C. 监控过程组
   D. 规划过程组

5. 指导与管理项目工作属于哪一个过程组？（　　）
   A. 启动过程组
   B. 收尾过程组
   C. 执行过程组
   D. 规划过程组

二、判断题

1.（   ）科技项目通常涉及多个学科和领域的交叉，需要项目管理团队具备跨学科的知识和技能，协调和整合各种专业资源，确保项目的顺利实施。

2.（   ）工作绩效数据通常是客观、实时的，并且可以用来支持项目管理团队对项目执行情况的分析和决策。

3.（   ）项目管理五大过程组在项目或阶段内有清晰时间边界，彼此互不重叠。

4.（   ）在每个阶段开始时进行启动过程，有助于保证项目符合其预定的业务需要，验证成功标准，审查项目干系人的影响和目标。

5.（   ）工作绩效数据包括对工作绩效信息的解释、趋势分析、预测结果、问题识别以及对项目绩效的评估等内容。

参考答案：

一、单项选择题：1. A，2. C，3. B，4. D，5. C

二、判断题：

1.（√）。

2.（√）。

3.（×）解析：项目管理五大过程组在项目或阶段内有清晰的相互依赖关系，在时间上可能会重叠。

4.（√）。

5.（×）解析：工作绩效信息包括对工作绩效数据的解释、趋势分析、预测结果、问题识别以及对项目绩效的评估等内容。

第二篇

体系篇

　　本篇包括第四章至第十三章，是科技项目管理的核心。本篇将系统阐述科技项目管理十大知识领域——整合、范围、进度、成本、质量、人力资源、沟通、风险、采购和干系人领域所涉及的过程、过程的输入、工具技术和输出。本篇将结合科技项目特点和案例，重点介绍常用的工具技术和输出。通过本篇学习，您将全面深入地理解实用的科技项目管理知识和技术，而这些知识和技术将成为提升科技项目管理效率和效果的利器。

第四章　科技项目整合管理

第一节　项目整合管理概述

一、项目整合管理的含义

项目整合管理指为识别、定义、组合、统一与协调各项目管理过程组的各种过程和活动而开展的过程与活动。整合包含统一、合并、沟通和集成的性质。项目整合管理具有综合性、全局性的特点，对项目从规划到完成、成功管理干系人期望和满足项目要求，都至关重要。项目整合管理是项目管理的核心，是为了实现项目各要素之间的相互协调，并在相互矛盾、相互竞争的目标中寻找最佳平衡点，达到整体最优。

二、项目整合管理的重要性

（1）在相互矛盾的范围、预算、质量等各分目标之间整合。
（2）在需求和利益不一致的干系人之间整合。
（3）项目要在与各职能部门衔接处进行整合。
（4）所有项目5大过程组10大知识领域中的各个过程都需要整合。
（5）项目可交付成果需要同执行组织或客户的持续运营及长期战略规划整合。
（6）预测潜在问题并处理，避免日后恶化。

三、项目整合管理的主要过程

项目整合管理包括了6个主要过程：
（1）制定项目章程——编写一份正式批准项目并授权项目经理在项目中使用组织资源的文件的过程。
（2）制定项目管理计划——定义、准备和协调所有子计划，并把它们整合为一份综合项目管理计划的过程。项目管理计划包括经过整合的项目基准和子计划。
（3）指导与管理项目工作——为实现项目目标而领导和执行项目管理计划中所确定的工作，并实施已批准变更的过程。
（4）监控项目工作——跟踪、审查和报告项目进展，以实现项目管理计划所确定的绩效目标的过程。

（5）实施整体变更控制——审查所有变更请求，批准变更，管理对可交付成果、组织过程资产、项目文件和项目管理计划的变更，并对变更处理结果进行沟通的过程。

（6）结束项目或阶段——完结所有项目管理过程组的所有活动，已正式结束项目或阶段的过程。

第二节　制定项目章程

一、制定项目章程的含义

制定项目章程是项目整合管理中的一个关键过程，其目的是正式批准一个新项目或现有项目的新阶段，并授权项目经理在项目活动中使用组织资源。该过程的主要作用是明确项目与组织战略目标之间的直接联系，确立项目的正式地位，展示组织对项目的承诺。

制定项目章程的过程是对项目需求和预期成果的正式认可，它为项目的实施设定了基本的框架和方向。在这个过程中，项目的目标、范围、总体里程碑、预期可交付成果、主要风险、干系人及其期望等都被明确和记录。这确保了所有干系人对项目有共同的理解和期望，并为项目的成功实施奠定基础。

一般一个项目只需编制一次项目章程。对于执行敏捷管理或混合型管理的项目，可以将项目愿景陈述与项目章程进行整合。

二、主要输入

1. 项目工作说明书

是对项目需交付的产品、服务或成果的叙述性说明。一般包括：业务需要、产品范围描述和战略计划等。对于内部项目，一般由项目发起人根据业务需要及对产品或服务的需求来提供；对于外部项目，则由客户提供，一般包括：业务需要、产品范围描述和战略计划。

2. 商业论证

这是一个正式的文件，从商业角度提供必要的信息，决定项目是否值得投资。高于项目级别的经理和高管们往往使用该文件作为决策的依据。在商业论证中，开展商业需求和成本效益分析，论证项目的合理性，并确定项目边界。商业论证常用财务指标见表4-1。

表 4-1　选择项目时常用财务指标

指标	含义	判断标准
净现值（NPV）	现金流入现值 – 现金流出现值（按一定的折现率），和预期现值（EPV）的区别：EPV 还考虑了 NPV 的概率	应大于 0，越大越好
内部收益率（IRR）	使项目现金流入现值等于现金流出现值时的折现率，即令 NPV=0 时的折现率，代表项目收益率	越大越好
回收期（Payback period）	收回投资所需时间，分动态、静态两种。静态不考虑时间价值 / 不折现	越短越好
收益成本分析（BCR）	每投资 1 元所获得的收益	应大于 1，越大越好
投资回报率（ROI）	利润除以投资（年均净现金流 / 投资额）	越大越好

3. 协议

包括合同、谅解备忘录、协议书、意向书、口头协议或其他书面协议等。为外部客户做项目时，合同中的相关条款和条件就是重要输入。

4. 事业环境因素

包括可能影响项目章程制定的外部因素，如法律法规、行业标准、市场趋势等。

5. 组织过程资产

这是组织内部的知识和经验，可能包括以往类似项目的文档、模板、指南等，可以为制定项目章程提供参考。

三、主要工具与技术

1. 专家判断

行业专家、项目团队成员或其他相关领域的专家对项目的需求和期望提供专业的意见和建议。在创建项目章程时，应该咨询组织内部和外部的专家，以确保项目章程的有效性和现实意义。专家判断可来自具有专业知识或受过专业培训的任何小组或个人，包括但不限于：

（1）组织内的其他部门；
（2）顾问；
（3）干系人，包括客户或发起人；
（4）专业与技术协会；
（5）行业团体；
（6）主题专家；
（7）项目管理办公室。

2. 引导技术

引导者用来帮助团队和个人完成项目活动的关键技术，广泛应用于各项目管理过程，包括头脑风暴、冲突处理、问题解决和会议管理等。该技术可用来讨论和明确项目的目标、范围、风险等。

四、主要输出

1. 项目章程

这是制定项目章程过程的主要输出，它正式记录了项目的目标、范围、关键里程碑、预期产出、主要风险、干系人及其期望等信息。项目章程的批准标志着项目的正式启动。章程包含的基本信息见表 4-2。

表 4-2 项目章程基本信息

项目章程
一、高层级的项目描述和边界定义
二、项目目的或理由
三、可测量的项目目标和相关的成功标准（量化）
四、项目目标描述
1. 高层级需求（范围/质量）
2. 总体里程碑进度计划（进度）
3. 总体预算（成本）
4. 高层级风险（风险）
五、假设条件和制约因素
六、项目审批要求（由谁对项目成功下结论，由谁来签署项目结束）
七、委派的项目经理及其职责和职权
八、干系人清单、发起人及其他批准章程人员的姓名和职权

2. 假设日志

在制定项目章程的过程中，可能会识别出一些关于项目环境、条件或约束的假设。这些假设将被记录在假设日志中，并在项目执行过程中进行监控和验证。

第三节　制定项目管理计划

一、制定项目管理计划的含义

项目管理计划是在整合其他规划过程所输出的所有基准和子计划基础上编制的综合性计划。该过程的主要作用是，生成一份综合文件，用于指导项目的执行、监控和收尾工作。

它是项目的核心文件,是所有项目工作的依据。

制定并维护项目管理计划应注意:

(1)项目管理计划应由项目团队成员编制,项目经理起总负责和整合作用。其他重要干系人也都需要参与编制工作,为其提供各种输入。

(2)项目管理计划的制定和变更均需获得相关干系人批准。

(3)项目管理计划定义了基准,实际绩效将会与基准进行比较,以便控制。

(4)项目管理计划中的绩效测量基准(范围、进度、成本基准)用于挣值测量。

(5)项目管理计划的编制是渐进明细的,即在项目生命周期内不断细化、完善和更新。

(6)对于使用敏捷方法的项目,要预料到范围的扩展,只进行刚好够的规划即可开展工作,然后根据反馈和工作优先级来扩展项目范围,修订项目管理计划。

制定项目管理计划的主要输入包括项目章程、其他过程的输出、事业环境因素和组织过程资产等。主要工具包括专家判断、引导技术等。输出是一个项目管理计划。

二、项目管理计划的内容和构成

项目管理计划也称为项目主计划或总体计划,它确定了执行、监控和结束项目的方式和方法,包括项目需要执行的过程、项目生命周期、里程碑和阶段划分等全局性内容。项目管理计划通常包括三大基准和13个子计划。

1. 三大基准

基准是指经批准的重要项目管理计划组件,以便作为比较的基础,据此考核项目绩效。基准应是最新版本的项目管理计划组件,如需变更,通常只有变更控制委员会才有权力批准。

(1)范围基准,包括范围说明书、工作分解结构和工作分解结构词典,用作与实际范围进行比较的依据。

(2)进度基准,即经过批准的进度模型,用作与实际进展进行比较的依据。

(3)成本绩效基准,即经过批准的、按时间段分配的项目预算,用作与实际成本进行比较的依据。通常,范围、进度和成本绩效基准可以合并为一个绩效测量基准,作为项目的整体基准,用来测量项目的整体绩效。

以某集团为例,其科技项目基准和标准项目基准在内容和形式上有所不同(表4-3),需要在制定基准时反思并改进,以更好地发挥基准的作用。

表4-3 科技项目与标准项目的三大基准的比较

三大基准	标准项目	一般科技项目	差异
范围基准	预期成果、产品验收标准、工作分解结构、工作分解结构词典	预期成果、考核指标	后者较粗略,不要求编工作分解结构,颗粒度太大,容易漏项或范围蔓延
进度基准	详细进度计划	按季编的进度计划	后者较粗略,较少考虑风险,无应急储备项,易低估,偏差大
成本基准	按时间段分配的项目预算	按年编的经费预算	后者较粗略,类比估算,易高估,偏差大

2. 13 个子计划

（1）范围管理计划，确立如何定义、制定、监督、控制和确认项目范围。对于使用敏捷方法的项目，需要确定待办事项列表的优先级和维护方式。

（2）需求管理计划，确定如何分析、记录和管理项目和产品需求。使用敏捷方法的项目，需要确定需求优先级排序。

（3）进度管理计划，为编制、监督和控制项目进度建立准则并确定活动。使用敏捷方法的项目，需要确定迭代持续时间、迭代计划、发布计划等信息。

（4）成本管理计划，确定如何规划、安排和控制成本。

（5）质量管理计划，确定在项目中如何实施组织的质量政策、方法和标准。

（6）过程改进计划，详细说明进行过程分析的步骤，以识别增值活动。

（7）人力资源管理计划，指导如何对人力资源进行分类、分配、管理和释放。

（8）沟通管理计划，确定项目信息将如何、何时、由谁来进行管理和传播。

（9）风险管理计划，确定如何安排与实施风险管理活动。使用敏捷方法的项目，可能会将风险称为障碍或障碍因素，在每次迭代开始时和在回顾会议期间进行处理。

（10）采购管理计划，确定项目团队将如何从执行组织外部获取货物和服务。

（11）变更管理计划，确定如何对项目的变更进行管理和控制。使用敏捷方法的项目，变更管理计划中应考虑不断变化的范围，并及时确定受变更控制的可交付物。

（12）配置管理计划，确定如何对项目的配置项进行标识、控制、状态记录和报告。

（13）干系人管理计划，确定如何与干系人进行有效沟通和协作，以满足他们的需求和期望。

第四节　指导与管理项目工作

一、指导与管理项目工作的含义

指导与管理项目工作是领导和执行项目管理计划中所确定的工作，并实施已批准变更，以实现项目目标的过程。该过程的主要作用是对项目工作提供总体和全面管理。该过程主要输入的是项目管理计划，其他输入包括批准的变更请求、事业环境因素和组织过程资产等。该过程活动主要包括：创造项目的可交付成果，完成规划的项目工作；获取、管理和使用资源，包括材料、工具、设备与设施；执行已计划好的方法和标准；生成工作绩效数据（如成本、进度、技术和质量进展状态数据），为预测提供基础；提出变更请求，并根据项目范围、计划和环境来实施批准的变更；收集和记录经验教训，并实施批准的过程改进活动等。

二、变更请求及其类型

指导与管理项目工作还要对项目所有变更的影响进行审查,并实施已批准的变更。变更请求的类型、含义、示例和影响见表4-4。

表4-4 变更请求类型与比较

类型	含义	举例	对基准的影响
预防措施	是为了避免潜在问题或风险而提出的变更请求。通常在问题发生之前实施,以减少或消除潜在的风险因素	项目开始前,识别某个关键供应商可能存在供应中断的风险,项目团队提出增加备用供应商的变更请求,以确保材料供应的连续性	不影响
纠正措施	是针对已经发生的问题或偏差而提出的变更请求。旨在纠正错误,使项目回到正确的轨道上	项目执行过程中,发现某关键任务的实际工期远超预期,项目团队提出调整后续任务的进度计划的变更请求,以确保项目能够按期完成	不影响
缺陷补救	是针对产品或服务中的缺陷或问题而提出的变更请求。旨在修复缺陷,以满足客户的要求或期望	项目交付后,客户发现产品存在一个严重的功能缺陷,项目团队提出对产品进行修复或改进的变更请求,以满足客户的期望	影响
更新	是为了适应外部环境变化、技术进步或客户需求变化而提出的变更请求。旨在使项目与最新的信息或要求保持一致	项目执行过程中,市场上出现了一种新的技术,可显著提高项目的效率和质量。项目团队提出调整项目计划和技术方案的变更请求,以纳入这种新技术	可能影响

这四种类型的变更请求在项目管理中都很常见,项目经理需要根据项目的实际情况,灵活应对并处理这些变更请求,以确保项目的顺利实施。

三、主要工具与技术

1. 专家判断

借助专家知识及其判断有助处理各种技术和管理问题。当项目经理遇到难题时,应及时向专家咨询,例如使用何种技术路线、使用何种方法以及采用何种培训方式等。

2. 会议

可以通过会议来讨论和解决项目的相关问题。参会者可包括项目经理、项目团队成员,以及其他相关干系人。应该明确每位参会者的角色,确保有效参会。会议通常可分为下列三类:

(1) 交换信息;
(2) 头脑风暴、方案评估或方案设计;
(3) 制定决策。

不应把各种会议类型混合在一起。会前应该做好准备工作,包括确定会议议程、目的、目标和期限;会后要形成书面的会议纪要和行动方案。应该按照项目管理计划中的规定保存会议纪要。面对面的会议效果最好。如需借助视频会议等工具举行虚拟会议,则要进行额外的准备和组织，以确保会议效果。

3. 项目管理信息系统

作为事业环境因素的一部分，项目管理信息系统提供下列工具：进度计划工具、工作授权系统、配置管理系统、信息收集与发布系统，或进入其他在线自动化系统的网络界面。很多大型组织使用强大的企业项目管理系统，并与其他系统（如财务系统）连接。在较小的组织中，项目经理或其他团队成员也可以利用项目生成甘特图，与内网上其他计划文档链接。尽管项目管理信息系统能够帮助实施项目，但项目经理应该认识到，积极的领导和强大的团队协作是项目管理成功的关键。项目经理应该将使用这些工具的细节工作委派给其他团队成员，然后专注于领导整个项目，以确保项目的成功。

四、主要输出

本过程的最重要输出是可交付成果。其他输出包括工作绩效信息、变更请求、项目管理计划和项目文件的更新等。

1. 可交付成果

是在某一过程、阶段或项目完成时，必须产出的任何独特并可核实的产品、成果或服务能力。它通常是为实现项目目标而完成的有形的组件，包括项目管理计划。

2. 工作绩效数据

是在执行项目工作的过程中，从每个正在执行的活动中收集到的原始观察结果和测量值。数据是最底层的细节，在工作执行过程中收集数据，再交由各控制过程做进一步分析。例如，工作绩效数据包括已完成的工作、关键绩效指标、技术绩效测量结果、进度活动的开始日期和结束日期、变更请求的数量、缺陷的数量、实际成本和实际持续时间等。

3. 变更请求

是关于修改任何文档、可交付成果或基准的正式提议。变更请求被批准之后将会引起对相关文档、可交付成果或基准的修改，也可能导致对项目管理计划其他相关部分的更新。如果在项目工作的实施过程中发现问题，就需要提出变更请求，对项目政策或程序、项目范围、项目成本或预算、项目进度计划或项目质量进行修改。变更请求可以是直接或间接的，可以由外部或内部提出，可能是自选或由法律/合同所强制的。

第五节 监控项目工作

一、监控项目工作的含义

监控项目工作涉及跟踪、审查和报告整体项目的进展，以确保项目能够按照项目管理计划中确定的绩效目标进行。其主要作用是，让干系人了解项目的当前状态、已采取的步骤，以及对预算、进度和范围的预测。

监控贯穿于项目生命周期，包括收集、衡量和发布绩效信息，还包括评估测量结果、分析趋势，以便推动过程优化。监控还包括制定纠正或预防措施或重新规划，并跟踪行动计划的实施过程，以确保问题的有效解决。监控项目工作过程关注：

（1）比较项目实际情况与项目计划，发现偏差。
（2）分析偏差，评价绩效、预测进度、成本趋势。
（3）提出变更请求，监督已批准变更的实施。
（4）识别新风险，分析、监控已有风险，执行适当的风险应对计划。

该过程的主要输入包括：项目管理计划、工作绩效信息、成本预测、进度预测、事业环境因素、组织过程资产等。

二、主要工具与技术

1. 专家判断

项目管理团队可以借助专家判断，以解读和评估各监控过程提供的信息，进而制定相应措施，确保预期项目目标的达成。

2. 分析技术

分析技术是一种重要的监控工具，可以帮助项目管理团队预测潜在后果，评估项目绩效，并识别问题和风险。常用的分析技术包括偏差分析、回归分析、因果分析、根本原因分析、预测方法（如时间序列分析、情景构建、模拟等）、失效模式与影响分析、故障树分析等。

3. 项目管理信息系统

项目管理信息系统用于监控项目管理计划和进度表中的活动执行情况。通过项目管理信息系统，项目管理团队可以实时收集、整理和分析项目数据，以便及时发现问题、评估项目绩效，并制定相应的应对措施。

4. 会议

通过定期的项目进展会议、风险审查会议等，项目管理团队可以与相关干系人进行沟通，共享项目信息，讨论问题，制定解决方案，确保项目的顺利进行。

三、主要输出

监控项目工作的重要输出包括变更请求和工作绩效报告。

1. 变更请求

监控过程中，若发现实际情况与计划有偏差，可能需要提出变更请求，来扩大、调整或缩小项目范围与产品范围，或者提高、调整或降低质量要求和进度或成本基准。变更可能会影响项目管理计划、项目文件或产品可交付成果。变更请求不可避免，许多组织采用正式的变更请求过程和表单模板来跟踪项目变更。

2. 工作绩效报告

是为制定决策、采取行动或引起关注而汇编工作绩效信息所形成的实物或电子报告。通常在项目开始时就规定具体的项目绩效指标，并在正常的工作绩效报告中向关键干系人报告这些指标的实施情况。工作绩效报告主要包括状况报告、备忘录、论证报告、信息札记、推荐意见和其他用来沟通绩效的文件。

第六节 实施整体变更控制

一、实施整体变更控制的含义

实施整体变更控制过程是审查所有变更请求、批准或否决变更，管理对可交付成果、组织过程资产、项目文件和项目管理计划的变更，并与相关干系人沟通变更处理结果的过程。本过程的主要作用是，从整合的角度考虑记录在案的项目变更，从而降低因未考虑变更对整个项目目标或计划的影响而产生的项目风险。该过程要关注：

（1）变更不可避免，变更控制不可少，贯穿于项目始终。
（2）对规避整体变更控制的因素施加影响，确保只有经批准的变更才能付诸执行。
（3）变更请求必须书面记录。
（4）审查、批准/否决要及时。
（5）项目经理要设法避免没有必要的变更。
（6）对变更的后果要全局考虑。
（7）核准变更之前应审查所有可能的备选方案，与干系人的沟通很必要。
（8）附带变更控制的配置管理系统是集中管理已批准的变更及基准的标准过程。
（9）变更申请由适当级别的干系人批准。
（10）变更控制委员会的角色职责在配置与变更控制程序中规定，经相关干系人一致同意，记录在变更管理计划中。
（11）变更控制委员会往往处理与基准有关的重大变更。

整体变更控制过程的输入包括项目管理计划、项目文件、工作绩效信息、变更请求、事业环境因素和组织过程资产，其输出包括批准的变更请求、变更日志、对项目管理计划和项目文件的更新。当然，本过程最重要的输入是变更请求，最重要的输出是批准的变更请求和变更日志，因为本过程作用就是控制变更，应对项目的不确定的。

二、变更控制系统

变更控制系统是一套程序，描述了如何管理和控制针对项目可交付成果和文档的修改。它还描述了授权进行变更的人员、变更所需的文书工作，以及项目将使用的任何自动或手动的跟踪系统。该系统通常包含一个变更控制委员会、配置管理以及沟通变更的过程。

变更控制委员会是一个正式组成的团体，一般由关键干系人组成，负责审议、评价、批准、推迟或否决项目变更，以及记录和传达变更处理决定。一般的变更请求，由项目经理或发起人审批，重要的变更如涉及基准的变更，必须提交变更控制委员会审批。某些特定的变更请求，在变更控制委员会批准之后，还可能需要得到客户或发起人的批准，除非他们本来就是变更控制委员会的成员。通过建立正式的委员会和变更管理过程，可以更好地进行整体变更控制。

配置管理是整体变更控制另一重要组成部分。配置管理确保项目产品的描述是正确的、完整的。这项工作包括识别和控制产品的功能特性与物理特性及其支持性文档。通常安排被称为配置管理专家的团队成员去实施大型项目的配置管理。他们的工作包括识别和记录项目产品的功能和物理特性、控制这些特征的变更、记录并报告变更、审核产品以验证是否符合要求等。

简要的变更控制流程如图 4-1 所示。

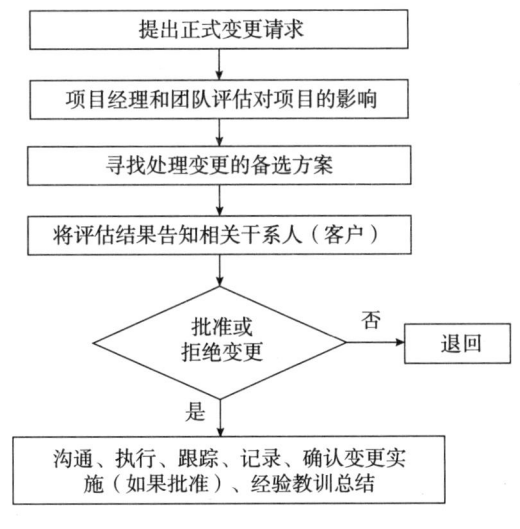

图 4-1 变更控制流程图

变更控制中不能忽略的一个关键因素是沟通。除书面或正式沟通方式外，口头和非正式沟通也很重要。根据项目的性质，有的项目经理每周甚至每天早上召开一次站立会议。站立会议的目的是迅速沟通项目中哪些方面是最重要的。让与会者站着开会可以缩短会议时间，并迫使每个人都将重点放在最重要的项目活动上。

为什么良好的沟通是成功的关键？项目变更最令人沮丧的是没有协调每个人并告知项目最新信息从而引发各种问题。同样，整合所有的项目变更，使项目按进度运行是项目经理的责任。项目经理及团队成员必须借助内网、企业微信、邮件、实时数据库和其他手机或网络媒体，建立一个沟通平台，以便及时通知受变更影响的每个人。

项目经理必须在项目完成过程中展现强大的领导能力，但绝不能过多地参与项目变更的管理。通常，项目经理应该将细节工作更多地分配给项目团队成员，而集中做好项目整体的领导工作。需要注意的是，项目经理必须着眼全局，实施良好的项目整合管理，带领团队和组织取得圆满成功。

三、主要工具与技术

1. 专家判断

专家判断和专业知识可用于处理各种技术和管理问题。除了项目管理团队的专家判断外，也可以邀请干系人贡献专业知识和加入变更控制委员会。

2. 会议

通常是指变更控制会议。根据项目要求，可由变更控制委员会召开会议对变更请求进行审议，并据此作出批准、拒绝或其他决策。此外，变更控制委员会也可以审查配置管理活动。应清晰界定变更控制委员会的角色和职责，并在获得所有相关干系人的共识后，将其记录在变更管理计划中。所有由变更控制委员会作出的决策都应记录存档，并及时向干系人传达，以便其知晓并采取后续措施。

3. 变更控制工具

为便于开展配置和变更管理而使用的手工或自动化工具。可以使用工具来管理变更请求和后续的决策。同时还要特别关注沟通，以帮助变更控制委员会成员履行职责，并向相关干系人传达决定。

第七节 结束项目或阶段

一、结束项目或阶段的含义及其主要活动

也称项目或阶段收尾，结束项目或阶段是完结所有活动，以正式结束项目或阶段的过程。该过程的主要作用是，总结项目的经验教训，正式结束项目工作并释放组织资源。该过程需要输入项目章程、项目管理计划、项目文件、验收的可交付成果、商业文件、协议、采购文件和组织过程资产。项目收尾的主要活动包括：

（1）获得客户或发起人的验收，以正式结束项目或阶段；

（2）测量干系人（客户）满意度；

（3）审计项目成败；

（4）管理知识分享和传递；

（5）发布最终项目报告；

（6）进行项目后评价或阶段结束评价；
（7）记录经验教训；
（8）将项目文件在项目管理信息系统中归档，作为历史数据；
（9）更新组织过程资产；
（10）结束采购工作；
（11）评估团队成员，释放项目资源。

二、主要工具与技术

结束项目或阶段的主要工具包括以下几种：

1. 专家判断

利用相关领域或行业专家对项目或阶段的结束进行评估和判断，确保项目或阶段的结束符合适用标准。

2. 分析技术

使用各种分析技术，如文件分析、回归分析、偏差分析等，评估项目或阶段的成功程度，识别潜在问题和改进机会。

3. 会议

会议用于确认可交付成果已通过验收，确定已达到退出标准，正式关闭合同，评估干系人满意度，收集经验教训，传递项目知识和信息以及庆祝成功等。会议的类型包括收尾报告会、客户总结会、经验教训总结会和庆祝会等。

三、主要输出

1. 最终产品、服务或成果移交

移交项目所产出的最终产品、服务或成果（如果是阶段收尾，则是移交该阶段所产出的中间产品、服务或成果）。

2. 组织过程资产更新

项目团队应以实用的方式提供一份包括项目文件、项目收尾文件和项目历史信息的清单。这种资料即属于组织过程资产。项目团队还要编写经验教训总结报告并存入经验教训知识库中，以供未来的项目或阶段使用，从而有助于未来项目的成功。

3. 项目文件更新

应检查所有项目文件并将其标记为最终版本。其他人将来可能需要参考这些文件，因此应保证准确无误。

思考题

一、单项选择题

1. 职能经理询问项目经理的角色和职责以及项目目的，项目经理应向职能经理提供下列哪一份文件？（　　　）。
   A．人力资源管理计划
   B．项目建议书
   C．商业论证
   D．项目章程

2. 以下不属于项目管理计划中基准的是（　　　）
   A．范围基准
   B．进度基准
   C．质量基准
   D．成本基准

3. 项目管理计划是由哪个过程组制定的？（　　　）
   A．启动过程组
   B．规划过程组
   C．执行过程组
   D．监控过程组

4. 项目整合管理的主要目的是什么？（　　　）
   A．确保项目按时按预算完成
   B．优化项目资源分配
   C．协调项目各要素以实现项目目标
   D．管理项目干系人期望

5. 所有制约因素都被记录在（　　　）中。
   A．变更日志
   B．风险日志
   C．假设日志
   D．项目日志

二、多项选择题

1. 以下属于绩效测量基准的是（　　　）。
A. 质量基准
B. 范围基准
C. 成本基准
D. 进度基准

2. 项目整合管理包括哪些关键过程？（　　　）
A. 制定项目章程
B. 制定项目管理计划
C. 指导与管理项目工作
D. 监控项目工作

3. 以下属于变更请求的是（　　　）
A. 更新
B. 预防措施
C. 纠正措施
D. 缺陷补救

三、判断题

1.（　　） 一般来说，项目经理在结束项目或阶段过程中包括决定奖金分配方案，提拔优秀骨干等。

2.（　　） 应尽早确认并任命项目经理，最好在制定项目章程时就任命，最晚也必须在实施开始之前。

3.（　　） 项目管理计划的编制是渐进明细的，即在项目生命周期内不断细化、完善和更新。

参考答案：
一、单项选择题：1. D，2. C，3. B，4. C，5. C
二、多项选择题：1. BCD，2. ABCD，3. ABCD
三、判断题：
1.（×）解析：一般来说，项目经理在结束项目或阶段过程中不包含决定奖金分配方案，提拔优秀骨干等权力。
2.（×）解析：应尽早确认并任命项目经理，最好在制定项目章程时就任命，最晚也必须在规划开始之前。
3.（√）。

第五章　科技项目范围管理

第一节　项目范围管理概述

一、项目范围管理的含义

项目范围管理包括确保项目做且只做所需的全部工作,以成功完成项目所涉及的过程。管理项目范围的关键在于界定哪些工作应该包括在项目内,哪些不应该包括在项目内。

二、项目范围管理的主要过程

项目范围管理包含以下主要过程:

(1)规划范围管理——创建范围管理计划,书面描述将如何定义、确认和控制项目范围的过程。

(2)收集需求——为了实现项目目标而确定、记录并管理干系人的需要和需求,为范围定义奠定基础的过程。

(3)定义范围——审查项目章程、范围管理计划、需求文件和组织过程资产等来制定项目范围说明书的过程。

(4)创建工作分解结构——将项目可交付成果和项目工作分解为更小的、更容易管理的组件的过程。

(5)确认范围——正式验收已完成的项目可交付成果的过程。关键项目干系人,如客户和项目发起人在这一过程中审查并正式验收项目的可交付成果。

(6)控制范围——监督项目和产品范围状态,管理范围基准变更的过程。该过程旨在对项目范围变更进行有效控制,防止范围蔓延和失控。

在项目环境中,"范围"这一术语有两种含义:一是指产品范围,指某项产品、服务或成果所具有的特性和功能;二是指项目范围,指为交付具有规定特性与功能的产品、服务或成果而必须完成的工作。"范围"管理一般涵盖了产品范围和项目范围管理。

第二节 规划范围管理

一、规划范围管理的含义

规划范围管理是创建范围管理计划，描述如何定义、确认和控制项目范围的过程。本过程的作用是为如何管理范围提供指南和方向。规划范围管理的第一步是计划如何在整个项目的生命周期内管理范围。依据项目管理计划、项目章程、事业环境因素和组织过程资产等输入，项目团队使用专家判断和会议等工具来制定两个重要输出：范围管理计划和需求管理计划。

二、范围管理计划

范围管理计划是本过程的重要输出，是项目管理计划的子计划，该计划基于项目的需求，可以是非正式且概括的，也可以是正式且详细的。小型项目可能不需要书面的范围管理计划，但大型项目或高科技项目通常会从一份书面的范围管理计划中受益。范围管理计划通常包括：

（1）如何准备详细的项目范围说明书。例如，是否有模板或者指南可以遵循？需要多少细节来描述每个可交付成果？

（2）如何创建工作分解结构。可参考创建工作分解结构的建议、示例和资源。

（3）如何维护和批准工作分解结构。最初的工作分解结构经常变化，并且项目团队成员对工作分解结构所包含的内容存在分歧。范围管理计划描述了维护工作分解结构并获得批准的指南。

（4）如何正式验收项目可交付成果。对已完成的项目可交付成果，了解其正式验收过程尤为重要，特别是对那些在正式验收后才付款的项目。

（5）如何控制项目范围的变更。该过程与实施整合变更控制有关。某些组织会制定提交、评估和审批范围变更的指南。

三、需求管理计划

范围管理计划的另外一个重要输出是需求管理计划。《项目管理知识体系指南（第6版）》将需求定义为"指根据特定协议或其他强制性规范，产品、服务或成果必须具备的条件或能力"。需求包括"发起人、客户和其他干系人的已量化且书面记录的需要和期望。应该足够详细地探明、分析和记录这些需求，将其包含在范围基准中，并在项目执行开始后对其进行测量。"需求管理计划记录了如何分析、记录和管理项目需求。需求管理计划包括以下信息：

（1）如何计划、追踪并报告需求活动？
（2）如何执行配置管理活动？
（3）如何对需求进行优先级排序？
（4）如何跟踪和收集需求属性？

第三节　收集需求

一、收集需求的含义

项目范围管理的第二步是收集需求。收集需求是为实现项目目标，确定、记录并管理干系人的需要和需求的过程。本过程的作用是，为定义和管理产品范围和项目范围奠定基础。需求包括发起人、客户和其他干系人的已量化且书面记录的需要和期望，项目团队应将其包含在范围基准中。需求将成为工作分解结构的基础，也将成为成本、进度、质量和采购规划的基础。该过程的输入包括范围管理计划、需求管理计划、项目章程、干系人管理计划、干系人登记册等包含需求的文档。其输出包括：需求文件和需求跟踪矩阵。

收集需求是范围管理的难点之一。不能准确定义需求的后果是返工，这可能导致耗费过半的项目成本，尤其是对于研发项目。如图5-1所示，在后续开发阶段发现并改正缺陷的成本比在收集需求阶段就发现并改正的成本要高得多（高达30倍）。几乎每个人都可以举出所在行业类似的例子，这说明尽早收集和正确理解需求至关重要。

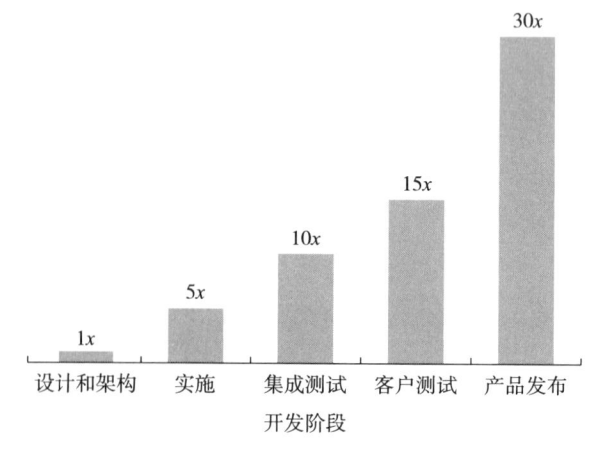

图5-1　改正软件缺陷的相关成本

资料来源：IBM Software Group, "Minimizing code defects to improve software quality and lower development cost," Rational Software（October 2008）

二、主要工具与技术

收集需求的工具和技术多种多样，每一种都有其特定的应用场景和优势。以下是一些常见的收集需求的工具和技术（表 5-1）。

表 5-1 收集需求的工具和技术及其比较

工具和技术	含义	特点	应用场景和要点
访谈	通过与干系人直接交谈获取信息的方法。可在两人之间进行，也可在小组环境中进行。可通过电子邮件、电话或虚拟协作工具进行（经常是"一对一"，也可以"多对多"）	较深入，但成本高，耗时长；可以是结构化或半结构化，视项目需求而定	有助于识别和定义所需产品可交付成果的特征和功能；还可用于获取机密信息
头脑风暴	一种用来产生和收集对项目需求与产品需求的多种创意的技术	不许批评；多多益善；激发创意，记录所有观点	权威人士不在场；时间 30～45 分钟为佳
名义小组技术	通过投票排列最有用的创意，以进一步开展头脑风暴或优先排序	独立思考；集体决策	头脑风暴的深化应用
焦点小组	召集特定干系人和主题专家，了解他们对所讨论的产品、服务或成果的期望和态度。由一位受过训练的主持人引导大家进行互动式讨论	专业主持人；引导；比访谈更热烈、更快，成本更低	常用于寻求集体意见
问卷调查	设计标准化的问卷，向众多受访者快速收集信息	受众多；快速；低成本；可利用统计分析技术	受众多；需快速完成；受访者地理位置分散
原型法	先造出产品的实用模型，据此征求用户的需求信息，进而改进原型，反复循环改进后，进入设计或制造阶段（渐进明细）	可帮助更好地理解项目的目标；更多的是一种测试和优化工具	新技术高风险项目；技术之一——故事板，通过一系列图像或图示来展示顺序或导航路径
观察法	当产品使用者不愿说或说不清楚需求时，就特别需要通过观察来了解他们的工作细节	深入现场；旁观工作细节	也称工作跟踪，从行为和环境中间接获得信息，常用于挖掘隐藏的需求，作为其他收集需求方法的补充
引导式研讨会	主要干系人集中讨论定义产品需求	跨职能干系人参与、快速	联合应用开发（JAD），常用于软件行业；质量功能展开（QFD），常用于制造行业，通过客户需求（客户声音）进行分类和排序，确定产品的关键性能；用户故事是对所需功能描述（角色、目标和动机），常用于敏捷方法中
标杆对照	将实际或计划的做法（如流程和操作过程）与其他可比组织的做法进行比较，目的是识别最佳实践，形成改进意见，并为绩效考核提供依据	成本较高；高层决策和支持	可以是组织内外部、产品或管理方面
文档分析	分析文档、识别与需求相关信息、挖掘需求	成本低，但时效性较差	利用相关文档间接获得有价值的信息
系统交互图	对产品范围的可视化描绘，图形直观地展示业务系统与其他系统之间的接口关系	展示系统之间关系	有助明确一个项目或过程的界面

总的来说，选择哪种工具和技术取决于项目的具体需求、干系人的特点以及团队的能力、资源和场景。

三、主要输出

1. 需求文件

需求文件描述各种单一需求将如何满足与项目相关的业务需求。项目初期，需求只能是概括性和粗略的，随着有关需求信息的增加，需求将逐步细化。只有明确的（可测量和可测试的）、可跟踪的、完整的、相互协调的，且主要干系人都认可的需求，才能作为基准。需求文件主要内容包括（但不限于）：

（1）业务需求。整个组织的高层级需要，例如，解决业务问题或抓住业务机会。

（2）干系人需求。干系人或干系人群体的需要。

（3）解决方案需求。为满足业务需求和干系人需求，产品、服务或成果必须具备的特性、功能和特征。解决方案需求又分为功能需求和非功能需求。

（4）项目需求。项目需要满足的行动、过程或其他条件。例如，里程碑日期、合同责任、制约因素等。

（5）质量需求。用于确认项目可交付成果的成功完成或其他项目需求的实现的任何条件或标准，例如，测试、认证和确认等。

2. 需求跟踪矩阵

需求跟踪矩阵是把产品需求从其来源连接到能满足需求的可交付成果的一种表格。它可以把每个需求与业务目标或项目目标联系起来，有助于确保每个需求都具有商业价值。需求跟踪矩阵提供了在整个项目生命周期中跟踪需求的方法，有助于确保需求文件中被批准的每项需求在项目结束时都能交付。此外，需求跟踪矩阵为管理产品范围变更提供了框架。

需求跟踪的内容见表5-2。

表5-2 需求跟踪矩阵示例

项目名称								
成本中心								
项目描述								
标识	关联标识	需求描述	业务需要、机会、目的和目标	项目目标	工作分解结构可交付成果	产品设计	产品开发	测试案例
001	1.0							
	1.1							
	1.2							
	1.2.1							
002	2.0							
	2.1							
	2.1.1							
003	……							

（1）业务需要、机会、目的和目标；
（2）项目目标；
（3）项目范围和工作分解结构可交付成果；
（4）产品设计；
（5）产品开发；
（6）测试策略和测试场景；
（7）高层级需求到详细需求。

在实践中，科技管理者可借鉴需求跟踪矩阵，制定符合管理要求和项目特点的需求跟踪矩阵，以更好地跟踪和管理需求。表5-3展示了一个科技项目需求跟踪矩阵的样例。

表5-3 科技项目需求跟踪矩阵示例

项目名称				项目编号			
编号	关联编号	业务需求	拟发展技术及预期目标	立项初期技术状态	中期检查技术状态	验收时技术状态	技术应用情况
1	1.1						
	1.2						
2	…						

注：技术状态应包括技术性能指标、技术经济指标、技术成熟度等量化指标。

3. 待办事项列表

待办事项列表是将所有需求进行记录，并确定工作优先级的工具。当项目采用敏捷方法管理时常会用到待办事项列表。一般在项目开始时编制待办事项列表，并在整个项目进行过程中对其进行更新。待办事项列表至少包括标识、概述、优先级、状态等内容。

对于已经明确定义范围的项目，高层级的需求在项目过程中不太会发生变更，对于敏捷管理项目或适应型项目，需求文件会在整个项目过程中不断发生演进和变更。对于有大量需求的项目，用需求跟踪矩阵或自动化需求管理工具管理会更好，对于小型的、快速适应型的或敏捷项目，可将需求文件与待办事项列表相结合。

第四节 定义范围

一、定义范围的含义

项目范围管理的第三步是定义范围。定义范围是制定项目和产品详细描述的过程。本过程的作用是，确定收集的所有需求中，哪些将包含在项目范围内，哪些将被排除在项目范围外，从而清晰界定产品、服务或成果的边界。本过程的输入包括范围管理计划、项目章程、需求文件和组织过程资产。本过程的重要输出是项目范围说明书。

显然，并非所有需求文件中记录的需求都要满足，定义范围过程就是相关干系人就需求文件（收集需求过程的输出）中的需求进行筛选，对最终的项目需求达成共识，进而制定出关于项目及其产品、服务或成果的详细描述。

准备好详细的项目范围说明书对项目成功至关重要。应根据项目启动过程中记载的主要可交付成果、假设条件和制约因素来编制项目范围说明书。在项目规划过程中，随着对项目信息的更多了解，应该更加详细地定义和描述项目范围。还需要分析现有风险、假设条件和制约因素的完整性，并做必要的增补或更新。需要多次反复开展定义范围过程。在迭代型生命周期的项目中，先为整个项目确定一个高层级的愿景，再一次针对一个迭代期明确详细范围。通常，随着当前迭代期的项目范围和可交付成果的进展，而详细规划下一个迭代期的工作。

二、主要工具与技术

1. 专家判断

依赖具有专业知识和经验的专家来分析制定项目范围说明书所需的信息。这些专家可能来自项目团队内部，也可能来自外部咨询公司或行业专家。

2. 产品分析

一种理解产品特性和功能的方法，有助于将概括性的产品描述转化为具体的可交付成果。产品分析技术包括产品分解、系统分析、需求分析、系统工程、价值工程和价值分析等。

3. 备选方案生成

用于制定尽可能多的潜在可选方案的技术，以识别执行项目工作的不同方法。这一过程中，可以运用多种通用的管理技术，如头脑风暴和横向思维等，来帮助项目团队发掘和评估不同的备选方案。此外，还可以采用备选方案分析等方法，对各个方案进行深入研究和比较，以便选择最适合项目实施的方案。

4. 引导式研讨会

一种集体讨论和决策的技术，也是一种结构化、目标导向的会议形式。在这里主要用于定义产品需求，协调不同利益相关者的需求和期望，以及快速识别项目的关键特征和可交付成果。其主要目标是确保项目团队和相关干系人对项目范围有共同的理解和认识。

三、主要输出

1. 项目范围说明书

详细描述了项目的可交付成果（产品范围）和为提供这些可交付成果必须开展的工作（项目范围）。项目范围说明书是项目干系人之间就项目范围所达成的共识。其作用包括：

（1）可明确指出哪些工作不属于本项目范围。

（2）使项目团队能开展更详细的规划。

（3）可在执行过程指导项目团队的工作。

（4）为评价变更请求或额外工作是否超出项目边界提供基准。

项目范围说明书描述要做和不要做的工作的详细程度，决定着项目管理团队控制整个项目范围的有效程度。项目范围说明书一般包括以下内容（图5-2）：

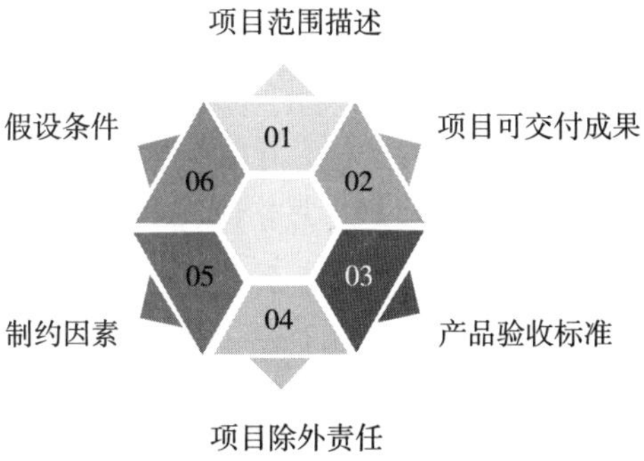

图 5-2　范围说明书组成

（1）产品范围描述。细化描述在项目章程和需求文件中所述的产品、服务或成果的特征。

（2）验收标准。可交付成果通过验收应满足的一系列条件。

（3）可交付成果。在某一过程、阶段或项目完成时，必须产出的任何独特并可核实的产品、成果或服务能力，包括各种辅助成果，如项目管理报告和文件等。

（4）项目的除外责任。明确说明什么是被排除在项目之外的。明确说明哪些内容不属于项目范围，有助于管理干系人的期望。

（5）制约因素。列举并描述与项目范围有关并影响项目执行的各种内外部制约或限制条件，例如，客户或执行组织事先确定的预算、强制性日期或进度里程碑、合同条款等。

（6）假设条件。在制定计划时，不需验证即可视为正确、真实或确定的因素。在项目规划过程中，项目团队应该经常识别、记录并确认假设条件。

2. 项目文件更新

本过程可能识别新的需求、需求修改、假设条件或制约因素。需要更新的项目文件可能包括：假设日志、需求文件、需求跟踪矩阵和干系人登记册等。

【案例】科技项目范围说明书示例

一、项目概述

1. 项目名称：智能健康监测设备研发项目

2. 项目背景：随着健康意识的提高，市场对个人健康监测设备的需求不断增长。本项目旨在研发一款能够实时监测多项生理指标（如心率、血压、血糖等）的智能健康监测设备，以满足用户对健康管理的需求。

3. 项目目标：

（1）开发一款功能全面、操作简便的智能健康监测设备。

（2）确保设备的准确性和可靠性。

（3）提供良好的用户体验和客户服务支持。

4. 项目预期成果：

（1）完成设备硬件和软件的设计与开发。

（2）完成原型机的制作与测试。

（3）完成市场调研和产品推广计划。

二、项目范围

1. 功能需求：

（1）实时监测心率、血压、血糖等生理指标。

（2）数据记录与存储功能，支持历史数据查询。

（3）数据同步与分享功能，支持与智能手机等设备连接。

（4）用户界面友好，易于操作。

（5）提供警报功能，当生理指标超出正常范围时提醒用户。

2. 非功能需求：

（1）设备续航能力强，满足日常使用需求。

（2）设备体积小巧，方便携带。

（3）具有良好的兼容性和稳定性。

3. 范围限制：

（1）不包括医疗诊断功能。

（2）暂时不考虑与其他健康设备的联动功能。

三、项目交付物

1. 原型机：包含完整硬件和软件功能的智能健康监测设备样机。

2. 设计文档：包括硬件设计文件、软件代码、用户手册等。

3. 市场调研报告：分析市场需求、竞争对手和潜在用户群体。

4. 产品推广计划：包括营销策略、销售渠道和推广活动等。

四、项目边界

1. 与其他项目的关联或依赖：无。

2. 项目边界内的活动和任务：包括硬件设计、软件开发、原型机制作、测试、市场调研和产品推广等。

3. 项目边界外的活动和任务：医疗诊断功能的开发、与其他健康设备的联动功能等。

五、干系人及责任

1. 项目团队成员及职责：

（1）项目经理：负责整体项目管理和协调。

（2）硬件工程师：负责硬件设计和制作。

（3）软件工程师：负责软件开发和测试。

（4）市场专员：负责市场调研和产品推广。

（5）客服支持：提供客户服务和技术支持。

2. 干系人及期望：

（1）投资者：期望项目能够成功推向市场并获得良好回报。

（2）目标用户：期望获得一款功能全面、操作简便、价格合理的智能健康监测设备。

六、风险与挑战

1. 潜在风险：

（1）技术风险：研发过程中可能遇到技术难题和挑战。

（2）市场风险：市场需求变化或竞争对手的出现可能影响项目成功。

（3）供应链风险：供应商问题可能导致项目延期或成本增加。

2. 应对措施：

（1）建立技术团队，提前预判和解决技术问题。

（2）定期监测市场动态，调整市场策略。

（3）与多家供应商建立合作关系，确保供应链稳定。

七、变更管理

1. 变更流程：任何变更需求需经过项目经理审批，并通知相关团队成员。
2. 变更审批权限：项目经理负责审批变更需求，并报告给投资者。
3. 变更跟踪与监控：建立变更记录表，跟踪和监控变更实施情况。

第五节 创建工作分解结构

一、创建工作分解结构的含义

在收集需求和定义范围之后，项目范围管理的下一步是创建一个工作分解结构。创建工作分解结构是把项目可交付成果和项目工作分解成较小的、更易于管理的组件的过程。工作分解结构每下降一个层次意味着对项目工作更详尽的说明。本过程的作用是结构化、直观地展示所要交付的全部内容。工作分解结构是项目管理的基础，项目的所有规划和控制工作都必须基于工作分解结构。工作分解结构定义了项目总范围，包含了全部的产品和项目工作（称为"100%规则"），并将其有条理地组织在一起。工作分解结构最底层的组件称为工作包。

工作分解结构是项目管理中的基础文档，因为它为规划和管理项目进度、成本、资源和变更提供了基础。由于工作分解结构定义了项目的总范围，如果某项目工作没有包含在工作分解结构中，就不应该开展该工作。因此，开发一个完整的工作分解结构是至关重要的，其价值包括：

（1）防止遗漏项目的可交付成果；

（2）帮助项目经理关注项目目标；

（3）确定具体的工作包以便估算工作量（估算成本、安排进度）和分配工作；

（4）帮助建设项目团队和获得成员的承诺；

（5）是沟通工作责任的工具；
（6）为其他项目计划的制定建立框架；
（7）帮助分析项目的最初风险；
（8）考核项目是否完工的依据。

创建工作分解结构过程的主要输入是项目管理计划、项目文件、事业环境因素和组织过程资产。除专家判断以外，该过程主要工具是分解，即将项目可交付成果和其他项目工作细分为更小的部分。创建工作分解结构过程的输出是范围基准和项目文档更新。范围基准包括已批准的项目范围说明书、相关的工作分解结构和工作分解结构词典。

工作分解结构常见的呈现形式有两种：组织结构图式（树状结构式）和列表式，此外还有鱼骨图式、其他方式等。一个内部网项目的工作分解结构如图5-3和图5-4所示。

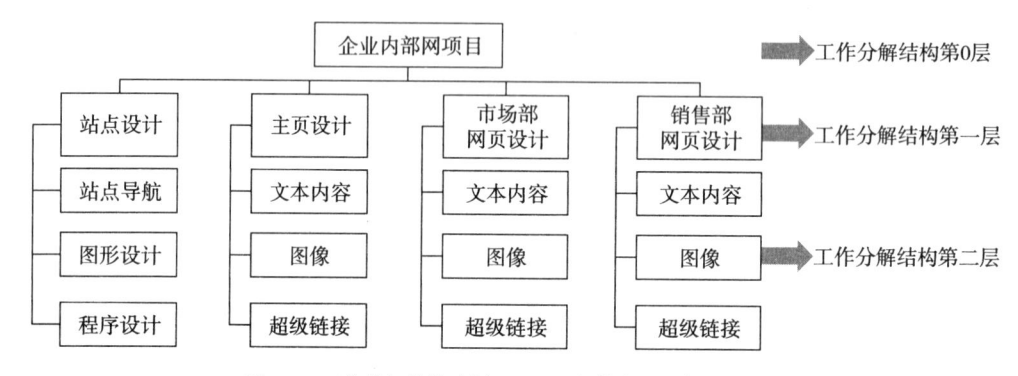

图5-3　工作分解结构示例——以可交付成果为第一层分解

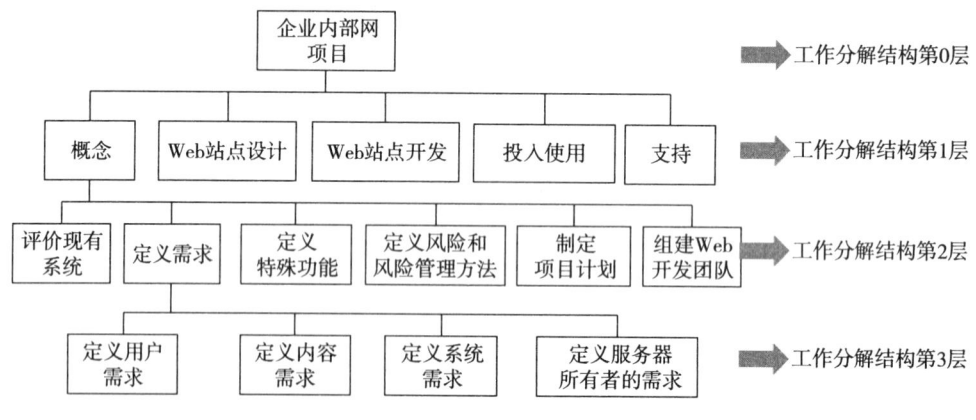

图5-4　工作分解结构示例——以项目阶段为第一层分解

二、分解

分解是创建工作分解结构的工具，就是把项目范围和可交付成果分成较小的、便于管理的组成部分，直到分解到工作包层次为止。工作包水平是工作分解结构中的最底层，必须足够详细。可对其估算时间、安排进度、做出预算、分配负责人或组织单位。工作包是工作分解结构中最低级别的任务。工作包代表项目经理监控项目的工作层级。你可以从责任和报告的角度考虑工作包。如果一个项目要在短期内完成，而且需要每周报告进度，那么一个工作包可能代表一周或更短时间内完成的工作。如果一个项目进行时间较长，需要按季度进行进度报告，那么一个工作包可能代表一个月或更长时间完成的工作。当项目需要外购产品时，工作包就代表对具体产品的采购。一个工作包应在适当的级别定义，以便项目经理可以明确地估计完成它所需的努力、估算所需资源的成本，以及评价工作包完成后的成果质量。

1. 分解原则和经验

应用分解工具应注意以下原则和经验：

（1）第一层可以是主要可交付成果、阶段或子项目（图5-3和图5-4）。

（2）80小时法则（2周原则）。

（3）滚动式规划。

（4）完全穷尽，彼此独立。

（5）过细的分解会降低效率。

2. 分解的步骤

工作分解结构的分解步骤如下（图5-5）：

（1）识别和分析可交付成果及相关工作；

（2）确定工作分解结构的结构与编排方法；

（3）自上而下逐层细化分解；

（4）为工作分解结构组成部分制定和分配标志编码；

（5）核实工作分解的程度是必要且充分的。

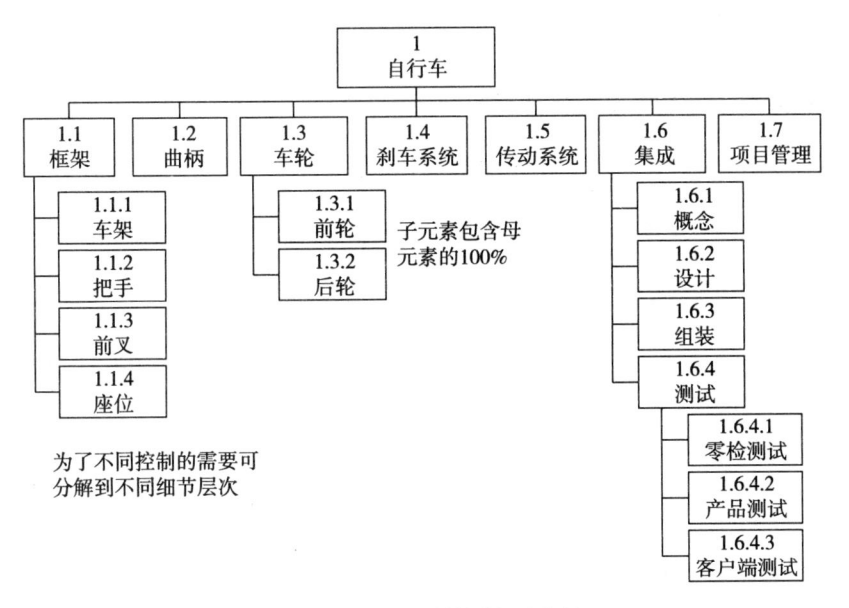

图5-5 工作分解结构分解及编码

创建工作分解结构要注意几个问题：

（1）将工作分解结构中的任务与产品规格说明混淆了。工作分解结构中的任务代表为完成项目所需开展的工作。例如，如果想创建一个工作分解结构来重新设计厨房，那么第1级可能包括设计、采购、地板、墙壁、厨柜和家电。而在"地板"条目下，可能要做的事情是移除旧地板、铺设新地板、安装装饰等。可能不会有像"3.5米×4.5米的橡木"或"地板必须耐用"等任务，这些属于产品规格。

（2）另一个需要关注的问题是，如何组织一个工作分解结构使其为项目进度提供基础，应该关注的是什么工作要做以及如何去做，而不是何时去做（那是进度管理要解决的问题）。换句话说，任务不用按照顺序列表一步一步完成。如果的确需要一些以时间为基准的工作过程，可以用项目管理过程组来创建工作分解结构，即将启动、规划、执行、监控和收尾作为工作分解结构的第1级。这样，项目团队不仅遵循良好的项目管理实践，也可以更容易地根据时间刻画工作分解结构任务。如果不使用工作分解结构中的项目管理过程组，可以在第1层条目中设置"项目管理"（图5-5），以确保考虑了与管理项目相关的所有任务。请注意，所有的工作都必须包含在工作分解结构中，包括项目管理。

三、编制工作分解结构的原则和方法

1. 编制工作分解结构的原则

1）唯一性

每一项工作任务在工作分解结构中应该是唯一的，确保没有重复或遗漏的任务。

2）负责制

每一项任务都需要明确责任人，即单一责任者原则，确保任务能够得到有效执行和跟踪。

3）可测量性

每一项任务都应该是可以量化和测量的，有明确的衡量标准和指标，以便跟踪任务进度和成本。

4）完整性

工作分解结构应该具有全面、完整，包含项目中所有可管理的任务，从而确保项目经理充分考虑所有任务，最大程度降低项目延误或失败的风险。

5）体系结构性

工作分解结构应该按照层次结构进行组织，以层级状或树状来构成，底层代表详细信息，范围很大，逐层向上。这样能够更好地管理和跟踪控制项目。

6）灵活性

工作分解结构需具有灵活性，并非一成不变，以便能适应后期可能的变更需求。

7）可追溯性

每一项任务都能够追溯到项目的目标和要求，进而避免项目任务的重复或遗漏。

这些原则确保了工作分解结构的有效性和实用性，帮助项目经理更好地规划、执行和监控项目。在遵循这些原则的同时，项目经理还需要考虑项目的具体需求和目标，以确保工作分解结构与项目的实际情况相符。

2. 编制工作分解结构的方法

1）遵循指南法

如果组织有创建工作分解结构的指南，那么遵循该指南非常重要。美国国防部（U.S. Department of Defence，DOD）等一些组织会为特定项目制定工作分解结构格式和内容。很多美国国防部项目都要求承包方根据美国国防部提供的工作分解结构准备他们的建议书。这些建议书必须包括工作分解结构中每项任务的详细的和概括性的成本估算，整个项目的成本必须由所有较低层的工作分解结构任务求和得到。当美国国防部的人员在评估成本建议书时，他们必须将承包商的成本与美国国防部的估算值进行比较。对某个工作分解结构任务来说，两者成本偏差大往往意味着在必须要完成的工作方面出现了问题。

很多组织为制定工作分解结构提供了指南和模板，以及已完成项目的工作分解结构样例。在微软专用网站上可以找到很多模板。美国项目管理协会也制定了工作分解结构实践标准，为在项目管理中制定和应用工作分解结构提供指导。该实践标准包含不同行业中各种项目的工作分解结构样本，包括网页设计、电信、服务业外包和软件实践。项目经理及其团队应该仔细查阅合适的信息，以有效制定独特项目的工作分解结构。

2）类比法

类比法即利用相似项目的工作分解结构作为起点创建工作分解结构。麦道航空公司（现在是波音公司的一部分）曾经设计并制造过多种不同的航空飞行器。在为一种新飞行器设计工作分解结构时，麦道航空公司使用了74种基于过去经验的子系统来帮助建造该飞行器。如，有一种工作分解结构第1级组件——飞机外壳由一些第2级的组件——前部机身、中部机身、尾部机身和机翼等构成。这样一个通用的、以产品为导向的工作分解结构为定义新飞机项目的范围和开发新飞机设计的成本估算提供了一个起点。

一些组织提供了数字仓储将工作分解结构和其他项目文档保存起来，以帮助从事项目工作的人员。Project2016和许多其他软件工具都带有示例文件，以帮助用户创建工作分解结构和甘特图。通过查看其他类似项目的工作分解结构示例，可以了解更多创建工作分解结构的不同方法。

3）自上而下法和自下而上法

自上而下法和自下而上法是两种可灵活选用、有时可结合起来使用的方法。大多数项目经理认为自上而下创建工作分解结构的方法是常用的方法。

自上而下法是从项目最大的条目开始，将它们分解为次一级的条目。这个过程实际就是把工作进一步细分。在这个过程完成之后，所有的资源必须分配到工作包层面。自上而下法最适合那些对于整个项目有广泛技术洞察力和全局视野的项目经理使用。

自下而上法则是由项目团队成员首先尽可能多地识别与项目相关的具体任务，然后将这些具体任务集中起来，并将其组织成工作分解结构中的较高层级。例如，一个项目团队负责创建工作分解结构来开发电子商务应用程序。他们先列出创建这个项目所需要的详细任务，而不是先寻找如何创建工作分解结构的指南，或先查阅类似项目的工作分解结构。在列出详细任务之后，他们会将其归类。然后，再将这些类别进一步归类至更高的层级类别中。实践中，将所有的可能任务写在便笺上并贴在墙上，可以有效地帮助项目团队看清项目的全部工作需求，并为开展工作进行合理分组。自下而上法的缺点是耗时长，但不失为一种创建工作分解结构的有效方法。项目经理常常运用自下而上法描述整个全新系统，也可作为完成工作的方法，或用来协助创建团队共识互信。

4）思维导图法

思维导图法也可用于创建工作分解结构。思维导图是一种利用核心思想辐射分支来构建思想和想法的技术。与书写任务列表或直接尝试创建任务结构不同，思维导图法可以让人们用非线性的格式写甚至画出自己的想法。这种形象直观、结构限制少、先定义任务再将其分组的方法可以发挥个人的创造性，并提高团队成员的参与度和士气。运用思维导图法创建工作分解结构条目和结构后，可以将有关信息转换成图表或表格形式。借助思维导图软件 Mind View6.0，点击一个图标即可把创建好的思维导图转换成甘特图。使用自上而下法或自下而上法创建工作分解结构时，也可应用思维导图法。

四、主要输出

1. 范围基准

是经过批准的范围说明书、工作分解结构和相应的工作分解结构词典，只有通过正式的变更控制程序才能进行变更，它被用作比较的基础。范围基准是项目管理计划的组成部分，包括：

1）项目范围说明书

即描述项目范围、主要可交付成果、假设条件和制约因素的项目文件。

2）工作分解结构

对项目团队为实现项目目标、创建所需可交付成果而需要实施的全部工作范围的层级分解。工作分解结构每向下分解一层，代表着对项目工作更详细的定义。把每个工作包分配到一个控制账户，并根据"账户编码"为工作包建立唯一标识，是创建工作分解结构的最后步骤。这些标识为进行成本、进度与资源信息的层级汇总提供了层级结构。控制账户是一个管理控制点。在该控制点上，把范围、预算、实际成本和进度加以整合，并与挣值相比较，以测量绩效。控制账户设置在工作分解结构中选定的管理节点上。每个控制账户可能包括一个或多个工作包，但是一个工作包只能属于一个控制账户。一个控制账户可以包含一个或多个规划包。规划包也是工作分解结构的组件，位于控制账户之下，工作内容已知，但详细的进度活动未知。

3）工作分解结构词典

是针对每个工作分解结构组件，详细描述可交付成果、活动和进度信息的文件。它在制作工作分解结构的过程中生成，对工作分解结构提供支持。工作分解结构词典中的内容包括：账户编码标识、工作描述、假设条件和制约因素、负责的组织、进度里程碑、成本估算、验收标准等信息（表5-4）。根据项目需要，工作分解结构词典的格式和繁简会有所不同。项目团队可通过查看类似任务中的工作分解结构词典条目，以获得更好的想法来创建他们所需的条目。

2. 项目文件更新

随着本过程识别出新的假设条件或制约因素，需要更新假设日志；本过程提出并已被批准的变更则应更新需求文件。

表 5-4 工作分解结构词典示例

WBS 词典			
控制包编码：	工作包编码：	更新日期：	负责人/单位：
工作描述			
假设条件和制约因素			
负责的组织			
进度里程碑			
相关的进度活动			
所需资源			
成本估算			
质量要求			
验收标准			
技术参考文献			
到期日期			
依赖关系：	紧前：		紧后：
批准人：	项目经理：		日期：

第六节 确认范围

一、确认范围的含义

　　为项目创建好的项目范围说明书和工作分解结构是很困难的，特别是对科技项目而言，要确认范围并使范围变更最小化更加困难。确认范围就是正式验收已完成的项目可交付成果的过程。本过程的作用是，使验收过程具有客观性；同时通过验收每个可交付成果，提高最终产品、服务或成果获得验收的可能性。这种验收通常通过客户或发起人的检查实现，并在关键的可交付成果上签字。为了获得项目的正式验收，项目团队必须建立清晰的关于项目产品和程序的文件，以评估这个项目是否正确并令人满意地完成。配置管理专家会确认并将项目产品的功能特性和物理特性存档、记录并报告出现的变更、审核产品并验证是否符合要求。为了最小化范围变更，进行良好的配置管理和确认范围是至关重要的。

　　确认范围的主要输入是项目管理计划、项目文档、核实的可交付成果和工作绩效数据。确认范围的主要工具是检查和决策。在工作被提交之后，客户、发起人或用户对其进行检查并决定其是否满足需求。确认范围的主要输出是验收的可交付成果、变更请求和工作绩效信息等。

二、主要工具与技术

1. 检查

也被称为审查、产品审查和巡检。这是一种通过测量、审查与确认等活动来判断工作和可交付成果是否符合需求和产品验收标准的方法。

2. 决策

在确认范围过程中，决策技术包括（但不限于）投票。当项目团队和其他干系人进行验收时，可以使用投票来形成结论。

三、主要输出

1. 验收的可交付成果

代表着项目团队已经完成了预期的、符合要求的可交付成果，并且已经通过了审查、测量和确认，被认定为满足项目需求和产品验收标准。符合验收标准的可交付成果应该由客户或发起人正式签字批准。

2. 变更请求

对已经完成但未通过正式验收的可交付成果及其未通过验收的原因，应该记录在案。可能需要针对这些可交付成果提出变更请求以进行缺陷补救。

3. 工作绩效信息

包括项目进展信息，例如，哪些可交付成果已经开始实施？它们的进展如何？哪些可交付成果已经完成？或者哪些已经被验收？

第七节 控制范围

一、控制范围的含义

控制范围过程主要是监督项目和产品的范围状态，以及管理范围基准变更的过程。该过程的作用是，在整个项目期间保持对范围基准的维护，确保所有变更请求、推荐的纠正措施或预防措施都通过实施整体变更控制过程进行处理。在变更实际发生时，也需要采用控制范围过程来管理这些变更。

控制范围过程输入包括项目管理计划、需求文件、需求跟踪矩阵、工作绩效数据和组织过程资产。工具与技术主要是偏差分析。主要输出包括工作绩效信息、变更请求和组织过程资产更新等。

总的来说，项目管理中的控制范围过程是一个持续的过程，需要在整个项目期间开展，以确保项目的范围得到有效的管理和控制。

二、范围蔓延及其管理

控制范围过程需要与其他控制过程协调开展，以确保项目的顺利进行。未经控制的产品或项目范围的扩大（未对时间、成本和资源做相应调整）被称为范围蔓延，这是需要尽量避免的情况。变更不可避免，因此在每个项目上，都必须实施某种形式的变更控制管理并以书面形式记录。

范围蔓延代表项目范围有不断扩大的趋势。有许多关于科技项目范围蔓延等问题导致项目失败的案例，因此，在项目的整个生命周期中，与客户一起确认项目范围并为控制范围变化制定过程是非常必要的。如果变更能给客户带来价值，属于增值变更，则应鼓励范围变更并通过实施变更控制流程对其善加管理。

【案例】科技项目范围蔓延

某知名互联网企业在开发一款智能家居平台时，初期项目规划明确，旨在实现家电设备的远程控制和基础联动。然而，随着市场反馈和内部讨论的深入，项目范围开始逐渐扩大。客户和用户不断提出新需求，如增加语音识别、情感分析、家庭安防等高级功能。由于企业追求产品创新和用户体验，这些新增需求被陆续纳入项目计划中。由于缺乏有效的范围管理和变更控制，项目团队不得不频繁调整开发路线，导致项目周期延长，成本急剧上升。最终，虽然产品功能丰富多样，但部分模块因时间紧迫未能充分优化，影响了整体用户体验。

此案例警示，科技项目生命周期中需要管理好项目范围及其变更，杜绝范围蔓延，以确保项目范围受控和最终成功。

三、主要工具与技术

1. 偏差分析

偏差分析是一种确定项目实际绩效与基准的差异程度及原因的技术。例如，供应商本应该提供 10 台电脑，而你只收到了 9 台，那么偏差是 1 台电脑。对大型复杂项目，可利用项目绩效测量（如挣值分析）结果科学地评估偏离范围基准的程度。确定偏离范围基准的程度和原因，并决定是否需要采取预防或纠正措施，是控制范围的重要工作。

2. 趋势分析

趋势分析的目的是审查项目绩效随时间的变化情况，以判断绩效是正在趋于改善还是恶化。

四、主要输出

1. 工作绩效信息

是关于项目范围实施情况（对照范围基准）、相互关联且与各种背景相结合的信息，包括收到的变更的分类、识别的范围偏差和原因、偏差对进度和成本的影响、对未来范围绩效的预测等，这些信息将为范围决策的制定提供基础。

2. 变更请求

分析项目绩效后，可能会就范围基准和进度基准，或项目管理计划的其他组件提出变更请求，这些变更请求需要经过实施整体变更控制过程进行审查和处理。

项目范围管理非常重要，特别是在科技研发项目中。在选择项目之后，组织必须规划范围管理，收集需求并定义工作范围，将工作分解为可管理的更小的部分，与项目干系人确认范围，并在全项目生命周期中管理项目范围的变更。

思考题

一、单项选择题

1. 以下关于编制工作分解结构的论述错误的是：（　　）
A. 工作分解结构的第一层可以按照主要可交付成果、也可以按照阶段或子项目来分解
B. 项目团队来负责工作分解结构编制
C. 树形结构分解（组织结构图）是一种常用分解形式
D. 工作分解结构的工作编码要唯一

2. 工作分解结构好处有很多，以下哪项不是？（　　）
A. 防止遗漏项目的可交付成果
B. 帮助项目经理关注项目目标
C. 确定具体的工作包以便估算工作量（估算成本、安排进度）和分配工作，为进度、成本、质量、采购管理奠定基础
D. 降低成本

3. 工作分解结构的最底层称为：（　　）
A. 工作包
B. 控制账户
C. 活动
D. 任务

4. （　　）在整个项目生命周期中跟踪需求，有助于确保需求文件中被批准的每项需求在项目结束的时候都能交付。最后，还为管理产品范围变更提供了框架。

   A．范围基准

   B．需求文件

   C．需求跟踪矩阵

   D．工作分解结构

5. 创建工作分解结构时，（　　）是以非线性形式将想法写出或画出的一种方法。

   A．自上而下法

   B．自下而上法

   C．类比法

   D．思维导图法

二、多项选择题

1. 能够帮助避免科技研发项目范围问题的最佳实践包括：（　　）

   A. 范围要符合实际

   B. 尽可能使用现有的硬件和软件

   C. 遵循良好的项目管理过程

   D. 不要让太多的用户参与范围管理

2. 项目范围管理的过程一般包括：（　　）

   A. 创建工作分解结构

   B. 规划范围管理

   C. 定义范围

   D. 收集需求

3. 以下是关于分解的一些经验法则，正确的包括（　　）

   A. 80小时法则（2周原则）

   B. 滚动式规划

   C. 完全穷尽，彼此独立

   D. 过细的分解会降低效率

三、判断题

1. （　　）项目范围说明书包括了工作分解结构、工作分解结构词典等重要内容，是项目管理的重要文档。

2. （　　）在收集需求阶段，在访谈、焦点小组会议、问卷调查、观察这四种收集需求的工具和技术中，成本最高且耗时最长的工具或技术是问卷调查。

3. （　　）范围蔓延是指未经控制的产品或项目范围的扩大（未对时间、成本和资源做相应调整）。

参考答案：

一、单项选择题：1. B，2. D，3. A，4. C，5. D

二、多项选择题：1. ABC，2. ABCD，3. ABCD

三、判断题：

1.（×）解析：项目范围说明书包括了产品范围描述、可交付成果、验收标准、项目除外责任、假设条件、制约因素等重要内容，是项目管理的重要文档。

2.（×）解析：在收集需求阶段，在访谈、焦点小组会议、问卷调查、观察这四种收集需求的工具和技术中，成本最高且耗时最长的工具或技术是访谈。

3.（√）。

第六章 科技项目进度管理

第一节 项目进度管理概述

科技项目进度管理是指对科技项目进度进行计划、监督和控制,以确保项目按时完成的过程。

一、项目进度管理的重要性

1. 提高项目执行效率

科技项目通常具有复杂的技术要求和紧迫的时间表。通过进度管理,可以合理安排项目任务和资源,确保项目按时完成。有效的进度管理可以避免任务延迟和资源浪费,提高项目的执行效率。

2. 确保项目目标实现

科技项目通常有明确的目标和交付物。通过进度管理,可以跟踪项目进展,及时发现和解决问题,确保项目目标的实现。及时了解项目进度可以帮助项目团队做出调整和决策,以保证项目的成功。

3. 强化风险管理和决策支持

进度管理可以帮助识别和分析项目中的风险和延迟,提前采取相应的措施进行风险管理。通过监控项目进度和分析延迟的原因,可以为项目决策提供依据和支持,以避免潜在的风险和问题。

4. 提高项目透明度和合作效率

进度管理可以提高项目的透明度,让项目团队和利益相关者了解项目的进展和计划。及时沟通和报告可以促进团队之间的合作和协作,减少信息不对称和误解,提高合作效率。

5. 提升客户满意度并建立信任

科技项目往往是为客户提供产品或服务,客户对项目进度的关注度较高。通过有效的进度管理,可以提供准确的项目进度信息,增强客户对项目的信任和满意度。及时沟通和报告可以让客户了解项目的进展,减少沟通障碍和不确定性。

二、项目进度管理的主要过程

（1）规划进度管理——是制定进度管理政策、程序和文档的过程，以确保项目的进度得到有效管理和控制。

（2）定义活动——项目团队将根据项目的工作分解结构和项目需求，识别项目的具体活动的过程。

（3）排列活动顺序——确定活动之间的逻辑关系，绘制活动网络图，为后续的进度计划制定提供依据的过程。

（4）估算活动资源——估算在实施项目活动时要使用何种资源（人员、设备或物资）、每一种使用的数量，以及何时用于项目计划活动的过程。

（5）估算活动持续时间——通过对项目活动进行分析和评估，预测每个活动完成所需的时间的过程。

（6）制定进度计划——是指根据项目目标、资源限制、约束条件等信息，创建一个详细的进度计划，用于确定项目的开始和结束时间，以及各个活动之间的时间安排和依赖关系的过程。

（7）控制进度——是监督项目状态，以更新项目进度和管理进度基准变更的过程。

第二节　规划进度管理

规划进度管理是项目进度管理的第一步，即制定贯穿整个项目生命周期的进度管理计划。进度管理计划是项目管理计划的一个组成部分，它描述了如何制定、监控和控制项目的进度。进度管理计划确定了项目团队在项目执行过程中所采用的方法、工具和技术，以确保项目能够按时完成。

进度管理计划通常包括以下内容：

（1）进度目标和约束。确定项目的进度目标和约束条件，例如项目的交付日期、里程碑和关键路径等。这些目标和约束将指导项目团队在制定进度计划时的决策和优先级。

（2）进度计划方法。确定项目团队将采用的进度计划方法，这可以包括关键路径法、挣值管理、甘特图、网络图等。进度计划方法将指导项目团队在制定和管理进度计划时的技术和工具选择。

（3）进度计划编制。确定项目团队将使用的进度计划编制过程，这包括确定活动的顺序、持续时间和资源需求，制定活动网络图，确定关键路径和里程碑等。进度计划编制过程将确保项目团队能够全面、准确地制定项目的进度计划。

（4）进度基准。确定项目的进度基准，即项目的初始进度计划。进度基准将作为项目的参考点，在项目执行过程中用于监控和控制项目的进度。任何进度的变化都将与进度基准进行比较，以确定项目的进度偏差和采取相应的纠正措施。

（5）控制临界值。可能需要规定偏差临界值，用于监督进度绩效。它是在需要采取某种措施前，允许出现的最大偏差。通常用偏离基准计划中的参数的某个百分数来表示。

（6）绩效测量规则。需要规定用于绩效测量的挣值管理（Earned Value Management，EVM）规则或其他测量规则。例如，进度管理计划可能规定：

①确定完成百分比的规则；
②用于考核进展和进度管理的控制账户；
③拟用的挣值测量技术，如基准法、固定公式法、完成百分比法等；
④进度绩效测量指标，如进度偏差（Schedule Variance，SV）和进度绩效指数（Schedule Performance Index，SPI），用来评价偏离原始进度基准的程度。

（7）进度控制。确定项目团队将采用的进度控制方法，这可以包括监控进度、分析进度偏差、采取纠正措施、更新进度计划等。进度控制方法将确保项目团队能够及时发现和纠正项目的进度偏差，确保项目能够按时完成。

（8）进度报告和沟通。确定项目团队将采用的进度报告和沟通方式，这可以包括编制进度报告、组织进度审查会议、与干系人进行进度沟通等。进度报告和沟通将确保项目的进展情况能够及时被所有干系人了解和共享。

进度管理计划是项目管理的重要组成部分，它为项目团队提供了指导和规范，确保项目能够按时完成。制定进度管理计划需要项目团队具备良好的计划和组织能力，以及对进度管理工具和技术的熟练运用。

第三节　定义活动

定义活动是项目管理中的一个过程，它是制定项目进度计划的关键步骤之一。在定义活动过程中，项目团队将项目的工作包分解成一系列具体的、可管理的活动，以便更好地安排、分配和控制项目的工作。

让团队成员参与定义活动中的分解过程，有助于得到更好、更准确的结果。

定义活动的过程通常包括以下步骤：

（1）梳理工作包。首先，项目团队需要对项目的工作包进行梳理。工作包是项目管理中的最小可管理单元，它代表了项目中的一个特定工作或任务。通过梳理工作包，项目团队可以清晰地了解项目的工作范围和要求。

（2）识别活动。在梳理工作包的基础上，项目团队需要识别出每个工作包中的具体活动。活动是工作包的进一步细分，它代表了项目中的一个具体行动或任务（图6-1）。识别活动需要考虑活动的可管理性、可度量性和可分配性。

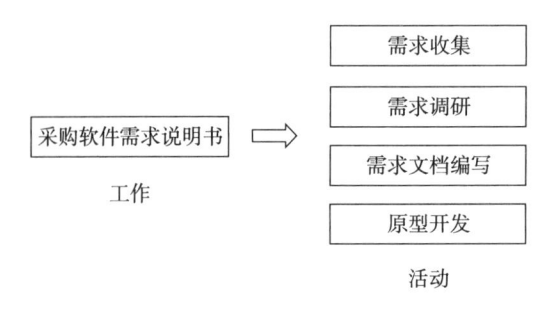

```
                        ┌─────────────┐
                        │  需求收集    │
                        ├─────────────┤
    ┌──────────────────┐│  需求调研    │
    │ 采购软件需求说明书│⇒├─────────────┤
    └──────────────────┘│ 需求文档编写 │
         工作           ├─────────────┤
                        │  原型开发    │
                        └─────────────┘
                              活动
```

图 6-1　识别活动

（3）定义活动属性。一旦活动被识别出来，项目团队需要为每个活动定义属性。活动属性包括活动的名称、描述、持续时间、资源需求、前置关系等。这些属性将帮助项目团队更好地安排和分配活动，并确定活动之间的逻辑关系。

（4）制定活动清单。在定义活动属性的基础上，项目团队需要制定一个完整的活动清单。活动清单是项目中所有活动的集合，它将成为项目进度计划的基础。活动清单应该包括所有的活动名称、描述和属性信息。活动属性包括以下几个方面信息：活动名称、活动描述、持续时间、资源需求、前置关系、后继关系、紧前活动、紧后活动。

（5）制定里程碑清单。里程碑是项目中重要的时间点或事件，它可以是强制性的（如合同要求的），也可以是选择性的（如根据历史信息确定的），特点是持续时间为零。里程碑清单通常包括以下内容：里程碑名称、里程碑描述（代表的事件或阶段性成果）、里程碑日期、里程碑状态（已完成、进行中、延迟等）。

第四节　排列活动顺序

排列活动顺序是识别并记录项目活动之间的逻辑顺序关系，从而在活动制约因素下获得最高工作效率的过程。它需要确定各个活动之间的依赖关系，能并行的并行，不能并行的确定前后顺序，利用紧前关系绘图法绘制完成粗略的项目进度网络图。

排列活动顺序的输入包括进度管理计划、活动清单、活动属性、里程碑清单、项目范围说明书等。

一、紧前关系绘图法

紧前关系绘图法是一种项目管理工具，用于图形化表示和分析项目中的活动及其之间的关系。紧前关系绘图法图使用节点和箭头表示活动和它们之间的关系。

在紧前关系绘图法图中，每个活动都用一个方块节点表示，节点上标注着活动的名称和持续时间。活动之间的关系用箭头表示，箭头的方向表示活动的先后顺序。也称为活动节点表示法或前导图法、单代号网络图。

从表6-1和图6-2看出，从A到G一共有3条路径。通过表6-1和图6-2，可以清晰地看到项目中各个活动之间的依赖关系和串行、并行顺序。

表6-1 紧前关系绘图法样例

活动 ID	任务	前置任务
A	需求分析和规划	
B	系统设计	A
C	软件开发	B
D	硬件开发	B
E	集成测试	C, D
F	说明书编写	C
G	用户验收	E, F

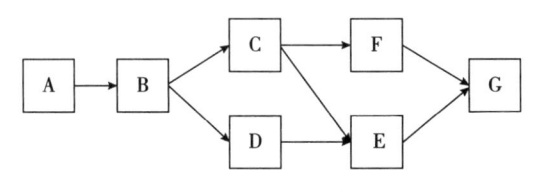

图 6-2 紧前关系绘图法样例

二、活动的逻辑关系

紧前关系绘图法图中的关系有以下几种类型（图6-3）：
完成–开始关系：一个活动的完成是下一个活动的开始。
开始–完成关系：一个活动的开始是下一个活动的完成。

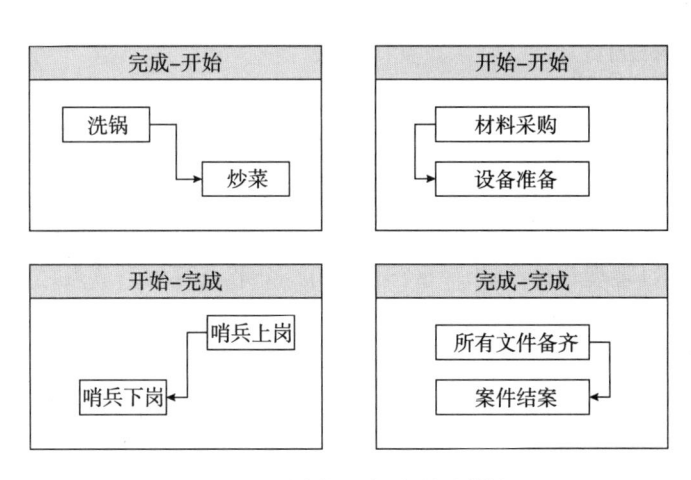

图 6-3 活动的4种逻辑关系举例

开始－开始关系：两个活动可以同时开始，图形上两个活动左对齐。
完成－完成关系：两个活动必须同时完成，图形上两个活动右对齐。

三、活动依赖关系

活动之间有几种类型的依赖关系：

1. 强制性依赖关系

这是固有依赖关系，也称为硬逻辑关系。例如在软件开发项目中，必须先编写代码，再进行测试。

2. 选择性依赖关系

也称为首选逻辑关系、优先逻辑关系或软逻辑关系，由项目团队定义，需要根据最佳实践确定。

3. 外部依赖关系

涉及项目活动和项目外活动间的依赖关系，不受项目经理控制和制约。例如设备安装和设备到货。

4. 内部依赖关系

项目活动之间的紧前关系，通常在项目团队的控制之中。例如设备安装完毕，才能测试，这属于内部强制性依赖关系。

四、提前量和滞后量

提前量是指以紧前活动的完成或开始时间为基点，紧后活动的开始或完成可以提前的时间量。例如，在软件开发项目中，说明书编写可以在软件代码编写完成前3天开始，这就是带3天提前量的完成－开始的关系。滞后量是指以紧前活动的完成或开始时间为基点，紧后活动的开始或完成必须推迟的时间量。例如，对于办公室装修完成后，员工滞后30天开始进入办公室办公，这就是带30天滞后量的完成－开始关系。

五、项目进度网络图

项目进度网络图是排列活动顺序的输出，它是项目管理中用来表示活动及其依赖关系的图形化工具，它显示了项目中所有活动之间的逻辑关系和顺序。

项目进度网络图通常使用箭线和节点来表示活动和它们之间的依赖关系，可以手工或用 MS Project 等项目管理软件绘制。每个活动用一个节点表示，节点之间的箭线表示活动之间的依赖关系。箭线上可能会标注活动的逻辑关系类型以及提前量与滞后量信息。

项目进度网络图通常会配备表格和文字说明。

第五节　估算活动资源

估算活动资源是估算执行项目所需的人力资源，以及材料、设备和用品的类型和数量的过程。其主要作用是明确完成项目活动所需的资源种类、数量和特性，同时为下一步的估算活动持续时间和成本做准备。

一、估算活动资源需要考虑的问题

（1）资源的适用性。考虑所选择的资源是否适合该项目的需求。
（2）资源的可获得性。获取资源的渠道和可能性。
（3）项目日历和资源日历。活动的开始和结束时间，以及团队成员能够投入的时间。
（4）资源质量。如人力资源的技能水平。物资的质量等级等。
（5）资源使用的规模经济和规模不经济。理解资源的成本如何随使用量变化。
（6）关键活动的资源需求。哪些活动对资源需求最敏感，需要特别关注。
（7）活动的关键资源需求。哪些资源对活动成功最为关键。
（8）项目活动的时间约束和资源成本约束的集成。如何在满足时间要求的同时，合理利用资源，控制成本。
（9）资源蕴含的风险。了解资源供应和使用的潜在风险，并做出相应的应对策略。
（10）活动资源储备。为了应对可能的资源短缺或延迟，需要储备多少资源。

二、估算活动资源的输入

（1）进度管理计划。其中定义了资源估算的准确度和所使用的计量单位。
（2）活动清单。列出了需要资源的活动。
（3）活动属性。为估算每项活动所需的资源提供了主要输入。
（4）资源日历。显示了每种具体资源的可用工作日或工作班次。在估算资源需求情况时，需要了解在规划的活动期间，哪些资源（如人力资源、设备和材料）可用。
（5）风险登记册。记录了与资源相关的风险，例如资源的可用性和成本风险。
（6）活动成本估算。根据已有的成本和资源需求，可以推导出资源需求和成本之间的关联性。
（7）事业环境因素和组织过程资产。包括可能影响资源估算的任何事业环境因素或组织过程资产，例如市场条件、政府法规、公司政策和项目管理方法等。

三、估算活动资源的输出

（1）资源需求。根据活动需求，列出所需的各种资源，以及这些资源的数量。资源需求可以根据不同的工作包或活动进行汇总，以估算每个工作包、每个工作分解结构分支以及整个项目所需的资源。

（2）估算依据。记录资源估算的依据，包括使用的估算方法和假定，以及得出估算的详细步骤和计算过程。这些信息对于后续的审计和审查十分重要。

（3）资源分解结构。按照资源类型和数量，将项目所需的资源逐层分解，形成一个详细的资源分解结构。这个结构可以帮助项目团队更好地理解和追踪各种资源的需求和使用情况。

（4）项目文件更新。在估算活动资源的过程中，可能会发现需要对项目计划或其他相关文件进行更新。这些更新可能包括对进度计划、成本估算、风险管理计划等的修改。

四、备选方案分析

备选方案分析是一种评估技术，用于对已识别的可选方案进行评估和比较，以确定选择哪种方案或使用何种方法来执行项目工作。在进行备选方案分析时，需要评估各种方案的成本、时间、技术可行性、风险等因素，以确定最佳的方案。这个过程需要详细研究和评估每个方案的优点和缺点，并根据评估结果进行决策。在进行备选方案分析时，可以使用多种工具和技术，例如成本效益分析、决策树分析、概率分析等。同时，应该考虑所有可能的方案，包括非传统的和创新的方案，以便在决策过程中获得最大的收益。

五、自下而上的活动资源估算

自下而上的活动资源估算是一种资源估算方法，它从项目的底层开始，逐层向上对每个活动的资源需求进行详细估算。这个过程包括以下步骤：

（1）对每个活动进行工作分解，确定所需的资源类型和数量，这可能需要考虑到活动的具体需求、技术要求和实施方案等因素。

（2）分析每项任务的工作量和所需的资源，根据实际情况进行详细的估算，这可能需要参考历史数据、技术规范和实施经验等资料。

（3）汇总每个活动的资源需求，形成整个项目的资源估算。这个过程需要考虑到不同活动之间的资源共享和平衡问题。

（4）在进行估算的过程中，需要与相关部门和干系人进行沟通和协调，以确保估算的准确性和可行性。

六、项目管理软件的资源分配

项目管理软件通常提供资源分配的功能，以帮助项目经理有效地规划和管理项目中的资源。以下是一些常见的资源分配功能：

（1）资源库管理。项目管理软件通常会提供一个资源库，用于管理项目中的各种资源，包括人力资源、物质资源和设备资源等。可以在资源库中添加和维护资源的详细信息，如名称、角色、技能、可用性等。

（2）资源分配计划。项目管理软件允许创建资源分配计划，即根据项目的需求和时间表，将资源分配给不同的任务或活动。可以指定每个任务所需的资源类型和数量，并将资源分配给相应的任务。

（3）资源冲突检测。项目管理软件可以自动检测资源之间的冲突和重叠，以帮助避免资源过度分配或冲突。当资源被分配给多个任务或活动时，软件会提示潜在的冲突，并提供解决方案或调整建议。

（4）资源利用率和负载平衡。项目管理软件可以生成资源利用率和负载平衡的报表或图表，以帮助监控和优化资源的使用情况。可以查看资源的利用率、负载情况和可用性，以及进行必要的调整和重新分配。

（5）实时协作和通信。一些项目管理软件还提供实时协作和通信功能，以便团队成员之间进行资源分配和调整的讨论和协商。通过软件平台，团队成员可以共享资源信息、更新资源状态，并及时解决资源分配方面的问题。

请注意，具体的资源分配功能可能因项目管理软件的不同而有所差异。在选择和使用项目管理软件时，建议根据项目的具体需求和团队的工作方式，选择适合的软件，并充分了解和利用其资源分配功能。

第六节 估算活动持续时间

估算活动持续时间是指在项目管理中，根据已知的信息和经验，对每个项目活动的完成所需时间进行估计和预测的过程。估算活动持续时间是项目计划制定的重要一步，对于项目进度的合理安排和资源分配具有重要的影响。

在估算活动持续时间时，可以采用专家判断、历史数据分析、三点估算、类比估算、参数估算等方法。

一、专家判断

借助项目团队成员或领域专家的经验和知识，进行主观估算。这可以通过专家访谈、专家调查或专家评估等方式来获取专家意见。

二、历史数据分析

通过回顾过去类似项目的数据和记录，分析活动的完成时间，以便对当前项目的活动进行估算。这可以通过查看项目档案、历史记录或数据库中的数据来实现。

三、三点估算

三点估算是一种常用的活动持续时间估算方法，它基于乐观时间、悲观时间和最可能时间的概念。通过对这三个时间点进行加权平均，可以得出一个最终的估算时间。

具体而言，三点估算的步骤如下：

乐观时间（TO）：这是指在最理想情况下，活动完成所需的时间。乐观时间假设没有任何延迟、问题或障碍，活动可以顺利进行。这个时间点通常是一个较短的时间。

悲观时间（TP）：这是指在最不利情况下，活动完成所需的时间。悲观时间考虑了可能出现的延迟、问题或障碍，以及其他不利因素。这个时间点通常是一个较长的时间。

最可能时间（TM）：这是指在正常情况下，根据经验和专业判断，活动完成所需的时间。最可能时间是对活动持续时间的中间估计，考虑了一般情况下的各种因素。

在进行三点估算时，可以使用下面的公式来计算活动的估算时间（TE）：

$$TE = (TO + 4TM + TP) / 6$$

假设一个软件开发项目需要完成某个功能模块，使用三点估算方法进行时间估算，乐观估算为2周，悲观估算为10周，最可能时间为3周。

$$TE = (2 + 4 \times 3 + 10) / 6 = 4$$

用三点估算法得出的结果为4周。

四、类比估算

根据类似活动或类似项目的经验，将类似的活动持续时间应用于当前项目的活动。这种方法适用于在过去已经完成过类似活动的情况下。

五、参数估算

通过考虑活动的特定参数，如资源可用性、工作量、技术复杂性等，来估算活动的持续时间。这种方法需要对活动的特征和相关因素进行分析和评估。

需要注意的是，活动持续时间的估算是一项不确定性较高的任务，因为它受到多种因素的影响，如资源可用性、技术限制、风险等。因此，在进行估算时应充分考虑这些因素，并采用合适的估算方法和技术来提高估算的准确性和可靠性。

第七节　制定进度计划

制定进度计划是分析活动顺序、持续时间、资源需求和进度制约因素，确定项目活动的时间安排的过程。其主要作用是，为完成项目活动而制定具有计划日期的进度模型。

制定可行的项目进度计划通常是一个反复进行的过程。一旦获得批准，该计划将成为基准，用于跟踪项目的绩效。

为了确保进度计划始终是现实可行的，应该在整个项目期间持续修订它，这意味着需要定期评估项目的进展情况，并根据实际情况进行必要的调整和更新。这样可以确保项目能够按时完成，并及时应对任何可能的延迟或问题。

一、关键路径法

关键路径法（Critical Path Method，CPM）是一种用于确定项目最短完成时间的项目管理技术。它通过确定项目中的关键路径来帮助项目经理和团队成员规划和控制项目的进度。

关键路径是指在项目网络图中，连接项目起点和终点的路径中，具有最长持续时间的路径。任何一个关键活动的延迟都会导致整个项目的延迟，因此关键路径代表了项目完成所需的最短时间。

需要注意的是，关键路径分析通常不考虑资源约束。这意味着关键路径上的任务可能在资源紧张的情况下无法按时完成，因此，在进行资源分配和调度时，需要综合考虑资源约束，以确保项目能够在资源限制下尽可能地按时完成。

对关键路径进行工期压缩要考虑次关键路径的产生。

在关键路径法中，每个活动都有四个关键日期，分别是最早开始日期（ES）、最早完成日期（EF）、最晚开始日期（LS）和最晚完成日期（LF）。

最早开始日期（ES）是指某个活动最早可能开始的日期。它的计算使用顺推法，如图 6-4 所示。具体计算公式为：ES = 前置活动的 EF + 1。

最早完成日期（EF）是指某个活动最早可能完成的日期。它的计算也使用顺推法，根据活动的持续时间和最早开始日期来确定。具体计算公式为：EF = ES + D – 1。公式中的 D 表示活动历时。

最晚开始日期（LS）是指在不推迟特定里程碑的前提下，某个活动最晚允许开始的日期。它的计算使用逆推法，如图6-5所示。具体计算公式为：LS = LF - D + 1。

最晚完成日期(LF)是指在不推迟特定里程碑的前提下,某个活动最晚允许完成的日期。它的计算也使用逆推法，根据后续活动的最晚开始日期确定。具体计算公式为：LF = 后续活动的 LS-1。

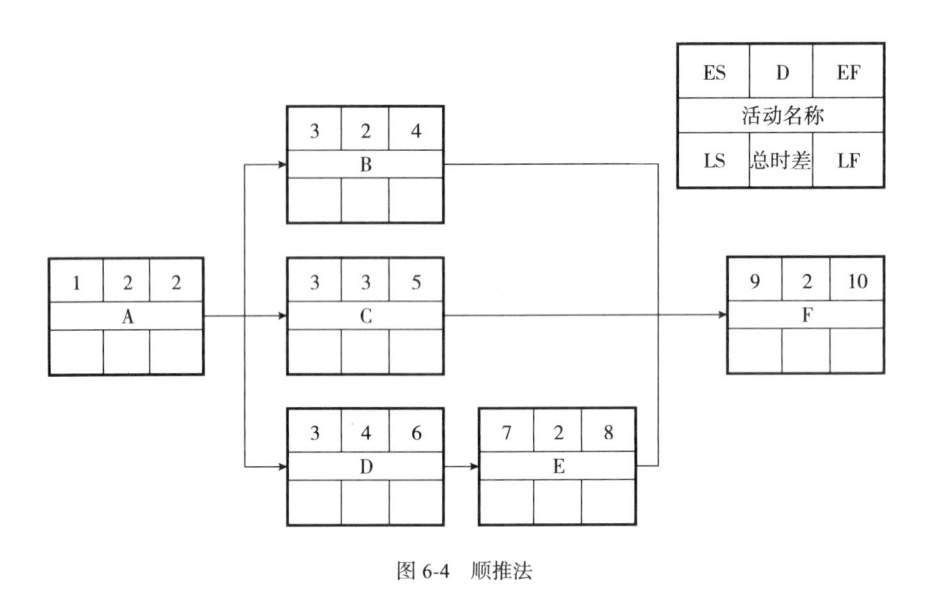

图6-4 顺推法

图6-5 逆推法

浮动时间又称为时差，是指在不延误项目完成日期或违反进度制约因素的前提下，某个进度活动可以推迟的总时间量，也被称为路径浮动时间。

总时差可以通过计算最晚开始日期（LS）与最早开始日期（ES）之间的差值，或者最晚完成日期（LF）与最早完成日期（EF）之间的差值来获得，即总时差 = LS - ES = LF - EF。

关键路径是由一系列具有零总浮动时间的活动组成的路径。图6-5中，具有零总浮动时间的活动为 A、D、E、F，所以关键路径为：ADEF，活动 A、D、E、F 也被称为关键活动，它们的任何延迟或变动都会直接影响项目的总体完成时间。

自由时差是指在不延误任何紧后活动的最早开始日期的前提下，某个进度活动可以推迟的时间量。例如，在图 6-5 中，活动 B 的自由时差为 4 天。

二、关键链法

关键链法是由美国管理学专家艾利·高德拉特提出的一种项目管理方法。它在关键路径法的基础上进行了改进，并考虑了资源约束和不确定性因素。

关键链法的理论依据之一是帕金森定律。帕金森定律指出，工作总是会延迟到能够允许的最后一天才完成。

在项目实践中，人们通常会在活动的持续时间估算中留出一定的时间浮动和安全裕量，以确保活动能够按时完成。然而，根据帕金森定律，这些活动往往会被推迟到最后一刻才开始执行，导致整个工作期间没有得到充分发挥效率，造成资源和时间的浪费，并且容易导致项目工期延迟。

关键链法要求在项目估算时剔除个人估算中的隐藏裕量，将多余的时间压缩为缓冲。这个缓冲成为项目管理的公共资源，统一调度和使用，以确保备用资源能够有效地应用于真正需要它地方，从而大大缩短项目的工期。通过这种方式，关键链法能够有效地应对帕金森定律带来的延误和浪费问题，提高项目的执行效率和成功率。

关键链法的改进主要体现在以下几个方面：

（1）考虑资源约束。关键链法在制定项目进度计划时，考虑了资源的可用性和限制。它通过优化资源的分配和利用，使得项目能够在资源有限的情况下高效地进行。关键链法通过识别和管理关键链上的活动，确保资源能够按时分配和使用。

（2）引入缓冲和缓冲管理。关键链法引入了缓冲和缓冲管理的概念，以应对项目的不确定性和风险。在关键链法中，项目管理团队会为关键链上的活动和项目的总体完成时间设置缓冲时间，以充分考虑活动的不确定性和可能的延迟。缓冲时间可以帮助项目团队应对潜在的延迟，并保证项目按时完成。

（3）考虑人的心理行为因素和工作习惯。关键链法认识到人是项目实施的主体，对项目进度和执行效率有着重要影响。因此，关键链法考虑了人的心理行为因素和工作习惯对进度的影响。它通过合理安排和管理人员的工作负荷，减少多任务处理和资源浪费，提高工作效率。

关键链法考虑了资源约束对项目进度计划的影响。在使用关键链法时，首先根据活动的持续时间和逻辑关系绘制项目进度网络图，然后计算出关键路径。关键路径是项目中不能延迟的活动序列。接下来，关键链法考虑项目可用的资源，制定资源约束型的进度计划。这个进度计划中的关键路径通常会与原先的关键路径不同，因为资源约束会影响活动的执行顺序和时间。资源约束型的关键路径被称为关键链。

假设活动 C 和活动 E 需要同一资源，并且该资源一次只能执行一个活动。在考虑资源约束的情况下，活动 C 和活动 E 就不能同时进行。因此，根据关键链法，项目的关键链由活动 A-D-E-C-F-G 组成，如图 6-6 中虚线所示。

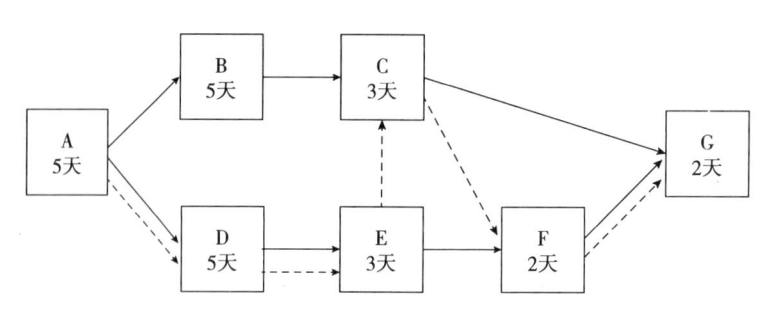

图 6-6 关键链——资源约束型的关键路径

为了应对不确定性，关键链法引入了持续时间缓冲。项目缓冲用于保证项目不会因为关键链的延误而整体延误。汇入缓冲用于保护关键链不受非关键链延误的影响，如图 6-7 所示。

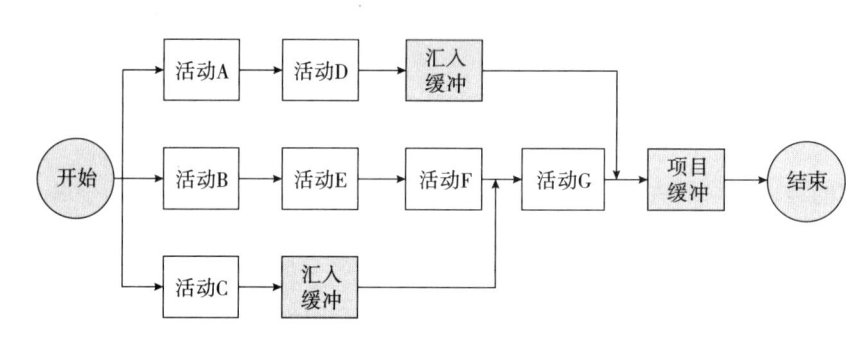

图 6-7 关键链持续时间缓冲示例

关键链法的缓冲是根据活动链的持续时间的不确定性来确定的。缓冲时间的长短应该能够容纳活动持续时间的变化，以保证项目能够按时完成。

如果某些活动无法按计划时间完成，那么缓冲时间就会被使用。在项目实施过程中，需要监控缓冲时间的使用情况。可以建立一种预警机制，例如当缓冲时间被使用了 1/3 时，发出预警信号，当缓冲时间被使用了 2/3 时，需要立即采取纠正措施。

通过监控和预警，项目团队可以及时发现并纠正活动的延误，以保证项目能够按时完成。这种预警机制可以帮助项目团队及时采取行动，避免进一步的延误和影响。

三、资源优化技术

资源优化是根据资源供需情况来调整项目进度计划的过程。在项目管理中，资源是有限的，因此需要对资源进行优化，以避免高成本的活动实施、项目延迟以及资源的过度使用或闲置。

1. 资源平衡

为了实现资源供需的平衡，项目管理人员有时需要调整活动的开始和结束时间，根据资源的制约条件进行安排。资源平衡的过程中，可以充分利用非关键活动的自由浮动和总浮动时间，以最大限度地优化资源的利用。资源平衡往往需要改变关键路径，从而影响项目的总工期，通常是项目延期。

2. 资源平滑

资源平滑力求最有效地利用资源，使资源闲置的时间最小化，尽量避免超出资源能力。和资源平衡不同，资源平滑不会改变项目关键路径。

资源平滑方法如下（图6-8）：

（1）维持工期不变，通过调整活动的顺序和资源分配，使得每个资源的使用强度尽可能平衡，避免某些资源过度使用而导致其他资源闲置的情况。

（2）在满足资源约束条件下使工期最短。

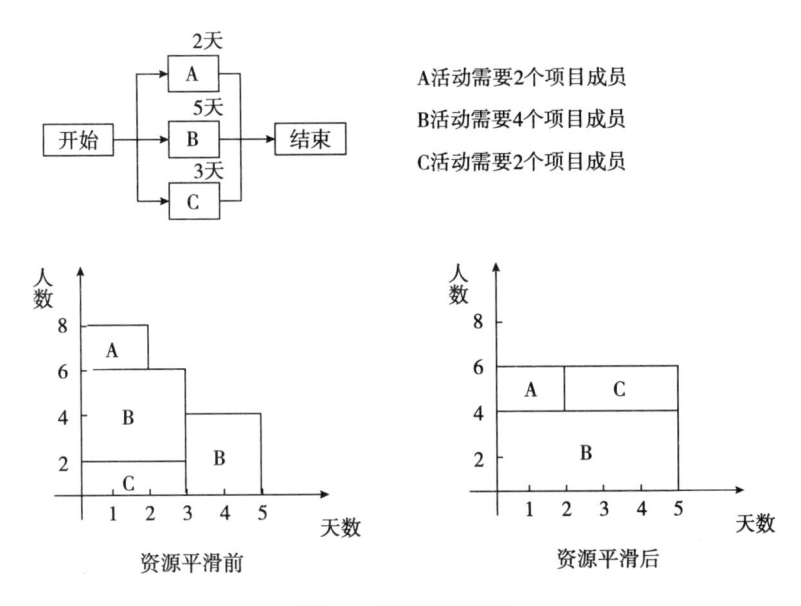

图 6-8 资源平滑示例

四、进度压缩

进度压缩是指在不改变项目的范围和质量的情况下，通过缩短项目的工期来满足时间的限制或紧迫的交付日期或其他进度目标。

进度压缩通常包括以下两种方法：

1. 赶工

通过增加资源的投入或优化资源的利用，加快项目活动的执行速度，从而缩短项目的总工期。这可以通过以下方式实现：

增加资源投入：增加人力资源、设备或其他必要的资源投入，以加快活动的执行速度和提高工作效率。

加班工作：增加工作时间，包括延长工作日、增加工作日或在非工作时间进行工作，以加快项目进度。

赶工可能导致风险、成本增加。

2. 快速跟进

通过将原本按照顺序执行的活动并行进行，以减少项目的等待时间和提高效率。

快速跟进的关键是识别项目中的关键路径和活动，即那些对项目工期有最大影响的活动。然后，通过将某些非关键路径上的活动与关键路径上的活动并行进行，以缩短项目的总工期。

快速跟进的优点是可以加快项目的进度，缩短项目的工期，从而更快地实现项目的目标。然而，快速跟进也存在一定的风险，因为并行执行活动可能增加资源冲突、沟通和协调的难度，可能导致质量问题、返工或增加项目风险。

五、制定进度计划的输出

1. 进度基准

进度基准是项目经理确定的一个项目进度计划，用于评估项目的进展情况。它包含了项目的开始和结束时间，以及在这个时间范围内需要完成的任务和活动。这是一种标准，可以用来对项目实施过程进行控制和监督。在监控过程中，将用实际开始和完成日期与批准的基准日期进行比较，以确定是否存在偏差。进度基准是项目管理计划的组成部分，需要经过干系人的接受和批准。只有通过正式的变更控制程序才能进行变更。同时，它也是项目进度绩效评估的基准。

2. 项目进度计划

项目进度计划是项目实施阶段对各项工程和工作的起止日期及顺序进行计划安排，展示活动之间的相互关联，以及计划日期、持续时间、里程碑和所需资源，规定项目各活动的计划开始日期与计划结束日期。它是一种项目管理工具，有助于规划、执行和监控项目。项目进度计划可利用各种进度计划编写工具，如关键路径法、关键链法、资源平衡、进度压缩及相关项目管理软件等，在考虑各种约束的情况下制定的一份标明各项活动的计划开始时间、计划结束时间，并确定项目里程碑的文件。

项目进度计划有以下的形式：

1）甘特图

甘特图是由亨利·甘特于1910年开发的，他通过条状图来显示项目进度和其他时间相关的系统进展的内在关系随着时间进展的情况。

甘特图主要由横轴和纵轴组成，横轴表示时间，纵轴表示活动（项目），线条表示在整个期间上计划和实际的活动完成情况。它能够直观地显示出任务计划在什么时候进行，以及实际进展与计划要求的对比。这使得管理者可以非常便利地弄清每一项任务（项目）还剩下哪些工作要做，并评估工作是提前、滞后还是正常进行。此外，甘特图还具有简单、醒目和便于编制等特点，因此是一种理想的控制工具。甘特图常用于向管理层汇报进度情况。

2）里程碑图

里程碑是项目中的重要时点或事件，通常代表项目完成了某个重要的成果或阶段性目标。里程碑图中用菱形表示里程碑，标示主要或阶段可交付成果的计划日期。

3）项目进度网络图

项目进度网络图是表示项目活动之间的逻辑关系（也称为依赖关系）的图形（图6-9）。绘制项目进度网络图可以采用手工或借助项目管理软件的方法，也可以展示项目的全部细节，或者只列出一项或多项概括性活动。

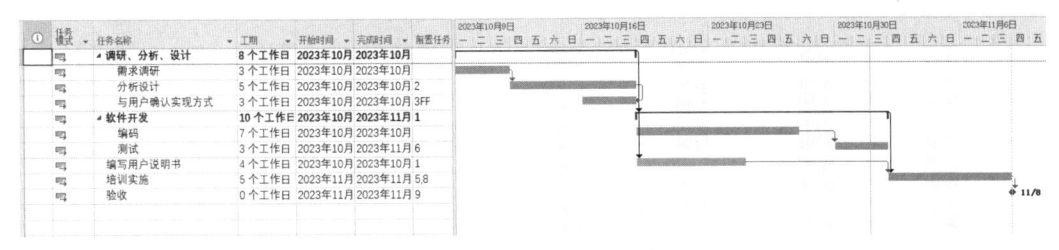

图 6-9　项目进度网络图示例

第八节　控制进度

控制进度的任务是监督项目活动的进展情况，检测实际进度与计划进度的差异，分析偏差的原因和程度，评估这些偏差对未来工作的影响，并决定是否需要采取纠正或预防措施。控制进度还包括进度基准变更的管理。

一、产生进度偏差的原因

1. 任务本身的估算问题

即任务工作量的估算不合理，没有充分考虑工作中存在的技术难点、项目成员的技能以及其他风险因素。

2. 任务本身的粒度问题

即任务的划分过大，不适合进行有效的跟踪。细粒度的跟踪可以尽早发现任务中的问题，消除不确定性因素和风险。

3. 质量因素的制约

项目质量问题导致任务需要重新执行或修正，进而影响项目进度。

4. 风险管理工作不到位

项目中的风险没有被及时发现、评估和应对，导致风险事件的发生，进而影响项目进度。

5. 项目范围蔓延或需求不明确

项目范围的扩大或需求的不明确，导致任务量增加或无法按时完成，进而引发进度偏差。

6. 工具技术的选择

选择不合适的工具或落后的技术路线，导致进度滞后。

7. 团队和个人问题

这也是导致进度偏差的原因之一，具体包括：

1）人员的技能不达标

项目成员的技能水平未达到项目要求，导致工作效率低下，进度无法按计划进行。

2）团队成员之间的沟通问题

团队成员之间沟通不畅或存在误解，导致信息传递不准确，进而影响项目进度。

3）项目成员的责任心

部分项目成员缺乏对项目的责任心和紧迫感，导致工作态度不端正，进度无法得到有效控制。

二、常用的进度控制技术

1. 进度偏差分析

通过将实际进度与计划进度进行比较，利用图形形式直观地分析进度偏差。例如，在甘特图上使用不同颜色的横道线表示计划和实际进度，可以清晰地看到进度偏差。

2. 关键路径法中的进度分析

通过比较关键路径的进展情况来确定进度状态。关键路径上的差异将直接影响项目的结束日期。同时，评估非关键路径上活动的进展情况也有助于识别进度风险。

3. 关键链法中的进度分析

通过比较剩余缓冲时间和所需缓冲时间来确定进度状态。根据所需缓冲与剩余缓冲之间的差值大小，决定是否需要采取纠正措施。

4. 挣值管理

采用进度绩效测量指标，如进度偏差（SV）和进度绩效指数（SPI），评估实际进度与初始进度基准计划的偏离程度。挣值管理可以帮助监控项目的进度表现。

5. 项目管理软件

利用项目管理软件对照进度计划，跟踪项目执行的实际日期，报告与进度基准的差异和进展，并预测各种变更对项目进度的影响。项目管理软件提供了强大的工具和功能，可以有效地进行进度控制和管理。

6. 进度压缩

赶工或快速跟进，使落后的活动赶上计划进度。

三、项目基准变更

当项目的实际进度与进度基准之间的偏差超过了一定程度，对项目进度基准的总目标或后续工作产生影响时，就要根据项目实施的现有条件和约束，对项目进度基准加以变更，以保证计划的可行性。

项目基准变更会对项目产生如下一些影响：

（1）项目活动的增加和删除；

（2）项目活动的重新排序；

（3）项目活动持续时间估算的变更或者项目要求完工时间的更新；

（4）项目活动时间属性的重新计算；

（5）资源（人力、物力、资金）的重新分配。

项目基准的变更通常要遵循整体变更控制流程。

思考题

一、单项选择题

1. 以下哪一项可以衡量进度计划的灵活性？（　　）

A. 自由时差

B. 总时差

C. 低成本资源

D. 允许最迟结束时间

2. "在对软件编码前我不能进行软件测试。"这句话说明了哪种依赖关系？（　　）

A. 随意的关系

B. 软逻辑关系

C. 偏好的关系

D. 强制或硬逻辑关系

3. 进度滞后，评审会意见：一：不能改范围，二：适当时可增加预算，三：活动顺序前后不能修改。那么为加快进度，可采用：（　　）

A. 资源平衡

B. 快速跟进

C. 赶工

D. 资源分配

4. 里程碑和活动的区别：（　　）

A. 零工期

B. 零浮动

C. 正浮动

D. 负浮动

5.采用赶工实现项目是考虑哪方面的权衡？（　　）

A．成本与质量

B．成本与进度

C．范围与成本

D．范围与进度

二、判断题

1.（　　）资源平衡往往导致关键路径改变，通常是缩短。

2.（　　）进度网络图中关键路径只有一条。

3.（　　）项目缓冲放置在关键链末端，用来保证项目不因关键链的延误而延误。

4.（　　）让团队成员参与定义活动中的分解过程，有助于得到更好、更准确的结果。

5.（　　）关键路径代表项目完成所需的最短时间。

参考答案：

一、单项选择题：1.B，2.D，3.C，4.A，5.B

二、判断题：

1.（×）解析：资源平衡往往导致关键路径改变，通常是延长。

2.（×）解析：进度网络图中关键路径可能不止一条，如果有多条，意味着它们的长度相同。

3.（√）。

4.（√）。

5.（√）。

第七章 科技项目成本管理

第一节 项目成本管理概述

一、项目成本管理的相关概念和原理

1. 成本

成本是指在生产或提供商品或服务过程中所投入的资源的总和。这些资源包括但不限于原材料、人力、设备、能源、研发、市场推广、物流运输、税费、管理费，等等。成本不仅是金钱上的投入，还可能包括时间、精力、精神等其他形式的投入。在经济学中，成本用于衡量资源的性价比，即在有限的资源下，如何最有效地生产或提供产品或服务。在项目管理中成本往往用购买产品或服务所支付的货币数量来衡量，不过对于那些人工成本占比较大的项目，比如软件开发或科技项目也可能用工时来衡量。

2. 生命周期成本

多年来，许多研发组织都是在局部视角下操作，技术决策是研发部门计划的一部分，由研发部门决定，根本没考虑生产开始后会发生什么。简单地说，生命周期成本要求在研发阶段制定的决策要针对系统的整个生命周期成本评估。比如，对一个新产品，研发组织可能有两种设计方案，要求相同的研发预算和生产成本，但是其中一个产品的维修和支持成本可能很大，如果在研发阶段不考虑下游阶段的成本，就会导致后期费用巨大，对于组织整体来说是不经济的。

生命周期成本是组织在整个生命周期内拥有和获得产品的总成本，包括研发成本、生产成本、建设成本、运营成本和处置成本等。

1）研发成本

包括可行性研究成本；成本—收益分析；系统分析；详细设计和开发；制造和工程模型的检测；初期产品的评估；相关的文件准备成本等。

2）生产成本

包括制造、组装和产品模型检测；产品功能的使用和维修；相关的内部后勤支持需求。相关的内部后勤支持需求包括检测和支持设备的开发、备用或维修部件的供应、技术资料的建立、培训和库存品的进入。

3）建设成本

包括新生产设备成本，或为提供生产和支持要求的运营而更新现有设备结构。

4）运营和维修成本

包括操作人员的人工费和维修支持的成本；备用或维修部件和相关的库存；检测和支持设备的维修；运输和处理；设施、模型和技术资料的改变，等等。

5）产品过时和退出成本（也称为处置成本）

包括过时或磨损的库外产品，以及后续的设备循环和回收阶段的成本。

对于科技项目而言，了解生命周期成本有助于提高科技成果转化率及经济效益。成功使用生命周期成本还会取得以下成效：使下游资源的长期影响可见、影响研发决策、支持下游的战略预算。

3. 价值分析

这一概念有时被称为价值工程。它的重点是找到一种成本较低的方法来完成同样的工作。换句话说，这项技术会引导大家思考如何在保持相同范围的同时降低项目成本。在进行价值分析时，可以系统地确定所需的项目功能，为这些功能赋值，并且在不损失性能的情况下以最低的总体成本提供这些功能。

4. 财务及投资术语

在很多组织中，预测和分析项目产品的财务效益是在项目之外进行的，但对于有些项目，如固定资产投资项目，可在项目成本管理中进行这项预测和分析工作。在这种情况下，项目成本管理还需使用其他过程和许多通用财务管理技术，如投资回报率分析、现金流贴现分析和投资回收期分析等。

二、项目成本管理的主要过程

项目成本管理包含为使项目在批准的预算内完成而对成本进行规划、估算、预算、融资、筹资、管理和控制的各个过程，从而确保项目在批准的预算内完工。请注意这个定义中的两个关键短语："项目"和"批准的预算"。项目经理必须确保他们的项目有恰当的定义、准确的进度计划和成本估算，并有他们参与批准通过的、切合实际的预算。

项目经理的工作是在不断努力降低和控制成本的同时，满足项目干系人的需求。项目成本管理有4个过程：

（1）规划成本管理——确定如何估算、预算、管理、监督和控制项目成本的过程，包括决定用于计划、执行和控制项目成本的政策、程序和文件。

（2）估算成本——对完成项目活动所需货币资源进行近似估算的过程。

（3）制定预算——汇总所有单个活动或工作包的估算成本，建立一个经批准的成本基准的过程。

（4）控制成本——监督项目状态，以更新项目成本和管理成本基准变更的过程。

第二节　规划成本管理

对于项目发起人来说最重要的问题是：这个项目要花费组织多少成本？项目发起人和其他高级管理层的干系人希望项目经理能回答这个问题。他们还希望项目经理确定一个成本基准，能够监视和控制整个项目生命周期的成本。

规划成本管理是为规划、管理、花费和控制项目成本而制定政策、程序和文档的过程。本过程的主要作用是，在整个项目中为如何管理项目成本提供指南和方向。规划成本管理流程包括确定如何计划、管理和控制项目成本。这个过程回答了以下问题：项目成本将如何规划，以及项目团队将怎样有效地管理项目，使其达到成本基准，控制成本，并管理成本差异。

成本管理计划这一过程的输出是成本管理计划，有时也称为"预算管理计划"或"预算计划"。成本管理计划与其他管理计划类似。它可以是正式的，也可以是非正式的，但它是项目管理计划的一部分。

一、主要输入

规划成本管理通常需要参考下列内容：

1. 项目管理计划

项目管理计划是规划成本管理的重要基石，其中包含了制定成本管理计划所必需的关键信息。这些信息包括但不限于：

范围基准：范围基准详细说明了项目的范围，包括项目范围说明书和工作分解结构。这些信息对于进行成本估算和管理至关重要，确保成本分配与项目工作包相匹配。

进度基准：进度基准定义了项目的时间框架，明确了项目成本在不同时间节点的分布情况。它帮助项目团队了解何时会产生哪些成本，从而制定有效的成本管理策略。

其他信息：项目管理计划中还包括与成本相关的进度、风险和沟通决策等信息。这些信息有助于项目团队在规划成本管理时综合考虑多种因素，确保成本管理的全面性和有效性。

2. 项目章程

项目章程是项目的正式授权文件，它规定了项目的总体预算，为详细项目成本的确定提供了依据。此外，项目章程中规定的项目审批要求也对项目成本管理产生重要影响，确保成本管理符合组织的战略目标和要求。

3. 事业环境因素

事业环境因素是外部环境中影响项目管理过程的各种因素。在规划成本管理过程中，以下事业环境因素尤为关键：

组织文化和组织结构：组织的价值观和行为准则、层级结构及决策流程等，都可能对成本管理产生影响。

市场条件：市场上的产品、服务和成果的可获取性，以及价格波动等因素，直接影响项目成本的估算和管理。

货币汇率：对于涉及多个国家的项目，货币汇率的变动将直接影响项目成本的换算和比较。

发布的商业信息：商业数据库中的资源成本费率、材料与设备的标准成本数据以及卖方价格清单等，为成本估算提供了重要的参考依据。

项目管理信息系统：利用项目管理信息系统，项目团队可以更有效地收集、分析和报告成本数据，提高成本管理的效率和准确性。

4. 组织过程资产

组织过程资产是组织在项目管理过程中积累的知识和经验。在规划成本管理时，以下组织过程资产具有重要价值：

财务控制程序：如定期报告、费用与支付审查、会计编码及标准合同条款等，为成本管理提供了标准化的操作流程和规范。

历史信息和经验教训知识库：通过借鉴过去项目的成本管理经验和教训，项目团队可以更有效地规避风险，优化成本管理策略。

财务数据库：财务数据库中存储了丰富的成本数据和信息，为成本估算和预算制定提供了有力的数据支持。

政策、程序和指南：组织现有的、正式的和非正式的与成本估算和预算有关的政策、程序和指南，为项目团队提供了明确的指导和方向，确保成本管理的合规性和有效性。

二、主要工具与技术

1. 专家判断

在规划成本管理过程中，专家判断发挥着至关重要的作用。通常会征求具备以下专业知识和经验的个人或小组的意见：

以往类似项目的经验：专家能够基于过往项目的成本管理经验，为当前项目提供有针对性的建议和指导。

行业、学科和应用领域的信息：专家深厚的行业背景知识，能够帮助项目团队更准确地把握市场趋势和成本变动情况。

成本估算和预算的专业知识：专家在成本估算和预算制定方面的丰富经验，能够确保成本管理计划的准确性和可行性。

挣值管理的实践：专家对挣值管理方法的深入理解，有助于项目团队更好地应用该方法进行成本控制和绩效评估。

专家判断不仅能够为项目环境及以往类似项目提供有价值的见解，还能够就多种方法的联合使用以及方法间差异的协调提出建议。在制定成本管理计划时，基于专家判断的应用领域、知识领域、学科和行业等专业知识，将有助于提高计划的针对性和有效性。

2. 分析技术

在制定成本管理计划时，分析技术同样扮演着重要的角色。项目团队可能需要运用这些技术来选择项目筹资的战略方法，如自筹资金、股权投资、借贷投资等。同时，成本管理计划中也需要详细说明筹集项目资源的方法，如自制、采购、租用或租赁等。

3. 会议

会议是规划成本管理过程中的重要环节。项目团队可能会举行规划会议来制定成本管理计划。参会人员通常包括项目经理、项目发起人、选定的项目团队成员、选定的干系人、项目成本负责人以及其他必要人员。

三、主要输出

规划成本管理这一过程的输出是成本管理计划，有时也称为"预算管理计划"。它是项目管理计划的一部分，可以是正式的，也可以是非正式的。

成本管理计划可能包括：

（1）应如何进行估算的规范（以何种货币表示）；

（2）估算所需的准确性；

（3）使用的报告格式；

（4）衡量成本绩效的规则；

（5）成本是否包括直接成本（直接归属于项目的成本）和间接成本（不可直接归属于任何一个项目的成本，如管理费用）；

（6）作为项目监测和控制的一部分，建立成本基准以进行衡量的指南（成本基准最终将在确定预算中建立）；

（7）控制阈值；

（8）成本变更控制程序；

（9）控制账户信息；

（10）关于估算成本、确定预算和控制成本的过程将如何进行的信息；

（11）资金决策；

（12）记录成本的方法；

（13）处理资源成本和汇率潜在波动的指导方针；

（14）各种成本活动的作用和责任。

成本管理计划的制定需要提前思考如何控制成本。控制阈值是在需要采取行动之前允许的变化量。在创建成本管理计划时，可以在计划中确定这些阈值。

在某些组织中，规划成本管理过程可能涉及确定项目是否将用该组织的现有资金支付，或通过股权或债务提供资金。它还可以包括关于如何为项目资源融资的决定，例如选择是购买还是租赁设备。

第三节　估算成本

一、基础概念

估算成本是对完成项目活动所需资金进行近似估算的过程。本过程的主要作用是确定完成项目工作所需的成本数额。在下一个过程"制定预算"中，这些估计最终将合并为一个分阶段的支出计划（成本预算）。

估算范围包括完成项目所需的所有努力所涉及的成本，这可能包括：

（1）质量努力的成本；

（2）风险努力的成本；

（3）项目经理的时间成本；

（4）项目管理活动的成本；

（5）与项目直接相关的成本，包括劳动力、材料、项目培训、计算机等；

（6）直接用于项目的物理办公空间的费用；

（7）管理费用，如管理工资和一般办公费用。

在准备成本估算时，需要考虑的另一个重要因素是人工成本，因为人工成本通常在项目总成本中占有很大比重。许多组织根据部门或技能来估算项目生命周期中需要的人员数或小时数。

1. 成本类型

成本可以是可变的，也可以是固定的。

可变成本： 这些成本随着生产量或工作量的变化而变化，如材料、用品和工资的成本。

固定成本： 这些成本在一定时期中不会随着生产的变化而变化，如租金、设备折旧、水电费等。

在集团公司科技经费管理办法中，可变成本被作为日常性支出，包括为实施研发活动以货币或实物形式直接或间接支付给研发人员的劳动报酬（工资、奖金以及所有相关费用和福利），购置的原材料、燃料、动力、工器具等低值易耗品，以及各种相关直接或间接的管理和服务等支出。

而固定成本被作为资产性支出，包括为实施研发活动而进行固定资产建造、购置、改扩建以及大修理等的支出（不含固定资产折旧），土地与建筑物支出，仪器与设备支出，资本化的计算机软件支出，专利和专有技术支出等。对于研发活动与非研发活动共用的建筑物、仪器与设备等，应按使用面积、时间等进行合理分摊。与研发活动相关的固定资产，仅统计当期购建固定资产发生的实际支出，不统计已有固定资产在当期的折旧。

还需了解的有直接成本和间接成本：

直接成本： 是指那些与创造项目产品和服务直接相关的成本。可以将直接成本归结于某一特定的项目。例如，直接成本包括在项目上工作的全职员工的工资、团队差旅、项目所用材料的成本，以及专门为项目购买的硬件和软件的成本。项目经理应该关注直接成本，因为它们是可以控制的。

间接成本： 与项目的产品或服务不直接相关，但它们与项目的工作绩效间接相关。例如，间接成本包括管理层和行政部门的报酬、办公楼公用的电力、后勤保障、税收和其他必需品的成本。间接成本被分摊到项目中，项目经理很难进行控制。

石油行业科技项目常见的直接与间接费用条目见表7-1，值得注意的是设备费和软件购置费根据财务要求是纳入资本化预算中。

表 7-1 石油科技项目预算表条目

填报单位（盖章）： 金额单位：万元

序号	预算科目	合计	XXX	XXX	…
一、资本化预算					
1	设备费				
2	软件购置费				
3	其他				
二、费用化预算					
（一）直接费用					
4	材料费				
5	燃料动力费				
6	测试化验加工费				
7	检测费				
8	试验检验费				
9	资料解释费				
10	设计制图费				
11	外部加工费				
12	系统维护费				
13	维护及修理费				
14	运输费				
15	租赁费				
16	现场试验费				
17	物探作业费				
18	井下作业费				

续表

序号	预算科目	合计	XXX	XXX	...
19	钻井作业费				
20	测井试井费				
21	录井测井作业费				
22	固井工程费				
23	试油作业费				
24	图书资料费				
25	出版/文献/信息传播/知识产权事务费				
26	咨询费				
27	评审费				
28	委托研发支出				
	其中：外协费				
29	技术服务费				
	其中：外协费				
30	培训费				
31	办公费				
32	差旅费				
33	会议费				
34	国际合作与交流费				
35	人员费				
36	劳务费				
37	折旧费				
38	摊销费				
39	青苗补偿费				
40	土地使用及损失补偿费				
41	事故处理费				
42	废弃液处理费				
43	业务招待费				
44	外宾招待费				
45	团体会费				
46	其他费用				

续表

序号	预算科目	合计	XXX	XXX	...
（二）间接费用					
47	取暖费				
48	物业管理费				
49	管理费				
（三）税					
50	税				
	科技项目预算合计				

注：1. 直接费用是指在项目（课题）实施过程中发生的与之直接相关的费用。

2. 折旧费、摊销费：不包含项目新购置仪器设备、无形资产等在项目在研期间发生的折旧费、摊销费。

3. 委托研发支出：指委托另一方当事人（被委托方）进行研发工作而支付的研究开发费用；其中，外协费指与中石油系统以外单位发生的委托研发费用，需单独列示，且受外协比例限制。

4. 技术服务费：根据被委托方提供的服务内容可以计入其他经费预算科目的，不再计入"技术服务费"预算，如被委托方提供试验检验服务，预算列入"试验检验费"预算科目；其中，外协费指委托中石油系统以外单位开展非研发类科技项目而支付的经费和报酬，需单独列示，且受外协比例限制。

5. 为简化预算编制，各单位可结合本单位情况，对部分预算科目进行合并，具体如下："测试化验加工费、检测费、试验检验费、资料解释费、外部加工费"可合并到"测试化验加工费"；"现场试验费、物探作业费、井下作业费、钻井作业费、测井试井费、录井测井作业费、固井工程费、试油作业费"可合并到"现场试验费"；"系统维护费和维护及修理费"可合并到"维护及修理费"；"培训费、青苗补偿费、土地使用及损失补偿费、事故处理费、废弃液处理费、团体会费、其他费用"可合并到"其他费用"。

2. 估算精度

项目的不同时期会有不同的估算精度。常见的3种基本估算包括：

1）粗略量级估算

提供了一个项目的粗略估算。粗略量级估算也可以称作近似估算、猜算、概算或泛算。这种类型的估算是在项目的早期，甚至是在项目正式开始之前完成的。项目经理和高层管理者使用这种估算辅助做出项目决策。这类估算的时间范围通常是在项目完成之前的三年或更长时间。粗略量级估算的准确度通常是-50%～+100%，这意味着项目的实际成本可能比粗略量级估算的低50%或高100%。

2）预算估算

是用来分配资金到组织中的预算。许多组织制定至少未来两年的预算。预算在项目完成前1～2年做出。预算的准确度一般是-10%～+25%，这意味着项目的实际费用可能比预算少10%或多25%。例如，预算估计为10万元的项目的实际费用从9万元到12.5万元不等。集团公司科技经费管理办法中规定科技投入预算按照总部、专业公司、所属企业三级编制，一般按年度预算安排做计划，当年编制下一年度的研发投入预算。

3）确定性估算

提供了对项目成本的准确估算。确定性估算用于做出许多需要准确估算的采购决策和估算最终的项目成本。例如，如果一个项目涉及在未来三个月从外部供应商购买50台电脑，那么需要进行确定性估算以协助评估供应商的标书并划拨资金支付给选定的供应商。确定性估算在项目完成前一年或更短时间内做出。确定性估算是3种估算中最准确的。这类估算的准确性通常是 −5% ～ +10%。

二、主要输入

1. 项目章程

作为项目启动的权威文件，明确规定了项目的财务资源和预算分配，为活动成本的估算提供了基本依据。同时，项目章程中的审批要求也直接关系到成本管理策略的确定。

2. 项目管理计划

是活动成本估算的重要依据之一。其中，进度管理计划明确了项目进度的制定、监控与控制方法，有助于项目经理更准确地估算活动所需的时间成本。风险管理计划则提供了风险识别、分析和应对策略，对于预测和应对潜在的成本风险至关重要。人力资源管理计划则详细说明了项目所需的人员配置、人工费率及奖励机制，为估算人力成本提供了直接依据。

3. 范围基准

范围基准也是活动成本估算不可忽视的参考内容。范围说明书详细界定了项目的产品描述、验收标准、可交付成果及项目边界，有助于项目经理明确活动成本的核算范围。工作分解结构和工作分解结构词典则进一步细化了项目的工作内容和可交付成果的详细信息，为估算每个活动单元的成本提供了基础。

4. 项目进度计划

是估算活动成本的另一重要输入。它详细规划了项目所需资源的种类、数量和使用时间，直接影响了活动成本的构成。特别是当项目涉及融资成本或资源消耗与活动持续时间密切相关时，活动持续时间的估算对成本估算的影响尤为显著。

5. 事业环境因素

事业环境因素包括组织文化、市场条件、货币汇率、不同地区的生产率差异等外部因素，它们都可能对活动成本产生影响。

6. 组织过程资产

包括财务控制程序（如定期报告、必需的费用与支付审查、会计编码及标准合同条款等）、历史信息、财务数据库等内部资源，以及现有的正式和非正式的与成本估算和预算有关的政策、程序和指南。

三、主要工具与技术

制定一个好的成本估算有一定的难度。有一些工具和技术可以辅助进行成本估算。这些工具和技术包括专家判断、类比成本估算、自下而上估算、三点估算、参数估算、质量成本、项目管理估算软件、卖方投标分析和储备金分析等。

1. 类比估算

也称为自上而下估算，使用起来常比其他技术花费更少，缺点是不太准确。当以前的项目与目前的项目不仅表面上相似，本质上也相似时，类比估算是最可靠的。此外，进行成本估算的小组必须具备必要的专业技术，以确定项目的某些部分是否要比类似项目花费更多或更少的成本。例如，估算人员往往试图寻找类似的项目，然后根据已知的差异定义或修改它。然而，如果需要估算的项目涉及一种新的技术或材料，那么类比估算技术很容易导致估算过低。

2. 自下而上估算

包括估算单个工作项或活动的成本，并将它们相加以得到项目的整体估算。这种方法有时被称为作业成本法。单个工作项的大小和估算人员的经验决定了估算的准确性。如果项目有详细的工作分解结构，项目经理可以让每个负责工作包的人对该工作包进行成本估算，或者至少估算所需的资源数量。组织财务部门的人员通常提供资源成本率，例如人工成本或每磅材料的成本，这些数据可以输入项目管理软件中计算成本。软件为工作分解结构的每个层级自动计算信息，并最终为整个项目创建成本估算。使用较小的工作项可以增加成本估算的准确性，因为分配去做成本估算的人对该项工作非常熟悉，而不是让不熟悉该工作的人进行估算。自下而上估算的缺点是，通常花费时间长，因此应用成本很高。

3. 三点估算

包括估算项目最可能的、最乐观的和最悲观的成本。可以使用进度管理中描述的PERT加权平均公式，或者使用蒙特卡罗模拟来进行成本估算。

4. 参数估算

参数估算法使用一个或多个与被估算项目的成本相关的物理或性能特征利用数学模型估算项目成本。通常，模型提供一个项目的相关成本与项目的物理或绩效性能参数（也称成本动因）的相关关系，如生产能力、规模、体积、重量、电力需求等。对于新发电厂来说，成本估算可能就会简单地将两个参数（新发电厂的千瓦数和每千瓦的期望单价）相乘。它也可能是非常复杂的，如评估一个新的软件开发项目的成本使用数学模型中的项目特征（参数）来估算项目成本。如果用于创建模型的历史信息是准确的，项目参数容易量化，并且模型就项目规模而言是灵活的，在这种情况下参数模型是最可靠的。许多涉及建筑施工的项目使用基于每平方米成本的参数估算。成本因建筑质量、地点、材料和其他因素而异。在实践中，许多人发现组合或混合使用类比估算、自下而上估算、三点估算和参数估算可以提供最佳的成本估算。

5. 储备金分析

储备金分析是项目管理中一项至关重要的工作，它涉及为应对未来不确定性而预先留出的资金。在成本估算中，通常包含储备金来减少因未来难以预测而带来的成本风险。

1）应急储备金

这是一种为一些可以部分预计的未来情况而设置的资金，有时称之为"已知的未知"。这些未来情况可能包括项目中的某些已知风险，以及那些已经识别并制定了相应应急或减

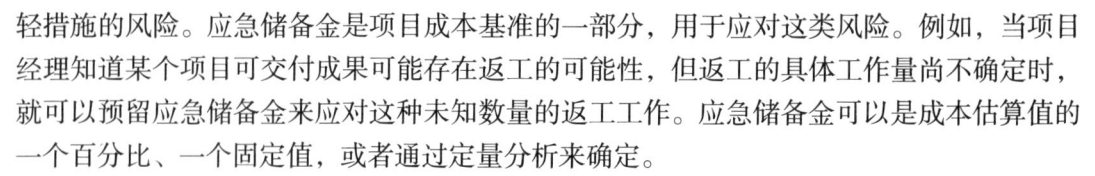

轻措施的风险。应急储备金是项目成本基准的一部分，用于应对这类风险。例如，当项目经理知道某个项目可交付成果可能存在返工的可能性，但返工的具体工作量尚不确定时，就可以预留应急储备金来应对这种未知数量的返工工作。应急储备金可以是成本估算值的一个百分比、一个固定值，或者通过定量分析来确定。

随着项目的推进和信息的逐步明确，可以根据需要对应急储备金进行动用、减少或取消。但无论如何，都应在成本文件中清晰地列出应急储备金的数额和使用情况。作为成本基准的一部分，应急储备金也是项目整体资金需求的重要组成。

2）管理储备金

除了应急储备金，还需要考虑管理储备金。管理储备金是为了管理控制的目的而特别留出的项目预算，它主要用于应对项目范围中那些不可预见的工作。这些工作往往属于"未知的未知"，即那些目前还无法预测或识别的风险。管理储备金并不包含在成本基准中，但它同样是项目总预算和资金需求的一部分。

当项目中出现不可预见的工作需要动用管理储备金时，必须将这部分资金增加到成本基准中，这会导致成本基准的变更。因此，管理储备金的使用需要谨慎，并且必须得到适当的审批和记录。

储备分析是项目管理中不可或缺的一环。通过合理设置和使用应急储备金和管理储备金，可以更好地应对未来不确定性带来的成本风险，确保项目的顺利进行。

6. 项目管理信息系统

项目管理信息系统可包括电子表单、模拟软件以及统计分析工具，可用来辅助成本估算。这些工具能简化某些成本估算技术的使用，使人们能快速考虑多种成本估算方案。

四、主要输出

1. 活动成本估算

活动成本估算，是对项目执行过程中各项工作所需成本的量化预测。这一估算过程既可以是整体性的概览，也可以是具体到每一个细节的分项列举。在估算时，务必全面考虑所有涉及的资源成本，包括但不限于直接的人工费用、材料采购、设备使用、服务提供、设施租赁、信息技术支出等。此外，还有一些特殊的成本项目也应纳入考虑，例如融资过程中可能产生的利息支出、因通货膨胀而需增加的成本补贴、汇率波动所带来的影响，以及为应对潜在风险而预留的成本应急储备。如果项目中还包含间接成本，那么这些成本可以在活动层面或更高层面进行估算和记录。

2. 估算依据

成本估算所需的支持性信息因其应用领域的不同而有所差异。不论其详细程度如何，这些支持性文件都应清晰、详尽地阐述成本估算的方法和过程。具体而言，活动成本估算的支持信息可能包括：估算依据的文档（如估算方法的说明和计算过程），所有假设条件的记录，已知制约因素的描述，对估算区间的解释（例如，通过"10,000元±10%"的形式来说明预期成本的波动范围），以及对最终估算结果置信水平的评估。

3. 项目文件更新

在进行活动成本估算的过程中，可能会对项目文件进行一系列的更新，这些文件包括但不限于以下三类：

1）假设日志

在进行成本估算时，可能会基于实际情况做出新的假设，或者识别到一些新的制约因素。同时，也有可能需要重新审查甚至修改之前已经做出的假设条件或制约因素。

2）经验教训登记册

在进行成本估算的过程中，可能会发现一些有效且高效的技术和方法，这些经验教训对于未来的项目管理工作具有重要的指导意义。

3）风险登记册

通过更新风险登记册，可以更准确地反映项目成本的变化情况，以及这些变化对项目整体风险和进度可能产生的影响。

第四节 制定预算

制定预算是汇总所有单个活动或工作包的估算成本，建立一个经批准的成本基准的过程。本过程的主要作用是，确定可据以监督和控制项目绩效的成本基准。

在成本管理的这一部分中，项目经理计算项目的总成本，以确定组织需要为项目提供的资金数额。这种计算的结果被称为预算。成本基准是项目经理将控制的预算部分。达到成本基准将是衡量项目成功与否的一个标准，因此预算应采用项目经理在工作进行时可以使用的形式，以控制成本，从而控制整个项目。

一、主要输入

这里也使用了估算成本过程的许多输入：成本管理计划、范围基准、项目进度表、风险登记册和组织流程资产（如关于成本控制和成本预算的现有政策）。估算成本过程的两个输出——活动成本估算和估算依据也是该过程的重要输入。还需要有关资源可用性（资源日历）的信息，以及与购买项目服务或产品相关的任何成本协议。以下是制定预算所需的主要输入：

1. 项目管理计划

1）成本管理计划

成本管理计划详细描述了如何将项目的成本纳入预算中，包括成本估算、预算制定和成本控制的方法和标准。

2）人力资源管理计划

人力资源管理计划提供了关于项目所需资源的详细信息，包括人力和其他资源的费率、差旅成本估算以及其他可预见成本。

3）范围基准

范围基准包括项目范围说明书、工作分解结构和工作分解结构词典，为成本估算和管理提供基础。

2. 活动成本估算

活动成本估算是对项目中每个活动所需成本的预测。通过汇总各工作包内每个活动的成本估算，可以得到各工作包的成本估算，进而形成整个项目的成本预算。

3. 估算依据

估算依据包括制定成本估算时所依据的基本假设和条件。例如，需要确定项目预算是否包含间接成本或其他成本，以及所使用的估算方法和标准的合理性。

4. 项目进度计划

项目进度计划明确了项目活动、里程碑、工作包和控制账户的计划开始和完成日期。根据这些信息，可以将计划成本和实际成本汇总到相应的日历时段中，以进行成本跟踪和控制。

5. 资源日历

资源日历提供了项目所需资源的种类、可用性和使用时间。通过分析资源日历，可以确定项目周期各阶段的资源需求，并据此估算相应的资源成本。

6. 风险登记册

风险登记册记录了项目中识别出的潜在风险及其应对措施。在制定预算时，需要审查风险登记册，以确定如何汇总风险应对成本，并将其纳入项目预算中。

7. 协议

在制定预算时，需要考虑与项目相关的协议和合同信息，包括将要或已经采购的产品、服务或成果的成本。

8. 组织过程资产

组织过程资产包括与成本预算相关的政策、程序和指南，以及成本预算工具和报告方法。

二、主要工具与技术

在制定项目预算的过程中，需要运用一系列工具与技术来确保预算的准确性、合理性和可行性。以下是制定预算时常用的工具与技术：

1. 成本汇总

成本汇总是一种重要的预算制定技术，通过将成本估算汇总到工作分解结构中的工作包，再由工作包汇总至工作分解结构更高层次（如控制账户），最终得出整个项目的总成本。这一过程有助于确保所有成本都被充分考虑，并准确反映在项目预算中。

2. 储备分析

在估计项目的总成本（即确定项目预算）时，项目经理需要执行风险管理活动，并在该估计中包括准备金。应急准备金解决了风险应对规划期间剩余风险的成本影响。管理储备金是为弥补项目不可预见的风险而预留的额外资金。成本基准包括应急准备金，它代表项目经理有权管理的资金。成本预算是成本基准加上管理储备金。成本预算是公司准备为该项目提供的资金。

3. 专家判断

在制定预算时，应征求具备相关专业知识或接受过相关培训的个人或小组的意见。这些专家可以基于应用领域、知识领域、学科、行业或相似项目的经验，为预算制定提供有价值的建议和指导。专家判断的来源可以包括执行组织内的其他部门、顾问、干系人（包括客户）、专业与技术协会以及行业团体等。

4. 历史关系分析

审核历史信息有助于进行参数估算或类比估算，从而更准确地预测项目成本。历史信息可以包括各种项目特征（参数），用于建立数学模型预测项目总成本。这些数学模型可以是简单的，也可以是复杂的，具体取决于项目的性质和特点。通过分析历史关系，可以利用项目特征来建立数学模型，预测项目总成本，提高预算的准确性。

5. 资金限制平衡

在制定预算时，必须考虑项目资金的限制，并平衡资金支出。如果发现资金限制与计划支出之间存在差异，可能需要对工作进度计划进行调整，以平衡资金支出水平。这可以通过在项目进度计划中添加强制日期来实现，确保项目在资金限制内能够顺利执行。例如，如果计划在 6 月 1 日购买价值 50 万元的设备，但购买资金要到 7 月 1 日才能到位，那么依赖于该设备的活动将不得不转移到计划的稍后阶段。

在估计了成本基准和成本预算后，项目经理可以将这些数字与参数估计、专家判断或历史记录进行比较，以进行对照性检查。例如，在一些行业中，参数估计的一般规则是，设计应占施工成本的 15%。其他行业则认为设计成本为项目预算的 60%。项目经理需要调查并证明项目估算和参考数据之间的任何重大差异，以确保估算是正确的。

三、主要输出

当制定预算过程完成时，将建立成本基准，包括所有资金需求。与其他过程一样，制定预算所涉及的工作可能会导致需要更新其他项目文件，包括成本估算、风险登记和项目时间表。

1. 成本基准

成本基准是项目预算中经过正式批准的部分，它详细规划了项目资金在不同时间段的分配情况。这一基准并不包含管理储备，旨在作为项目执行过程中实际成本比较和控制的参照标准。

成本基准的形成首先是一个层层汇总的过程。首先，对各个项目活动的成本估算及其应急储备进行汇总，得出相关工作包的成本。随后，进一步汇总各工作包的成本估算及其应急储备，形成控制账户的成本。最后，通过汇总各控制账户的成本，得出整个项目的成本。成本预算的各个组成部分如图 7-1 所示。

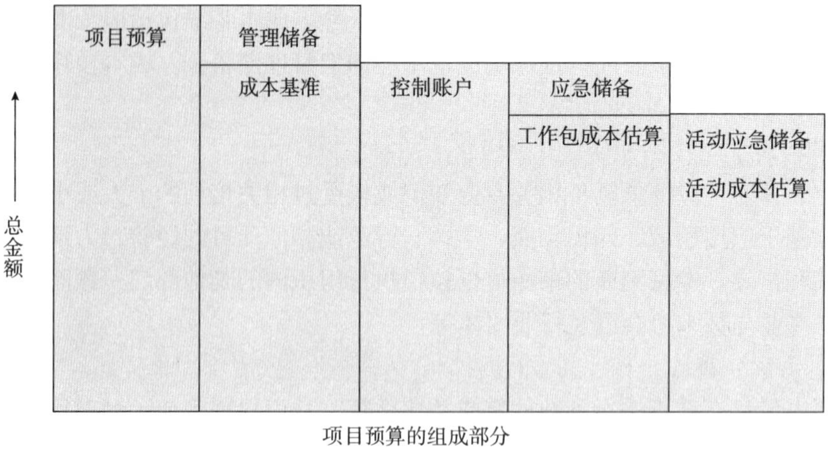

图 7-1 成本预算的组成示例

由于成本基准中的成本估算与项目进度活动紧密相连，因此可以按照时间段的划分来分配成本基准，形成一条直观的 S 曲线。对于采用挣值管理的项目而言，成本基准实际上构成了绩效测量的基础，即绩效测量基准。

值得注意的是，项目预算是在成本基准的基础上增加了管理储备之后的金额（表 7-2）。管理储备是为了应对项目执行过程中可能出现的不可预见情况而预留的资金。当项目确实需要动用管理储备时，必须经过正式的变更控制过程的批准，然后将适量的管理储备资金转移到成本基准中，以确保项目资金的合理使用和有效控制。

表 7-2 某系统软件项目成本基准

单位：元

工作分解结构项	1月	2月	3月	4月	5月	6月	7月	8月	9月	10月	总计
1. 项目管理											
1.1 项目经理	8000	8000	8000	8000	8000	8000	8000	8000	8000	8000	80000
1.2 项目团队成员	12000	12000	12000	12000	12000	12000	12000	12000	12000	12000	120000
1.3 承包商		6027	6027	6027	6027	6027	6027	6027	6027	6027	54243
2. 硬件											
2.1 手持设备				30000	30000						60000
2.2 服务器					8000	8000					16000
3. 软件											
3.1 授权软件					10000	10000					20000
3.2 软件开发			60000	60000	80000	127000	127000	90000	50000		594000

续表

工作分解结构项	1月	2月	3月	4月	5月	6月	7月	8月	9月	10月	总计
4. 测试			6000	8000	12000	15000	15000	13000			69000
5. 培训与支持											
5.1 培训费									50000		50000
5.2 差旅费									8400		8400
5.3 项目团队成员							24000	24000	24000	24000	96000
6. 储备金				10000	10000	30000	30000	60000	40000	40000	220000
总计	20000	86027	92027	172027	223027	198027	185027	173027	148427	90027	1387643

2. 项目资金需求

成本预算也为项目资金需求提供信息。在深入剖析项目的成本基准之后，组织明确了项目的总资金需求和阶段性（如季度或年度）资金需求。这一基准不仅涵盖了预期的支出，还涵盖了预期的债务，从而确保组织对资金需求的全面理解。有些项目在开始时资金全部到位，另一些项目采取定期的资金注入来解决资金问题。如果成本基准显示在某些月份所需资金超过预期可用资金，组织需要做出调整以避免财务问题。

项目资金的投入往往是分阶段的，以增量的形式出现，而非连续不断。这种投入方式可能会导致资金分布的非均衡性，呈现一种阶梯状的形态，如图 7-2 所示。

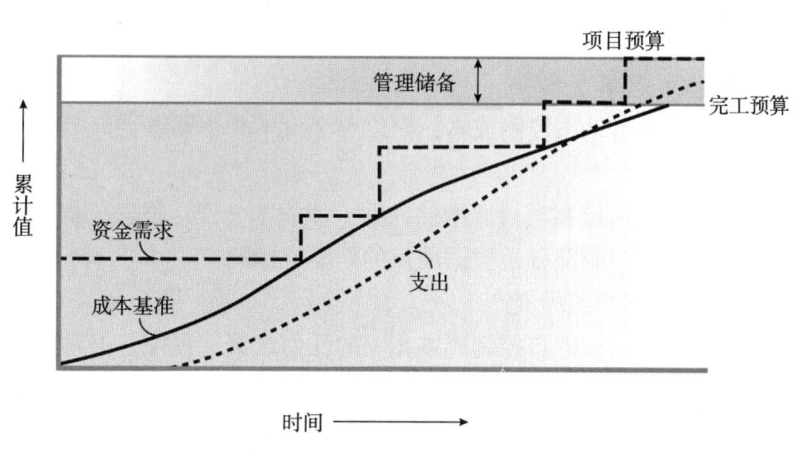

图 7-2 成本基准、支出与资金需求

如果项目中存在管理储备，那么总资金需求将是成本基准与管理储备之和。这样的安排旨在应对可能出现的风险和不确定性，确保项目的顺利进行。此外，在资金需求文件中，还需详细说明资金的来源，以确保资金的合规性和可持续性。

3. 项目文件更新

随着预算的制定，部分项目文件需要进行相应的更新。这些文件包括但不限于：

成本估算：根据预算的制定情况，更新成本估算，记录任何新增的或修改的信息，以确保成本估算的准确性和完整性。

项目进度计划：项目进度计划中往往包含了各项活动的估算成本。因此，在制定预算的过程中，可能需要调整项目进度计划中的成本估算，以反映最新的预算安排。

风险登记册：在预算制定的过程中，可能会识别到新的风险。这些新风险将被记录在风险登记册中，并通过风险管理过程进行管理和应对。

第五节 控制成本

控制成本是监督项目状态，以更新项目成本和管理成本基准变更的过程。本过程的主要作用是，发现实际与计划的差异，以便采取纠正措施，降低风险。

一、控制成本的思路和方法

控制成本对所有公司而言都是至关重要的，但很多人都不能完全理解控制成本。控制成本不只是对成本的"监控"和数据的记录，还要分析数据，以便在可能遭受损失之前采取正确的措施。控制成本应该由所有可能与成本有关的人员来实施，而不仅仅是项目办公室人员。

1. 控制成本的基本思路

项目经理有责任采取行动来控制成本，可以参考以下几个要点：

1）遵循成本管理计划

成本管理计划包括如何控制项目成本的计划，如成本会议、报告、将要进行的测量及其频率。成本管理计划的控制部分是根据项目的需要定制的。

2）参考任何可用的组织流程资产

需要考虑公司可用或要求的与控制成本相关的任何政策、程序、工具或报告格式。

3）管理变更

变更经常造成成本增加。因此需要防止不必要的变化并影响导致成本上升的因素，让人们知道哪些变更是批准的，哪些不是，确保每个人对项目有相同的理解。项目经理需要有一种控制的"态度"，确保项目按计划进行。监督和控制对于项目的成功至关重要，项目经理应努力寻找任何可能阻碍项目成功的因素并处理。

4）控制需要测量评估

测量有助于核实是否存在任何差异，还要确定这些差异能否接受，是否需要更改，包括采取纠正或预防措施。而用于项目测量的主要方法是挣值分析技术。

2. 挣值管理系统（Earned Value Management System，EVMS）

挣值分析技术起源于19世纪末的工业项目，经过美国政府部门项目的实践和研究后得到了迅速发展。在发展的过程中，术语也逐步得到规范，对于传统项目而言是非常好的衡量项目综合表现的方法。挣值管理是一个以挣值法为主要工具的衡量系统，用于整合成本、进度计划、技术绩效及风险管理。

如果不采用挣值管理系统，确定项目的状况是很困难的。例如：

（1）某项目情况如下：总预算是120万元，工期为12个月，共10个可交付成果。

（2）报告状况：到目前支出为70万元，耗费时间为6个月，可交付成果中4个已完成，2个部分完成。

综合上述信息，请尝试回答如下问题：该项目的实际状况是什么？项目完成了多少？40%、50%还是60%？如何将成本和绩效挂钩？如果花费了预算的20%，是不是表示完工程度就是20%？同样，如果完工程度是30%，就表示花费了30%的预算吗？

应用挣值管理系统有以下的好处：

（1）准确地描述项目状况。

（2）准确及时地确定趋势。

（3）准确及时地识别问题。

（4）为过程改进提供基础。

挣值管理系统可以回答以下几个问题：

（1）项目的真实状态是什么？

（2）问题是什么？

（3）解决问题需要做什么？

（4）每个问题会造成什么影响？

（5）现在及将来会存在什么风险？

挣值管理系统强调较早地识别困难和解决困难，它是一种早期预警系统，能够较早地确认趋势和变化，使得项目经理能够有充足的时间进行过程改进。相对大的偏差而言，小的偏差则比较容易调整。因此，应该在整个项目中持续不断地使用挣值管理系统，以便随时监测出小的和易于调整的偏差。

二、主要输入

在控制成本的过程中，以下各项内容作为关键的输入，为项目团队提供了实施成本控制所需的基础信息和指导。

1. 项目管理计划

项目管理计划是项目执行和控制的基石，其中包含了以下与成本控制密切相关的内容：

成本基准：作为衡量项目成本绩效的基准线，项目团队通过比较实际成本与成本基准，判断是否存在成本偏差，进而决定是否需要采取变更、纠正或预防措施。

成本管理计划：详细描述了项目成本的管理策略和控制方法，为项目团队提供了实施成本控制的指导和框架。

2. 项目资金需求

项目资金需求反映了项目执行过程中所需的资金总额，包括项目的直接支出以及预计的债务。准确评估项目资金需求有助于项目团队制定合理的成本控制策略，确保项目资金的合理使用。

3. 工作绩效数据

工作绩效数据提供了项目实际进展情况的详细信息，包括已开工的活动、进展状况、已完成的可交付成果等。此外，还包括已批准的成本和已发生的成本数据。这些数据为项目团队提供了实时监控项目成本绩效的依据，有助于及时发现和解决成本问题。

4. 项目文件

项目文件是项目执行过程中的重要记录，其中经验教训登记册是控制成本过程的重要输入之一。项目团队可以借鉴早期阶段获得的经验教训，对后期阶段的成本控制进行改进和优化，从而提高整个项目的成本控制水平。

三、主要工具与技术

1. 挣值管理

目前，对于传统项目确定项目绩效状况的最佳方法就是挣值分析法（Earned Value Analysis，EVA），尤其在成本绩效测量方面。挣值管理是把范围、进度和资源绩效综合起来考虑，以评估项目绩效和进展的方法。它是一种常用的项目绩效测量方法。它把范围基准、成本基准和进度基准整合起来，形成绩效基准，以便项目管理团队评估和测量项目绩效和进展。挣值管理的原理适用于所有行业的所有项目，它针对每个工作包和控制账户，计算并监测以下三个关键指标：

1）计划价值（Planed Value，PV）

计划价值，又称为预算值，是指为计划中的工作所分配的、经过批准的预算值。这一预算是针对特定活动或工作分解结构组件的，并且不包括管理储备。预算应根据项目生命周期的不同阶段进行分配，确保资源的合理配置。在任一特定时间点，计划价值反映了按照计划应该已经完成的工作的预算成本。

计划价值的总和，即项目整体预算的总和，有时被称为绩效测量基准（Performance Measurement Baseline，PMB）。而项目的总计划价值，也就是整个项目生命周期内计划完成工作的全部预算，被称为完工预算（Budget at Completion，BAC）。这一指标用于衡量项目的整体预算执行情况。

2）挣值（Earned Value，EV）

挣值是对已完成工作的量化表示，它用分配给这些工作的预算来表示。具体来说，挣值反映了已完成工作的经批准的预算金额。挣值的计算必须与绩效测量基准相对应，且所得到的挣值不得超过相应工作组件的计划价值（PV）总预算。

挣值常用于计算项目的完成百分比，为项目经理提供项目进度的直观感受。为了确保挣值的准确性，应为每个工作分解结构组件制定明确的进展测量准则，以便评估正在进行的工作的进度。项目经理需要同时关注挣值的增量变化，以了解当前状态；也要关注挣值的累计值，以把握长期的绩效趋势。

3）实际成本（Actual Cost，AC）

实际成本是指在特定时段内，为执行某项工作而实际发生的成本。它反映了为完成与挣值（EV）相对应的工作而实际产生的总成本。实际成本的计算方式必须与计划价值（PV）和挣值（EV）的计算方式保持一致，无论是仅计算直接成本（如直接小时数），还是计算包含间接成本在内的全部成本都是如此。

实际成本没有上限，所有为实现挣值而发生的成本都应计入实际成本中。通过对比实际成本与计划价值和挣值，项目经理可以评估项目的成本绩效，并据此做出相应的管理决策。

有了这三个指标就可以计算并检测实际绩效与基准之间的偏差：

4）进度偏差（Schedule Variance，SV）

进度偏差是一种评估项目进度绩效的关键指标，它反映了项目实际进度与计划进度之间的差异。具体而言，进度偏差是通过计算挣值（EV）与计划价值（PV）之差来确定的。在某一特定时间点，进度偏差表示项目相对于进度基准是超前还是滞后，其计算公式为：SV = EV – PV。

进度偏差是一个有价值的工具，能够帮助项目经理了解项目是否按照既定的时间计划进行。当进度偏差为正时，意味着项目实际进度超前于计划；当进度偏差为负时，则表明项目实际进度滞后于计划。值得注意的是，随着项目的逐步推进直至最终完成，所有的计划价值都将转化为挣值，因此进度偏差最终将趋于零。

在实际应用中，最好将进度偏差分析与关键路径法和风险管理相结合，以更全面地把握项目的进度状况，并及时采取必要的调整措施。

5）成本偏差（Cost Variance，CV）

成本偏差是评估项目成本绩效的重要指标，它体现了项目在某一特定时点的预算盈余或亏空情况。成本偏差是通过计算挣值（EV）与实际成本（AC）之差来确定的，其计算公式为：CV = EV – AC。

成本偏差能够直观地反映出项目实际成本支出与预算之间的关系。当成本偏差为正时，表示项目在成本方面存在盈余；而当成本偏差为负时，则意味着项目成本超出预算。在项目结束时，成本偏差即为完工预算（BAC）与实际成本之间的差值，这一数据对于项目收尾阶段的成本控制至关重要。

由于成本偏差直接反映了项目成本绩效的优劣，因此对其进行准确计算和分析至关重要。一旦出现负的成本偏差，通常意味着项目在成本方面存在问题，需要及时采取措施加以纠正，以避免造成更大的损失。

除了用数值来计算偏差外，还可以通过计算指数来反映工作完成的效率，以便把项目的成本和进度绩效与任何其他项目作比较，一般需要计算的有两个指数：

6）进度绩效指数（Schedule Performance Index，SPI）

进度绩效指数是衡量项目进度效率的指标，它通过比较挣值与计划价值来反映项目团队在利用时间方面的效率。这一指标通常与成本绩效指数（Cost Performance Index，CPI）一同使用，用以预测项目最终的完工情况。

当SPI的值小于1.0时，意味着已完成的工作量未达到计划的预期水平，表明项目进度有所滞后；相反，当SPI的值大于1.0时，说明已完成的工作量超过了计划，项目进度超前。

然而，由于 SPI 衡量的是项目的整体工作量，因此还需要对关键路径上的绩效进行单独分析，以更准确地判断项目是否将比计划完成日期提前或推迟。

进度绩效指数的计算公式为 SPI=EV/PV，即挣值与计划价值的比值。

7）成本绩效指数（Cost Performance Index，CPI）

成本绩效指数是评估项目预算资源成本效率的重要指标，它通过比较挣值与实际成本来反映已完成工作的成本效率。CPI 作为挣值管理中最关键的指标之一，对于评估项目状态、预测项目成本和进度的最终结果具有重要意义。

当 CPI 的值小于 1.0 时，表示已完成工作的成本超出了预算，存在成本超支的情况；而当 CPI 的值大于 1.0 时，则说明到目前为止项目成本有结余。

成本绩效指数的计算公式为 CPI=EV/AC，即挣值与实际成本的比值。通过监控这一指标的变化，项目经理可以及时发现并应对项目成本方面的问题，确保项目能够按照既定的预算和成本目标顺利进行。

2. 预测

随着项目的持续推进，项目团队可基于当前的项目绩效，对完工估算（Estimate at Completion，EAC）进行预测。这一预测结果可能与项目最初的完工预算（BAC）存在偏差。一旦发现完工预算明显不再适用，项目经理应考虑对完工估算进行重新预测。其中，完工估算指的是完成所有工作所需的预期总成本，等于截至目前的实际成本加上完工尚需估算。而完工预算是为将要执行的工作所建立的全部预算的总和。

完工估算是一个综合性的过程，它结合了当前已掌握的绩效信息和其他相关知识，旨在预测项目未来的发展趋势和潜在事件。这一预测需要依据项目执行过程中产生的工作绩效数据来持续更新和发布。工作绩效信息不仅包含项目过去的绩效记录，还包括可能对未来项目产生影响的任何信息。

在计算完工估算时，通常的做法是将已完成工作的实际成本（AC）与剩余工作的完工尚需估算（Estimate to Completion，ETC）相加。项目团队在估算完工尚需估算时，应基于过往经验，充分考虑可能遇到的各种情况。将挣值分析与手工预测完工估算方法相结合，通常能够产生更为准确的结果。其中，项目经理和项目团队采用的自下而上汇总方法，是一种常用的完工估算预测手段。

这种自下而上的完工估算方法，以已完成工作的实际成本为基础，并结合团队的经验，为剩余项目工作编制新的估算。其计算公式为：EAC = AC + 自下而上的 ETC。

项目经理可以方便地将这种手工估算的完工估算与基于不同风险情景计算得出的完工估算进行比较。在计算完工估算时，累计的成本绩效指数（CPI）和进度绩效指数（SPI）常被用作参考。虽然有多种方法可以利用挣值管理数据计算完工估算，但以下三种方法最为常用：

假设将按预算单价完成完工尚需估算工作：此方法基于实际成本表示的累计项目绩效，并假设未来的完工尚需估算工作将全部按预算单价完成。若当前实际绩效不佳，则在进行此类假设前，必须进行项目风险分析并获得有力证据。计算公式为：EAC = AC +（BAC - EV）。

假设以当前成本绩效指数完成完工尚需估算工作：此方法假定项目将按目前的状态继续发展，即完工尚需估算工作将按项目截至目前的累计成本绩效指数进行。计算公式为：

EAC = BAC/CPI。

假设进度绩效指数与成本绩效指数将同时影响完工尚需估算工作：在此预测方法中，需要计算一个由成本绩效指数和进度绩效指数综合决定的效率指标，并假设完工尚需估算工作将按此效率指标完成。当项目进度对完工尚需估算有重要影响时，此方法尤为有效。此外，还可以根据项目经理的判断，为成本绩效指数和进度绩效指数分别赋予不同的权重，如 80/20、50/50 或其他比率。计算公式为：EAC = AC + [（BAC – EV）/（CPI × SPI）]。

表 7-3 和表 7-4 可以帮助大家理解这些挣值概念。

表 7-3 挣值技术术语

术语	解释
挣值（Earned Value, EV）	在某一时间点已完成工作的经批准的预算价值。也称为已完成工作的预算费用（Budgeted Cost of Work Performed, BCWP）
计划价值（Planned Value, PV）	也称为计划工作预算费用（Budgeted Cost of Work Scheduled, BCWS）。在某一时点应该完成多少工作？这些工作计划用多少预算完成？
实际成本（Actual Cost, AC）	也称为已完成工作的实际成本（Actual Cost of Work Performed, ACWP）
完工预算（Budget at Completion, BAC）	全部工作计划的预算是多少？
完工估算（Estimate at Completion, EAC）	在项目已进行到某一时间点时，估计完成全部工作的成本将是多少
完工尚需估算（Estimate to Completion, ETC）	剩余工作预计需要的费用

表 7-4 挣值计算公式

术语	计算公式	解释
成本（费用）偏差（Cost Variance, CV）	CV = EV – AC	CV > 0，有利，表明已完成工作的成本低于预算 CV < 0，不利，表明已完成工作的成本高于预算
成本绩效指数（Cost Performance Index, CPI）	CPI = EV/AC	CPI ≥ 1，有利，表明已完成工作的实际成本低于预算 CPI < 1，不利，表明已完成工作的实际成本高于预算
进度偏差（Schedule Variance, SV）	SV = EV – PV	SV > 0，有利，表明项目提前于进度计划 SV < 0，不利，表明项目落后于进度计划
进度绩效指数（Schedule Performance Index, SPI）	SPI = EV/PV	SPI ≥ 1，有利，表明项目提前于进度计划 SPI < 1，不利，表明项目落后于进度计划

【案例】围栏建设项目

有一个建造新围栏的项目。围栏是正方形的，每边都需要一天的时间来建造，每边的预算为 1000 元。计划一个接一个地完成。今天是第三天的结束。使用表 7-5 所示项目状态图，计算当前的挣值指标。

表 7-5 围栏项目的状态图

活动	第一天	第二天	第三天	第四天	第三天结束时状态
北边围栏	实际开始 实际完成				已完成，花费 1000 元
东边围栏		实际开始 计划完成	实际完成		已完成，花费 1200 元
南边围栏			实际开始 计划完成		完成 50%，花费 600 元
西边围栏				计划开始 计划完成	未开始

根据项目测量的数据，可以计算的相关挣值结果见表 7-6：

表 7-6 围栏项目的挣值计算

	项目	计算过程，元	结果，元	解释
1	PV	1000+1000+1000	3000	应该完成价值 3000 元的工作
2	EV	1000+1000+500	2500	实际完成的工作价值 2500 元
3	AC	1000+1200+600	2800	实际花费为 2800 元
4	BAC	1000+1000+1000+1000	4000	项目总预算为 4000 元
5	CV	2500−2800	−300	目前超出预算 300 元
6	CPI	2500 ÷ 2800	0.89	投入到这个项目中的每一元只得到大约 89 分产出
7	SV	2500−3000	−500	目前落后于进度
8	SPI	2500 ÷ 3000	0.83	目前进度仅为计划进度的 83% 左右
9	EAC	4000 ÷ 0.89	4494	按目前绩效估计整个项目将耗资 4494 元
10	ETC	4494−2800	1694	还需要花费 1694 元来完成这个项目

3. 绩效审查

绩效审查的对象包括：成本绩效随时间的变化、进度活动或工作包超出和低于预算的情况，以及完成工作所需的资金估算。结合挣值技术通常要做如下分析：

1）偏差分析

在项目执行过程中，偏差是一个不可忽视的关键因素。它代表了进度、技术性能或成本与计划之间的实际差异。为了确保项目的顺利进行，需要对这些偏差进行持续的追踪和报告。

在应对偏差时，应遵循一个基本原则：除非有充分的理由，否则应在不降低项目基准的前提下，采取积极的纠正措施来减少偏差。这意味着需要通过分析和调整，使项目回到预定的轨道上。

选择合适的偏差分析工具对于准确识别和管理偏差至关重要。根据项目的规模和性质，可以灵活选择适用的工具。例如，小型项目可能更适合使用缓行线来直观展示进度偏差，非项目驱动型的部门也常采用这种简捷有效的方法。然而,对于大型项目或项目驱动型企业,可能需要更复杂的工具,如里程碑分析或挣值法,来全面分析进度和成本的偏差。

偏差分析不仅是一个识别问题的过程,更是一个深入探究原因、影响以及制定纠正措施的过程。即使在不采用正规挣值分析的项目中,也可以通过比较计划成本和实际成本,来揭示成本基准与实际项目绩效之间的差异。进一步的分析可以揭示偏离进度基准的具体原因和程度,从而帮助项目经理决定是否需要采取纠正或预防措施。

2)趋势分析

趋势分析的主要目的是审视项目绩效随时间变化的轨迹,从而判断项目绩效是逐渐改善还是趋于恶化。通过图形分析技术,项目经理能够清晰地理解项目迄今为止的绩效状况,并将当前的发展趋势与未来的绩效目标进行对比,比如将完工预算与完工估算进行比较,或将预测的完工日期与计划的完工日期进行对比。对计划价值、挣值和实际成本这三个参数,既可以分阶段(通常以周或月为单位)进行监测和报告,也可以针对累计值进行监测和报告。可以绘制 S 曲线展示挣值表现,如图 7-3 所示,该项目预算超支且进度落后。

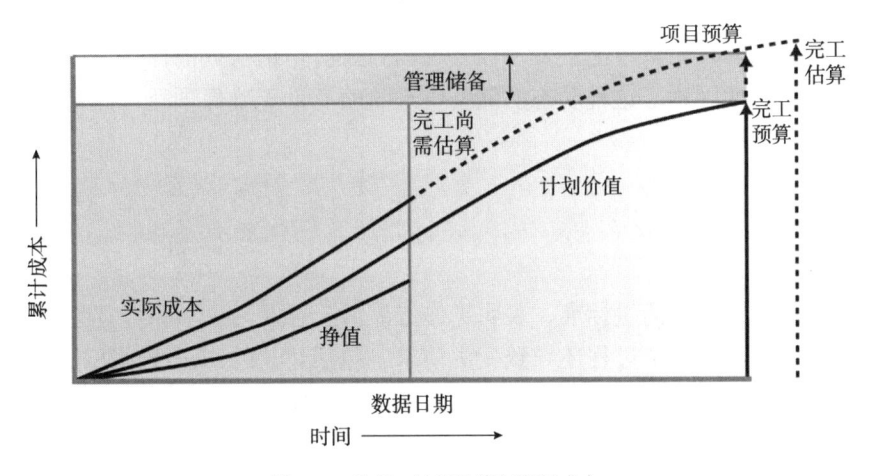

图 7-3 挣值、计划价值与实际成本

在趋势分析中,成本绩效指标和进度绩效指标发挥着至关重要的作用。为了更准确地预测未来趋势,一些公司采用 3 个月、4 个月或 6 个月的移动平均数进行趋势分析。这种分析方式不仅有助于把握项目绩效的整体走向,还能为项目经理提供一个早期预警系统,使其能够及时发现潜在问题并采取必要的纠正措施。然而,由于调整趋势需要一定的时间,因此趋势分析更适合于长期项目。

4. 项目管理信息系统

大多数组织使用软件辅助项目成本管理。电子表格是成本估算、成本预算和成本控制的常用工具。常用于监测计划价值、挣值和实际成本这三个挣值管理指标、绘制趋势图,并预测最终项目结果的可能区间。许多公司使用更复杂和统一的财务软件,为会计和财务人员提供重要的成本相关信息。项目管理软件可以提高项目经理在项目成本管理各个过程中的效率。它可以辅助研究整个项目信息,或者识别并关注那些超出规定成本限制的任务。可以使用软件为资源和任务分配成本、准备成本估算、制定成本预算并监控成本执行情况。

5. 储备分析

在成本控制的过程中，储备分析用于监控项目中应急储备和管理储备的使用状况。通过这一分析，项目团队能够准确判断当前储备是否充足，或者是否需要补充额外的储备。随着项目工作的逐步推进，这些储备可能已按照预先规划用于应对风险或其他紧急情况所产生的成本。

如果项目在执行过程中成功节约了成本，那么这部分节约下来的资金可以有两种处理方式：一是将其增加到应急储备中，以备不时之需；二是将其视为项目的盈利或利润，从项目总预算中抽离出来。这样的做法不仅有助于增强项目的财务稳健性，还可以为组织带来额外的经济收益。

另外，如果项目中已识别的风险最终并未发生，那么原先为此预留的应急储备就可能不再需要。在这种情况下，项目团队应当考虑将这些未使用的储备从项目预算中扣除，以便为组织内的其他项目或日常运营腾出更多的资源。这一做法有助于实现资源的优化配置，提升整个组织的运营效率。

此外，在项目实施过程中，项目团队还应持续开展风险分析工作。通过深入分析项目面临的各种潜在风险，团队可能会发现需要为项目预算申请额外的储备，以应对可能出现的新风险或不确定性因素。这种动态的储备管理策略有助于确保项目在面对各种挑战时都能保持足够的财务灵活性。

四、主要输出

控制成本过程提供了衡量标准，表明工作进展情况以及允许项目经理创建可靠的预测并采取行动控制项目。这个过程还导致变更请求，包括建议的纠正或预防措施，并更新到项目管理计划和项目文件。项目经理需要将更新传达给团队和相关干系人，以确保他们了解项目的修订并正在正确实施。

1. 工作绩效信息

工作分解结构各组件（尤其是工作包和控制账户）的成本（费用）偏差，进度偏差，成本绩效指数，进度绩效指数值，都需要记录下来，并传达给干系人。

2. 成本预测

无论是计算得出的完工估算值，还是自下而上估算的完工估算值，都需要记录下来，并传达给干系人。

3. 变更请求

在项目绩效分析的过程中，可能会发现需要对成本基准或项目管理计划的其他关键要素进行调整。这种情况下，就需要提出变更请求。变更请求可以包括预防或纠正措施。

4. 项目管理计划更新

在项目管理过程中，随着项目的进展和外界环境的变化，项目管理计划中的部分内容可能需要进行更新。常见的更新包括：

1）成本管理计划

用于管理项目成本的控制临界值和所需的准确度，是项目成本管理的核心指标。根据项目干系人的反馈和实际情况，可能需要对这些指标进行适时的调整。

2）成本基准

在获得对范围、资源或成本估算变更的批准后，需相应地调整成本基准。在某些情况下，成本偏差可能极为严重，以至于需要修订成本基准，以确保为绩效测量提供一个现实可行的基准。

5. 项目文件更新

可在本过程更新的项目文件包括（但不限于）：

假设日志。成本绩效可能表明需要重新修订有关资源生产率和其他影响成本绩效的因素的假设条件。

估算依据。成本绩效可能表明需要重新审查初始估算依据。

成本估算。可能需要更新成本估算，以反映项目的实际成本效率。

经验教训登记册。有效维护预算、偏差分析、挣值分析、预测，以及应对成本偏差的纠正措施的相关技术，应当更新在经验教训登记册中。

风险登记册。如果出现成本偏差，或者成本可能达到临界值，则应更新风险登记册。

6. 组织过程资产更新

可能需要更新的组织过程资产包括（但不限于）：偏差的原因；采取的纠正措施及其理由；财务数据库以及从项目成本控制中得到的其他经验教训。

思考题

一、单项选择题

1. 以下哪一个关于储备的描述是错误的：（　　）
A. 应急储备应对的是已知的未知风险
B. 管理储备是项目经理可以自由使用的储备
C. 储备金的数量与项目面临的风险有关
D. 管理储备不在成本基准中

2. 制定预算这个过程是指：（　　）
A. 为规划、管理、花费和控制项目成本而制定政策、程序和文档的过程
B. 对完成项目活动所需资金进行近似估算的过程
C. 汇总所有活动或工作包的估算成本，以建立一个经批准的成本基准的过程
D. 监督项目状态以更新项目成本、管理成本基准变更的过程

3. 下列属于间接成本的是：（　　）
A. 项目临时雇佣工人的工资

B. 管理层费用

C. 科研项目需要使用的设备租赁费

D. 质量检查的费用

4.项目资金需求或项目预算通常包括哪些部分：（　　）

A. 直接成本与间接成本

B. 应急储备

C. 管理储备

D. 以上都可能包括

5.某项目预计8个月完成，现已进行到4个月，CPI 为1.05，请问项目状态是：（　　）

A. 成本结余

B. 成本超支

C. 进度超前

D. 进度落后

6.项目业绩报告表明如下：计划价值 PV=100；挣值已完成工作预算 EV=90；实际成本 AC 已完成实际预算费用=110。成本偏差是（　　）

A、-20

B、-10

C、+10

D、+20

7.本地供应商无法满足交付日期，项目团队没有预计到这个产品供应的新威胁。进口该产品将让项目成本比使用本地供应商的花费贵两倍。

项目经理应使用什么来为这项工作提供资金？（　　）

A. 应急储备

B. 项目预算储备

C. 管理储备

D. 风险应对储备

二、多项选择题

1.有关管理储备的说法正确的有：（　　）

A. 管理储备可以用来应对已知风险

B. 管理储备用来应对"未知的未知"

C. 项目经理要获得批准才能使用

D. 不是成本基准的一部分

2.项目预算通常包括：（　　）

A. 直接成本

B. 间接成本

C. 应急储备

D. 管理储备

3. 一个项目的 CPI 为 1.05，SPI 为 0.97，对于当前的状态项目经理可以做如下判断：（　　）

A. 项目提前于计划

B. 项目落后于计划

C. 项目超支

D. 项目低于预算

4. 一个项目的挣值 EV=100 万元，计划价值 PV=95 万元，实际成本 AC=102 万元，以下说法正确的有：（　　）

A. 项目提前于计划

B. 项目落后于计划

C. 项目超支

D. 项目符合预算

三、判断题

1.（　　）成本偏差可以帮助管理层进行项目间的比较。

2.（　　）一个工期预计为 12 个月的项目总预算为 120 万元，6 个月后实际花费 70 万元，工作完成了一半，则项目的进度良好，但预算超支。

3.（　　）参数估算比类比估算准确性要高。

4.（　　）技术服务费属于间接费用。

参考答案：
一、单项选择题：1. B，2. C，3. B，4. D，5. A，6. A，7. C
二、多项选择题：1. BCD，2. ABCD，3. BD，4. AC
三、判断题：
1.（×）解析：成本偏差可以帮助项目经理进行项目间的比较。
2.（√）。
3.（√）。
4.（×）解析：技术服务费属于直接费用。

第八章　科技项目质量管理

第一节　项目质量管理概述

第二次世界大战期间，盟军部队经过诺曼底登陆，来到德国本土。在多场战斗中，空降部队发挥了重要的作用，协助地面力量取得了多次胜利。有一天，乔治·巴顿将军发现空降部队的死亡率数据十分异常，即使在没有任何战斗发生的日常训练中，也有若干空降兵丧生。经过调查研究，他了解到绝大多数事故是由于糟糕的降落伞质量造成的，于是非常生气地找到了降落伞供应商的负责人。该负责人告诉巴顿将军，降落伞的质量非常好，合格率已经达到了99%，已经没有可以提升改进的空间了。巴顿将军对此不以为然，从库房中随机取出一个降落伞，命令该负责人用它进行一次跳伞。负责人非常害怕，但在战争年代，他无法拒绝这个命令。在战战兢兢地完成跳伞测试后，该负责人立刻决定采取措施来进一步改善降落伞的质量。很快，降落伞的合格率从99%提高到了99.9%，空降兵的死亡率也降回了正常水平。巴顿将军狠抓降落伞质量的事迹几十年来为人们所津津乐道。

对于任何一个组织和项目而言，质量与安全一样，是至关重要的事。可以说，质量管理就是项目管理的生命。

GB/T 19000—2016（ISO 9001：2015）是这样定义质量的：质量是客体的一组固有特性满足要求的程度。对于一个科技项目来说，质量是指科技项目及其最终成果满足需求的程度，满足需求的程度越高，则质量越高。

很多人认为，项目经理无暇分配足够的精力给质量管理，项目成本管理与项目进度管理等才是更重要的事务。然而质量是牵一发而动全身的关键，它与项目的成本和进度等相互制约，这在科技项目中尤为明显。质量管理不到位而引发的返工与缺陷等问题，是科技项目无法承受的。返工或缺陷越多，所耗费的时间与金钱越多，那么项目与原本的成本基准或进度基准就相去越远。科技项目由于真实、精确、严谨的属性，对于最终项目成果质量的要求更高。

在正式开展项目质量管理的论述之前，先介绍一些项目质量管理相关的背景知识与核心概念，以便更好地理解项目质量管理这一知识领域。

第八章　科技项目质量管理

一、质量管理大师

不管在什么领域，站在巨人的肩膀上，提升的效率会更高，项目质量管理领域也不例外。本章要探讨的许多理论、工具和方法都是由这些管理学者研究提出或者发扬光大并逐渐演变至今的。

1. 威廉·爱德华兹·戴明

戴明博士是质量管理大师，"质量问题中有85%都是质量管理的问题"这一著名的观点即出自戴明。年轻时戴明就作为质量管理专家为美国政府服务，第二次世界大战后，戴明来到日本并帮助日本企业管理质量，他的方法论与经验受到了日本公司的广泛认可与推崇。日本之所以战后恢复与经济飞速发展，戴明管理理念的应用功不可没（图8-1）。

戴明博士发明了著名的质量管理工具——PDCA循环，又被称为"戴明环"（图8-2）。PDCA循环通俗易懂且简单好用。其中，P，代表Plan，在这个阶段明确目标和规划；D代表Do，在这一阶段，追随目标推进项目；C代表Check，在这一阶段回过头来审视过程，发现问题；A代表Act，即要处理问题、修正目标、改进实施，然后重启循环，整个项目的质量进而得到提升。

图8-1　威廉·爱德华兹·戴明

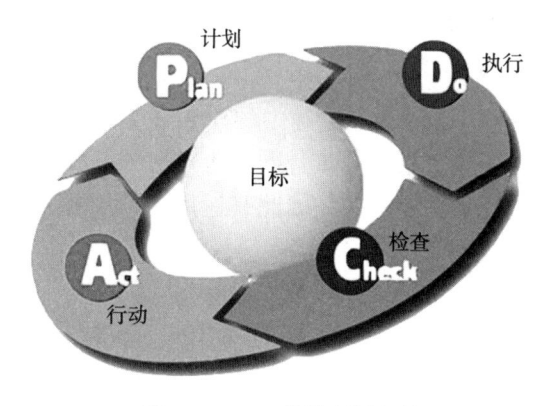

图8-2　PDCA循环（戴明环）

2. 约瑟夫·莫西·朱兰

与戴明一样，朱兰也在质量管理领域取得了许多重大成就，尤其是在持续改进领域。朱兰提出了"质量即为适于使用"这一著名理念。同时，朱兰结合质量的适用性发明了朱兰螺旋曲线，这一曲线与PDCA循环有着异曲同工之妙，但比后者更加详细（图8-3）。此外，朱兰还提出了质量管理三部曲理论，即质量计划、质量控制与质量改进。本章关于如何提升项目质量管理水平的探讨，正是基于这一理论。

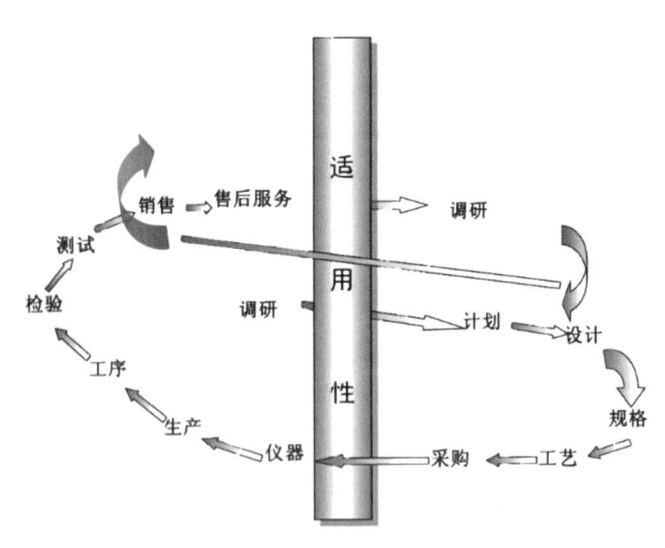

图 8-3　朱兰螺旋曲线

3. 菲利普·克劳斯比

菲利普·克劳斯比是有"零缺陷之父"之称的质量管理大师，其对质量管理领域有卓越的贡献与深远的影响（图 8-4）。与朱兰不同，克劳斯比更注重质量是对需求的符合，这更接近于当前通行的对于质量的定义。克劳斯比最著名的理念就是零缺陷管理标准，他认为应该第一次就把事情做对，因为这样做的代价是最小的，甚至在某种程度上，质量是"免费的"。因为管理质量需要投入费用，即质量成本，然后高质量乃至零缺陷可以避免返工、废品等状况的发生，因而省下的费用远远高于质量成本，因此质量是"免费的"，零缺陷管理标准也是极其值得推广的。

4. 石川馨

石川馨（图 8-5）是日本质量管理大师中的代表性人物。他发明了一个重要的质量管理工具，即现在许多人都耳熟能详的鱼骨图，也被称作石川图，或因果图。这个工具在探寻问题发生的根本原因时非常有效，因此其运用逐渐由质量管理领域扩展到各类管理当中。

图 8-4　菲利普·克劳斯比 　　　　图 8-5　石川馨

二、质量管理相关术语

1. 质量与等级

质量与等级是做科技项目过程中经常遇到的两个术语。质量的概念前文已提到，即一系列内在固有特性满足需求的程度。在科技项目中，技术规范是一种非常典型的对质量描述与界定的规定。通常满足了技术规范的要求，也就满足了需求，质量管理也就获得了成功。而等级，则是一种设计意图，是对用途相同但技术特性不同的最终成果的一种级别分类。它与质量有着本质区别，不能混为一谈。高等级不一定意味着高质量，而低等级也不一定意味着低质量。例如，购买车辆时，同一品牌的同一车型，例如宝马5，会区分诸如入门配、中配、顶配的不同版本。这样被区分开来的配置，就是等级，这是汽车厂商针对不同目标客户的一种设计意图，只会区分车的豪华程度，不代表高配版本的车比低配版本的车驾驶寿命长。理解到这里，相信"低质量一定是问题，而低等级不一定是问题"这个观点就很容易被理解与接纳了。

2. 预防与检查

预防指的是在做项目的时候尽量保证不出现错误，而检查则指的是尽量保证错误不会落到客户手中。换言之，预防偏向于过程，检查更偏向于结果。在项目质量管理领域中，普遍认为注重过程优于注重结果，即预防是优于检查的。比如人们会保持锻炼身体与科学饮食来保障身体的健康，同时又会定期体检来确认身体是否健康，那么两者哪个更能够从本质上真正带来健康的身体呢？相信答案是不言而喻的。

3. 属性抽样与变量抽样

抽样是常用的检查工具方法，在科技项目中应用尤为广泛，其能够很好地解决样本很多时的质量管理问题。属性抽样是指在抽样的时候只确定样本是合格还是不合格，变量抽样则是指在抽样的时候不仅要确定样本是否合格，还要明确样本合格的程度（图8-6）。

图8-6 质量管理相关术语

三、按有效性递增的5种质量管理水平

在项目质量管理的多年发展中，不同的管理方式先后被应用或提出。其中，根据管理方式有效性的梯度，形成了5种常见的质量管理水平（图8-7）。

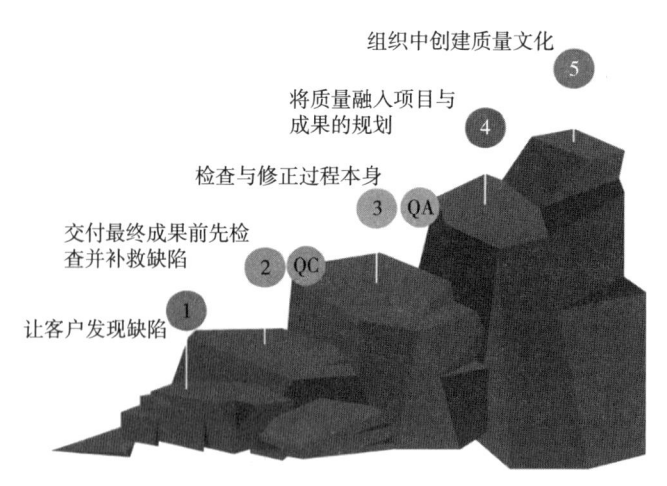

图 8-7 五种质量管理水平

图中标注：
- 1 让客户发现缺陷
- 2 QC 交付最终成果前先检查并补救缺陷
- 3 QA 检查与修正过程本身
- 4 将质量融入项目与成果的规划
- 5 组织中创建质量文化

首先，效果最差的一种，就是让客户自己发现缺陷。这种管理水平往往带来客户的极差体验与不满，对于项目与组织来说，都是灾难性的与影响恶劣的。当然，当今社会中仍然满足于这种质量管理水平的企业已经不多了，因为它们的管理者要么被淘汰了，要么改善管理方式提升管理水平了。

第二种管理水平是指项目或组织中有专门的人与管理过程来检查最终成果，确认成果满足需求并没有缺陷后，再进行交付。有问题自己先发现，先解决，这样的管理方式相比第一种明显要好很多。当前大多数企业处在这样的管理水平，中国石油也不例外。大家工作中耳熟能详的 QC 指的就是通过检查来控制质量。

第三种管理水平是指项目或组织中有专门的人与管理过程来检查项目的整个过程，寻找有没有不符合规范的过程，来避免缺陷的发生。这样的管理方式更偏向于预防，优于仅仅通过检查最终成果的方式。这种管理方式即质量保证（Quality Assurance，QA）。目前一些先进的企业能够达到这一质量管理水平。

最后两种管理水平则代表更加科学的管理思路，即分别是将质量融入项目与最终成果的规划与设计当中，并在整个组织与项目中建立注重成果与过程质量的文化理念。这两种管理水平都采用从源头上为质量管理打好基础的思路，但对于管理者与组织的要求则更高，是多数企业发展与学习的目标。

四、质量管理的其他重要理念

1. 客户满意

开展科技项目最重要的是让客户满意。质量管理如何让客户满意？就是要了解、评估、定义和管理客户的需求，并同时做到适于使用并满足需求，即综合了朱兰与克劳斯比二者的理念。

2. 持续精进

对于质量的管理要采取持续精进的方式，通过持续不断的小精进逐渐累积成大精进，往往比瞬间大幅度的精进更加贴合实际，也更有意义。某公司将下图所示的公式贴在墙上作为标语（图 8-8），用以宣传持续精进的理念。每天只要进步一点点，很快就可以累积较大的进步。

$$1.01^{365}=37.78 \qquad 1^{365}=1 \qquad 0.99^{365}=0.026$$

图 8-8　某公司质量管理标语

3. 85/15 原则

在质量管理领域，管理层对质量负 85% 的责任，而执行层面只负 15% 的责任。正如俗语所说"兵熊熊一个，将熊熊一窝"，如果在项目遇到质量问题时，项目经理只会推卸责任不断向下追责，那么质量管理水平将无法提升。

4. 相互成就的供应商关系

开展科技项目过程中，有些工作可能需要外包，难免会引入一些供应商作为外协。那么对于维系与供应商的关系，应该采取相互成就的思路，应着眼于长期利益而不是眼前利益，尤其是不能随意频繁更换供应商。试想一个供应商通过合作，与你在项目最终成果的质量上取得的成就如果说是 1.0 版本，那么不断更换供应商的后果就是不断在 1.0 的水平上保持原地踏步，而同一供应商长期合作的结果就是双方会获得从 1.0 到 2.0 再到 3.0 的进步。

五、项目质量管理的主要过程

项目质量管理主要包括以下 3 个过程：

（1）规划质量管理——明确项目及其产出物所需的质量规范和标准，并详细记录项目如何通过文档展示其满足这些质量规范和标准的过程。

（2）管理质量——是指将组织的质量管理原则应用于项目实践中，将质量控制计划具体化为可操作的质量行动步骤的过程。

（3）控制质量——为评估成果表现，保障项目成果的完整性与准确性，同时满足客户的预期，必须执行的对质量管理活动结果进行监控和记录的过程。

第二节　规划质量管理

规划质量管理指的是制定项目质量管理计划。开展科技项目，整个项目管理计划十分重要，其中，项目质量管理计划是质量管理领域提纲挈领的子计划。制定计划要在项目开展之初，尽早地明确项目与项目最终成果的质量要求与（或）标准，并且书面详细描述项目将如何证明符合质量要求与（或）标准，以便为整个项目期间如何开展质量管理提供指

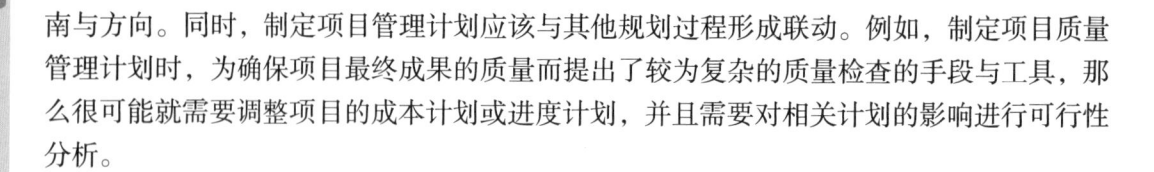

南与方向。同时，制定项目管理计划应该与其他规划过程形成联动。例如，制定项目质量管理计划时，为确保项目最终成果的质量而提出了较为复杂的质量检查的手段与工具，那么很可能就需要调整项目的成本计划或进度计划，并且需要对相关计划的影响进行可行性分析。

一、主要输入

制定项目质量管理计划时可供项目管理团队参考的输入主要包括：

1. 项目章程

项目章程包含了对项目本身以及项目最终成果的高层及描述，还包含了可能影响项目质量管理的项目审批要求、可量化的项目目标与相关的成功标准。

2. 项目管理计划

项目管理计划是整个项目开展管理工作的指南。其中需求管理计划提供识别、解码和管理需求的方法可供借鉴；风险管理计划提供了识别、分析和监控风险的方法，从中吸纳有用的信息并整合，有助于交付最终成果；干系人参与计划提供了记录干系人需求与期望的方法，这些可以为项目的质量管理奠定基础；范围基准为干系人提供最终成果的验收标准，该标准的界定可能导致质量成本的发生进而导致项目成本的变化。满足所有验收标准则意味着满足干系人的需求。

3. 项目文件

项目文件包括但不限于：

假设日志。从假设日志中可以掌握与质量相关的所有项目的假设条件与制约因素。

需求文件。可以从需求文件中明确干系人对于质量的需求，进而明确如何进行"控制质量"与"管理质量"。

需求跟踪矩阵。该矩阵能够将需求链接到最终成果，帮助项目管理团队确保所有的需求是否满足都得到验证。

风险登记册。项目管理团队可以从中查询并掌握所有可能影响到质量与质量管理的各类风险。

干系人登记册。众多干系人中有一些是对于质量特别关注或感兴趣的，还有一些是对于质量能够产生影响的，该文件有助项目管理团队识别并掌握这些干系人的情况，确保项目的质量管理工作能够顺利开展。

4. 事业环境因素

事业环境因素包括但不限于：项目所在地政府法规、特定行业或领域的相关规则、标准或指南、项目所在市场的形势与条件、文化观念等。

5. 组织过程资产

组织过程资产中，质量政策尤为重要。通常质量政策是组织的高级管理层制定的，它表明了组织在质量管理方面的工作理念与方向等，而项目执行质量政策则是高级管理层推崇并期望看到的。质量政策或许是非常正式的书面材料，也可能是非正式的诸如标语、口号、企业文化等，都是项目管理团队需要掌握并参考的。当然，有些组织是没有明确的质量政策的,这就需要项目管理团队为项目制定质量政策。如果项目涉及多个执行组织(如合资项目),项目管理团队则需要综合所有组织的质量政策,并通过沟通协商明确适用于项目的质量政策。例如编者曾经以长城钻探公司优化工程师的身份参与在陕西榆林开展的长北项目二期,甲方就是长庆油田与壳牌公司,而实际的作业者是壳牌公司,因此在项目上马之初,就对壳牌的安全管理政策与制度进行了详细的了解,并且按照对方的要求对双方的安全管理政策与制度进行了桥接,制定了安全管理桥接文件来指导项目的安全管理工作。

二、主要工具与技术

1. 标杆对照

项目管理团队可以将项目的质量标准与组织内部或外部、相同或不同应用领域的标杆项目或组织的实践进行对比,以便获得最佳实践,形成解决方案或改进意见,并且为质量管理工作的评价提供依据。"工业学大庆""餐饮业学海底捞"就是标杆对照的生动应用。

2. 头脑风暴

通过项目管理团队内部的头脑风暴,可以高效地激发领导,萃取经验,最终收集有效数据,为制定质量管理计划提供支撑。

3. 访谈

访谈可以帮助项目管理团队获得最真实的第一手资料。访谈对象包括但不限于有经验的项目参与者、干系人、主题专家。访谈应在信任与保密的氛围下开展,以了解访谈对象对于项目和最终成果质量的隐形或显性、正式或非正式的需求与期望,以此来为制定项目管理计划提供指导。

4. 成本效益分析

项目管理团队制定质量管理计划应明确质量达到何种标准,并且明确如何实现该标准,规划好将开展哪些质量管理工作。诸多质量管理工作均需要成本,这些成本并非越多越好,成本投入所能够带来的效益是存在边际递减效应的。因此项目管理团队应通过成本效益分析来分析规划的质量管理活动的成本有效性,估算备选方案的优势与劣势,以在成本管理计划中确定能够创造最佳效益的备选方案。

5. 质量成本

质量成本是指在项目中为预防不符合要求,为评价成果或服务是否符合要求,以及因未达到要求而返工,而发生的所有成本(表8-1)。质量成本分为两大类:一致性成本与非一致性成本。其中一致性成本指的是为了防止失败的发生,项目管理团队所采取措施产生的成本,比如预防成本和评价成本。预防成本就是预防项目的成果或服务质量低劣所产生的成本,例如为了提升项目质量管理水平而开展的培训、采购的设备等。评价成本又称为检查成本,指的是评估、测量、审计和测试项目成果或服务质量低劣所带来的相关成本,例如测试、破坏性试验损失或检查等。非一致性成本又称为失败成本或缺陷成本,是指因为项目的产品、成果或服务与干系人需求或期望不一致而导致的成本。它同样分为两类:内部失败成本与外部失败成本。这里的内部与外部指的是项目管理团队的内外部。内部失败成本指的是团队内部自己发现的成果问题而导致的成本,例如返工、废品等。而外部失败成本是指由客户等发现的成果、产品或服务的问题而导致的成本，例如债务、保修，甚至是失去业务等。外部失败成本往往给项目和组织带来难以承受的损失，甚至是名誉上的损失，因此在制定质量管理计划时，项目管理团队应找到最优质量成本，在预防成本与评价成本之间找到恰当的投资平衡点，以尽量规避失败成本。

表 8-1 质量成本

一致性成本		非一致性成本	
预防成本	评价成本	内部成本	外部成本
培训 设备 完成时间	测试 破坏性试验损失 检查	返工 报废	债务 保修 失去业务

6. 多标准决策分析

多标准决策分析可以帮助项目管理团队在制定项目质量管理计划时，识别关键事项与备选方案，并通过一系列决策对备选方案按优先级进行排序。多标准决策分析的做法是先对标准进行加权，再应用于所有备选方案，计算出各个备选方案的得分，然后根据得分对备选方案排序。多标准决策分析是有助于排定项目质量管理计划中测量指标优先顺序的工具。表 8-2 中，以汽车各系统的质量指标为例，展示多标准决策分析的用法。

表 8-2 多标准决策分析法分析某汽车诸质量指标

标准	权重	质量指标				
		动力系统	制动系统	灯光	内饰	外观
稳定性	1	9	9	8	7	6
高强度	0.9	8	9	7	6	7
人性化	0.6	7	7	8	9	9
美观	0.3	5	3	8	9	9
	得分	21.9	22.2	21.5	20.5	20.4

7. 流程图

流程图用来展示一个或多个输入转化成一个或多个输出的过程中所需要的步骤顺序和可能分支，可有助于了解和估算一个过程的质量成本，也可以帮助改进过程并识别可能出现质量缺陷或可以引入质量检查的地方。

如图 8-9 所示，以化妆为例，通过流程图梳理出化妆的完整过程，便于估算每一步骤所需时间，并且在一些关键节点引入检查去判定缺陷是否存在。例如，在修容后，可以检查一下是否对干皮和油皮进行了区分再往下进行了？

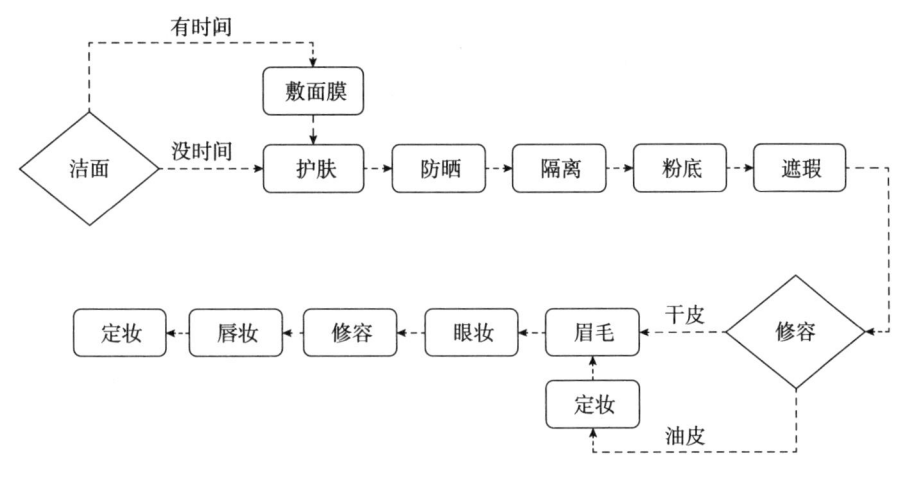

图 8-9　化妆过程流程图

三、主要输出

1. 质量管理计划

质量管理计划是这一过程最核心的输出，它是项目管理计划的一部分，涵盖了如何贯彻适用的政策与程序以实现质量管理目标，也涵盖了为实现项目质量目标所需要的活动与资源。质量管理计划根据项目的需要，可以是正式的或非正式的、非常详细的或高度概括的。质量管理计划具体内容包括但不限于：

（1）项目质量标准；
（2）项目质量目标；
（3）质量管理的角色与职责；
（4）需要审查的最终成果与过程；
（5）为项目规划的质量控制与质量管理活动；
（6）项目将使用的质量工具等。

2. 质量测量指标

这是一份用于表述项目与成果属性的文件，在其中应该明确如何验证质量符合测量指标的程度。质量测量指标属于项目文件的一部分。

第三节　管理质量

管理质量，又称为实施质量保证，是将"规划质量管理"中制定的质量管理计划转化为可执行的质量管理活动的一个过程。它的主要作用是提高实现质量目标的可能性，识别无效过程以及导致质量低劣的原因。"管理质量"要在整个项目期间开展。

管理质量有助于执行有关准则，确保产出最后成果；建立信心，通过质量保证工具和技术使未来输出的完工成果能满足需求；提高过程和活动的效率与效果，提高干系人的满意度。

组织的质量保证部门是科技项目的重要支持部门，项目管理团队尽可以大胆借力，通过质量保证部门来执行某些质量管理活动。

管理质量是所有人共同的责任，既包括项目管理团队，也包括项目发起人，甚至是客户。所有人都应在管理项目质量方面承担一定的角色与责任。但在传统项目中，管理质量通常由特定的管理团队成员来负责。

一、主要输入

1. 质量管理计划

如上文所述，质量管理计划明确了项目与成果的可接受水平，并且描述了如何确保项目与成果达到这一水平。

2. 项目文件

可作为本过程输入的项目文件包括但不限于：

经验教训登记册。早前与质量管理有关的经验教训在经验教训登记册中可以查询并借鉴运用，避免在相同的问题上犯同样的错误。

质量测量结果。该文件有助于分析结果产生的过程。

质量测量指标。项目管理团队依据质量测量指标对项目与成果的测试场景进行设定，以及在必要时进行相应过程改进。

3. 组织过程资产

可供本过程参考的组织过程资产包括但不限于：

（1）组织的质量管理体系；

（2）各类检查表；

（3）过往审计的结果；

（4）经验教训知识库等。

二、主要工具与技术

1. 核对单

核对单（checklist）是一种结构化的表单，是质量保证人员常用的工具。质量核对单应该与范围基准中定义的验收标准保持一致。它可以用来核对一系列步骤（质量活动）是否已经得到执行。例如，飞机在起飞前，要做的准备工作与检查繁多，飞行员就会借助核对单的帮助，来确保自己完成了所有规定动作。

2. 质量审计

质量审计是用来确定项目的各项活动是否按照政策与程序进行的一个过程。通常，审计是由项目外部的团队来完成，例如组织内的审计部门、组织以外的审计师等。审计人员常用的工具可包括核对单。审计既可以是事先安排好的，也可以是随机进行的。审计的目标包括但不限于：

（1）识别最佳实践。

（2）识别违规现象、差距与不足。

（3）分享所在组织或行业中的良好实践。

（4）提供指导，帮助项目管理团队开展过程改进等。

（5）积累经验教训。

（6）确认已批准的变更请求的执行情况等。

3. 数据分析

适用于本过程的数据分析工具方法包括但不限于以下几种：

（1）备选方案分析。用于评估可选方案，以选择最合适的质量方案。

（2）文件分析。分析在控制质量过程中生成的各种文件，以找到失控或有问题的过程。

（3）过程分析。用于识别可以改进过程的机会，并检查在过程期间遇到的问题、制约因素与非增值活动等。这里非增值活动包含必要的和非必要的，"管理质量"避免的是非必要的非增值活动，如浪费与镀金等。

（4）根本原因分析。即找到问题的根本原因，以便从源头解决问题，杜绝问题的再次发生。这是一个治本的工具方法，具体的良好实践之一称为"5Why"法，也称为"5个为什么"或"五问法"，这是丰田汽车公司丰田佐吉最早提出的一种根本原因分析方法。通过围绕一个问题连续以5个为什么来提问，以探究根本原因。实际应用中，并非只能问5次，有的时候几次就够了，有的时候甚至要几十次才足够，总之要找到根本原因为止，即"打破砂锅问到底"。"5Why"法的关键，是鼓励解决问题的人要努力避开主观或自负的假设和逻辑陷阱，从结果着手，沿着因果关系链条，顺藤摸瓜，直至找出原有问题的根本原因。丰田汽车公司前副社长大野耐一曾举例子演示如何用"5Why"法找出停机的真正原因：

问题一：为什么机器停了？

答案一：因为机器超载，熔断丝烧断了。

问题二：为什么机器会超载？

答案二：因为轴承的润滑不足。

问题三：为什么轴承会润滑不足？

答案三：因为润滑泵失灵了。

问题四：为什么润滑泵会失灵？

答案四：因为它的轮轴耗损了。

问题五：为什么润滑泵的轮轴会耗损？

答案五：因为杂质跑到里面去了。

经过连续五次不停地问"为什么"，才找到问题的真正原因和解决的方法——在润滑泵上加装滤网。

如果员工没有以这种追根究底的精神来发掘问题，他们很可能只是换根熔断丝，真正的问题还是没有解决。

4. 数据表现

数据表现工具方法具体包括以下几种：

（1）亲和图。利用亲和图可以对潜在缺陷的原因进行分类。

（2）鱼骨图。即质量管理大师石川馨发明的识别问题主要原因与根本原因的工具，又称为因果图、Why-Why分析图或石川图（图8-10）。同样是"打破砂锅问到底"的思路，鱼骨图和"5Why法"相似，但是"5Why法"并不会主动发散问题的方向，更倾向于将问答控制收拢在一定范围内，而鱼骨图会主动发散成若干维度，将问题分解为离散的分支，再逐一分支地去不断发问，最终明确出若干主要原因与根本原因。例如，开展安全管理时，经常会按"人、机、物、法、环"几个方面去分析问题，就是同样的道理。鱼骨图的绘制十分简便，一根横线作为"鱼"的脊骨，要分析的问题写在"鱼头"处，将从几个维度展开分析就从"脊骨"延伸出几根"鱼骨"，然后随着提问的深入，"鱼骨"越来越多逐渐变成"鱼刺"，以此类推，直至所有维度都找到了主要原因与根本原因为止。

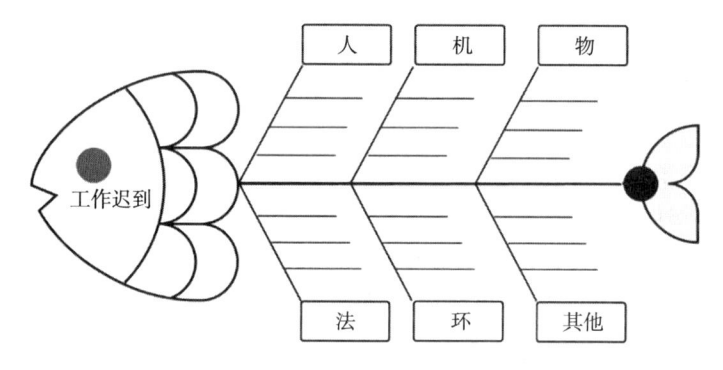

图8-10 利用鱼骨图分析工作迟到根本原因示意图

日本企业对质量管理很执着，对于鱼骨图的应用也非常成熟，以至于衍生出一些变体，比较有名的是"安东绳"。丰田汽车公司的流水线上每一位员工身旁都有一根绳子，任何一位员工发现异常一拉这根绳子，整个流水线都会停下来，防止有缺陷的产品流入下一道工序，这根绳子就是"安东绳"。在流水线停止后，全车间所有的人都要聚过来，集中到发现问题的工位，一起探究问题发生的根本原因。他们探究根本原因的方式就是逐人沿着流水线不断往上游问为什么，直到找到问题的源头。

不管是根本原因分析，还是鱼骨图、安东绳的运用，都会带来一个缺点，就是耗时非常长，但是这样带来的，就是质量的长期提升。

（3）流程图。利用流程图可以展示引发缺陷的一系列步骤。

（4）直方图。直方图可以展示每个最终成果的缺陷数量、缺陷成因的排列、各过程的不合规次数等数据。有一种特殊直方图——帕累托图被广泛应用，其发明人帕累托是意大利经济学家，他最初通过帕累托图是想表达80%的财富被掌握在20%的人手中，此即著名的"二八定律"，即数据的绝大部分存在于很少的类别中，剩下的极少数据分散在大部分类别中。后来帕累托图被引入质量管理领域，用于识别造成大部分某种缺陷（约占

80%）发生的少数主要原因（约占 20%）。运用帕累托图可以聚焦发生质量问题的主要原因，进而更加有效地、有重点地采取纠正措施，这和"抓大放小"的管理智慧不谋而合。如图 8-11 所示，以对迟到原因的分析为例，展示了帕累托图的用法。由图可见，导致迟到的 5 种原因中，睡过头和堵车导致了绝大多数次的迟到，是迟到的主要原因。

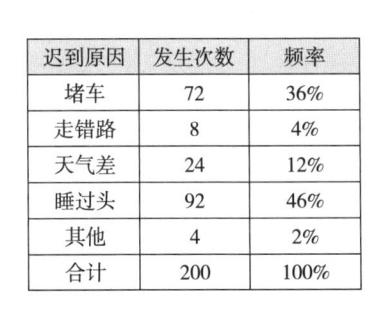

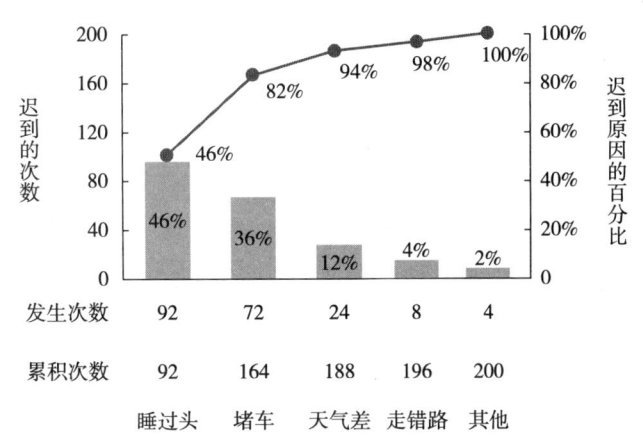

迟到原因	发生次数	频率
堵车	72	36%
走错路	8	4%
天气差	24	12%
睡过头	92	46%
其他	4	2%
合计	200	100%

图 8-11　利用帕累托图分析工作迟到根本原因示意图

（5）矩阵图。矩阵图可以展示要素、原因与目标之间的关系强弱。

（6）散点图。散点图可展示两个变量之间的关系。通常会得到两个变量之间呈正相关、负相关、强相关、弱相关或无关的结论。

5. 面向 X 的设计

科技项目的成果或产品设计期间可采用一系列设计指南，旨在优化设计的特定方面，可以提高产品特定的最终特性。此处的 X 可以是产品开发的不同方面，例如可靠性、可用性、安全性、质量等。使用面向 X 的设计可以有效降低成本、改进质量。

6. 问题解决

运用问题解决可以有效找出解决问题或应对挑战的解决方案，有助于消灭问题或提出长期有效的解决方案。问题解决的具体应用方法分为六步，分别是一定义、二识别、三方案、四选择、五执行和六验证。问题解决是一个综合性的工具方法，常常结合上文所述数据收集、数据分析和数据表现等工具方法。

7. 质量改进

基于在控制质量过程中的发现、质量审计中的发现或者管理质量过程中的问题解决，项目管理团队可以开展质量改进。戴明的 PDCA 循环与六西格玛是最常用的质量改进工具。

三、主要输出

1. 质量报告

质量报告主要包含了团队上报的质量问题，针对项目、成果、过程的改善建议和纠正措施建议，以及在控制质量过程中发现的情况概述等。质量报告可以是图形、数字或是图文形式文件，其主要作用是帮助其他过程和部门采取纠正措施，以满足项目与最终成果在质量上的要求。

2. 测试与评估文件

测试与评估文件也常被称为测试与评估指导方案。在该文件中，应列出一些活动，通过这些活动来确定项目是否满足质量目标，即评估质量目标的实现情况，并为控制质量过程提供参考。该文件可包含特定的核对单与详细的需求跟踪矩阵。

3. 变更请求

管理质量往往会产生变更，包括影响项目管理计划、项目文件或各过程的变更，项目经理应及时提交变更请求。

第四节 控制质量

控制质量，是专注于成果本身而非过程，旨在确保科技项目成果完整、无缺陷且满足客户期望，而监督与记录质量管理活动执行结果的过程。本过程的主要作用是，核实科技项目最终成果和项目工作已经达到主要干系人的质量要求，可供最终验收。通过开展控制质量，可以确定项目的最终成果是否达预期，这些成果需要满足所有使用标准、要求、法规和规范。

控制质量的目的是在用户验收和最终交付之前测量成果或服务的完整性、合规性和适用性。该过程通过测量所有步骤、属性和变量，来核实与规划阶段所描述规范的一致性和合规性。控制质量也有助于将质量成本控制在内部失败成本以内，避免外部失败成本。

控制质量应该在整个项目期间开展，以获取可靠且具有说服力的数据来证明项目已经达到发起人或客户的验收标准。

在不同的行业与组织中，控制质量所需的努力程度与执行程度可能会有所不同。例如相比其他行业，医药、健康、运输与能源产业可能拥有更严格的质量控制程序，即控制质量的力度会更大；而科技项目，尤其是能源产业的科技项目，应当采取更为严谨细致的控制质量方式与程序。

一、主要输入

1. 质量管理计划

质量管理计划中定义了如何在项目中开展控制质量。

2. 项目文件

开展控制质量可能需要参考的项目文件包括但不限于：

质量测量指标。该指标专用于描述项目和成果属性，以及控制质量过程将如何验证符合这些指标的程度。

测试与评估文件。该文件用于评估质量目标的实现程度。

经验教训登记册。在项目早期获得的经验教训可以运用到项目后期阶段，以改进控制质量过程本身。

3. 批准的变更请求

在上文所述管理质量的过程中，质量审计会确认已批准的变更请求是否正确合规地实施。控制质量同样要关注批准的变更请求。变更若执行得不正确或不完整，可能会导致不一致和后续延误。因此批准的变更请求的实施也需要被检查，需要核实其完整性与正确性，以及是否需要重新测试。

4. 可交付成果

可交付成果是指在项目的某一过程、某一阶段或者项目结束时，应产出的可核实的产品、成果或服务。其为控制质量所要检查的对象，应与项目范围说明书定义的验收标准作比较。

二、主要工具与技术

1. 数据收集

（1）核对单。核对单有助于以结构化的方式管理控制质量的活动。与管理质量中应用的核对单不同，控制质量运用的核对单内描述的是各个具体的测量指标。

（2）核查表。核查表也称计数表，在检查过程中，可以用核查表收集具体数据，以合理安排各种事项并有效收集关于潜在质量问题的数据。

（3）统计抽样。统计抽样指的是从成果总体中抽取部分作为样本用于检查，至于抽取样本的频率与具体数量，质量管理计划就应已经明确。统计抽样一般分为两种，即属性抽样与变量抽样。值得注意的是，属性抽样往往需要较大的样本量，而变量抽样则通常由专人进行。

（4）问卷调查。问卷调查通常是在交付产品或服务后，再在客户当中开展，用以收集客户们的满意度。如果在问卷调查中发现任何缺陷，则意味着该缺陷躲过了控制质量而被客户发现，因此由该类缺陷导致的成本或损失，属于外部失败成本。

2. 数据分析

适用于本过程的数据分析工具方法包括但不限于：

（1）绩效审查。绩效审查是指针对实际结果，测量、对比和分析规划质量管理过程中定义的质量测量指标。

（2）根本原因分析。根本原因分析在上文已经论述，值得注意的是，与"管理质量"使用该工具不同，"控制质量"时使用该工具主要用于识别缺陷成因。

3. 检查

如果说质量审计就是最典型的"管理质量"的话，那么检查就是最典型的"控制质量"。检查的对象就是项目的各类成果，以确定其是否符合书面标准，这里的成果既可以是某个单一过程的成果，也可以是整个项目的最终成果。检查可以在任何层面进行，也可以用于核实缺陷补救，即核实被批准的变更申请的实施情况。

4. 测试

测试指的是一种有组织且结构化的调查，旨在根据项目需求，提供有关被测产品或服务质量的客观信息，其目的是找出产品或服务中存在的错误、缺陷或其他不合要求的问题。测试可以在必要时进行，也可以在项目交付最终成果时进行，也可以贯穿整个项目，但建议尽早测试，以便减少处理不合要求所造成的成本。

5. 数据表现

数据表现包括控制图、因果图、直方图和散点图等具体工具。控制图是用来确定一个过程是否稳定，或是否具有可预测的绩效（图8-12）。它通常由均值、控制上限与控制下限、规格上限与规格下限组成。其中控制上限与控制下限反映了一个稳定的过程应有的自然波动的范围，控制界限通常设定在距离均值 ± 三个西格玛的位置，一旦测点表征出现了失控，不用停产，但需要调查研究原因。规格上限与规格下限则反映了被允许的最大值与最小值，测点超出限位则意味着出现了次品，则有可能受到惩罚与损失。判断过程失控标准有两个：有一个测点超出了控制界限或连续 7 个测点落在了均值的同一侧。

因果图、直方图、散点图，三者均为数据表现类工具方法，其中因果图可用于识别质量缺陷和错误可能导致的结果；直方图可按来源或组成部分分别展示缺陷的数量；散点图可以展示计划绩效与实际绩效之间的关系。

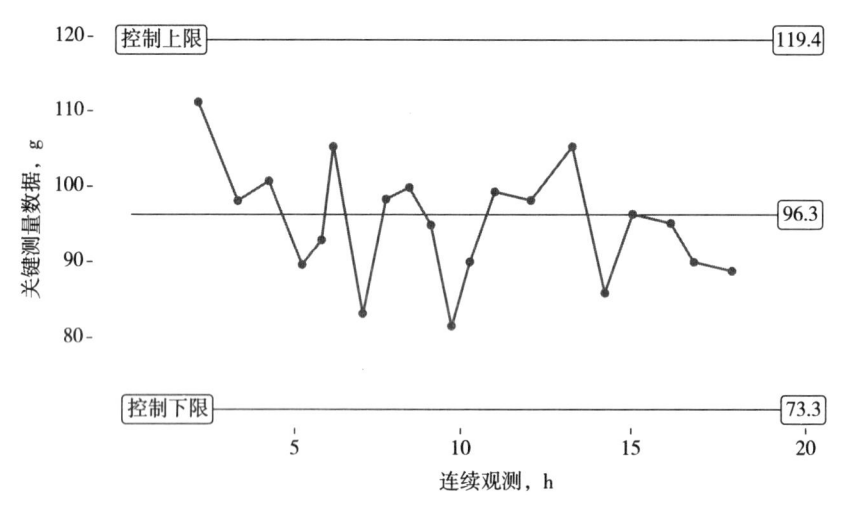

图 8-12　某科技公司某组件研发样品质量控制图示意

三、主要输出

1. 质量控制测量结果

即质量控制的测量结果，其对质量控制活动的结果进行书面记录，需注意具体格式应参照质量管理计划的要求记录。

2. 核实的项目可交付成果

通过控制质量过程，即质量控制，检查过的项目可交付成果，会输出核实的项目可交付成果。如果通过质量控制发现了成果的缺陷，则需要提交变更请求，进行缺陷补救，之后再开展检查并重新核实。核实的项目可交付成果将成为"确认范围"这一过程的输入，以便正式验收。表 8-3 展示了控制质量与确认范围两个过程的区别。

表 8-3 控制质量与确认范围的区别

	控制质量	确认范围
关注重点	正确性——可交付成果做得对不对，质量有没有问题（正确的未必可接收）	可接受性——可交付成果是否满足需求，能否通过验收
实施方	一般内部的控制质量部门	项目发起人、客户等
先后顺序	通常先做，也可同时	通常后做，也可同时
依据	是否符合质量测量指标	是否满足需求文件中的描述，是否符合验收标准
输出	核实的可交付成果	验收的可交付成果
输出（英文）	Verified Deliverables	Validated Deliverables

3. 工作绩效信息

工作绩效信息包含有关项目需求实现情况的信息、拒绝的原因、要求的返工、纠正措施的建议、合适的可交付成果列表等。

思考题

单项选择题

1. 项目发起人关注一些控制质量过程中所报告的缺陷，并要求项目经理调查缺陷的来源。项目经理应该使用以下何种工具来执行这项任务？（   ）

A. 控制图
B. 帕累托图
C. 鱼骨图
D. 检查

2. 项目经理收到将对项目执行质量审计的通知。项目经理预期会获得下列哪一项作为质量审计的输出？（   ）

A. 项目状态报告
B. 项目进度报告

C. 项目缺陷清单

D. 过程改进的变更请求

3. 项目团队遵循过程改进计划中说明的步骤来识别必要的改进。该任务应该在哪一个过程中执行？（   ）

A. 执行

B. 计划

C. 监控

D. 收尾

4. 在客户最终验收项目可交付成果时，发现许多缺陷。这些缺陷可通过下列哪一项避免？（   ）

A. 经常开展客户调查

B. 对员工开展质量控制方面培训

C. 按计划实施管理质量过程

D. 反复执行质量控制

5. 项目审计透露，关键项目组件不满足项目要求，从而导致审计团队签发一份非优质报告。下列哪一份项目计划中提供有应对非一致报告的程序？（   ）

A. 质量管理计划

B. 风险管理计划

C. 变更控制计划

D. 过程改进计划

6. 项目审查之后，项目经理要求技术主管对所有事故开展因果分析，然后将事故排列优先顺序。应该使用下列哪一项工具和技术？（   ）

A. PERT 分析

B. 蒙特卡罗分析

C. 帕累托图

D. 散点图

7. 一个交付产品原型的项目按计划进行，但是实际成本超出了估算成本。项目经理必须确定质量是否是稳定的和可预测的。项目经理应该使用下列哪种技术？（   ）

A. 力场分析

B. 控制图

C. 头脑风暴

D. 流程图

8. 由于出现多个质量问题，公司延期发布产品。项目经理应使用下列哪一项工具来说明产品质量问题的发生频率以及最常见的原因？（   ）

A. 直方图

B. 因果图

C. 控制图

D. 统计抽样

9. 管理质量团队成员通知项目经理在可交付成果中发现了100个缺陷。因此，必须中止项目的任何后续工作。项目经理接下来应该怎么做？（　　）

A. 与团队会面，审查情况并实施过程改进

B. 查阅质量管理计划，确定缺陷是否超出公差范围之外

C. 将其登记为风险，并遵循风险管理计划

D. 按照沟通管理计划通知干系人

10. 应如何确定项目质量控制活动的有效性？（　　）

A. 对照市场标杆评估管理质量计划

B. 对可交付成果实施质量审计

C. 实施质量审计

D. 评估质量成本

11. 一家自行车公司发布了一款拥有五年质保期的新车篮系列，材料能抵御极端天气条件。产品广受用户接受，被视为该行业中的顶级产品。该产品只有基本设计，无额外功能。下列哪一项是该产品的描述？（　　）

A. 高档、高质

B. 低档、低质

C. 高档、低质

D. 低档、高质

12. 在一个生产线中，控制下限设为301，控制上限设为320，平均值设为310，该过程在下列哪个系列中处于控制当中？（　　）

A. 321，319，315，316，317，310，311，313

B. 319，318，309，310，309，310，311，312

C. 319，304，307，310，310，301，306，300

D. 311，312，319，316，312，311，317，322

13. 下列哪一项技术可以用于衡量一个项目是否符合组织政策和程序？（　　）

A. 标杆对照

B. 德尔菲技术

C. 根本原因分析

D. 质量审计

参考答案：

单项选择题：1. C，2. D，3. A，4. C，5. A，6. C，7. B，8. A，9. A，10. C，11. D，12. B，13. D

第九章　科技项目人力资源管理

第一节　科技项目人力资源管理概述

随着全球化竞争的加剧，项目管理尤其是科技项目管理已经成为企业成功的关键因素之一。企无人则止，在科技项目管理中，科技项目人力资源管理尤为重要，直接关系到项目的质量和效率。科技项目人力资源管理包括组织、管理与领导项目团队的各个过程。人力资源具有能动性、双重性、时效性、再生性和社会性，有效的科技项目人力资源管理可以帮助项目和企业更好地利用其人才资源，从而提高项目的效率、质量和成果。

一、科技项目人力资源管理相关概念

1. 项目团队

项目团队是指支持项目经理执行项目工作，以实现项目目标的一组人员。项目团队由为完成项目而承担不同角色与职责的人员组成。其成员可能具备不同的技能，可能是全职或兼职，可能随项目进展而增加或减少。应尽早让团队成员参与项目，有助于发挥其专业技能，并增加其对项目的责任感。

2. 科技项目团队

科技项目团队是指在科技项目中为实现项目目标而建设的一种按照团队模式开展工作的组织，是项目人力资源的聚集体与主体。项目团队的根本使命是在项目经理的直接领导下，为实现具体的项目目标以及具体目标所确定的各项任务而共同努力、协调一致和高效科学地工作。通过合理的角色职责分配，可以确保项目团队成员能够专注于自己的任务，减少工作重叠和不必要的协调。高效的人力资源管理可以提高团队士气和团队凝聚力，从而保障项目目标的达成。

3. 科技项目人力资源管理

科技项目人力资源管理是指在科技项目中，项目团队通过合理配置、开发和管理人力资源，以实现项目目标的过程。科技项目人力资源管理是一种管理人力资源的方法和能力，它涉及科技项目人员的确定、项目中的角色分配、人员职责和汇报关系。此外，还涉及人员的招聘、培训、绩效管理、薪酬福利、团队成员关系等方面的工作。科技项目人力资源管理的目标是通过合理的人力资源配置，提高项目团队的工作效能和满意度，从而提高项目的整体绩效。

4. 科技项目人力资源管理的主要工作

1）明确科技项目目标与需求

在确定科技项目人力资源计划之前，首先需要明确科技项目的目标和需求。这可以帮助企业确定该项目需要哪些技能和知识，以及如何将这些技能和知识分配给合适的项目团队成员。项目目标不仅需要符合企业的战略目标，还需要具有可操作性、可衡量性和时限性。只有明确了科技项目的目标和需求，才能根据目标和需求来配置相应的人力资源，从而确保项目的顺利进行。

2）分析科技项目干系人的需求

科技项目干系人是项目的重要利益相关者，他们的需求和期望对项目的成功至关重要。在制定科技项目人力资源计划时，需要认真分析项目干系人的需求，以确保计划能够满足他们的期望。

3）利用人力资源管理惯例和类似科技项目的模板

其一，企业可以利用一般人力资源管理，尤其是从事科技管理岗位中的惯例和最佳实践，例如员工评估、激励制度、培训和发展计划等，来帮助制定更有效的项目人力资源管理计划；其二，在进行科技项目人力资源管理时，可以参考类似项目的模板。这些模板可以帮助企业更快地制定人力资源计划，同时减少错误和遗漏。

4）获取和配置科技项目人力资源

根据科技项目的需求，制定招聘计划，通过各种渠道吸引合适的人才，并进行面试和选拔，最终选择最适合岗位的人员。人力资源的获取与配置是科技项目人力资源管理的核心环节。项目团队需要根据科技项目的目标和需求，从内部和外部两个渠道获取合适的人才。在配置人力资源时，需要充分考虑人才的知识、能力、经验和性格等因素，将合适的人才放在合适的岗位上，以提高项目的执行效率。

5）培训与开发科技项目团队成员

为科技项目团队成员提供必要的培训和发展机会，提升其专业能力和职业素质，以适应企业发展的需要。培训是提高科技项目团队成员能力的重要途径，通过有针对性的培训，可以提高团队成员的专业技能和综合素质。

6）建立和实施科技项目绩效管理

建立科学的项目绩效评估体系，对科技项目团队成员的工作表现进行评估和反馈，以激励和引导项目团队成员提高工作质量和效率。其中，制定合理的具有激励性的薪酬与福利制度尤为重要。应该根据科技项目团队成员的工作表现和贡献给予相应的报酬和福利，以增强项目团队成员的工作动力和满意度。

7）构建相互协作的科技项目团队成员关系

建立和维护相互信任、相互协作的项目团队成员关系，处理好项目团队成员的问题和纠纷，提供项目团队成员的福利，有助于提高团队成员的绩效，提高成员的满意度和忠诚度。

二、科技项目人力资源管理的主要过程

（1）规划人力资源管理——定义和记录项目角色、职责和所需技能，编制人力资源

管理计划的过程。

（2）组建项目团队——确认人力资源的可用情况，为开展科技项目活动而组建团队的过程。

（3）建设项目团队——提高团队凝聚力，促进团队成员互动，以提高科技项目团队绩效的过程。

（4）管理项目团队——跟踪团队成员的工作表现，及时处理团队协作中出现的问题，并管理团队变更的过程。

第二节　规划人力资源管理

规划人力资源管理是指针对科技项目，定义和记录项目角色、职责和所需技能、报告关系，编制人力资源管理计划的过程。在规划科技项目人力资源管理时，需要考虑具体科技项目的特点、人员需求、组织文化等因素，以及人员的技能、经验、工作态度等方面的因素，以确保科技项目人力资源管理的科学性和有效性。

一、明确项目所需人力资源

首先要明确项目的目标、范围、进度、质量和预算等，以便了解项目所需的人力资源类型与数量。

二、评估现有资源

评估企业当前可用的人力资源能力，包括员工技能、经验和可用的时间等。评估员工的技能、知识和专长，以便确定哪些人员可以参与项目。

三、制定科技项目人力资源管理计划

基于项目需求和现有资源，制定科技项目人力资源管理计划。这包括确定所需的角色和职责、技能和资格，以及人员数量和时间表。科技项目人力资源管理计划是科技项目管理中非常重要的一部分，它包括对科技项目所需人力资源的识别、获取、开发、管理和释放等方面的规划。以下是科技项目人力资源管理计划的主要内容。

1. 科技项目组织架构

包括科技项目的组织结构、岗位设置、职责分配、工作流程等方面的规划。这有助于确保项目团队成员明确自己的职责和任务，也有助于项目经理更好地进行人员管理和协调。

2. 科技项目人力资源需求计划

根据科技项目的需求和目标，确定所需的人力资源类型、数量、技能、经验和知识等方面的要求。制定科技项目人力资源需求计划有助于确保项目团队成员具备完成科技项目所需的能力和技能。

3. 科技项目人力资源招聘和选拔计划

针对特定的科技项目制定人力资源的招聘和选拔计划，包括招聘渠道、选拔标准、选拔渠道、选拔流程等方面的规划。制定科技项目人力资源招聘和选拔计划有助于确保选拔到合适的项目团队成员，提高项目的成功率。

4. 科技项目人力资源培训和发展计划

根据科技项目需求和科技人员技能需求，制定科技项目人力资源培训和发展计划。确定科技项目人力资源培训和发展计划有助于提高项目团队成员的技能和能力，促进项目的顺利完成。

5. 科技项目人力资源绩效评估计划

制定科技项目人力资源绩效评估计划，包括评估标准、评估流程、奖惩措施等方面的规划。确定科技项目人力资源绩效评估计划有助于激励项目团队成员更好地完成工作任务，提高工作绩效。

6. 科技项目人力资源激励计划

制定科技项目人力资源激励计划，包括薪酬体系、奖励措施、晋升机会等方面的规划，这有助于激发项目团队成员的工作热情和积极性，提高工作效率和质量。

7. 科技项目人力资源遣散计划

应事先制定科技项目人力资源遣散计划。提前确定遣散团队成员的方法与时间，对项目和团队成员都有好处。这有助于确保及时遣散项目团队成员，降低项目成本，同时也明确项目团队成员的去向，可增强团队成员的士气。

四、科技项目团队的构建与任务分配

根据科技项目需求和资源可用性，确定科技项目团队的规模和结构，包括人员的数量、职位、职责和组织结构等。根据员工的技能和项目需求，合理分配任务。构建高效协作的团队，确保所有人都能理解自己的职责和期望。

在科技项目中，一般可以用三种形式来描述项目团队的结构。

1. 层级结构图

层级结构图是一种展示项目中各个层级之间关系的图表，通常用于描述项目组织结构、管理层次、部门划分等。在科技项目人力资源管理中，层级结构图可以用来表示项目团队成员之间的上下级关系、职责和权力等。通过层级结构图，可以清晰地了解项目团队的组织结构和层级关系，有助于更好地进行人员管理和协调。在实际应用中，可以根据项目的具体情况和目标，绘制适合的层级结构图，以便更好地进行项目管理和人力资源规划。图9-1为科技项目层级结构示意图。

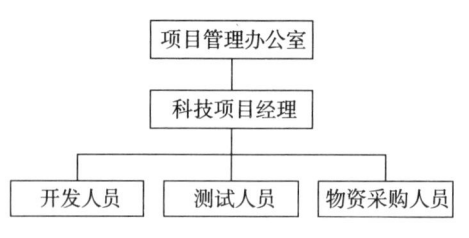

图 9-1　科技项目层级结构示意图

2. 矩阵结构

项目矩阵结构是一种展示项目团队成员之间关系的图表，它以矩阵的形式表示不同成员之间的职责、任务和协作关系。项目矩阵结构可以清晰地展示项目团队成员在项目中的角色和位置，以及他们的工作内容和职责，有助于加强成员之间的沟通和协作，提高项目执行效率。在科技项目人力资源管理中，项目矩阵结构是一种重要的工具，可以帮助科技项目经理更好地进行人员配置和协调工作。绘制项目矩阵结构时，需要充分考虑项目的特点、规模、资源等情况，将合适的人员安排到合适的岗位上，以确保项目的顺利完成。表 9-1 是矩阵结构中的一种特殊结构，即 RACI 责任矩阵。在该矩阵中，对任务负全责的角色，每个任务有且只有一人。

表 9-1　RACI 矩阵结构

责任矩阵——RACI 矩阵：用矩阵的形式列出对某项任务负责的个人或团体						
任务\资源	张	李	王	陈	周	R—Responsible 负责执行任务的角色
研发	R	C	A	I	I	A—Accountable 对任务负全责的角色
采购	I	A	R	C	C	C—Consult 提供信息，辅助执行任务的人员
安保	A	C	I	R	I	I—Inform 拥有既定特权应及时得到通知的人员
施工	C	R	I	I	A	RACI 可以在各个等级实行

3. 文字描述

文字描述是最简单的一种描述项目团队结构的方式，每一个岗位描述包含四个方面的内容：角色、职责、职权和能力。角色是说明某个人负责某项工作的名词。职责是为了完成项目活动，项目团队成员应尽的责任。职权是可以使用何种项目资源，拥有什么等级的决策或签字权力。能力是为了完成项目活动，项目团队成员所应该具备的技能和才干。

第三节　组建项目团队

组建项目团队是科技项目人力资源管理的重要步骤之一。在组建项目团队之前，需要明确项目的需求和目标，以便确定所需的人员数量、技能和经验等要求。以下是科技项目人力资源管理中组建项目团队的主要内容。

一、预分派项目团队成员

预分派是指项目任务分配给特定人之前，就确定好任务的分配情况。在科技项目人力资源管理中，预分派是指根据科技项目的需求和特点，预先确定好科技项目团队成员的角色、职责和工作任务，以便在项目执行过程中更好地进行人员管理和协调。预分派的项目团队成员一般会在项目章程中指定，他们通常是关键资源。预分派有助于确保项目团队成员明确自己的职责和任务，提高项目执行效率和质量。在科技项目应用中，项目经理可以根据项目的具体情况和目标，制定合适的预分派计划，以便更好地进行项目管理和人力资源规划。同时，项目经理还需要根据实际情况对预分派计划进行调整和优化，以适应项目的变化和发展。

二、选拔项目团队成员

根据科技项目的需求和人员的能力、经验、技能等因素，选拔合适的项目团队成员。选拔时应该注重候选人的能力、经验和适应性等方面。选拔项目团队成员一般都在企业内部进行。矩阵结构的组织里，内部选拔很多时候需要跟职能经理进行谈判，以获取项目所需的人力资源。在项目制的组织里，内部选拔大多是指与其他项目团队谈判来获得稀缺的人力资源。

三、招募

科技项目团队成员的招募是科技项目人力资源管理中的重要环节，它直接影响到项目的成败。招募一般是指企业外部招聘。在开始招募之前，了解科技项目的目标和任务是非常重要的。明确科技项目的需求可以帮助项目经理确定所需团队成员的技能和经验。利用各种途径进行广告和宣传，例如传统社交媒体、新媒体、外部招聘网站、公司内部网站等，以吸引潜在的候选人。对于一些长期或大型科技项目，可以考虑进行校园招聘，以吸引优秀的新鲜人才。对候选人的知识、技能、经验和性格等方面进行面试和评估，以确保他们能够满足科技项目的需求。提供具有竞争力的待遇和福利，可以吸引更多的优秀人才加入项目团队。确保招募的团队成员与原有项目团队的价值观和文化相匹配，以期提高团队的凝聚力和协作效率。在招募过程中，及时反馈和调整招募策略，从而提高招募效果。

四、虚拟团队

项目虚拟团队是指通过先进的通信和信息技术，跨越空间、时区和组织边界，由不同地区的个人或组织组成的团队。项目虚拟团队具有以下特点：

1. 跨地域性

项目虚拟团队的成员可能来自不同地区、不同民族，甚至不同国家，他们通过网络和现代通信技术进行项目合作。

2. 跨企业性

项目虚拟团队可能来自同一企业，也可能来自多个企业。

3. 灵活性

项目虚拟团队的人数可以根据项目需求随时进行调整，团队成员可以加入或离开项目。

4. 自主性

项目虚拟团队通常具有较高的自主性，他们可以根据项目需求自行制定项目的工作计划和决策，但是具有一定的决策局限性。

5. 技术依赖性

项目虚拟团队的合作依赖于先进的通信和信息技术，这些技术是团队成员能够进行高效协作的基础。

6. 项目虚拟团队的优势

（1）降低成本。项目虚拟团队不需要设立办公室和其他支持设施，可以节省大量的办公以及出差费用。

（2）利用全球资源。项目虚拟团队可以充分利用全球范围内的资源，包括技术、知识和人才等。

（3）适应性强。项目虚拟团队可以根据项目需求随时调整人员和资源，更加灵活地应对变化。

（4）提高效率。项目虚拟团队通过先进的通信和信息技术，可以更快地传递信息，更高效地进行协作，从而提高工作效率。

（5）增强竞争力。项目虚拟团队可以聚集全球的优秀人才，他们在各自的领域内都具有知识结构优势，众多单项优势的联合，必然形成强大的竞争优势，凝聚成完美的项目团队。

然而，项目虚拟团队也存在一些挑战和问题，例如沟通问题、文化差异、技术障碍等。因此，在组建项目虚拟团队时，建立有效的沟通渠道是必要的保障，只有保证了沟通渠道通畅且高效，才能确保团队成员之间的信息交流和共享，才能及时解决问题和协调工作，所以沟通管理计划的制定在虚拟团队中显得尤为重要。

第四节　建设项目团队

在成功实现科技项目目标的道路上，常常会遇到各种挑战和困难。然而，有一支强大的团队，就像拥有一把锐利的剑，能够披荆斩棘，所向披靡，战胜一切艰难险阻。建设科技项目团队是科技项目管理中一个重要的过程，目的是建立一个高效、协同、有凝聚力的团队，以实现项目的愿景和目标。一个高效的项目团队，能够有效地推动项目的进展，解决复杂的问题，提高企业的核心竞争力。因此，如何打造一个优秀且强有力的项目团队，成为科技项目管理关注的焦点。

建设科技项目团队是一个复杂而重要的过程。需要明确项目目标，注重项目团队成员的选择，培养项目团队精神，优化项目团队结构和持续改进。

一、团队成长一般规律

布鲁斯·塔克曼的团队成长一般规律模型包括五个阶段：形成期、震荡期、规范期、成熟期和解散期。

1. 形成期

在这个阶段，团队开始形成，成员们开始了解和适应团队和项目的要求。在这个阶段，项目团队成员有不确定感，互相之间彬彬有礼，项目团队领导无所适从，不知如何是好，需要建立明确的目标和角色，以及促进成员之间的互信关系。

2. 震荡期

在这个阶段，团队成员开始深入探讨各种观念和问题，出现紧张气氛和争论。在这个阶段，项目团队成员为获得认可，确立较好的位置和建立影响力而相互竞争；寻找解决矛盾的适用章程，进行把团队"组织"起来的初步尝试。项目领导需要引导团队平稳过渡，解决冲突，以说服为主，进行澄清和沟通。

3. 规范期

在这个阶段，团队成员开始形成一致的行为和规则，团队效能得到提高。在这个阶段，项目团队成员就规章和提供相互支持的方法达成一致，项目团队领导需要鼓励团队成员积极参与和贡献，同时建立团队自治性并提供支持。团队领导在此阶段应起到表率的作用。

4. 成熟期

在这个阶段，团队运作如一个整体，团队成员之间建立起高度的默契和信任，能够协同一致地高效完成工作。团队能够灵活地应对各种情况，不需要频繁的外部监督或干预。在这个阶段，项目团队成员主要精力在于如何解决问题，团队领导授权让团队自己执行必要的决策，同时提供支持和指导，建立有效的反馈机制。

5. 解散期

在这个阶段，团队面临任务完成或队员离队等变化，可能需要进行调整和重组。在这个阶段，团队完成所有工作，离开项目。通常在项目可交付成果完成之后，再解散人员。团队领导需要对团队进行评估和调整，以便更好地应对未来的挑战。

在每个阶段，团队成员的角色和责任都会发生变化。团队领导需要了解每个阶段的特征和发展规律，以便更好地引导团队的发展。同时，团队成员也需要了解这些规律，以便更好地适应团队的发展和变化。布鲁斯·塔克曼团队成长一般规律是按照团队的表现来进行划分的，五个阶段并不是一定按照顺序经历的，有时候如果合作的项目团队是前一个团队直接移交过来的，团队的状态可能直接进入成熟期。也有可能因为组织、个人等众多因素的影响，本来已经进入成熟期的团队又重新回到震荡期的状态。图9-2为布鲁斯·塔克曼团队成长一般规律。

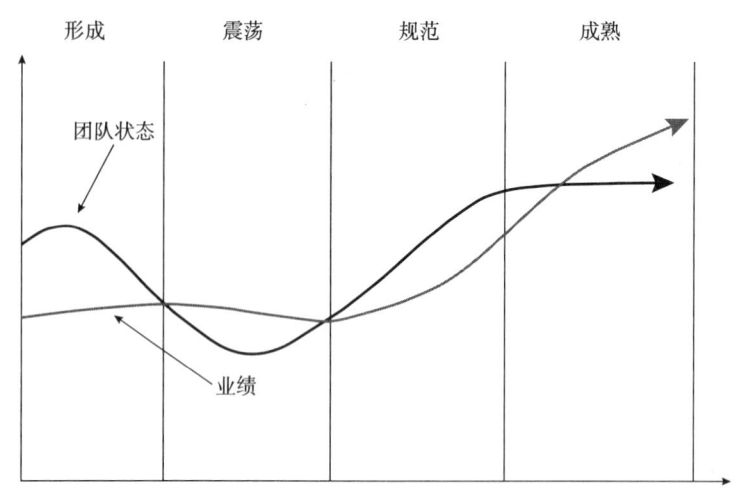

图9-2 布鲁斯·塔克曼团队成长一般规律

二、培训

对项目团队成员进行培训是为了提高项目团队成员的技能、知识和能力，以更好地完成项目任务和实现项目目标。以下是一些科技项目成员培训的内容。

1. 明确培训需求

在培训开始之前，需要明确培训的需求和目标，了解项目成员需要提高的知识、技能和能力。

2. 制定项目培训计划

根据培训需求，制定详细的项目培训计划，包括培训内容、时间、地点、方式等。

3. 选择合适的项目培训方式

可以选择内部培训、外部培训，线下培训、在线培训等多种方式，根据实际情况选择最合适的方式。

4. 注重实践与应用

培训不仅仅是理论知识的传授，更要注重实践和应用。通过案例分析、情景模拟等方式，提高项目团队成员的实际操作能力。

5. 鼓励项目团队成员参与

鼓励项目团队成员积极参与培训，提出自己的问题和建议，与培训师和其他项目团队成员进行交流和分享，但是要注意不要过度培训。

6. 评估项目培训效果

在项目培训结束后，需要对项目培训效果进行评估，了解项目团队成员的收获和提升。

7. 持续改进

根据评估结果和项目团队成员的反馈，不断改进和优化项目培训计划，提高培训的质量和效果。

8. 建立培训知识数据库

将培训内容整理成知识数据库，方便项目成员随时查阅和学习。

9. 培养项目内部讲师

培养项目内部的讲师，让经验丰富的项目团队成员分享自己的经验和技能，促进项目团队内部的交流和学习。

10. 与项目团队绩效考核挂钩

将项目培训成果与项目团队成员的绩效考核挂钩，鼓励他们积极参与项目培训并提高自己的知识、技能和能力。

通过上述培训建议和措施，可以有效帮助项目团队更好地进行培训，提高项目团队的技术和能力，从而更好地完成项目任务和实现项目目标。

三、建立团队信任

培养项目团队成员间的信任是最为重要的一个环节。信任是一种虚无缥缈的东西，看不到摸不着，全靠人心。提升项目团队信任主要从组织和个人两个层面来提升。

1. 组织层面

需要建立团队规范，建立信息与知识的共享机制，搭建有效的沟通平台，减少不可控因素的发生。组织层面还需要做的一件事是组织核心团队成员之间进行两两谈话，从人性的弱点出发，每次谈话成员之间只谈弱点。当核心团队成员之间全部互相了解对方的弱点之后，在工作中就不会再做其他多余的事情来掩盖自己的弱点，就会专注于工作，从而提高团队成员相互信任度，最终提高项目绩效。

2. 个人层面

团队成员必须正直，对组织忠诚，要不断提高自己的工作能力，行为必须具有一惯性。除此以外，个人的意志力也是非常重要的因素。

四、高效执行力

科技项目团队的执行力是否高效成为科技项目成功的关键因素之一。一个具有高效执行力的科技项目团队，能够迅速响应市场变化，高质量地完成科技项目任务，为企业创造更大的价值。然而，如何打造一支执行力强大的科技项目团队，成为科技项目管理者面临的重要课题。首先，需要明确项目团队执行力的内涵。执行力不仅仅是团队成员个人的能力，更是项目团队整体协同作业的能力。一个执行力强的项目团队，项目团队成员之间能够相互信任、有效沟通，形成良好的团队氛围。在此基础上，项目团队成员才能够充分发挥个人才能，形成合力，共同完成任务。其次，项目团队的执行力需要团队成员思考着去做事，因为机械地做事只能将事做完，只有加入了思考而且认真地做事才能将事情做好。最后，要提高项目团队执行力，需要七个步骤：

（1）制定清晰的目标；

(2) 确定任务进度表；
(3) 排列工作优先顺序；
(4) 下达工作指令；
(5) 要求下属做出承诺；
(6) 跟踪执行过程；
(7) 建立反馈机制。

五、POA 团队行动力

POA 团队行动力是一种以提高团队效率为核心目标的方法，其中 P 代表伙伴（Partner），O 代表目标（Objective），A 代表方法（Acceleration）。这个方法强调通过明确的目标、有效的伙伴关系以及正确的方法来实现团队行动力的大幅提升。POA 团队行动力是由张宁提出的一种理念（图 9-3），近年来在石油行业的科技项目管理中得到应用与推广。

具体来说，POA 团队行动力有以下三个关键要素：

1. 伙伴

伙伴的存在可以促使团队成员相互激励，共同努力朝着目标迈进。伙伴的数量与行动力的速度呈正相关，因此建立良好的伙伴关系是提高团队行动力的重要一环。

2. 目标

设定明确的目标对于行动力的提升至关重要。明确的目标能够帮助个人或组织聚焦精力，减少分散注意力的情况发生。同时，要使行动力上升，目标的数量越少越好，因为分母最小化能够使团队的行动力最大化。因分母的数学特性，它不能为负数，又因目标不能是小数或者分数，所以在某个特定阶段，目标为一时，行动力最大。

3. 方法

有效的方法决定了行动力的提升程度。要实现目标，选择正确的方法非常重要。有时候，找到一个好方法可以事半功倍，提高团队的工作效率。图 9-3 为张宁提出的 POA 团队行动力公式。

$$\text{行动力 Power of Action} = \frac{\text{Partner 伙伴} \times \text{Acceleration 方法/手段}}{\text{Objective 目标}}$$

图 9-3 POA 团队行动力公式

在 POA 团队行动力公式中，要想提高团队的行动力，需要增加伙伴的数量和提高伙伴的质量，同时找到正确的方法并采取有效的行动。此外，团队领导在引导团队发展和提高团队行动力方面也扮演着重要角色。他们需要了解每个阶段的特征和发展规律，以便更好地引导团队的发展。同时，团队成员也需要了解这些规律，以便更好地适应团队的发展和变化。

六、科技项目团队激励措施

科技项目团队激励措施主要包括以下几个方面：

1. 物质激励

在项目允许的范围内，提供有竞争力的薪酬和福利，包括基本工资、奖金、津贴等，以及健康保险、住房补贴等福利，吸引和留住优秀的项目团队成员。

2. 精神激励

给予项目团队成员适当的认可和奖励，让他们感到自己的付出得到了认可和回报。可以采取口头或者书面表扬、荣誉证书、奖杯等形式，激发项目团队成员的荣誉感和归属感。

3. 晋升激励

为项目团队成员提供晋升机会和职业发展规划，让他们看到自己在项目团队和企业的未来。提供内部晋升通道和培训机会，帮助项目团队成员实现个人职业目标。

4. 目标激励

设定明确、可实现的项目愿景和目标，激发项目团队成员的工作热情和动力。让项目团队成员了解项目的意义和价值，激发他们的责任感和使命感。

5. 参与激励

鼓励项目团队成员参与决策和分享意见，让他们感到自己的观点和想法受到重视。通过企业团队讨论、征集员工建议等方式，提高项目团队成员的参与度和工作积极性。

6. 创新激励

鼓励项目团队成员积极创新，提出新的想法和解决方案。对于具有创新精神的项目团队成员给予奖励和支持，激发项目团队的创造力和创新力。

7. 文化激励

培养积极向上的项目团队文化，营造良好的工作氛围。通过项目培训、团队活动、聚会等形式，增进项目团队成员之间的交流和感情，提高项目团队的凝聚力和向心力。

8. 培训激励

提供持续的项目培训和发展机会，帮助项目团队成员提高技能和能力。通过内部培训、外部培训、线下学习、在线学习等方式，激发项目团队成员的学习热情和专业成长。

以上是科技项目团队激励措施的一些方面，通过采取合适的激励措施，可以激发团队成员的工作热情和创造力，提高团队的协同效率和凝聚力，确保项目的顺利实施和目标的实现。

第五节　管理科技项目团队

管理科技项目团队是跟踪科技项目团队成员的工作表现，及时处理团队协作中出现的冲突与问题，并管理项目团队变更的过程。管理科技项目团队是科技项目管理中至关重要的部分，涉及领导、指导和评估项目团队成员的工作。

一、冲突管理

在科技项目管理的过程中，团队冲突是一个无法避免的问题。然而，冲突并非全然消极，处理得当，它反而能成为推动项目团队成长与进步的动力。有效地管理和解决科技项目团队中的冲突，以搭建和谐的协作之桥，对于科技项目目标的实现至关重要。需要明确的一点是冲突并非源于恶意，而是源于项目团队成员的不同背景、观点和利益。因此，面对冲突，不应视其为洪水猛兽，而是应以包容和理解的态度去接纳它。传统的冲突管理理念认为应当避免一切冲突，在现代管理中，应该避免恶性冲突，激发良性冲突。恶性冲突会损害项目团队成员之间的感情，而良性冲突却能激发工作热情从而带来革新。对此，需要区分良性和恶性冲突。一切以争论问题为中心的冲突，都是良性冲突；一切以人身攻击胜负输赢为中心的冲突，都是恶性冲突。

在科技项目管理工作中，冲突通常来源于人力资源、环境资源、信息资源和基础设施资源四大类，其中人力资源冲突首当其冲，是科技项目管理中的难点和重点。冲突可以分成多种类型，包括但不限于任务冲突、关系冲突和过程冲突。任务冲突是关于工作内容和方法的分歧，关系冲突是关于人际关系的不和，过程冲突是关于工作流程和规则的争议。不同类型的冲突需要采取不同的冲突管理策略。

冲突管理主要有五种解决策略：强制、合作、克制、撤退和妥协。强制策略强调自身的利益，忽视他人的利益。强制策略一般用于解决重要且不受欢迎的冲突。合作策略强调双方的共同利益，寻求双赢的解决方案。合作策略一般用于解决不紧急且重要的冲突。克制策略则强调他人的利益，牺牲自身的利益。克制策略一般用于解决紧急但是不重要的冲突。撤退策略是暂时不处理冲突，等待合适的时机。撤退策略只是暂时没有解决冲突，用于缓和紧张的氛围，一般用于解决既不紧急又不重要的冲突。妥协策略寻求双方都能接受的方案，各退一步。在实际操作中，需要根据具体情况选择最合适的策略。

图9-4为冲突策略模型。在处理冲突中，要建立有效的沟通机制。沟通是解决冲突的关键。一个良好的沟通机制不仅能帮助项目团队成员表达自己的观点和需求，还能促进彼此的理解和信任。在冲突管理中，还要注重倾听，尊重他人的意见，以消除误解和偏见。

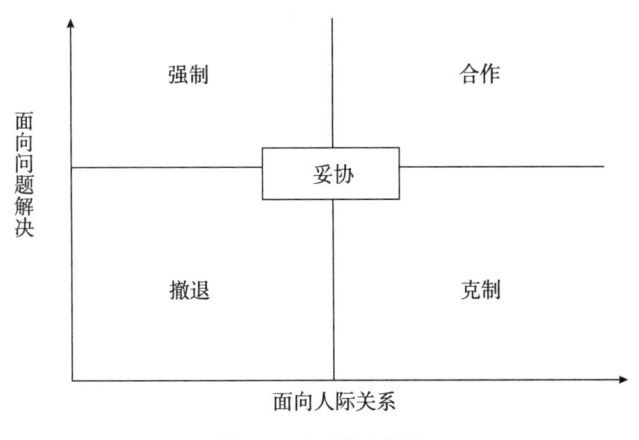

图 9-4　冲突策略模型

二、情感智能

情感智能，是智商与情商的总称，是指人们识别、评估和管理情绪的能力。情感智能在个人和职业生活中都扮演着重要的角色，它有助于更好地理解自己和他人，寻找适当的方式处理压力，建立更好的人际关系。情感智能对于项目经理来说，是一个必须具备的人际关系技能。以下是一些情感智能的关键要素：

1. 自我认知

自我认知是同步感知自己的情绪，并且清楚地知道为什么会产生这种情绪，是了解自己的情绪和情感反应的能力。人们需要意识到自己的情绪如何影响思考和行为，以及如何管理自己的情绪。

2. 自我管理

自我管理是当自己出现负面情绪的时候，如何进行科学有效的管理，包括保持冷静、处理焦虑和压力，以及有效地应对挑战和逆境。

3. 他人认知

他人认知是指感知和理解他人情绪和情感的技能。包括读懂他人的非语言暗示，理解他人深层次的情感需求和动机，以及适应他人的情绪反应，对他人进行展示理解。

4. 关系管理

关系管理是建立和维护人际关系的技能。包括有效地沟通、倾听他人、解决冲突，以及建立信任和合作的关系。

5. 适应性

适应性非常重要，它是指应对变化和挑战的能力，包括灵活思考、适应新环境，以及适应不断变化的情况和需求。

6. 同理心

同理心是指理解和体验他人情感的能力。包括设身处地地理解他人的感受，感同身受地提供情感支持，以激发共鸣和共情。

7. 决策能力

情感智能中的决策能力与情绪相关，它是指基于情感和理性数据做出决策的能力。该能力包括理解自己的情感信号，了解他人的情感信号，平衡感性和理性之间的水平状态，基于广泛考虑做出明智决策。

8. 创新能力

创新能力是指基于情感激发创造力的能力。它包括利用情感启发想象力和创新思维，探索新的可能性，以及创造有意义的产品和服务。

9. 领导力

领导力是指激发团队情感能量和动力的能力。它包括激发项目团队成员的热情，建立共同的目标和价值观，以及通过情感智能引导项目团队实现成功。

10. 积极心态

成功人士的七个习惯之中最重要也是首要的心态，就是积极主动。积极心态是指看待问题的积极角度和乐观态度，它有助于提高心理韧性，增强适应能力和提高幸福感。

情感智能可以通过实践和培训来提高。通过学习和实践以上十种要素，项目经理可以发展更高的情感智能水平，从而更好地应对挑战，建立更好的人际关系，使项目取得更大的成功。

三、科技项目团队绩效评估

科技项目团队绩效评估是科技项目管理中非常重要的一环，它是对项目团队及其成员在项目中的表现和成果进行评估和反馈的过程。以下是一些科技项目团队绩效评估的关键要素。

1. 明确评估目的

在开始评估之前，要明确评估的目的和目标。评估是为了了解项目团队成员的工作表现，激励和改进团队，促进项目目标的实现，并不是为了监督和惩罚项目团队成员。

2. 制定评估标准

根据科技项目的目标和期望结果，制定明确的评估标准，可以从项目工作质量、项目工作量、项目团队合作、问题解决能力、创新性等方面来进行评估。

3. 定期或不定期评估与反馈

在科技项目执行过程中，可以进行定期或者不定期的团队绩效评估，形式分为正式的评估会议、一对一的反馈会议或者非正式的讨论等方式。评估过后一定要确保给予项目团队成员及时的反馈和指导，以便他们了解自己的表现和改进方向。

4. 数据与指标

使用具体的、可衡量的数据和指标来支持项目评估结果。包括但不限于项目里程碑的达成情况、关键绩效指标、客户满意度等。数据和指标必须与科技项目的目标紧密相连。

5. 360 度反馈

在项目团队绩效评价中，除了上级的反馈外，也可以考虑引入同级和下级的反馈，以获得更全面的绩效视图。360 度反馈可以帮助项目团队成员更全面地了解自己的表现和发

第九章 科技项目人力资源管理

展需求。

6. 绩效与发展

基于项目团队绩效评估结果，与项目团队成员一起制定个人发展计划。个人发展计划要与项目目标保持一致，可以包括培训、技能提升、职业发展等方面的计划。

7. 激励与认可

依据项目团队绩效评估结果，给予适当的激励和认可，包括但不限于奖金、晋升机会、额外的福利等。认可和奖励可以激发项目团队成员的积极性和主动性，从而增强工作动力。

8. 持续改进

项目团队绩效评估是一个持续的过程，可在项目进行到一段时间进行，评估过后进行经验教训的记录与跟踪。在项目结束后或一段时间后的总结和复盘，对于项目团队管理来说非常有益。

9. 保持客观与公正

在团队绩效评估过程中，客观和公正的态度是基石，不可更改。评估时应当避免主观偏见和刻板印象，以确保评估结果的客观性与公正性。

通过遵循以上这些项目团队绩效评估的关键要素，可以帮助科技项目经理更有效地评估项目团队成员的表现，并提供指导和支持，以提高团队的绩效和实现项目的目标。

思考题

单项选择题

1. 尽管项目章程的作用是陈述项目经理在项目中的职权和职责，但为了成为有效的领导者，项目经理进一步要求具备以下哪类权力？（　　　）

A. 专家权力

B. 法定权力

C. 职位权力

D. 参照权力

2. 在项目收尾阶段，最高级别的冲突来源是_____。（　　　）

A. 进度计划

B. 行政管理程序

C. 成本

D. 人力资源

3. 团队发展的解散阶段所需的关键管理技能不包括哪项？（　　　）

A. 评估

B．评审

C．庆祝

D．改进

4．在管理组织的一个大型项目时，你意识到项目团队需得到合同管理方面的培训，因为你将与几个主要分包商签订合同。在分析项目要求并评价团队成员的专业知识之后，你决定团队需要合同管理方面的一周培训课程。培训应当_____。（　　）

A．按人员配备管理计划中规划并说明的时间开始

B．按作为采购管理计划中一部分的规划并说明的时间开始

C．在进行绩效评价之后，并且在每个团队成员已有机会担任合同管理角色之后，如有需要，安排培训

D．按团队建设计划中规划并说明的时间开始

5．成功的项目管理包含项目领导力和项目管理技能两方面。项目生命周期的不同阶段适用不同的领导力风格。假设你从事项目工作，该项目处于执行阶段，最适用的领导力风格是以下各项的融合，但不包括哪项？（　　）

A．变革大师

B．决策者

C．团队协作

D．充分信赖

6．你是人力资源管理专家，最近被分派至某项目团队，制定基于团队的奖励和认可制度。其他团队成员也就职于人力资源部门。项目章程应由谁发出？（　　）

A．项目经理

B．客户

C．处于某级别、有权为项目提供资金的经理

D．对人力资源具有管辖权的项目管理办公室的成员

7．以下哪种方法解决冲突后，冲突通常会以另一种形式再次出现？（　　）

A．缓和

B．妥协

C．合作

D．面对

8．假设你管理着一个项目团队。团队成员就事论事而不针对个人，大家一起制定了各种程序，而且以团队为导向。作为项目经理，下列哪项表明了团队的发展阶段以及在此期间你应采用的方法？（　　）

A．震荡阶段，高指导行为和高支持行为

B．规范阶段，高指导行为和低支持行为

C．规范阶段，高支持行为和低指导行为

D．成熟阶段，低指导行为和低支持行为

9. 团队成员的行为角色影响着团队的过程、行为及效率。以任务为导向的角色是谁的角色？（　　）

A．协调者

B．启动者

C．吹毛求疵者

D．团队观察者

10. 你管理着一个项目，团队成员均在相同地理位置工作，而且先前曾在多个项目共事。每个人均理解各团队成员的优缺点及其主要的专业知识领域。因此＿＿＿＿＿＿。（　　）

A．建议召开项目开工会议

B．项目将无须团队建设活动

C．预期发生冲突和变更处于最低水平

D．在项目全过程中，将很顺利地处理奖励与认可

11. 团队建设应在整个项目生命周期中持续进行。然而，要保持动力和士气并不容易，尤其对于耗时几年的大型且复杂的项目来说。改进团队建设应遵循的一个指导方针是＿＿＿＿＿＿。（　　）

A．将每次会议视为团队会议，而非项目经理的会议

B．以外出静思会的形式在项目期中的某个时间进行团队建设

C．在任何团队建设的提议执行之前，聘请全职导师予以指导

D．请项目控制负责人制定项目进度，然后立刻将其发给团队

12. 你的项目团队中存在一个冲突，但有足够的时间解决它，并且你想要维系将来的关系。好在冲突所涉各方之间还存在相互信任和尊重。你决定采用面对的方法来解决此冲突。要采用这种方法，你首先要＿＿＿＿＿＿。（　　）

A．将人与问题分离开来

B．承认冲突的存在

C．制定基本规则

D．探索备选方案

参考答案：

单项选择题：1. A，2. A，3. C，4. A，5. A，6. C，7. A，8. C，9. B，10. A，11. A，12. B

第十章　科技项目沟通管理

第一节　科技项目沟通管理概述

沟通是人与人之间，或者组织与组织之间传达思想、信息、意志、观念或者决定的过程。通过信息的有效交流，以增进彼此的了解，谋求协调，促进共同目标的达成。

沟通在项目中扮演着至关重要的角色。它可以促进团队合作，传递项目目标和需求，识别和解决问题，保持项目进度和质量，提高项目干系人的满意度。为了保证能够以合适的方式在合适的时间从合适的人那里获得正确的信息，就需要有效的项目沟通，项目经理和团队成员应该注重沟通，建立良好的沟通机制和渠道，确保项目的顺利进行和成功交付。

项目沟通管理是指在项目中有效地传递、交流和分享信息，以确保项目团队成员之间的理解和协作，从而实现项目目标的过程。它涉及项目经理和团队成员之间的沟通，以及与项目干系人之间的沟通。项目沟通管理包括为确保项目信息及时且恰当地规划、收集、生成、发布、存储、检索、管理、控制、监督和最终处置所需的各个过程。有效的沟通在项目干系人之间架起一座桥梁，把具有不同文化和组织背景、不同技能水平、不同观点和利益的各类干系人联系起来。

调查与研究显示，科技人员除了需要大量的专业技术能力培养，也需要沟通或软技能的培训。最重要的非技术技能除了倾听、口头沟通、团队间沟通等沟通技能，还包括解决问题、团队合作、适应新技术和语言、时间管理、将知识转化为实际应用、多任务处理、可视化和概念化、站在客户角度考虑问题、人际交往能力、了解企业文化以及给予和接受建设性的批评。下面介绍有关沟通的一些基本知识。

一、沟通的分类

沟通活动，可按多种维度进行分类。需要考虑的维度包括：

（1）内部（针对项目内部或组织内部的干系人）和外部（客户、协作方、其他项目、政府、公众、媒体等）。

（2）正式（报告、会议议程和记录、简报）和非正式（电子邮件、社交媒体、即兴讨论）。

（3）垂直（上下级之间）和水平（同级之间）。

（4）书面和口头，以及口头语言（音调变化）和非口头语言（身体语言）。

在项目管理中,书面沟通与口头沟通各有其适用情况。书面沟通通常在以下情况中使用:项目团队内部使用的备忘录、正式的项目报告、非正式的个人记录、便签贴。书面沟通主要用于通知、确认和要求等活动,一般需要在描述清楚事情的前提下尽可能简洁,以免增加负担而流于形式。口头沟通包括会议、评审、私人接触、自由讨论等,这一方式简单有效,更容易被大多数人接受。口头沟通也有助于在项目人员和干系人之间建立更牢固的关系。然而,口头沟通不如书面形式那样可以"白纸黑字"留下记录,因此不适合用于类似确认这样的沟通。在口头沟通过程中,应坦白、明确,避免由于文化背景、民族差异、用词表达等因素造成理解上的差异。

为了更好地完成项目,团队成员需要灵活运用书面和口头沟通技巧,同时注意避免沟通中的常见问题,以确保项目的顺利进行。通常,正式的书面沟通用于复杂问题解决、项目管理计划、远距离沟通,正式的口头沟通主要是演示及演讲汇报,非正式的书面沟通有电子邮件、手写便条、文本消息、即时消息,而非正式口头沟通主要有会议及对话。

对于敏感信息,简短的面对面会议通常比电子通信更有效。而在面对面互动中,信息是通过语言内容、语音语调及肢体语言几个渠道传递的。一个人的语气和肢体语言能够充分表达其感受以及态度。

二、沟通模型

沟通模型(Communication Model)是一种理论框架,用于描述沟通的过程和理解沟通的关键要素。以下是一种常见的沟通模型,此模型将沟通描述为一个过程,并由发送方和接收方两方参与。包括的要素如图 10-1 所示。

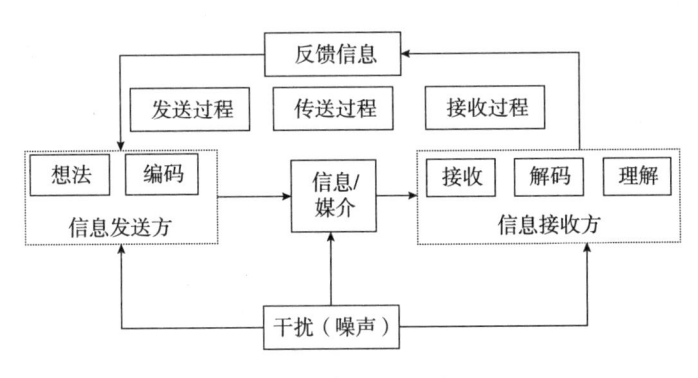

图 10-1 沟通模型示例

(1)信息发送者(Sender):负责将信息编码成可以通过媒介传输的信号,如文本、声音或其他可供传递(发送)的形式。发送者必须知道要传达的信息(消息),并选择一个通道(如口语、书面、信号等)来传递信息。

(2)媒介(Channel):信息通过某些媒介或通道传递给接收者。不同的沟通方式适用于不同的情境和目的,如面对面交流、电话、电子邮件、社交媒体等。

(3)信息接收者(Receiver):负责解码发送者发送的信号。接收者必须能够理解发送者的信息，并对其作出响应。

（4）确认已收到（Acknowledge）：收到信息时，接收方需告知对方已收到信息（确认已收到）。这并不一定意味着同意或理解信息的内容，仅表示已收到信息。

（5）反馈（Feedback）：接收者向发送者提供反馈，表明信息已被接收并理解。反馈可以是及时的回应，也可以是延迟的回应。

（6）噪声（Noise）：任何可能干扰或阻碍信息理解的噪声，如接收方注意力分散、认知差异，或缺少适当的知识或兴趣。接收者的环境、经验、语言和文化等因素会影响接收者解码消息的方式。噪声可能会干扰接收者理解消息的能力。

作为沟通过程的一部分，发送方负责信息的传递，确保信息的清晰性和完整性，并确认信息已被正确理解；接收方负责确保完整地接收信息，正确地理解信息，并需要告知已收到或作出适当的回应。在发送方和接收方所处的环境中，都可能存在会干扰有效沟通的各种噪声和其他障碍。

许多人没有科学地思考沟通，都容易犯这样一个错误，即没有确保正确发送和接收信息。比如发送一封电子邮件，希望或以为它能被正确阅读和解释，而没有检查对方是否理解了重要的内容。项目管理需要更结构化的沟通方法，沟通模型是很好的参考。

三、沟通障碍

沟通障碍是指由于各种原因导致沟通不顺畅、信息传递失败或误解的现象。是什么阻碍了含义的正确转换？宽泛地讲，有两大障碍阻止人们成功地进行沟通。

1. 生理障碍

人们所接收的信息都要经过五官（视觉、听觉、触觉、嗅觉和味觉器官）中的一个或多个。人们的感官可能受到损害，或者信息发送者提供不完整的信息，或者受限于环境因素（光线不足影响看清楚信息，声音不够响亮或有噪声干扰而影响听清楚通知等）。在向他人传递信息时，一定要清楚地意识到他们的感官也许有别于发送者。

2. 心理障碍

沟通不仅仅是发送和接收信息，它还涉及理解信息。即便人们可以清晰地看到和听见，但如果不明白对方的意思，沟通也是无效的。人们遵从自己所在群体的规范标准，而由此形成的文化会影响人们日常生活中对于信息、事件和经历的看法和反应。甚至，个体的思维定式，包括偏见和成见也会影响人们对他人的理解和反馈。

以下是一些可能导致沟通心理障碍的原因：

（1）语言和文字理解差异。不同的人可能有不同的语言背景和词汇量，这可能导致对同一句话或信息的理解存在差异。发送方和接收方有不同的认知，这对解释合同要求、工作说明和提出信息需求而言是相当重要的。

（2）情绪和情感影响。情绪和情感可能会影响人们的沟通和信息传递。当人们感到愤怒、紧张或不安时，可能会表达出攻击性或防御性的语言，这可能会使沟通变得困难。

（3）文化和价值观差异。由于每个人的成长背景和文化不同，人们可能对某些事情持有不同的观点和价值观。这可能导致相互之间的误解和不理解。

（4）信息传递失真。在沟通过程中，信息可能会被夸大、歪曲或丢失，这可能会导致接收者接收不到原始信息的意图。

（5）缺乏耐心和倾听。有时候，当人们急于表达自己的观点时，可能会忽略别人的意见和感受，这可能导致别人不愿意与之交流。

（6）接收方只听他希望听的。或者接收方在进行沟通之前对事情已经作出自己的评价。

四、积极倾听

听与倾听之间的区别是非常大的。听，只是一种对于环境做出被动的物理反应的行为；而倾听，则是包括听、接受、理解、评价以及应答的信息接收过程。它是一种复杂的沟通技能，甚至需要通过大量的实践才能被真正掌握。好的沟通技巧是有效且积极倾听的。消极的倾听会造成词不达意、代价高昂的错误、重复性的工作、进度计划的推迟及不良的工作环境等。

积极倾听不仅仅是倾听演讲者所说的文字，还包括演讲者的身体语言。有时，演讲者的身体语言能帮助听众更精确地理解信息的意图。

有时，积极倾听的某些障碍是信息发送者造成的。例如，讲话者不停地变换主题，使用混淆听众的词语，运用不合适或不必要的身体语言分散倾听者的注意力，忽视反馈，不顾听众是否真正理解了信息、允许不停地打断，这样就会造成冲突和争论，同时远离主题、允许人们打断、变化主题，为他们自己的立场辩护、允许竞辩性干扰、在非常嘈杂或容易受到干扰的环境中进行演讲、说得太快，没有停顿、对关键的地方不能进行总结、不能通过正确发问寻求反馈、回答听众的问题时偏离问题等。

而倾听者造成的典型的影响积极倾听的障碍：注意力分散，思想开小差，离讲话者过远，注意力不集中、不能及时提问，要求演讲者澄清信息、同时进行多项工作，如在倾听时阅读其他材料、没有试图从讲话者的角度理解信息等。

要成为一个有效的、具有同理心的、懂技巧的倾听者，可以不断实践并养成良好的倾听习惯，以下是可以参考的技巧。

（1）面向演讲者，保持眼神交流。关注演讲者的身体语言，减少内部干扰和外部干扰。

（2）每次只进行一次谈话。选择你最希望的交谈，并且告诉另外一个人等你几分钟。

（3）对演讲者要有同理心。换位思考一下，尽最大可能从对方的角度看问题。

（4）提问。如果有疑惑或者需要获得信息，你可以要求阐明。

（5）表现出兴趣。当他人说话时应表现出很大的兴趣，并保持一个开放的、不具威胁性的姿势，表示你很关注。

（6）复述对方所言。最好用自己的话进行复述。但是为了使他们相信你的确在倾听，你的复述应令他们满意。这样的概述通常以类似于这样的语句开始："如果我理解正确，您所说的意思是………"或者"换句话说，您是在告诉我……"

（7）表明感受。应该尽其所能去领悟演讲者的情感意图。反映感受的概述可以像这样："你对这件事不是很确定，对吗？"或者"你看上去下了决心要解决这件事"。

（8）表明理解。对于管理者而言，关注讨论的内容和逻辑性是非常有益的。比如，为表明对谈话意思的理解，可以这样说："你说为完成这个项目你需要帮助，我是否可理解为你需要额外的支持性人员，特别是在开始阶段？"

（9）表明结论。谈话或讨论往往会演变成漫无边际，并且还会包含大量与所讨论内容不直接相关的信息。回顾一下你所同意或归纳过的事情，特别是在会话临近结束时是非常有用的。

了解了沟通的基本知识后，还要知道在项目环境下，项目经理要花费75%以上甚至是90%的时间来进行沟通。典型的活动包括：授权工作、指导各项活动、协商、报告（包括简报）、参加会议、整个项目的管理、对外协调联络、会议记录、备忘录、信函、通知、规格说明和合同文件等。

由于花费在沟通上面的时间很多，项目经理就有责任改进沟通管理过程。沟通管理需要正式或非正式地对上下左右交换信息的方式进行指导或监管。项目表现的好坏与项目经理管理沟通过程的能力有直接的关联。

五、项目沟通管理的主要过程

项目沟通管理的目标是确保项目信息能够及时且适当地生成、收集、发送、存储和部署。项目沟通管理包括以下三个主要过程：

（1）规划沟通管理。制定恰当方法和计划的过程，主要基于每个干系人的信息需求、组织内可用的资源，以及具体项目的特定需求，来为项目的沟通活动进行规划。

（2）管理沟通。确保项目信息能够被及时且恰当地收集、生成、发布、存储、检索、管理、监督和最终处理的过程。

（3）监督沟通。确保项目及其干系人的信息需求得到满足的过程。

第二节　规划沟通

规划沟通管理是基于每个干系人或干系人群体的信息需求、可用的组织资产，以及具体项目的需求，为项目沟通活动制定恰当的方法和计划的过程。本过程的主要作用是，为及时向干系人提供相关信息，引导干系人有效参与项目，而编制书面沟通计划。

项目执行之前要进行规划，沟通也不例外。规划沟通管理过程考虑如何存储、维护、分发和检索信息，以及一旦项目结束，所有项目信息将如何处置。它可以帮助项目经理确定哪些系统和流程已经到位，以支持项目的沟通需求，以及需要创建什么。它还关注干系人的信息和沟通需求。这个过程着眼于如何最大限度地提高项目沟通的有效性和效率，包括应该沟通什么，何时与谁沟通，用什么方法沟通，以及沟通频率。这个过程的主要输出是沟通管理计划，它记录了沟通的期望，并将指导项目团队和干系人创建项目沟通，以确保信息能够传达给需要的人，清晰易懂，并允许干系人采取必要的行动。

一、主要输入

为了制定有效的沟通管理计划，项目团队需要考虑执行组织的事业环境因素，包括其文化和期望等。还要考虑组织过程资产，包括执行组织已建立的项目沟通流程和程序、历史记录和从过往项目的经验教训，以及其他存储的信息等。还必须理解并采取结构化的方法来使用通信技术、方法和模型。此外还需要参考干系人登记册并查阅项目管理计划，该计划提供了有关其他知识领域和管理计划的信息，如需求、配置、干系人、变更等。这些信息需要沟通，它将帮助项目团队确定计划、管理和控制沟通。

为了规划项目的沟通，团队还需要确定和分析干系人的沟通需求。不同的干系人需要以不同的格式接收不同的信息，为此需要提前了解每个干系人在沟通方面的需求。可以花时间询问干系人关于他们的沟通需求，这些需求不仅与他们希望项目产品如何发挥作用，还与他们希望在项目中如何沟通和被沟通有关。同时请记住，需要分析这些沟通需求，以确保满足这些需求将为组织增加价值，并且值得付出努力和成本。

在大多数项目中，都是很早就进行沟通规划工作，例如在识别干系人和项目管理计划编制阶段。这样，就便于给沟通活动分配适当的资源，如时间和预算。有效果的沟通是指以正确的形式、在正确的时间把信息提供给正确的受众，并且使信息产生正确的影响。而有效率的沟通是指只提供所需要的信息。

在本过程中，需要适当考虑并合理记录用来存储、检索和最终处置项目信息的方法。需要考虑的重要因素包括（但不限于）：

（1）谁需要什么信息和谁有权接触这些信息；
（2）他们什么时候需要信息；
（3）信息应存储在什么地方；
（4）信息应以什么形式存储；
（5）如何检索这些信息；
（6）是否需要考虑时差、语言障碍和跨文化因素等。

应该在整个项目期间，定期审查沟通管理计划，以确保其持续适用。

二、主要工具与技术

1. 沟通需求分析

分析沟通需求，确定项目干系人的信息需求，包括所需信息的类型和格式，以及信息对干系人的价值。常用于识别和确定项目沟通需求的信息包括：

（1）干系人登记册及干系人参与计划中的相关信息和沟通需求；
（2）潜在沟通渠道或途径数量，包括一对一、一对多和多对多沟通；
（3）组织结构图（通常展示了汇报关系）；

（4）项目组织与干系人的职责、关系及相互依赖；
（5）开发方法；
（6）项目所涉及的学科、部门和专业；
（7）有多少人在什么地点参与项目；
（8）内部信息需要（如何时在组织内部沟通）；
（9）外部信息需要（如是否需要以及何时与媒体、公众、政府、协作方沟通）；
（10）法律要求或行政管理要求。

2. 沟通渠道

随着人数的增加，沟通的复杂性也会增加，因为人们有更多的渠道或途径进行沟通。项目经理可用潜在沟通渠道的数量，来反映项目沟通的复杂程度。

在一对一沟通中，潜在沟通渠道的总量为 $n(n-1)/2$，其中，n 代表干系人的数量。例如，有 10 个干系人的项目，就有 $10(10-1)/2=45$ 条潜在沟通渠道。当团队增加一个人时，沟通渠道的数量不是只增加了一个，而是会大量增加。当人数超过 3 时，沟通渠道的数量会迅速增加。例如，如果 3 个人一起完成一个特定的项目任务，那么他们有 3 个沟通渠道。如果团队再增加 2 个人，那么将有 10 个沟通渠道，增加了 7 个沟通渠道。如果改为增加 3 个人，那么将有 15 个沟通渠道，增加了 12 个沟通渠道。随着团队规模的扩大，沟通迅速变得复杂。项目经理应尝试限制团队或子团队的规模，以避免沟通过于复杂。

随着干系人增加，沟通需求会快速增长。因此，在规划项目沟通时，需要做的一件重要工作是确定和限制谁应该与谁沟通，以及谁将接收何种信息。

3. 沟通技术

沟通可以通过多种方式进行。信息交换和协作的常见方法包括：通过书面文件、面对面的互动；通过电话、传真、邮件、即时通信或邮件；通过虚拟会议或面对面会议；通过内部网或基于互联网的论坛、数据库、社交媒体和网站获取信息。这些不同的沟通方式被称为沟通技术。要确定需要使用的适当技术，可以思考以下问题：

（1）通过电子邮件或电话交流信息会更好吗？
（2）团队熟悉和喜欢使用什么技术（例如，在线论坛、即时通信工具、数据报告、电话会议）？
（3）需要多快传达信息？
（4）在选择信息交流方式时，是否存在安全或保密问题？
（5）团队会议与工作是面对面还是在虚拟环境中开展，成员处于一个还是多个时区？

4. 沟通方法

1）互动沟通

在两方或多方之间进行的实时多向信息交换。一个人提供信息，其他人收到它，然后对信息作出响应。示例包括对话、会议、电话、即时信息、社交媒体、视频会议或电话会议等。

2）推式沟通

向需要接收信息的特定接收方发送或发布信息。此方法涉及单向信息流，可以确保信息的发送，但不能确保信息送达目标受众或被目标受众理解。在推式沟通中，可以采用的沟通方法包括信件、备忘录、报告、电子邮件、传真、语音邮件、博客、公众号新闻稿等。

3）拉式沟通

适用于大量复杂信息或大量信息受众的情况。在这种方法中，项目经理将信息放在一个中心位置。然后，收件人负责从该位置检索或"提取"信息。它要求接收方在遵守有关安全规定的前提之下自行访问相关内容。这种方法包括门户网站、企业内网、电子在线课程、经验教训数据库或知识库。

在选择沟通方法时，应该考虑是否需要反馈，或者仅仅提供信息就足够了。在可能的情况下，让干系人参与最终决定哪些方法将满足他们的沟通需求是有价值的，因为这有助于干系人支持和积极参与项目。

5. 沟通模型

沟通模型有助于制定人与人或小组与小组的沟通策略和计划。为沟通所做的计划、建议的信息、选择的媒介、信息的编码、提供的背景，以及所涉及的道德规范这些沟通策略都会直接影响沟通的结果。沟通模型中的要素是成功的策略性沟通的关键。

首先要清楚自己希望达到怎样的目的。沟通目标是什么？还需要思考前面讨论过的沟通要素方面的各个问题：

（1）信息发送者：谁是该信息的发送者？需要让管理层签字吗？需要让与接收方比较熟悉的人去传递该信息吗？

（2）信息接收者：该信息的受众是谁？他们对所沟通的信息有什么期望？他们对科技项目的主题了解多少？他们可能会作出怎样的响应？

（3）媒介：发送该信息的最佳方式是什么？是否有更快捷的媒介？是否有更加有利于接收方做出反馈的媒介？是否有可以提供更具体细节的媒介？是否有更能体现紧迫性的媒介？是否有使用成本更低的媒介？

（4）编码：就是要选择适当的措辞和形象。也就是当提供新的信息时，应注意沟通风格和语气。他们会理解沟通内容吗？他们会理解信息中的有关概念吗？接收方对信息的理解可能产生偏差或误会吗？

（5）反馈：接收者的反应是什么？如何知道自己是否沟通成功？通过什么方法来确定接收方对主题的理解是正确且完整的？接收方的反馈会及时吗？接收方会受到其他信息发送者的影响吗？

（6）噪声：其他人是否会歪曲或妨碍发送者的沟通努力？沟通环境是否有干扰因素？

6. 人际关系与团队技能

1）沟通风格评估

规划沟通活动时，用于评估沟通风格并识别偏好的沟通方法、形式和内容的一种技术。由于人们沟通风格的差异，对于沟通内容的详细程度、信息呈现的方式、使用的沟通模式会有一定的偏好。对于重要的干系人，可以先开展干系人参与度评估，再开展沟通风格评估。

2）政治意识

政治意识是指对正式和非正式权力关系的认知，以及在这些关系中工作的意愿。理解组织战略、了解谁能行使权力和施加影响，以及培养与这些干系人沟通的能力，都属于政治意识的范畴。政治意识有助于项目经理根据项目环境和组织的政治环境来规划沟通。

3）文化意识

文化意识指理解个人、群体和组织之间的差异，并据此调整项目的沟通策略。例如，不同的组织往往有不同的行为风格，有些要求严格的层级汇报机制，有些则允许采用更灵活和快速的沟通机制。具有文化意识并采取后续行动，能够最小化因项目干系人的文化差异而导致的理解错误和沟通错误。

三、主要输出

规划沟通管理的成果是沟通管理计划，它是项目管理计划的组成部分，描述将如何规划、结构化、执行与监督项目沟通，以提高沟通的有效性。该计划可能包括如下信息：

（1）干系人的沟通需求；
（2）需沟通的信息，包括语言、形式、内容和详细程度；
（3）发布信息的原因；
（4）发布所需信息、确认已收到，或作出响应（若适用）的时限和频率；
（5）负责沟通相关信息的人员；
（6）负责授权保密信息发布的人员；
（7）接收信息的人员或群体，包括他们的需要、需求和期望；
（8）用于传递信息的方法或技术，如备忘录、电子邮件、新闻稿或社交媒体；
（9）为沟通活动分配的资源，包括时间和预算；
（10）随着项目进展，如项目不同阶段干系人的变化，而更新与优化沟通管理计划的方法；
（11）通用术语表；
（12）项目信息流向图、工作流程（可能包含审批程序）、报告清单和会议计划等；
（13）来自法律法规、技术和组织政策等的制约因素。

沟通管理计划中还包括关于项目状态会议、项目团队会议、网络会议和电子邮件等的指南和模板。

第三节　管理沟通

管理沟通是确保项目信息及时且恰当地收集、生成、发布、存储、检索、管理、监督和最终处置的过程。本过程的主要作用是，促成项目团队与干系人之间的有效信息流动。本过程需要在整个项目期间开展。

在项目执行过程中，干系人将需要获得有关该项目的信息。管理沟通过程包括收集和提供这些信息，并确保信息按计划在项目中来回流动。这个过程是关于使用计划中建立的技术、模型和方法来实施沟通管理计划，以满足项目每个阶段的沟通需求。在这个过程中，不仅要发送信息，而且还需要确保通信被接收且有效、高效和可理解。项目经理和团队还应为干系人提供机会，以便在必要时要求提供更多信息和澄清。

管理沟通过程会涉及与开展有效沟通有关的所有方面，包括使用适当的技术、方法和技巧，确定创建和发布信息的最佳方式。比如思考发送项目信息的书面报告就足够了吗？是使用文本合适，还是用视觉效果甚至视频传达信息会更好？仅通过开会能有效地发布项目信息吗？还是需要同时使用会议沟通和书面沟通？向虚拟团队成员提供信息的最佳方式是什么？

本过程不局限于发布相关信息，它还设法确保信息以适当的格式正确生成和送达目标受众。本过程也为干系人提供机会，允许他们请求更多信息、澄清和讨论。

此外，它还应允许沟通活动具有灵活性，允许对方法和技术进行调整，以满足干系人及项目不断变化的需求。例如，项目团队可能会修改政策和程序、修改信息系统或引入新技术来改善信息发布的效果。

一、主要输入

1. 项目管理计划

项目管理计划为沟通管理提供了框架和方向，其中特别重要的是以下组件：

（1）人力资源管理计划。明确了管理团队所需开展的沟通活动。

（2）沟通管理计划。详细描述了如何规划、结构化和监控项目沟通。

（3）干系人参与计划。描述了如何运用适当的沟通策略引导干系人参与项目。

2. 项目文件

项目文件是沟通管理的重要参考，其中以下文件尤为重要：

（1）变更日志。记录了项目变更的详细信息，包括变更请求的状态（如批准、推迟或否决）。

（2）问题日志。详细记录了项目中遇到的问题及其解决情况。

（3）经验教训登记册。总结了项目早期阶段在管理沟通方面的经验教训。这些经验教训可用于项目后期阶段，以改进沟通过程，提高沟通效率和效果。

（4）质量报告。包含了关于项目质量问题的信息、产品和过程的改进建议等。这些信息有助于相关人员识别潜在的质量风险并采取纠正措施，以实现项目的质量期望。

（5）风险报告。提供了关于项目整体风险来源的信息以及对单个项目风险的概述。通过将这些信息传达给风险责任人和其他受影响的干系人，可以增强他们对项目风险的认知和应对能力。

（6）干系人登记册。明确了需要各类信息的人员、群体或组织。

3. 工作绩效报告

工作绩效报告是管理沟通过程中的重要输出，它根据沟通管理计划的定义，通过本过程传递给项目干系人。这些报告通常包括状态报告和进展报告，提供了关于项目当前状态、进度和绩效的详细信息。工作绩效报告可以包含各种图表和信息，如挣值图表、趋势线、储备燃尽图等，以便干系人能够直观地了解项目情况，制定决策并采取相应行动。

二、主要工具与技术

1. 沟通技能

1）沟通胜任力

是沟通技能的组合，包括书面表达和口头表达。有助于明确关键信息的目的、建立有效关系、实现信息共享和采取领导行为。

2）反馈

即关于沟通、可交付成果或情况的反应信息。反馈支持项目经理和团队及所有其他项目干系人之间的互动沟通，如指导、辅导和磋商等。

3）非语言沟通技能

通过示意、语调和面部表情等适当的肢体语言来表达意思。动作与眼神交流也是重要的技能。团队成员应该知道如何通过说什么和不说什么来表达自己的想法。

4）汇报演示

在科技项目开题、中期检查、结题汇报过程中，向项目干系人明确有效地演示项目信息是重要的技能。可以考虑以下方面的信息演示：

（1）向干系人报告项目进度和信息更新；

（2）提供背景信息以支持决策制定；

（3）提供项目及其目标的通用信息，以提升项目工作和项目团队形象；

（4）提供具体信息，以提升对项目工作和目标的理解和支持度；

为获得演示成功，可以做如下准备：

（1）明确演示目的，制定演讲策略；

（2）了解受众及其期望和需求，提供听众感兴趣的内容；

（3）确定项目和项目团队的需求及目标；

（4）尽可能多地了解与演示汇报有关的信息，如时长要求、场地、可用资源等；

（5）预判听众可能提出的问题；

（6）识别影响成功沟通的常见障碍；

（7）用令人信服的证据支持的观点，如数据支撑；

（8）列出大纲，组织好思想和语言；

（9）选择恰当的演讲方法；

（10）提供视觉支持，如制作PPT或视频；

（11）进行演示排练；

（12）对所提供的信息和自己充满信心。

2. 项目管理信息系统

项目管理信息系统（Project Management Information System，PMIS）包括项目批准、启动、规划、执行、监控和收尾的所有必要的和辅助的信息。如果设计得当，项目管理信息系统将产生显著的效益，例如：

（1）及时满足不同干系人的信息需求；
（2）为决策提供准确的信息；
（3）确保拥有适量的信息，不多也不少；
（4）降低收集正确信息的成本；
（5）提供有关本项目如何与其他多个正在实施的战略组合项目相互整合的信息；
（6）提供有关本项目如何与其他受到部门主管支持的项目互动的信息；
（7）为公司创造价值。

好的项目管理信息系统可以使项目不会因为沟通的问题而失败，它能帮助团队成员和项目经理较容易地提供有效的状态报告所需的信息。在信息化时代用来管理和分发项目信息的工具很多，包括：

（1）电子项目管理工具。项目管理专业软件、会议和虚拟办公支持软件、网络界面、专门的项目门户网站和状态仪表盘，以及协同工作管理工具。

（2）电子沟通管理。电子邮件、传真和语音邮件、音频、视频和网络会议，以及网站和网络发布。

（3）社交媒体管理。网站和网络发布，为促进干系人参与和形成在线社区而建立消息群和应用程序等。

如果使用得当，技术可以促进创建和发布信息的过程。大多数个人和企业都依赖电子邮件、即时通信（微信）、网站、电话、手机、短信和其他技术进行沟通。使用项目管理信息系统，可以创建和组织项目文档、进度计划、会议记录和客户要求，并能提供它们的电子版。你可以在本地或云端存储这些信息。以电子方式存储项目文档的模板和样例可以使人们更容易访问标准形式的文件，从而使信息发布也更加容易。同样重要的是，在适当位置采用备份程序以防常规的沟通技术出现问题。

3. 项目报告发布

项目报告发布是收集和发布项目信息的行为。项目信息应发布给众多干系人群体。应针对每种干系人来调整项目信息发布的适当层次、形式和细节。从简单的沟通到详细的定制报告和演示，报告的形式各不相同。

绩效报告中的状态报告提供了某个检查点项目的进展信息，通过满足范围、进度和成本目标的情况来说明项目的现状。如到目前为止花费了多少预算？工作按计划完成了吗？计算进度偏差和成本偏差等绩效数据可以量化项目状态。

预测报告是基于过去的信息和发展趋势预测未来的项目状态和进展。可能计算完工估算、完工尚需估算、进度绩效指数和成本绩效指数，以及其他预测信息。

例外，报告可用来指出例外情况、问题或者超出控制值的情况，包括偏差、现金流、分配的资源及其他方面等。

有关偏差分析的报告程序要尽可能简短。报告越简洁，就越能迅速地获得反馈，从而制定应对计划。

工作绩效报告在监控项目工作过程中生成，但是本过程也可能会涉及编制临时报告、项目演示以及其他类型的信息。管理沟通的很大一部分侧重于绩效报告，这包括将工作绩效报告中的信息汇集在一起，并按照沟通管理计划中概述的方式，将其传达给适当的干系人。例如，项目与其绩效基准相比如何？未来可能会怎样？它还包括要求干系人对报告进行反馈，以确保他们已经收到并理解了他们需要的信息，并确定他们是否需要更多信息。

报告应该根据项目的需要而设计。为保证报告被阅读并产生后续行动，应使用最合适的沟通方式发送报告。在报告信息时需要考虑：什么时间发送报告有利于干系人及时看到，而不会被忽略掉？

项目团队不需要把过多的时间都花在报告上。许多报告都只是关于过去的。找到有关过去的信息意味着为时已晚，无法防止问题的发生。项目经理需要不断地管理项目，而不仅仅是报告项目，才能使项目成功。

需要注意的是，报告必须真实，不能隐瞒真实情况。报告的内容涵盖成本、进度、范围、质量性能以及风险。报告有助于团队成员知道他们需要在哪里建议和实施纠正措施。

4. 状态评审会议

状态评审会议能突出重要项目文档中提供的信息，使员工对自己的工作负责，并对重要项目问题进行面对面讨论。项目评审会议对于让关键人员确信项目正在有序进展也是很有必要的。有三种类型的评审会议：

（1）项目团队评审会议。为了使项目经理及其团队了解项目的状态，许多项目经理会定期举行状态评审会议，以交流重要的项目信息，并激励团队成员在项目的各方面取得进展。通常有周会、半月会或月会。

（2）高层管理评审会议。对于高层关注的或对组织战略非常重要的科技项目，高层管理者会要求每月或每季度举行状态评审会议，在会议上项目经理需要报告项目整体状态信息。

（3）客户项目评审会议。对于服务于外部客户的科技项目，客户评审会议通常是最关键的，也是最固定的安排。项目经理必须预留足够的时间去准备会议材料，并在会前对各种文字材料进行润色。

为了预防及管理潜在的冲突，项目经理或更高级别的高层管理者应该为状态评审会议设定基本规则，以控制冲突的数量，并且努力解决所有潜在问题。项目干系人应该共同努力解决绩效问题。

三、主要输出

1. 项目沟通记录

项目沟通记录是管理沟通过程中产生的关键文档，它详细记录了项目的沟通活动和相关信息。沟通记录包括但不限于绩效报告、可交付成果的状态更新、进度进展的概述、产生的成本详情、项目演示材料，以及根据干系人需求提供的其他关键信息。项目沟通记录为团队成员和干系人提供了关于项目状态和进展的实时、准确的信息，有助于他们做出基于最新数据的决策。

2. 项目管理计划更新

可能在本过程中更新的项目管理计划组件包括但不限于：

（1）沟通管理计划。如果沟通过程中发现了更有效的沟通方法或需要对现有沟通策略进行调整，应将这些变更反映在沟通管理计划中，以确保沟通活动的顺利进行。

（2）干系人参与计划。随着项目的进展，干系人的沟通需求和商定的沟通策略可能发生变化，因此需要更新干系人参与计划，以反映这些变化，确保与干系人的有效沟通。

3. 项目文件更新

本过程可能涉及更新一些项目文件，包括：

（1）问题日志。反映项目的沟通问题，以及如何通过沟通来解决实际问题。

（2）经验教训登记册。记录在项目中遇到的挑战、本可采取的规避方法、适用和不适用于管理沟通的方法。

（3）风险登记册。记录与管理沟通相关的风险。

4. 组织过程资产更新

可在本过程更新的组织过程资产可能包括项目记录，例如往来函件、备忘录、会议记录及项目中使用的其他文档；计划内的和临时的项目报告和演示等。

第四节 控制沟通

控制沟通是确保满足项目及其干系人的信息需求的过程。本过程的主要作用是，按沟通管理计划和干系人参与计划的要求优化信息传递流程，以确保所有沟通参与者之间的信息流动的最优化。

在这一过程项目经理需要评估项目中的沟通进行得如何，以确保信息按计划在正确的时间以正确的方式传递给正确的人。还要确定规划的沟通工具和沟通活动是否如预期提高或保持了干系人对项目可交付成果与预计结果的支持力度。

沟通管理计划可以详细说明如何衡量沟通的有效性和效率。这个过程是关于衡量沟通管理计划是否得到遵守，以及沟通是否满足利益相关者的需求。如果没有，需要确定沟通中断的地方，并做出回应和调整，以满足利益相关者的沟通需求。

一、主要输入

1. 项目管理计划

项目管理计划为沟通监督工作提供了总体的指导和框架。

2. 项目文件

项目文件为控制沟通过程提供了重要的历史信息和经验教训，主要包括：

（1）问题日志。此日志记录了项目沟通过程中遇到的问题及其解决方案，为项目经理提供了宝贵的沟通历史信息，有助于识别潜在的沟通障碍并采取相应的改进措施。

（2）经验教训登记册。在项目早期阶段积累的经验教训被记录在此登记册中，可用于指导项目后期阶段的沟通工作，以提高沟通效果。

（3）项目沟通记录。这些记录详细描述了已开展的沟通活动，包括沟通的内容、方式、参与者等，提供了关于沟通工作实际执行情况的详细信息。

3. 工作绩效数据

工作绩效数据包含实际已开展的沟通活动的类型和数量的具体数据。可以据此评估沟通工作的进展，发现存在的问题，并为后续的沟通策略调整提供依据。

4. 事业环境因素

可能影响控制沟通过程的事业环境因素包括：

（1）组织文化、政治氛围和治理框架。这些因素塑造了组织内部的沟通氛围和期望，对沟通的方式、频率和内容产生深远影响。组织文化的开放性和包容性，政治氛围的稳定性和合作性，以及治理框架的明确性和有效性，都直接关系到沟通的质量和效率。

（2）已确立的沟通渠道、工具和系统。这些现成的资源为项目沟通提供了基础设施和支持。有效的沟通渠道能够确保信息在团队内部和干系人之间顺畅流通，而先进的沟通工具和系统则能够提升沟通的速度和准确性。

（3）全球、区域或当地的趋势、实践或习俗。这些因素反映了不同地域和文化背景下的沟通习惯和偏好。了解并尊重这些差异有助于避免沟通误解和冲突，促进跨文化和跨地域的有效沟通。

（4）设施和资源的地理分布。地理分布对沟通的影响主要体现在时差、语言和文化差异等方面。团队成员和干系人可能分布在不同的地区或国家，这要求项目经理在控制沟通过程中特别关注时区差异和语言障碍，确保信息的及时传递和准确理解。

5. 组织过程资产

可能影响控制沟通过程的组织过程资产包括：

（1）企业的社交媒体政策、道德政策以及安全政策和程序；

（2）组织对于沟通的具体要求和规定；

（3）标准化指南，涉及信息的制作、交换、存储和检索；

（4）以往项目的历史信息和经验教训所构成的知识库；

（5）以往项目中干系人的相关数据和信息，以及沟通方面的数据和信息。

二、主要工具与技术

判断沟通是否有问题，可能需要采取各种方法，如开展客户满意度调查、整理沟通方面的经验教训、开展团队观察、审查问题日志中的记录等。

除了在沟通管理计划中建立一些监控指标，还需要运用一些软技能，让问题得以浮现。例如，交谈中可能发现接收方没有收到他们应该收到的报告或信息，或者，如果人们没有采取后续行动，就侧面说明他们没有阅读会议纪要。项目经理也可以鼓励干系人就沟通是否有效作出反馈。应该向受众确认关于他们收到的报告和其他通信。也鼓励团队成员报告任何沟通问题或确定如何在项目中改进沟通。

在控制沟通过程中，可以采用以下工具与技术来确保沟通活动的有效性和效率：

1. 专家判断

为了提升沟通效果，需要征询具备相关专业知识或接受过相关培训的个人或小组的意见。这些专家应具备以下领域的专长：与公众、社区和媒体的沟通技巧，以及在国际环境中的沟通策略；虚拟团队之间的沟通机制和最佳实践；项目管理信息系统的使用和优化，以及沟通和项目管理系统的整合。

2. 项目管理信息系统

项目管理信息系统提供了一系列标准化的工具，借助该系统，项目经理可以依据沟通管理计划为内部和外部干系人收集、存储和发布所需的信息。同时，还应定期监控系统中的信息来评估其有效性和效果，以便及时调整沟通策略。

3. 会议

无论是面对面会议还是虚拟会议，都可以提供一个集中讨论、制定决策和回应干系人请求的平台。通过会议，可以与项目团队成员、提供方、供应方以及其他干系人进行深入的交流和讨论，确保信息的准确传递和问题的及时解决。在会议中，应注重议程的设置和时间的控制，确保会议的高效。

三、主要输出

控制沟通将导致工作绩效信息（对原始工作绩效数据的分析）、可能的变更请求（修正干系人的沟通要求，包括干系人对信息发布、内容或形式以及发布方式的要求），以及可能对项目管理计划、项目文档和组织过程资产（如经验教训和报告格式）的更新。

1. 工作绩效信息

工作绩效信息详细记录了与计划相比，实际沟通活动的执行情况。这包括沟通活动的频率、内容、渠道以及接收方的反馈等方面的数据。此外，工作绩效信息还涵盖了关于沟通效果的调查结果，如相关方对沟通活动的满意度、信息理解的准确性以及沟通对项目目标实现的贡献程度等。这些信息对于评估沟通效果、识别潜在问题以及制定改进措施至关重要。

2. 变更请求

在控制沟通过程中，通常需要根据实际情况对沟通管理计划进行调整。这些调整可能涉及沟通活动的频率、内容、方式以及干系人的参与程度等方面。当需要做出此类调整时，应提交变更请求。变更请求可能导致对干系人沟通要求的修正，以适应项目进展和干系人需求的变化。同时，为了消除沟通瓶颈，可能需要建立新的程序或流程。

3. 项目管理计划更新

项目管理计划的任何更新都以变更请求的形式提出，并通过变更控制过程进行处理。可能需要变更的项目管理计划组件包括沟通管理计划和干系人参与计划等。沟通管理计划的更新旨在记录新的信息，以改进沟通效果。干系人参与计划的更新则反映了干系人的实际情况、沟通需求和重要性的变化。

思考题

一、单项选择题

1. 沟通中最重要的是要：（ ）
A. 积极表达
B. 准确表达
C. 积极倾听
D. 积极提问

2. 在面对面的信息沟通中，身体语言传递的信息占比为：（ ）
A. 55%
B. 7%
C. 38%
D. 15%

3. 一个项目，要求项目经理在与区域经理沟通时，确保对之前的方针理解一致，应采取什么沟通方法？（ ）
A. 推式
B. 拉式
C. 交互式
D. 合作式

4. 项目团队原来有 6 个成员。现在新增加 6 个成员。沟通渠道增加为多少？（ ）
A. 6 条
B. 2 倍
C. 4.4 倍
D. 20 条

5. 以下哪个术语描述的是，根据接收者的要求，通过像网站、公告板、电子学习系统、博客等知识库和其他方式将信息发送至接收者？（ ）
A. 推式沟通
B. 拉式沟通
C. 互动沟通
D. 客户沟通

二、多项选择题

1. 下列哪些是改善项目沟通的建议？（　　）
A. 你不能过度沟通
B. 项目经理和他们的团队需要花时间来发展他们的沟通技能
C. 不要使用项目团队以外的协调人员或专家来沟通重要信息
D. 使用模板帮助编写项目文档

2. 面对面的互动中，信息是如何传递的？（　　）
A. 通过语言语调
B. 通过所说的话
C. 通过肢体语言
D. 通过所在位置

3. 下列哪些属于项目沟通管理中的过程？（　　）
A. 计划沟通管理
B. 控制沟通
C. 干系人沟通
D. 管理沟通

三、判断题

1. （　　）业绩报告中通常会包括偏差分析。
2. （　　）根据沟通模型，信息发送方负责正确理解信息。
3. （　　）主题会议上允许人们打断、变化主题可以提高会议效率

参考答案：

一、单项选择题：1. C，2. A，3. C，4. C，5. B

二、多项选择题：1. ABD，2. ABC，3. ABD

三、判断题：

1. （√）。

2. （×）解析：根据沟通模型，信息接收方负责确保完整地接收信息，正确地理解信息。

3. （×）解析：主题会议上允许人们打断、变化主题会造成倾听障碍，降低会议效率。

第十一章 科技项目风险管理

第一节 科技项目风险管理概述

项目风险管理是指在项目生命周期中,通过识别、评估、规划和控制项目相关的风险,以最小化或消除对项目目标的不利影响,并最大化项目的成功概率的过程。

项目风险是指那些可能影响项目目标实现的不确定性事件或情况。这些风险可能包括技术问题、资源限制、市场变化、供应链问题、法律法规变化等。项目风险管理旨在识别和理解这些风险,并采取相应的措施来降低风险的概率和影响。

项目风险一旦发生,可能对一个或多个项目目标产生积极或消极的影响,如范围、进度、成本和质量。风险可以有多种起因。风险的起因可以是已知或潜在的需求、假设条件、制约因素或某种状况,可能导致积极或消极的结果。例如,潜在的预算、进度、人力、资源、客户和需求等方面的问题以及对项目的影响,潜在的设计、实现、验证和维护等方面的问题,风险条件是可能引发项目风险的各种项目或组织环境因素,如市场降温、公司运营战略转变及资金链断裂等。

一、风险属性

风险概率:事件发生的可能性大小。

风险影响程度:风险对项目目标的影响程度。

风险值:风险概率 × 风险影响程度。

风险敞口:在某个项目中,针对任一特定对象,而适时作出的对所有风险的潜在影响的综合评估。

二、安全管理中风险的相关概念

危害因素(危险因素、有害因素、不安全因素、隐患、风险源、危险源)是指可能引起的伤害(包括健康、安全和环境等诸多方面),给生产经营活动造成损失或负面影响的因素,它是一种客观存在。

风险则是指某一特定危害因素发生事故的可能性和所引发事故后果严重性的组合,它是人们对危害因素的一种主观评价。

三、风险的类型

单个项目风险是一旦发生，会对一个或多个项目目标产生正面或负面影响的不确定事件或条件。

整体项目风险是不确定性对项目整体的影响，是干系人面临的项目结果的正面和负面变异区间。它源于包括单个风险在内的所有不确定性。

已知风险：已经识别与分析的风险，因此可对其进行规划，即可以确认的不确定性。已知表示事先已经知道会出现哪种风险，未知表示风险的影响和发生概率是不确定的。应对此类风险的资金来源是应急储备金。

未知风险：无法主动管理的风险。应对此类风险的资金来源是管理储备金。

四、风险管理的目标

风险管理的目标在于增加积极事件的概率和影响，降低消极事件的概率和影响。

组织把风险看成是不确定性可能给项目和组织目标造成的影响。风险态度与下列因素有关：

风险承受度：组织或个人能承受的风险程度、数量或容量。

风险偏好：为了预期的回报，一个实体愿意承受不确定性的程度。

风险临界值：某种特定的风险敞口级别，高于该级别的风险需要处理，低于该级别的风险则可接受。

通过有效的项目风险管理，项目团队可以更好地应对不确定性和挑战，减少项目失败的风险，提高项目的成功概率，并为项目的顺利实施提供保障。

五、项目风险管理的主要过程

（1）规划风险管理——定义如何实施项目风险管理活动的过程。

（2）识别风险——识别可能对项目目标产生影响的风险事件，记录其特征。

（3）实施定性风险分析——评估已识别的风险，并对其进行分类和优先级排序。

（4）实施定量风险分析——通过定量方法对风险进行评估和分析。

（5）规划风险应对——制定相应的风险应对策略和计划。这包括确定风险的优先级、制定应对措施、分配责任和资源、建立风险管理计划等。

（6）实施风险应对——执行事先制定的风险应对措施。

（7）监督风险——执行风险管理计划，监控和控制项目风险的发生和演变。这包括实施风险控制措施、监测风险的变化、及时应对风险事件等。

第二节　规划风险管理

规划风险管理是定义如何实施项目风险管理活动的过程。它的输出是风险管理计划。

一、风险管理计划的主要内容

方法论：回答该项目将如何实施风险管理，哪些工具和数据来源是可以获得并使用的。

角色与职责：回答哪些人应该完成哪些特定的任务并提供与风险管理相关的可交付成果。

预算和进度：回答执行风险相关活动的预计成本是多少，进度如何。

风险类别：回答项目中涉及的风险主要有哪几类，项目是否有风险分解结构（RBS）。

风险概率和影响：回答如何评估风险项目的概率与影响，对风险分析将使用什么评分和解释方法，如何建立概率/影响矩阵。

改进的干系人承受力：回答项目干系人有否承受风险变化的能力，这些变化将如何影响项目。

风险报告：回答报告采用何种格式。

跟踪：回答团队将如何跟踪风险管理活动，如何记录和分享经验教训，如何审计风险管理流程。

风险管理计划描述如何安排与实施项目风险管理，不涉及具体风险的应对。

二、风险类别

指项目可能出现的各种风险的分类。风险分解结构是项目潜在风险类别的层次结构（图11-1）。

三、科技项目管理中常见的风险源

1. 技术风险

包括技术难题、技术不成熟、技术方案不可行等问题，可能导致项目无法按计划完成或达到预期目标。

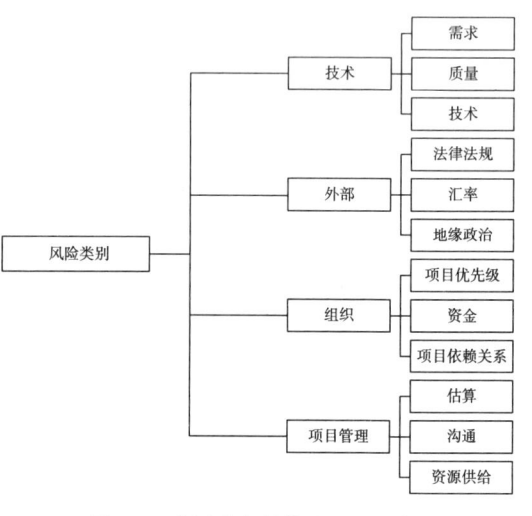

图 11-1　风险分解结构（RBS）示例

2. 时间风险

项目进度延误、时间不可控等问题，可能导致项目无法按时交付或无法满足客户需求。

3. 成本风险

项目成本超出预算、资源不足等问题，可能导致项目无法按计划执行或无法实现预期效益。

4. 市场风险

包括市场需求变化、竞争加剧等问题，可能导致项目无法获得足够的市场份额或无法实现商业成功。

5. 人力资源风险

包括人员离职、人员能力不足等问题，可能导致项目无法按计划执行或无法满足项目需求。

6. 法律风险

包括知识产权纠纷、合规问题等，可能导致项目面临法律诉讼或无法合法运营。

7. 沟通风险

包括团队沟通不畅、信息传递不准确等问题，可能导致项目团队合作效率低下或产生误解。

8. 管理风险

包括项目管理不当、决策失误等问题，可能导致项目执行不力或无法实现项目目标。

以上仅为常见的科技项目管理中的风险源，具体项目还可能存在其他特定的风险源，需要根据实际情况进行识别和管理。

四、概率和影响矩阵

每一风险按其发生概率及一旦发生所造成的影响求风险值，即：风险值 = 概率（P）× 影响（I）。通过查矩阵可知该风险属于组织规定的低风险、中等风险与高风险中的哪一类（表11-1）。

表 11-1 概率和影响矩阵

概率	威胁					机会				
0.90	0.05	0.09	0.18	0.36	0.72	0.72	0.36	0.18	0.09	0.05
0.70	0.04	0.07	0.14	0.28	0.56	0.56	0.28	0.14	0.07	0.04
0.50	0.03	0.05	0.10	0.20	0.40	0.40	0.20	0.10	0.05	0.03
0.30	0.02	0.03	0.06	0.12	0.24	0.24	0.12	0.06	0.03	0.02
0.10	0.01	0.01	0.02	0.04	0.08	0.08	0.04	0.02	0.01	0.01
	0.05	0.10	0.20	0.40	0.80	0.80	0.40	0.20	0.10	0.05

第三节　识别风险

识别风险是识别可能对项目目标产生影响的风险事件并记录其特征的过程。

一、识别风险的重要性

1. 提高项目成功率

通过识别项目中的潜在风险，可以采取相应的措施来规避或降低这些风险，从而提高项目的成功率。

2. 减少项目成本

及时识别和处理项目风险，可以避免或减少因风险而引发的损失，从而节约项目的成本。

3. 提高项目质量

有效的风险管理可以确保项目的进度和质量不受风险的影响，从而提高项目的整体质量。

4. 增强项目团队的信心

通过识别和处理项目风险，可以使项目团队成员更加了解和掌握项目的实际情况，从而增强他们对项目的信心。

5. 促进项目决策的科学性

风险管理可以为项目决策提供科学依据，使决策者更加清楚地了解项目的风险和机会，从而做出更加科学和合理的决策。

6. 有利于项目资源的优化配置

通过风险管理，可以更好地了解和掌握项目的资源需求，从而更加合理地配置项目资源，避免资源的浪费和短缺。

项目管理过程中鼓励所有人参加识别风险。虽然风险识别越早越好，但识别风险是一个反复的过程。

二、主要工具与技术

1. 专家判断

专家具有丰富的行业经验和专业知识，能够对项目中可能存在的风险进行准确的判断和评估，为项目风险管理提供宝贵的经验和知识支持。专家能够结合项目的实际情况，提高风险识别的准确性和全面性。

2. 头脑风暴

头脑风暴的目的是获得单个项目风险和整体项目风险来源的全面清单。可以使用风险类别（例如风险分解结构）作为识别风险的框架。头脑风暴可以激发团队成员的创新思维，从而提出更多、更全面的风险清单。

3. 核对单

风险核对单是一个清单，包括需要考虑的项目、行动或要点。它通常被用作提醒，并且根据从类似项目和其他信息来源积累的历史信息和知识来编制。风险核对单列出了项目中可能存在的各种风险，以便团队成员逐一核对和识别，从而避免遗漏重要的风险，并提高风险识别的全面性和准确性。

4. 访谈

通过访谈，可以与项目干系人进行深入交流，获取他们对项目风险的看法、意见和建议，从而更加全面地了解项目的风险情况。访谈可以对已有的风险信息进行验证和补充，进一步提高风险识别的全面性和准确性。访谈是与项目干系人建立和维护良好关系的重要途径，通过与他们交流和沟通，可以增强相互之间的信任和理解，从而为项目的顺利实施奠定基础。

5. 根本原因分析

通过根本原因分析，可以深入探究项目风险的根源，找出导致风险发生的根本原因，从而有针对性地制定风险应对策略，避免风险的再次发生。根本原因分析可以帮助项目团队更加准确地识别风险，并根据风险的根源制定相应的应对策略，从而提高风险应对的有效性。

6. 假设条件和制约因素分析

假设条件和制约因素的不准确、不稳定、不一致或不完整都可能导致项目风险的发生。通过对这些因素的分析，可以及时发现和识别项目风险。通过对假设条件和制约因素的分析，可以发现项目计划中存在的问题和不足，从而调整和优化项目计划，提高项目的整体成功率。

7. SWOT 分析

可以对项目的内部优势和劣势、外部机会和威胁进行全面、系统、准确的研究，找出组织优势可能为项目带来的机会，组织劣势可能造成的威胁，从而拓宽识别风险的范围。

三、风险登记册

识别风险的主要输出是已识别的风险清单。这是一个记录了已识别的潜在风险的列表（表11-2），包括每个风险的描述、风险的根本原因、影响、潜在的应对措施等。这构成了风险登记册的初始内容。

表 11-2 已识别的风险清单

风险	风险根本原因	影响	潜在应对措施
供应商延迟交货	供应链不稳定，物流问题	延误项目进度，增加成本	与供应商建立紧密沟通，跟踪交货进度，并寻找备用供应商
技术团队成员离职	缺乏员工满意度和福利待遇	项目延期，知识流失	提供良好的员工福利和培训机会，加强人才留存策略
资金不足	销售低于预期，投资不足	项目无法完成，影响企业发展	寻找额外的资金来源，如外部投资或贷款
竞争对手推出类似产品	市场竞争激烈，缺乏差异化	销售下降，市场份额减少	加强市场调研，提高产品差异化和竞争力
网络安全漏洞	不完善的网络安全措施	数据泄露，损害企业声誉	雇佣网络安全专家进行漏洞扫描和修复，加强员工网络安全意识培训

第四节　实施定性风险分析

实施定性风险分析是项目管理中的一种风险评估方法，旨在评估已识别的风险，并对其进行分类和优先级排序。定性风险分析主要侧重于主观判断和专家意见，通过对风险的描述和评估，帮助项目团队了解风险的可能性、影响和优先级，完成后可以进入定量风险分析过程，或直接进入规划风险应对过程。

一、风险概率和影响评估

风险概率和影响评估是一种常用的风险管理方法，用于评估风险事件的可能性和对组织目标的影响程度。它通常包括以下步骤：

1. 评估风险概率

对于每个风险，评估其发生的概率。这可以基于历史数据、专家意见、统计分析等方法进行。

2. 评估风险影响

对于每个风险，评估其对项目目标的影响程度。这可以包括进度影响、成本影响、质量或性能影响等方面。

3. 计算风险等级

将风险概率和影响进行相乘，根据计算结果查表确定风险等级，如低风险、中风险、高风险等。

二、风险分类

在项目管理中，风险的分类主要有以下几种：

1. 按来源分类

可以将风险划分为自然风险和人为风险。自然风险是指由自然因素引起的风险，如天气变化、地震等；而人为风险则是指由人类行为引起的风险，如决策错误、沟通不畅等。

2. 按后果分类

可以将风险划分为纯粹风险和投机风险。纯粹风险是指不能带来机会、无获得利益可能的风险，如损失、失败等；而投机风险则是指既可能带来机会、获得利益，又隐含威胁、造成损失的风险，如市场变化、政策调整等。

3. 按是否可管理分类

可以将风险划分为可管理风险和不可管理风险。可管理风险是指可以预测，并采取相对措施加以控制的风险；而不可管理风险则是指不可以被预测的风险。

4. 按影响范围分类

可以将风险划分为局部风险和总体风险。局部风险是指对项目局部产生影响的风险，如某个环节的延误；而总体风险则是指对整个项目产生影响的风险，如项目目标的变更。

5. 按后果承担者分类

可以将风险划分为项目业主风险、政府风险、承包商风险、投资方风险等。不同的后果承担者面临的风险类型和大小也不同。

项目管理中的风险分类主要是为了更好地识别、评估和管理各种可能对项目产生影响的风险因素。通过对风险的分类和管理，可以帮助项目团队更好地应对各种挑战和问题，提高项目的成功率。

三、风险紧迫性评估

风险紧迫性评估是指对潜在风险的紧迫性进行评估，以确定哪些风险需要优先处理。它是风险管理中非常重要的一环，可以帮助组织确定哪些风险需要立即采取措施，以避免或最小化对组织的负面影响。紧迫性指的是为有效应对风险而必须采取应对措施的时间段，时间短就说明紧迫性高。

四、风险登记册更新

风险登记册更新信息包括风险的概率和影响评估、风险评级和分值、风险紧迫性、风险分类、低概率风险清单以及需要进一步分析的风险等（表11-3）。

表 11-3　定性分析后的风险清单

风险	风险的概率	影响评估	风险评级	风险值	风险紧迫性	风险分类
数据丢失	高	严重	高	9	高	技术风险
竞争对手进入市场	中	中等	中	6	中	市场风险
法规变更	低	低	低	3	低	法律风险
供应链中断	中	严重	高	8	高	供应链风险
人员流失	低	中等	中	5	低	人力资源风险

第五节　实施定量风险分析

实施定量风险分析是通过定量方法对风险进行评估和分析。它使用数值化的方法来量化风险的概率和影响，以便更准确地评估和比较不同风险的严重程度。定量风险分析通常涉及使用统计分析、建模和仿真等技术，以确定风险事件发生的概率，并计算其可能的影响程度。通过定量风险分析，组织可以更好地了解和管理风险，为决策提供科学依据，并制定相应的风险应对措施。

并非所有项目都需要实施定量风险分析。定量分析通常适用于规模庞大或复杂的项目，特别是那些具有战略重要性的项目。此外，如果项目合同要求进行定量分析，或者主要干系人要求进行定量分析，那么也可以考虑采用定量分析方法。

本节重点介绍决策树分析、模拟和灵敏度分析等建模技术。

一、决策树和期望货币值

决策树是一种图形化的决策支持工具，用于解决决策问题和预测事件结果。它模拟了决策制定过程中的选择和判断，通过树状结构展示不同决策路径和可能的结果。决策树由节点和边组成，节点表示决策或事件，边表示选择或判断。从根节点开始，通过根据特定条件进行选择，沿着树的分支逐步向下，最终到达叶节点，即最终的决策或结果。决策树的每个节点都有与之相关的条件和概率，可以根据这些条件和概率进行决策分析和预测。决策树的优点是易于理解和解释，能够帮助决策者做出明智的决策。

决策树分析的一个常见应用是计算期望货币值。期望货币值是指在概率分布下，对货币值的预期或平均值。它是根据不同可能结果的概率加权平均而得出的数值。在科技项目及众多投资领域，期望货币值通常用于评估投资回报或风险。通过计算不同结果的概率和相应的货币值，可以得出一个预期的货币值，用于决策和评估风险。期望货币值可以用于比较不同投资机会的预期回报，或者用于评估投资组合的整体表现。它是一个重要的概念，帮助投资者和决策者做出基于概率和预期回报的决策。

假设一个公司正在考虑在不同地区做项目,他们面临两个潜在的地区选择:地区 A 和地区 B。为了帮助他们做出决策,可以使用决策树和期望货币值的方法(图 11-2)。

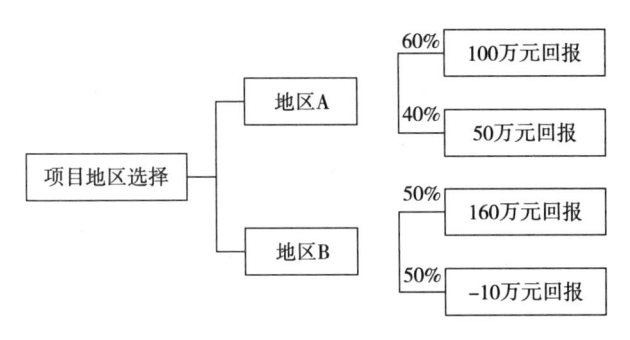

图 11-2 决策树示例

如果选择地区 A,他们有 60% 的概率获得 100 万元的回报,有 40% 的概率获得 50 万元的回报。如果选择地区 B,他们有 50% 的概率获得 160 万元的回报,有 50% 的概率获得 -10 万元的回报,即亏损 10 万元。

选择地区 A 的期望货币值:
$E_{(地区A)} = (100 \times 0.6) + (50 \times 0.4) = 60 + 20 = 80$(万元)

选择地区 B 的期望货币值:
$E_{(地区B)} = (160 \times 0.5) + (-10 \times 0.5) = 80 - 5 = 75$(万元)

根据计算结果,选择地区 A 的期望货币值为 80 万元,选择地区 B 的期望货币值为 75 万元。因此,公司可以根据期望货币值的比较,选择地区 A 作为做项目的地区,因为它具有较高的期望回报。

二、模拟

模拟是一种复杂的风险定量分析技术,它利用系统的表示或模型来分析系统的预期行为或绩效。大多数模拟方法都基于蒙特卡罗分析的原理。

蒙特卡罗分析是一种数学计算方法,通过随机模拟实验来模拟不确定性因素对结果的影响。它常用于对复杂问题的风险分析、预测和决策。蒙特卡罗分析基于概率统计理论,通过随机生成一组数来模拟问题,这些随机数可以代表不确定的因素,如市场波动、天气变化等。将这些随机数代入模型中,可以得到大量可能的结果,并通过统计方法分析这些结果,从而得出一个问题的概率分布和风险评估。

一个典型的蒙特卡罗分析在项目管理风险定量分析中的应用案例可能是这样的:

假设你正在负责一个软件开发项目,预计成本为 100 万美元,预计完成时间为 12 个月。你已经识别出了一些可能的风险,包括技术难题、人员流失和客户需求变化等。你决定使用蒙特卡罗分析来评估这些风险对项目的影响。

步骤1：建立基础情景

首先，需要建立一个基础情景，描述在没有考虑风险情况下的项目预期成本和完成时间。这可能包括历史数据的分析、市场研究以及与类似项目的比较。在这个案例中，基础情景可能预测项目将在12个月内完成，成本为100万美元。

步骤2：定义风险

然后，需要定义每个风险，并为每个风险分配一个概率和影响等级。例如，技术难题可能有50%的概率发生。每个发生的风险的影响可能使项目成本增加10万美元，完成时间延长2个月。人员流失和客户需求变化的风险也可以用类似的方式定义。

步骤3：进行蒙特卡罗模拟

接下来，可以进行蒙特卡罗模拟。这通常涉及多次重复模拟项目过程，每次模拟都考虑了随机发生的风险。在每次模拟中，可以根据定义的概率随机选择是否发生技术难题、人员流失或客户需求变化。然后可以记录下每次模拟的成本和完成时间。

步骤4：分析结果

最后，可以分析模拟结果以了解风险对项目的影响。这可能包括计算预期成本和完成时间，以及了解这些值的分布。在这个例子中，模拟结果显示项目成本可能会增加到110万美元（平均值），完成时间可能会延长到14个月（平均值）。

通过这种分析，可以更好地理解每个风险对项目的影响，以及这些影响的预期分布。这可以帮助你为每个风险制定适当的应对策略，如制定风险管理计划、实施预防措施或准备应急计划。

三、敏感性分析

敏感性分析是一种从众多不确定性因素中找出对投资项目经济效益指标有重要影响的敏感性因素，并分析、测算其对项目经济效益指标的影响程度和敏感性程度，进而判断项目承受风险能力的一种不确定性分析方法。敏感性分析可以通过对投资项目的主要因素进行敏感度分析，为投资决策提供依据，以保证项目的顺利实施并降低风险。

敏感性分析的方法通常包括两种：单因素敏感性分析和多因素敏感性分析。单因素敏感性分析只考虑单一因素对项目的影响，而多因素敏感性分析则同时考虑多个因素对项目的影响。

在具体实施敏感性分析时，一般会遵循以下步骤：

（1）确定敏感性分析的对象和目标。明确需要进行敏感性分析的投资项目或经济指标，以及分析的目标和要求。

（2）确定不确定性因素。列出影响项目或经济指标的不确定性因素，如市场需求、价格波动、政策变化等。

（3）选择敏感性分析方法。根据项目或经济指标的特点选择适合的敏感性分析方法，如盈亏平衡分析、敏感性矩阵等。

（4）进行敏感性分析。根据选定的方法对不确定性因素进行敏感性分析，计算各因素对项目或经济指标的影响程度和敏感性程度。

（5）得出结论和建议。根据敏感性分析结果，得出对项目或经济指标的结论和建议，为投资决策提供参考。

龙卷风图是项目管理中用于进行定量风险分析的技术，是敏感性分析技术中最常用的一种图表技术。它有助于确定哪些风险对项目具有最大的潜在影响。在龙卷风图中，所有其他不确定因素都保持在基准值的条件下，考察项目的每项要素的不确定性对目标产生多大程度的影响。龙卷风图有助于比较具有较高不确定性的变量与相对稳定的变量之间的相对重要程度。因其显示形式像龙卷风一样而得名（图11-3）。

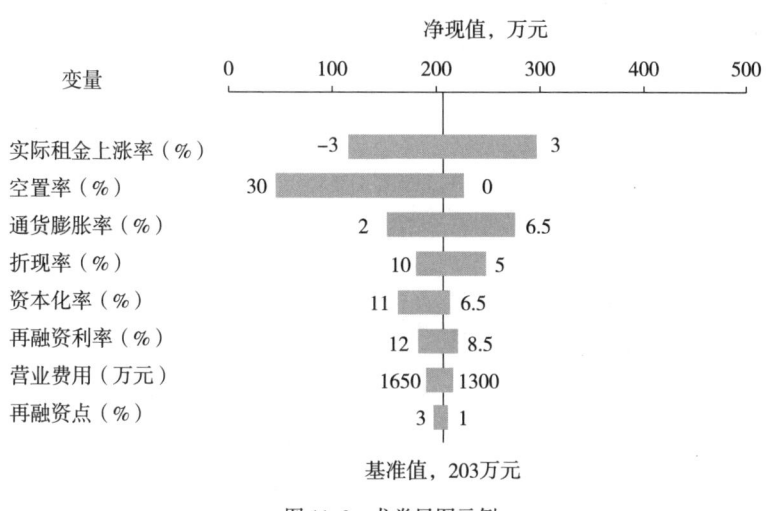

图11-3 龙卷风图示例

四、风险登记册更新

风险登记册更新信息包括项目的概率分析、实现的成本和时间目标的概率、量化风险优先级清单、定量风险分析结果的趋势、风险应对的建议等。

第六节 规划风险应对

识别和分析风险之后，必须对风险制定相应的应对措施和计划，以减轻消极风险的不利影响和增加积极风险的有利影响。

一、消极风险的应对策略

针对消极风险（威胁），有五种备选策略（表11-4）。

表 11-4 消极风险应对策略对比

策略	特征	具体做法
上报	威胁不在项目范围内； 应对措施超出了项目经理的权限； 被上报的风险的管理不在项目层面	对于被上报的威胁，组织中的相关人员必须愿意承担应对责任； 威胁通常要上报给其目标会受该威胁影响的那个层级； 威胁一旦上报，就不再由项目团队做进一步监督，仍可出现在风险登记册中供参考
规避	概率较高，且有严重负面影响的高优先级威胁； 项目管理计划； 彻底消除威胁，将它的发生概率降低到零； 使项目目标免受影响	消除威胁的原因； 延长进度计划； 改变项目策略； 或缩小范围
转移	将应对威胁的责任转移给第三方； 并未消除风险； 采用转移策略，通常需要向承担威胁的一方支付风险转移费用	包括（但不限于）购买保险、使用履约保函、使用担保书、使用保证书等； 也可以通过签订协议，把具体风险的归属和责任转移给第三方
减轻	采取措施来降低威胁发生的概率和影响	采用较简单的流程； 进行更多次测试； 选用更可靠的卖方； 还可能涉及原型开发； 在一个系统中加入冗余部件，可以减轻原始部件故障所造成的影响
接受	不主动采取措施； 可用于低优先级威胁； 也可用于无法以任何其他方式加以经济有效地应对的威胁	主动接受策略：是建立应急储备，包括预留时间、资金或资源以应对出现的威胁； 被动接受策略：不会主动采取行动，而只是定期对威胁进行审查，确保其并未发生重大改变

二、积极风险的应对措施

针对积极风险（机会），同样有五种备选策略（表 11-5）。

表 11-5 积极风险应对策略对比

策略	特征	具体做法
上报	机会不在项目范围内； 应对措施超出了项目经理的权限； 被上报的机会的管理不在项目层面	对于被上报的机会，组织中的相关人员必须愿意承担应对责任； 机会通常要上报给其目标会受该机会影响的那个层级； 机会一旦上报，就不再由项目团队做进一步监督，仍可出现在风险登记册中供参考
开拓	将特定机会的出现概率提高到100%，确保其肯定出现，从而获得与其相关的收益	把组织中最有能力的资源分配给项目来缩短完工时间； 或采用全新技术或技术升级来节约项目成本并缩短项目持续时间
分享	分享涉及将应对机会的责任转移给第三方，使其享有机会所带来的部分收益	建立合伙关系、合作团队、特殊公司或合资企业来分享机会

续表

策略	特征	具体做法
提高	用于提高机会出现的概率和影响	为早日完成活动而增加资源
接受	承认机会的存在，但不主动采取措施； 用于低优先级机会； 用于无法以任何其他方式加以经济有效地应对的机会	主动接受策略：建立应急储备，包括预留时间、资金或资源，以便在机会出现时加以利用； 被动接受策略：不会主动采取行动，而只是定期对机会进行审查，确保其并未发生重大改变

三、应急应对策略

应急应对策略是指在突发事件或紧急情况下，采取一系列措施和行动来应对和处理该事件或情况，以最大限度地减轻损失。应急应对策略的目的是迅速、有效地应对紧急情况，保护人员的生命安全和财产安全，并尽可能恢复正常项目运行。

触发条件，表明风险即将发生的事件或情形，也称为风险征兆或预警信号。

应该定义并跟踪应急应对策略的触发条件，并制定相应的风险应对计划，通常称为应急计划。可制定弹回计划，以防风险发生且主要应对措施不足以应对时使用。

残余风险是指在采取所有的风险应对措施后，仍然存在的风险。它是在已经实施了风险控制措施之后，剩余的、无法完全消除或降低到可接受水平的风险。

次生风险是指实施风险应对措施时，导致的新的风险产生。它是在处理原始风险时，由于采取控制措施或应对措施而引发的额外风险。

四、风险登记册更新

风险登记记册的更新可能包括（但不限于）：
（1）商定的应对策略及需要的具体行动。
（2）风险责任人及其职责。
（3）风险发生的触发条件、征兆和预警信号。
（4）风险应对所需要的预算和进度活动。
（5）应急计划，以及启动该计划所需的风险触发条件。
（6）弹回计划，供风险发生且主要应对措施失败时使用。
（7）在采取预定应对措施之后仍然存在的残余风险，以及被有意接受的风险。
（8）由实施风险应对措施而直接导致的次生风险。
（9）风险报告。记录针对当前整体项目风险敞口和高优先级风险的经商定的应对措施，以及实施这些措施之后的预期变化。

第七节　实施风险应对

实施风险应对是项目风险管理的重要组成部分，其主要目的是执行事先制定的风险应对措施。关键的输出包括变更请求以及项目文档的更新，例如发布日志、经验教训登记表、项目团队任务、风险登记册和风险报告。风险登记册可能的更新有：实施风险应对过程所导致的对单个项目风险原有的应对措施的变更。

第八节　监督风险

监督风险涵盖了多个方面，包括确保实施适当的风险应对措施、持续跟踪已确定的风险、识别和分析新的风险，以及在整个项目周期内评估风险管理的有效性。项目风险管理并不仅仅停留在初始风险评估阶段。已识别出的风险可能不会发生，或者其发生或损失的概率可能会降低。以前确定的风险可能有较高的发生概率，或预计损失值较高。同样地，随着项目的推进，新的风险也会被发现。这些新风险需要经历与初步风险评估中发现的风险相同的过程。由于风险敞口的相对变化，可能需要重新分配用于风险管理的资源。

项目团队有时也会采用权变措施，即未制定应急计划的情况下对风险事件进行非计划响应。

用于监督风险的工具和技术包括数据分析、审计和会议。这些活动会产生多种输出，包括工作绩效信息、变更请求以及对项目管理计划、项目文档和组织过程资产的更新。通过这些工具和技术，项目团队可以更好地理解和应对项目中的各种风险，确保项目的成功实施。

风险审计旨在评估风险管理过程的有效性。项目经理有责任确保按照项目风险管理计划所设定的频率进行风险审计。这种审计可以在日常的项目审查会议上进行，也可以在专门的风险审查会议上实施。团队也可以选择召开特定的风险审计会议来执行。在执行风险审计前，必须清晰地定义审计的程序和目标。

风险审查会用于检查和记录风险应对在处理整体项目风险和已识别单个项目风险方面的有效性。在风险审查中，还可以识别新的单个项目风险、次生风险，重新评估当前风险，关闭已过时风险，讨论风险发生所引发的问题，以及总结经验教训。

第十一章 科技项目风险管理

思考题

一、单项选择题

1. 在项目执行期间发现了一个新的潜在风险。项目经理下一步该怎么做？（   ）
   A．停止所有项目活动直到风险解决为止
   B．忽视风险，因为风险识别应发生在规划阶段
   C．实施风险减轻
   D．更新风险登记册

2. 在某施工项目中，管理部门购买了一份保险单，该保险单涵盖了所有可能导致项目延期的事故。管理部门正在使用的是哪种风险应对规划？（   ）
   A．转移
   B．减轻
   C．回避
   D．接受

3. 对一项在发生之前未界定的风险事件做出的响应称作：（   ）
   A．缓和风险响应（risk mitigation response）
   B．变通办法响应（workaround response）
   C．纠正行动响应（corrective action response）
   D．应急响应（contingency response）

4. 用成熟的技术取代试验技术属于：（   ）
   A．风险减轻
   B．风险转移
   C．风险回避
   D．风险接受

5. 公司将采用下列哪个项目的报价：（   ）

项目	预计价值（元）	概率
A	200000	30%
B	250000	30%
C	100000	65%
D	150000	60%

A. 项目A
B. 项目B
C. 项目C
D. 项目D

二、判断题

1.（　　）残余风险是指在采取所有的风险应对措施后，仍然存在的风险。
2.（　　）机会上报后，项目团队仍需进一步监督。
3.（　　）龙卷风图是项目管理中用于进行定量风险分析的技术。
4.（　　）风险管理计划中应该定义风险责任人。
5.（　　）在识别风险过程中，应在风险登记册中对风险进行优先级排序。

参考答案：

一、单项选择题：1.D，2.A，3.B，4.A，5.D

二、判断题：

1.（√）。

2.（×）解析：机会一旦上报，就不再由项目团队做进一步监督，仍可出现在风险登记册中供参考。

3.（√）。

4.（×）解析：风险管理计划描述如何安排与实施项目风险管理不涉及具体风险的应对，也不定义风险责任人，风险责任人应记录在风险登记册中。

5.（×）解析：在实施风险定性分析过程中，应在风险登记册中对风险进行优先级排序。

第十二章 科技项目采购管理

第一节 科技项目采购管理概述

一、科技项目采购管理的重要性

科技项目采购管理包括从项目团队外部采购或获得所需产品、服务或成果的各个过程。项目团队既可以是项目产品、服务或成果的买方,有时候也可以是卖方,为本组织的其他团队或外部组织提供产品或服务。本章主要站在买方角度来展开。

采购是指从外部来源获得产品或者服务。采购一词常用于政府,许多企业则使用"外购"或"外包"。那些提供采购者所需产品或服务的组织和个人通常被称为供应商、供货商、承包商、分包商或者销售商。

科技项目采购管理包括合同管理和变更控制过程。通过这些过程,编制合同或订购单,并由具备相应权限的项目团队成员签发,然后再对合同或订购单进行管理。

科技项目采购管理还包括控制外部组织(买方)为从执行组织(卖方)获取项目可交付成果而签发的任何合同,以及管理该合同所规定的项目团队应承担的合同义务。

科技项目采购管理在科技项目实施中的重要性体现在以下几个方面:

(1)确保项目的顺利进行。科技项目通常涉及众多复杂的环节,包括技术研发、产品开发、测试验证等。有效的采购管理能够确保项目所需的关键设备、材料和服务及时、准确地到位,避免因采购问题导致的项目延误或中断。

(2)优化资源配置,提升项目效益。科技项目往往涉及大量的资金投入,科学合理的采购管理有助于实现资金的合理分配和使用。通过精心策划和比较选择,采购管理可以确保项目采购活动的经济性,降低采购成本,提高项目整体效益。

(3)保障项目质量和技术标准。科技项目对采购的物资和服务通常有着较高的质量要求和技术标准。采购管理能够确保所采购的物资和服务符合项目需求,满足技术规格和质量要求,从而保障项目的质量和技术水平。

(4)降低项目风险。科技项目在研发过程中可能面临技术风险、市场风险等多种风险。采购管理能够通过对供应商的评价和选择,以及合同条款的制定和履行,降低因供应商问题导致的项目风险,确保项目稳定进行。

(5)提升企业的核心竞争力和市场地位。有效的采购管理能够提升企业的研发能力和创新能力,进而增强企业的核心竞争力。同时,优质的采购管理也能够为企业树立良好的市场形象，提升企业的市场地位和影响力。

二、科技项目采购管理的核心概念

（1）在科技项目采购中，采购的双方分别为甲方和乙方，又称为买方和卖方。根据科技项目的不同以及采购内容的不同，卖方又可能被称为承包商、供货商、服务提供商、供应商等。

（2）科技项目的项目经理不必是采购领域的专家，但必须对采购管理的过程有一定的了解，毕竟项目经理需要管理合同与供应商等。

（3）采购分为分散式采购和集中式采购。分散式采购是指项目经理有一定的采购权，这常见于小型组织或初创组织中。集中式采购则指的是采购是由专门的部门和人员进行的，这常见于成熟的或大型的组织。值得注意的是，通常情况下项目经理无权签署对组织有约束力的采购相关法律协议。

（4）采购协议可以是合同、服务水平协议、谅解备忘录和采购单等。而对于外部采购来说，采购协议的形式就是合同。

（5）采购合同应该明确预期的可交付成果，包括从乙方到甲方的任何知识转移。采购合同在复杂项目中可同时存在多份，且不同的合同周期可在项目周期内任何阶段开始与结束。而对于国际采购合同，文化和当地法律对合同均可能产生影响，这是需要项目经理注意的。

三、科技项目采购管理的主要过程

科技项目采购管理主要有三个过程：
（1）规划采购管理——记录项目采购决策，明确采购方式和识别潜在卖方的过程。
（2）实施采购——获得卖方回应、选择卖方并授予合同的过程。
（3）控制采购——管理与卖方的关系、监控合同履行情况、实施必要的变更以及关闭合同的过程。

第二节 规划采购管理

规划采购管理是记录项目采购决策、明确采购方法，及识别潜在卖方的过程。科技项目的采购管理要尽早明确是否从项目外部获取货物和服务，如果是，则应尽早确定将在什么时间、以什么方式获取什么货物和服务。货物和服务可从执行组织的其他部门采购，或者从外部渠道采购。

在规划采购管理过程的早期阶段，明确与采购相关的角色和职责是至关重要的。这不仅有助于确保采购活动的顺利进行，还能提高项目的整体效率和成功率。项目经理在此过程中的作用尤为关键，他们需要确保项目团队中有具备所需采购专业知识的人员，以便在采购过程中提供必要的支持和指导。

采购过程的参与者可能包括购买部或采购部的人员，他们负责具体的采购活动，如供应商选择、合同谈判和订单执行等。此外，采购组织法务部的人员也是不可或缺的，他们负责审查合同条款，确保合同的合法性和合规性，降低潜在的法律风险。

为了确保所有参与者能够明确自己的职责并协同工作，项目经理应将这些人员的职责记录在采购管理计划中。采购管理计划是一份详细的文档，用于指导采购活动的实施和管理。通过记录各参与者的职责，采购管理计划能够确保每个成员都清楚自己的角色和任务，并在采购过程中保持高度的责任感和执行力。

总之，在规划采购管理过程时，明确角色、职责和记录这些信息在采购管理计划中非常重要，这将有助于确保采购活动的顺利进行，提高项目的整体效率和成功率。

在采购管理的标准流程中，通常涉及以下关键步骤：

首先是编制采购工作说明书（SOW）或工作大纲（TOR），以明确采购需求和目标。

接着，进行高层次的成本预测，并据此制定预算，确保采购活动在财务上的可行性。

随后，如果是公开招标采购的，需要发布招标公告，吸引潜在的供应商参与竞标。

经过筛选，确定一组具备合格条件的供应商短名单。

紧接着，准备并发布详尽的招标文件，为供应商提供充分的竞标依据。

随后，供应商将依据招标文件准备并提交建议书。

采购方对收到的建议书进行技术评估，包括对其质量的考量。

同时，对建议书进行成本评估，以确保经济效益。

在此基础上，编制综合评估报告，综合考虑质量和成本因素，选出最佳的中标建议书。

最后，通过谈判达成共识，买方与选定的供应商正式签署合同，完成采购流程。

这些步骤共同构成了采购管理的核心流程，确保了采购活动的规范性和有效性。

项目进度计划对采购管理过程中采购策略的确定具有指导作用。同时，在构建采购管理计划时所作出的决策，也会对项目进度计划产生相应的影响。在制定进度计划、评估活动所需资源以及决定是自制还是外购等环节，这些决策因素都需要被充分考虑在内。通过这样的综合考量，可以确保项目进度与采购策略之间的协调一致，从而优化整个项目的执行效率和效果。

一、主要输入

1. 项目章程

项目章程包含了对项目本身以及项目最终成果的高层级描述，还包含了项目目标、项目描述、总体里程碑以及预先批准的财务资源，这些都与规划采购管理相关。

2. 商业文件

商业文件涵盖了多个关键要素，其中包括：

其一，商业论证。为确保商业论证的实效性，采购策略必须与其保持高度一致，从而确保两者之间的协同性和互补性。

其二，收益管理计划。该计划详细描述了项目收益的产出时间节点，这对于确定采购日期和合同条款具有至关重要的影响。通过收益管理计划，项目团队可以更加精准地安排采购活动，以确保项目收益的顺利实现。

3. 项目管理计划

项目管理计划包括但不限于以下基准或子计划：

范围管理计划，它详细阐述了在项目实施阶段如何有效管理承包商的工作范围，确保项目范围得到精确界定和有效执行。

质量管理计划，该计划涵盖了项目所需遵循的行业标准与准则，这些标准与准则应明确体现在招标文件中，如建议邀请书，并在最终合同中加以引用。此外，这些标准与准则还可作为供应商资格预审的依据，或作为供应商甄选标准的重要组成部分。

人力资源管理计划，它详细列出了哪些资源需要采购或租赁，并考虑了可能影响采购活动的各种假设条件或制约因素，为采购决策提供了有力的支持。

范围基准，它包含了范围说明书、工作分解结构和工作分解结构词典等重要内容。在项目早期阶段，项目范围可能仍需进一步调整和完善。因此，针对已知的工作内容，应编制相应的工作说明书（SOW）和工作大纲（TOR），以便为采购管理提供明确的工作指导。

4. 项目文件

可作为重要输入的项目文件包括但不限于：

（1）里程碑清单，它详细列明了卖方必须按时交付的关键成果及其对应的时间节点。这一清单对于确保采购活动的有序进行和及时交付至关重要。

（2）项目团队派工单，其中包含了项目团队成员的技能、能力以及可用于支持采购活动的时间安排。若项目团队在某些采购活动方面能力不足，则需考虑外聘专业人员或进行内部培训，甚至两者并行实施，以确保采购工作的顺利进行。

（3）需求文件，这些文件可能涵盖了卖方需满足的各类技术要求，以及具有合同和法律意义的需求，如健康、安全、安保、绩效、环境、保险、知识产权、执照、许可证等非技术要求。这些需求的明确有助于确保采购活动的合规性和有效性。

（4）需求跟踪矩阵，将产品需求与其来源进行关联，确保能够追踪到满足特定需求的可交付成果。

（5）资源需求文件，它详细列出了项目所需的特定资源，如团队及实物资源等，为采购活动的资源规划和配置提供了依据。

（6）风险登记册，记录了项目中存在的各类风险及其分析和应对规划的结果。在采购管理中，一些风险可能通过采购协议转移给第三方以减轻项目自身的风险负担。

（7）干系人登记册，提供了关于项目参与者及其项目利益的详细信息，包括监管机构、合同签署人员和法务人员等。

5. 事业环境因素

影响规划采购管理过程的事业环境因素包括但不限于：

（1）市场条件。

（2）市场上可获取的产品、服务和成果的种类和质量。

（3）卖方，包括其过去的绩效记录、声誉以及专业能力等方面。

（4）关于产品、服务和成果的通用或特定行业条款和条件。这些条款和条件可能涉及价格、交付、保修、退货等多个方面，需要在采购合同中予以明确。

（5）特殊的当地要求也可能对采购活动产生影响，例如雇佣当地员工或卖方的法规要求。

（6）采购相关的法律建议。专业的法律意见可以帮助采购者识别潜在的法律风险，确保合同的合法性和有效性。

（7）合同管理系统以及其中的合同变更控制程序。

（8）已有的多层级供应商系统。这个系统基于以往经验对卖方进行预审和筛选。

（9）财务会计和合同支付系统。

6. 组织过程资产

影响规划采购管理过程的组织过程资产包括但不限于：

1）预先批准的卖方清单

该清单经过严格审查，能够极大地简化招标流程，并有效缩短卖方筛选的时间。

2）正式的采购政策、程序和指南

它们为采购活动提供了明确的指导和规范，确保采购过程符合组织的要求和标准。大多数组织都有采购政策和采购机构，如果没有，必须配备相应的资源和专业技能，以确保采购活动的成功。

3）合同类型

常见的合同类型主要包括总价合同和成本补偿合同两大类。此外，工料合同作为一种混合类型也在实践中得到广泛应用。这些合同类型各有特点，适用于不同的采购场景。在实际操作中，根据项目需求和风险情况，单次采购合同也可能采用两种或多种合同类型的组合形式。下文将探讨几类常见合同。

（1）总价合同。

总价合同是一种针对特定产品、服务或成果采购而设定的合同形式，其中规定了一个固定的总价。这种合同类型通常应用于需求明确且预计不会出现显著范围变更的场合。总价合同可以细分为以下几种类型：

①固定总价合同（Firm Fixed Price Contract，FFP）。固定总价合同是应用最为广泛的合同类型，受到多数买方的青睐。因为在此类合同中，采购的货物价格从开始就得到明确，除非工作范围发生实质性变化，否则价格不允许调整。卖方有义务完成工作，并且承担因不良绩效而导致的任何成本增加。在固定总价合同下，买方应该准确定义拟采购的产品和服务，对采购规范的任何变更都会增加买方的成本。

②总价加激励费用合同（Fixed Price Incentive Fee Contract，FPIF）。这种合同为买方和卖方提供了更大的灵活性，允许一定程度的绩效波动。当卖方实现既定的绩效目标时，将获得相应的财务奖励，这通常取决于其成本、进度或技术绩效的达成情况。然而，总价加激励费用合同中通常会设定一个价格上限，超过此上限的任何成本将由卖方自行承担。

通常买卖双方会约定一个目标成本，也称为估算成本。另外约定一个目标利润，这是

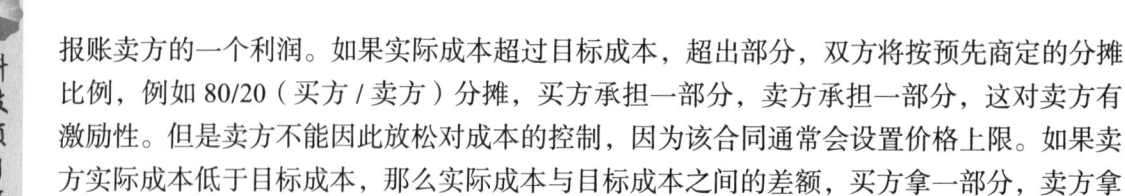

报账卖方的一个利润。如果实际成本超过目标成本，超出部分，双方将按预先商定的分摊比例，例如80/20（买方/卖方）分摊，买方承担一部分，卖方承担一部分，这对卖方有激励性。但是卖方不能因此放松对成本的控制，因为该合同通常会设置价格上限。如果卖方实际成本低于目标成本，那么实际成本与目标成本之间的差额，买方拿一部分，卖方拿一部分，这样就很好地激励了卖方。这可以通过案例（表12-1）说明。

表12-1 总价加激励费用合同案例表

最高限价520万元	合同	实际情况1	实际情况2
目标成本	400万元	350万元	450万元
目标利润	100万元	100万元	100万元
分摊比例	80/20	10	−10
最终总价	500万元	460万元	520万元
实际利润	100万元	110万元	70万元

当实际成本为350万元时，根据分摊比例，卖方能够分走所节省成本的20%，即10万元，所以买方需要支付的总费用为350+100+10=460万元，因此卖方的实际利润是460-350=110万元。

当实际成本为450万元时，根据分摊比例，卖方需要承担超出目标成本部分的20%，即10万元，所以买方理论上应支付给卖方的费用为450+100-10=540万元，但是考虑到双方在合同中约定的最高限价为520万元，那么买方只会实际支付卖方520万元，而20万元差额则由卖方自己承担。于是卖方的最终利润为520-450=70万元。

需要注意：第一，在计算时请站在卖方的角度去思考，更易于理解计算过程；第二，计算公式：总价（买方应支付的费用总数）= 实际成本 + 目标利润 +（目标成本 − 实际成本）× 卖方应承担的比例；第三，注意最高限价的限制。

③总价加经济价格调整合同（Fixed Price with Economic Price Adjustment Contract，FPEPA）。这种合同适用于卖方履约期较长或价款支付涉及不同货币的情况。尽管它属于总价合同的范畴，但特别之处在于包含了允许根据特定条件变化对合同价格进行最终调整的条款。这些条件可能包括通货膨胀、某些特定商品的成本变动等，调整方式在合同中事先确定。

（2）成本补偿合同。

成本补偿合同基于卖方完成工作的实际合法成本（即可报销成本）进行结算，并附加一笔费用作为卖方的利润回报。这类合同适用于工作范围预计会在合同执行期间发生显著变更的情况，深受卖方喜欢。成本补偿合同可细分为以下类型：

①成本加固定费用合同（Cost Plus Fixed Fee Contract，CPFF）。在此类合同中，卖方将收到其履行合同过程中产生的所有可列支成本的报销，并额外获得一笔固定费用。这笔固定费用通常是基于项目初始估算成本的一个固定百分比来计算的，除非项目范围发生变动，否则费用金额将保持不变。

例如：A公司为B公司提供产品，他们签订了成本加固定费用合同，合同规定了130

万元的目标成本，利润10%，项目实际成本为140万元，则B公司应该支付多少钱？因为没有特殊情况说明，根据成本加固定费用合同，B公司应该全额支付实际成本以及约定利润，即140+130×10%=153万元。

②成本加激励费用合同（Cost Plus Incentive Fee Contract，CPIF）。在这种合同安排下，卖方同样会得到其履行合同产生的所有可列支成本的报销。但当卖方达到合同规定的绩效目标时，还将获得预先约定的激励费用。若最终成本低于或高于原始估算成本，买方和卖方将依据事先商定的成本分摊比例共同分享节约部分或分担超支部分。例如，根据卖方的实际成本情况，可能按照80/20的比例来分担（分享）超出（低于）目标成本的部分。

例如：成本加激励费用合同约定目标成本15万元，费用1.5万元，分摊比例80/20，而实际成本14万元，利润多少？总价多少？

因为是成本加激励费用合同，利润为1.5+（15−14）×20%=1.7万元，成本实报实销，因此总价则为14+1.7=15.7万元。

有的时候买卖双方会约定利润的上下限。

例如：成本加激励费用合同约定目标成本10万元，费用2万元，分摊比例80/20，利润最高3万元，最低1.5万元，而实际成本15万元，则利润多少？总价多少？

首先计算利润值为2+（10−15）×20%=1万元，因为低于合同约定的利润下限，则买方仍应支付卖方利润1.5万元，合同总价则等于15+1.5=16.5万元。

请记住公式：利润 = 目标利润 +（目标成本 − 实际成本）× 卖方应当承担比例。

③成本加奖励费用合同（Cost Plus Award Fee Contract，CPAF）。此类合同为卖方报销所有合法成本，但奖励费用的支付则基于卖方是否满足合同中规定的某些较为笼统和主观的绩效标准。奖励费用的具体金额完全由买方根据其对卖方绩效的主观判断来决定，并且通常不允许申诉。

（3）工料合同。

工料合同（Time and Material Contract，T&M），又称时间和材料合同，是一种融合了成本补偿合同与总价合同特性的混合合同形式。此类合同通常适用于那些无法迅速制定详细工作说明书的场景，特别是在需要迅速扩充人员、聘请专业顾问或寻求外部专业支持的情况下尤为适用。通常情况下，组织会要求在工料合同中规定最高价值与时间限制，以防止成本无限增加。

举例来说，假设某科技公司正在开发一款创新产品，由于项目技术难度较大，且时间紧迫，无法在短时间内完成详尽的工作说明书。此时，公司可能需要聘请外部专家团队协助完成关键技术环节的研发工作。在这种情况下，采用工料合同将是一种理想的选择。通过与外部专家团队签订工料合同，公司可以根据项目的实际进展和需要，灵活调整人员配置和费用支出，确保项目能够顺利进行。

通过工料合同，科技公司能够在确保项目顺利进行的同时，避免因为工作说明书不完善而带来的潜在风险。同时，外部专家团队也能根据项目的实际需求，提供针对性的专业支持，实现资源的优化配置。这种合同形式不仅提高了项目的灵活性和适应性，也促进了双方之间的合作与共赢。

最后，梳理一下选择合同的思路：从范围的角度来看，如果范围明确，设计详细，则适宜采用总价合同；相反如果范围不清，则适合使用成本补偿合同或工料合同。从风险的角度来看，如果是甲方承担风险更多，则采用成本补偿合同；如果是乙方承担的风险更多，则采用总价合同；如果是双方共同承担相近的风险，则采用工料合同。不同细分合同类型与甲乙双方的风险之间的关系如图12-1所示。

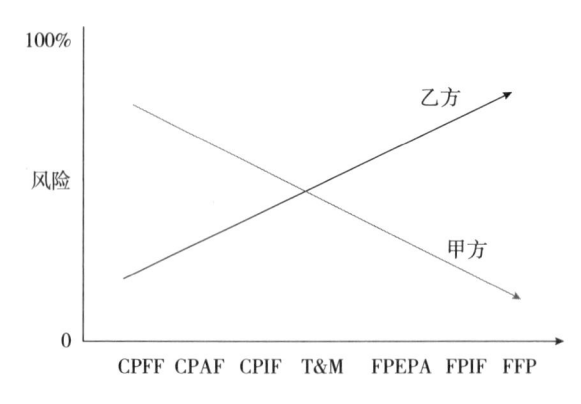

图12-1 不同合同类型对于甲方和乙方风险大小示意图

二、主要工具与技术

1. 专家判断

在规划采购管理的过程中，为确保决策的科学性和合规性，应积极征求具备相关专业知识或接受过相关培训的个人或小组的意见。这些专业知识或培训领域包括：采购与购买领域的知识、合同类型和合同文件方面的知识、法规及合规性方面的知识。

2. 数据收集

数据收集技术包括市场调研等工具与技术。市场调研不仅涵盖对行业的整体状况的考察，还涉及对具体供应商能力的评估。采购团队通过参与会议、分析在线评论以及从其他多样化渠道获取的信息，全面把握市场动态。采购团队还可以根据市场调研结果，灵活调整采购目标，以在权衡与能够供应所需物资或服务的供应商范围相关的风险时，利用现有成熟技术。

3. 自制或外购分析

为了判定某项工作或可交付成果是应由项目团队自主完成还是选择外部采购，需进行自制或外购分析。在进行这一决策时，应考量的因素包括：组织当前的资源配置、技能水平及能力状况，对专业技术的需求，对永久雇佣责任的规避意愿，以及对特定技术专长的渴求。此外，还需评估与每一自制或外购决策相关的潜在风险。

在进行自制或外购分析时，可应用回收期分析、投资回报率（ROI）计算、内部收益率（IRR）评估、现金流贴现分析、净现值（NPV）计算、收益成本分析（BCA）等多种分析技术，以判断某种货物或服务是更适合在项目内部自制，还是从外部市场中采购。

4. 供方选择分析

在确定采购的选择方法之前，对项目竞争性需求的优先级进行审查至关重要。鉴于竞争性选择方法可能要求卖方在项目前期就投入大量的时间和资源，因此，应在采购文件中写明评估方法，让投标人明确了解他们将被如何评估。以下选择方法尤为常用：

（1）最低成本法。最低成本法通常适用于标准化或常规采购。

（2）仅凭资质。这种方法适用于采购价值小或不值得投入大量时间和成本进行完整选择过程的情况。买方会先确定一个短名单，然后基于可信度、相关资质、经验、专业知识、专长领域和参考资料等因素来选出最佳的投标者。

（3）基于质量或技术方案评分。首先邀请多家公司提交包含技术细节和成本预算的建议书。经过初筛，确认技术建议书的可行性后，再邀请相关公司进行合同谈判。在谈判前，对技术建议书的质量进行评估，选择技术方案评分最高的供应商作为首选。若谈判结果显示其财务建议书同样符合要求，则最终选定该供应商。

（4）质量与成本的综合考量。除了技术方案，成本也是选择供应商时不可忽视的因素。特别是当项目存在较高风险或不确定性时，质量的考量相对于成本可能更为关键。

（5）唯一供应商。也称独有来源法，由于缺乏竞争，通常只在特定情况下采用，且必须有充分的理由。在此情形下，买方直接要求特定的供应商准备技术和财务提案，并与之进行谈判。

（6）固定预算法。此方法要求在邀请建议书时，向潜在供应商明确披露预算限制。在预算范围内，选择技术建议书评分最高的供应商。由于成本限制，供应商可能需要调整建议书中的工作范围和质量以符合预算要求。买方需确保预算与工作说明书相符，并确信供应商能在预算内完成所需任务。此方法适用于工作说明书明确、预期无变更，且预算固定不可超支的情况。

三、主要输出

1. 采购管理计划

采购管理计划包含采购过程中所需开展的一系列活动。该计划应详细记录是否实施国际竞争性招标、国内竞争性招标或当地招标等策略。若项目资金源于外部资助，资金来源及其可用性需与采购管理计划和项目进度计划保持一致。

采购管理计划的内容可涵盖多个方面：

（1）如何有效协调采购活动与项目的其他关键环节，例如项目进度计划的制定与控制。

（2）关键采购活动的进度表。

（3）针对合同管理而设定的采购衡量指标。

（4）明确与采购活动相关的各方角色与职责，当执行组织设有采购部门时，需界定项目团队的权限与限制。

（5）可能影响采购工作的限制因素与假设前提。

（6）涉及司法管辖权的考量及付款货币的选择。

（7）是否需要编制独立的成本估算，是否应将其作为评价供应商的依据。

（8）风险管理事项，旨在降低项目潜在风险。

（9）预先筛选并确认合格的供应商名单（若存在）。

采购管理计划的详细程度可根据每个项目的实际需求进行调整，既可以是正式且详尽的，也可以是非正式和概括性的。

2. 采购策略

完成自制或外购分析后，若决定从项目外部渠道进行采购，则必须精心策划一套采购策略。此策略应详尽规定项目交付方式、具备法律约束力的协议类型，以及推动采购进程的具体措施。

首先，关于交付方法，专业服务项目和建筑施工项目应分别采用不同的策略。专业服务项目的交付方式可包括买方或服务提供方不得分包、允许分包、设立合资企业或仅作为代表等模式。而工业或商业施工项目的交付方式则更为多样，包括但不限于交钥匙式、设计—建造、设计—招标—建造、设计—建造—运营、建造—拥有—运营—转让等。

其次，合同支付类型的选择并不直接与项目交付方式相关，而应与采购组织的内部财务系统相匹配。支付类型多种多样，包括但不限于总价、固定总价、成本补偿、成本加奖励费用、成本加激励费用、工料、目标成本等。总价合同通常适用于工作类型明确、需求清晰且不易变更的情况；成本补偿合同则更适用于工作范围不断变化、需求模糊或可能频繁变更的场景；而激励和奖励费用的设置则有助于协调买方和卖方的共同目标。

最后，采购策略还应涵盖与采购阶段相关的信息。这包括采购工作的具体安排和阶段划分、各阶段的描述和目标、采购绩效指标和里程碑的设定、阶段过渡的标准、采购进展的监督和评估计划，以及知识在不同阶段间的传递过程。这些要素共同构成了一个完整、系统的采购策略，以确保采购工作的顺利进行。

3. 招标文件

招标文件旨在向潜在的卖方征集建议书。当价格成为选择卖方的主要考量（如购买商业或标准产品时），通常使用标书、投标或报价等术语；而当技术能力或技术方法成为关键因素时，则倾向于使用建议书等术语。行业或采购地点的不同也可能导致采购术语的差异。

针对所需货物或服务的不同，招标文件可以表现为信息邀请书、报价邀请书、建议邀请书或其他适用的采购文件。以下是使用不同文件的条件：

首先，当需要卖方提供关于拟采购货物和服务的更多信息时，会采用信息邀请书（RFI）。此后，往往会结合使用报价邀请书或建议邀请书。

其次，报价邀请书（RFQ）适用于需要供应商提供关于如何满足需求以及所需成本的详细信息的情况。

最后，当项目中出现问题且解决方案不明确时，就使用建议邀请书（RFP）。这是最为正式的"邀请书"文件，必须严格遵守与内容、时间表以及卖方应答相关的严格采购规则。

买方所制定的采购文件不仅应便于潜在卖方作出准确、完整的应答，还需便于买方对卖方的应答进行评估。这些文件通常包括规定的应答格式、相关的采购工作说明书以及所需的合同条款。

采购文件的复杂性和详细程度应与其采购价值及相关的风险相匹配。文件既需包含足够详细的信息，以确保卖方能够作出一致且适当的应答，又需保持足够的灵活性，以便卖方在满足相同要求的前提下提出更优的建议。

4. 采购工作说明书

基于项目范围基准，每次采购活动均需制定相应的工作说明书（SOW），旨在明确界定将纳入相关合同的具体项目范围部分。工作说明书应详尽描述拟采购的产品、服务或成果，以确保潜在卖方能够准确评估自身是否具备提供所需产品、服务或成果的能力。根据采购品的特性、买方的具体需求，以及计划采用的合同类型，工作说明书的详细程度将有所差异。工作说明书的内容涵盖规格、所需数量、质量标准、绩效指标、履约期限、工作地点等关键要素，以及其他相关要求。

采购工作说明书应力求清晰明了、内容全面且表达简洁。它不仅要详细阐述所需的各项服务，比如绩效报告的提交以及对采购物品后续运营的支持等，还需在采购流程中根据实际需求适时调整和完善工作说明书，直至其成为最终签署协议的重要组成部分。

此外，对于服务采购而言，有时也会采用"工作大纲（TOR）"这一术语。该术语或文档与工作说明书相似。

5. 供方选择标准

在确定评估标准时，买方应致力于确保所选出的建议书能够提供最佳质量的所需服务。供方选择标准通常可包括：

（1）供方的能力和潜能，以评估其是否具备完成项目的实力与未来发展潜力。
（2）产品成本和生命周期成本，以全面评估供方的成本效益。
（3）交付日期，确保供方能够按时交付成果。
（4）技术专长和方法，能够反映供方的技术实力与创新能力。
（5）具体的相关经验，能够体现其在类似项目中的表现。
（6）用于响应工作说明书的工作方法和工作计划，以评估其执行能力与规划能力。
（7）关键员工的资质、可用性和胜任力。
（8）公司的财务稳定性，能够反映供方的经济实力与风险承受能力。
（9）管理经验。
（10）知识转移计划，包括培训计划，也是评估供方综合实力的重要考量因素。

6. 自制或外购决策

在项目的执行过程中，项目团队需通过细致的自制或外购分析，以决定某项特定工作是由项目团队自行完成，还是选择从外部渠道进行采购。这一决策过程至关重要，它直接关系到项目的成本、进度和质量。

7. 独立成本估算

对于大型采购项目，采购组织可以自主进行独立成本估算，或者聘请外部专业估算师进行成本预测。这些估算结果可以作为评价卖方报价的重要参照标准。如果独立估算与卖方报价之间存在显著差异，可能意味着采购工作说明书存在不足或表述模糊，或者潜在卖方对采购工作说明书的理解存在偏差，未能全面响应其中的要求。

8. 变更请求

采购决策往往涉及货物、服务或资源的变动，这些变动可能会引发变更请求。同样，规划采购期间的其他决策也可能导致变更请求的产生。这些变更请求可能涉及对项目管理计划及其子计划和其他组件的修改，进而影响采购行为。因此，应通过实施整体变更控制过程，对变更请求进行严格的审查和处理，确保项目的顺利进行。

第三节　实施采购

采购的实施涉及多个关键步骤，包括获取卖方的应答、从众多应答者中选择合适的卖方，并最终与之签订法律协议。该过程的作用是，筛选出合格的卖方，并与他们达成关于货物或服务交付的正式合同。该过程的最终成果体现为双方签署的具有法律效力的协议，这些协议通常以正式合同的形式呈现。

一、主要输入

1. 采购文档

采购文档是指一系列用于达成法律协议的书面文件，其中可能包含项目启动前已有的历史文件。

招标文件。招标文件包括向卖方发送的信息邀请书、建议邀请书、报价邀请书等，旨在使卖方能够编制出符合要求的应答文件。

采购工作说明书（SOW）。采购工作说明书是向卖方明确阐述项目目标、需求及预期成果的关键文件，它有助于卖方准确理解并量化其应答内容。

独立成本估算。独立成本估算可由内部或外部人员完成，主要用于评估投标人提交的建议书的合理性，从而确保采购决策的科学性和经济性。

供方选择标准。供方选择标准则是评估投标人建议书的重要依据，它详细描述了评估的标准和权重，有助于买方在众多投标人中选出最合适的合作伙伴。为了降低潜在风险，买方可能会选择与多个卖方签署协议。这种做法的目的是在单个卖方出现问题并可能对整个项目造成不良影响时，能够有其他卖方作为备选，从而降低由此带来的损失。

2. 卖方建议书

卖方建议书是指卖方针对采购文件包所编制的具体建议方案，其中所包含的核心信息将作为评估团队筛选投标人（卖方）的重要依据。在提交建议书时，若卖方包含价格建议，建议其将价格部分与技术建议分开呈现，以便于评估团队进行更为精准的评估。评估团队将依据供方选择标准，对每一份卖方建议书进行细致审查，旨在挑选出最能够满足采购组织实际需求的卖方。

3. 事业环境因素

影响实施采购过程的事业环境因素包括但不限于：（1）与采购相关的当地法律法规，特别是那些要求主要采购活动需与当地卖方合作的法规；（2）外部经济环境对采购过程的制约；（3）市场条件的变化；（4）以往与卖方合作的历史经验，既包括成功的案例也包括失败的教训；（5）先前使用过的协议模板；（6）合同管理系统等。

4. 组织过程资产

组织过程资产也会对采购过程的实施产生影响，包括但不限于：（1）预先审查并合格的优先卖方清单；（2）组织内部关于卖方选择的政策；（3）组织内部关于协议起草及签订的标准化模板或操作指南；（4）涉及付款申请和支付流程的财务政策和程序等。

二、主要工具与技术

为了便于理解和记忆，可以将实施采购的主要工具与技术简单地概括为"招、投、评、授"四个字，下面来逐一阐述。

1. 广告

首先，"招"字对应的就是广告。广告作为一种沟通方式，旨在将产品、服务或成果的信息传递给用户或潜在用户。通过在大众出版物，如特定报纸或专业行业出版物上发布广告，可以有效地扩大潜在的卖方群体。此外，多数政府机构都遵循公开透明的原则，要求发布采购广告或在网络上公示即将签署的政府合同信息，以确保公平竞争和广泛参与。

2. 投标人会议

"投"字指的是在乙方（潜在供应商）投标之前，甲方需要开一个投标前会议。投标前会议（亦称承包商会议、供应商会议或投标人会议）是在潜在卖方正式提交建议书之前，由买方组织并召集所有潜在卖方参与的一次重要会议。这次会议的主要宗旨在于确保所有潜在投标人均能对采购要求有清晰且统一的认识，并保障在投标过程中无任何投标人享有特殊待遇或优待，以此维护公正、公平的竞争环境。可以运用或借助相关具体技术来促进公平，例如在召开会议之前就收集投标人的问题或安排投标人考察现场。

3. 建议书评估

在召开投标人会议之后，就该"评"了。"评"字指的就是建议书评估。此工具技术涉及对建议书进行深入评估，旨在确认其是否对招标文件包中的各项内容，包括招标文件、采购工作说明书、供方选择标准及其他相关文件，均作出了全面且详尽的回应。对于复杂的科技项目采购，如果要给予卖方对既定加权标准的响应情况来选择卖方，则应该根据买方的采购政策，规定一个正式的建议书评审流程。这里加权系统指的是把定性数据加以量化，以减少个人偏见对卖方选择的影响的方法。

4. 采购谈判

最后则是"授"字，"授"字指的是在授予合同前，还要和卖方进行一个采购谈判。谈判旨在达成共识的讨论过程，尤其在采购领域，这一行为至关重要。采购谈判特指在合同正式签署之前，双方就合同框架、各自权益及其他关键条款展开深入交流，以消除分歧、明确细节，并共同商定最终内容。最终形成的文件措辞应准确反映双方经过协商后达成的全面共识。谈判的圆满结束以签署一份对买方和卖方均具有法律约束力的合同文件或其他正式协议为标志。

在谈判过程中，通常由采购团队中拥有合同签署权限的成员担任主导角色。同时，项目经理及项目管理团队的其他成员也可积极参与谈判，提供必要的信息支持和专业建议，以确保谈判的顺利进行和最终结果的满意达成。

三、主要输出

在"招、投、评、授"全部完成之后，就得到实施采购这个过程的主要输出。

1. 选定的卖方

经过对建议书或投标文件的细致评估，确定了具备最高竞争力的投标人作为选定卖方。在涉及复杂度高、价值大且风险较高的采购项目时，为确保决策的科学性和准确性，买方会在正式授予合同之前，将选定的卖方提交至组织的高级管理层进行审批。这一步骤旨在确保采购决策的合规性和有效性，同时降低潜在的风险。

2. 协议

这里协议通常指的就是采购合同。合同是一份具有法律约束力的协议，旨在明确买卖双方的权利与义务。它要求卖方必须按照约定提供特定的产品、服务或成果，而买方则需向卖方支付相应的报酬。通过签订合同，买卖双方建立起一种受法律保护的关系。

协议文本的内容丰富多样，包括但不限于以下几个方面：（1）详细阐述采购工作说明书或主要可交付成果的具体要求；（2）明确进度计划、关键里程碑以及计划中的关键日期；（3）规定绩效报告的内容和提交频率；（4）确定定价机制、支付方式及相关条款；（5）制定检查流程、质量标准和验收程序；（6）提供担保和后续产品支持的具体安排；（7）设定激励和惩罚措施以促进合同履行；（8）规定保险和履约保函的要求；（9）明确对下属分包商的批准流程；（10）列明合同的一般条款和条件；（11）规定变更请求的处理机制以及明确终止条款和替代争议解决方法。

第四节 控制采购

控制采购是一个复杂的过程，它涵盖了管理采购关系、监督合同绩效、实施必要的变更和纠偏，以及最终关闭合同的一系列活动。该过程的核心作用在于确保买卖双方严格履行法律协议，从而满足项目的实际需求。

买方和卖方在管理采购合同时均持有相似的目标，即确保双方能够忠实履行各自的合同义务，同时保障各自的合法权益不受侵犯。由于合同关系具有法律约束力，项目管理团队必须深刻理解在控制采购过程中所采取的任何行动可能带来的法律后果。特别是在涉及多个供应商的大型项目中，合同管理的一个关键方面便是协调和管理各供应商之间的信息交流。

鉴于合同的法律重要性，许多组织将合同管理视为独立于项目之外的一种组织职能。尽管采购管理员可能是项目团队的重要成员，但他们通常还需向另一职能部门的经理报告工作。

在控制采购的过程中，需要将适当的项目管理过程应用于合同关系，并整合这些过程的输出，以便对项目进行整体管理。当涉及多个卖方以及多样化的产品、服务或成果时，这种整合往往需要在多个层级上进行。

合同管理活动可能包括收集和管理项目数据，如维护实体和财务绩效的详细记录，并设立可测量的采购绩效指标；完善采购计划和进度安排；建立与采购相关的项目数据收集、分析和报告机制，并定期为组织编制报告；监督采购环境，以便适时调整实施策略；以及按照合同规定向卖方支付款项。

控制措施的质量，特别是采购审计的独立性和可信度，对于采购系统的可靠性至关重要。此外，组织的道德规范、内部法律顾问和外部法律咨询，包括持续的反腐计划，都是实现有效采购控制的重要支撑。

在控制采购的过程中，财务管理是一项关键任务，其中包括监督向卖方的付款过程。这旨在确保合同中的支付条款得到严格执行，并将付款与卖方的工作进展紧密相连。特别需要注意的是，付款应紧密关联卖方实际完成的工作量。若合同规定基于项目输出及可交付成果来支付款项，而非基于项目输入（如工时），那么采购控制将更为高效。

在合同收尾之前，双方可根据协议中的变更控制条款达成共识，对协议进行必要的修改。通常，这些修改应以书面形式记录，以确保合同内容的准确性和可追溯性。

一、主要输入

1. 协议

协议是双方基于共同意愿和利益所达成的谅解，其核心内容在于明确各方所承担的义务，并促进双方对这些义务有一致的理解。为了确保协议的顺利执行，对照相关协议条款和条件进行遵守情况的确认显得尤为重要。

2. 采购文档

采购文档涵盖了全面且详尽的支持性记录。这些记录包括但不限于工作说明书、支付信息、承包商工作绩效信息、计划、图纸以及其他往来函件。

3. 批准的变更请求

批准的变更请求可能包括对合同条款和条件的修改，如修改采购工作说明书、定价、对产品、服务或成果的描述等。和采购相关的任何变更，在通过控制采购过程实施之前，都需要以书面形式正式记录，并取得正式批准。在复杂的项目中，变更请求可能由参与项目的卖方提出，并对参与项目的其他卖方造成影响。项目团队应该有能力去识别、沟通和解决可能影响多个卖方的工作的变更。

二、主要工具与技术

1. 索赔管理

如果买卖双方在变更补偿问题上无法达成共识，或对于变更是否发生存在异议，那么所请求的变更将被视为有争议的变更或潜在的推定变更。这类具有争议的变更通常被称为

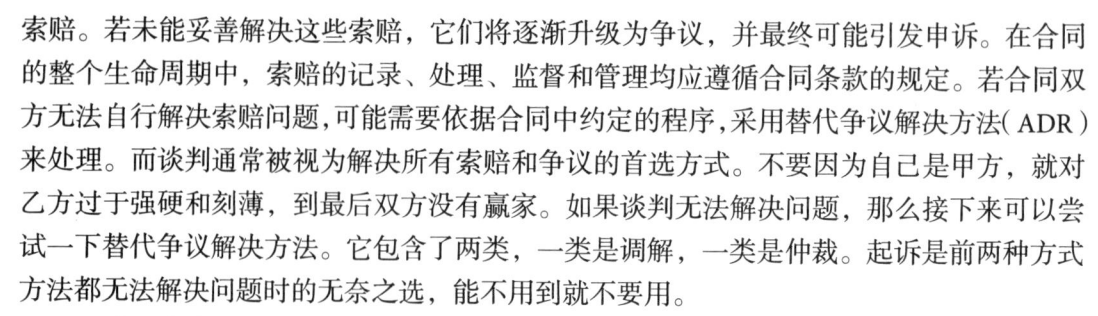

索赔。若未能妥善解决这些索赔，它们将逐渐升级为争议，并最终可能引发申诉。在合同的整个生命周期中，索赔的记录、处理、监督和管理均应遵循合同条款的规定。若合同双方无法自行解决索赔问题，可能需要依据合同中约定的程序，采用替代争议解决方法（ADR）来处理。而谈判通常被视为解决所有索赔和争议的首选方式。不要因为自己是甲方，就对乙方过于强硬和刻薄，到最后双方没有赢家。如果谈判无法解决问题，那么接下来可以尝试一下替代争议解决方法。它包含了两类，一类是调解，一类是仲裁。起诉是前两种方式方法都无法解决问题时的无奈之选，能不用到就不要用。

2. 绩效审查

绩效审查是一项至关重要的工作，它涉及对质量、资源、进度和成本绩效进行全面、细致的测量、比较和分析。这一过程主要是通过与协议内容进行对比，来深入评估合同工作的实际执行效果。绩效审查的内容涵盖了多个关键方面，如评估工作包是否按计划进度提前或滞后，分析项目成本是否超出或低于预期预算，以及检查是否存在资源分配不当或质量问题。通过系列审查活动，能够全面把握合同工作的绩效状况，为后续的决策和优化提供有力支持。这个工具可以理解为"查过程"。

3. 检查

检查是指对承包商正在执行的工作进行系统性、结构化审查的过程。这一过程可能包括对可交付成果的基础性审核，以及对工作实施情况的实地细致考察。特别是在施工、工程和基础设施建设项目中，检查环节尤为关键，它通常涉及买方与承包商共同进行现场的联合巡检。这种联合巡检旨在确保双方对正在进行的工作进展有清晰、一致的认识，从而及时发现问题、解决问题，并推动项目顺利进行。通过这一系列的审查活动，能够有效提升项目的质量，确保工作的顺利进行，并为项目的最终成功奠定坚实基础。这个工具可以理解为"查结果"。

4. 审计

审计是对采购过程的结构化审查，旨在确保采购活动的合规性、有效性和效率。在采购合同中，应明确界定与审计相关的权利和义务，以确保审计工作的顺利进行。甲乙方的项目经理均应对审计结果保持高度关注，以便根据审计发现的问题和建议，对项目进行调整和优化。通过关注审计结果，项目经理能够掌握项目的实际执行情况，及时发现并纠正潜在问题，从而推动项目的顺利进行。通常，可以把它简单地理解为甲方对自己整个采购过程的审计，自己反思一下有没有什么经验教训可以总结的，以便给未来的采购提供经验教训。

三、主要输出

控制采购这一过程的输出主要是采购关闭。在采购活动的最后阶段，甲方通常会通过其授权的采购管理员，向卖方发出正式的书面通知，宣告合同已完成。这一环节标志着采购过程的正式结束。为了确保采购活动的顺利进行和圆满结束，合同条款和条件中通常会明确规定正式关闭采购的具体要求，这些要求也会被纳入采购管理计划中。

一般而言，正式关闭采购的要求包括但不限于以下几个方面：首先，卖方必须按照合同规定的时间、质量和技术要求，交付全部的可交付成果。这是衡量采购活动成功与否的关键指标之一。其次，双方应确保没有未决的索赔或发票问题，以避免后续纠纷的发生。最后，全部最终款项必须已经付清，以确保合同的经济利益得到完全实现。

在关闭采购之前，项目管理团队需要审查并批准所有的可交付成果，确保其符合合同要求和预期标准。通过遵循合同条款和条件，以及采购管理计划中的规定，买方和卖方可以共同确保采购活动的顺利结束。

合同提前终止是结束采购的特例，包含以下三种情况：

（1）合同可由双方协商一致而提前终止。

（2）合同可能因一方违约而提前终止。

（3）合同可能因甲方的便利而提前终止（需合同中有相关的规定）。

如果合同提前终止，应对该合同中已经完成和验收的工作支付报酬，对乙方为该合同所做的准备工作给予补偿。

思考题

单项选择题（每题 4 个选项，只有 1 个是正确的，将正确的选项号填入括号内）

1. 到目前为止，项目进展顺利，任命了一名新项目经理，但与供应商对已完成工作的金额和价格存在分歧。项目经理应查阅哪一份文件确定已完成的工作？（   ）

　　A. 工作说明书

　　B. 协商合同

　　C. 采购计划

　　D. 继续进行的通知

2. 高级管理层要求项目团队将外包作为项目管理计划的组成部分。项目成员定义了一个外包区域。为了确保所有潜在的供应商对采购拥有明确的共识，项目经理应执行下列哪项工作？（   ）

　　A. 请求卖方建议书

　　B. 起草采购合同

　　C. 召开投标人会议

　　D. 将项目管理计划提供给所有供应商

3. 某组织签发了建议邀请书，并且作为谈判的一部分，目前正在评估现有方案。这是什么过程？（   ）

　　A. 规划采购管理

B. 控制采购

C. 估算成本

D. 实施采购

4. 在采购计划过程中，项目发起人指示项目经理必须创建一份具有最低风险的采购计划。下列哪一个合同类型表明买方风险最低？（   ）

A. 成本加激励费用合同

B. 总价加激励费用合同

C. 成本加固定费用合同

D. 工料合同

5. 在获得项目资源过程中，当无法快速定义一个精确的工作说明书时，下列哪一种合同类型更适用？（   ）

A. 成本加奖励合同

B. 固定总价合同

C. 工料合同

D. 成本加激励费用合同

6. 一个国际项目团队分布在四个国家。其中一个外包团队签订的是固定总价合同，不能满足项目时间线并交付承诺的质量。技术团队估算延迟 12 个星期。项目经理应该怎么做？（   ）

A. 重新谈判合同

B. 启动项目变更请求

C. 更新预测

D. 更新项目管理计划

7. 一家公司没有足够的内部资源来交付一个项目设计，因此，公司决定外包一部分。为确保项目的外包成本保持在预算范围内，公司应使用哪种合同类型？（   ）

A. 成本补偿合同

B. 固定总价合同

C. 工料合同

D. 成本加固定费用合同

8. 新项目经理管理一个涉及机械采购的项目。一名同事曾经在类似项目上与一个供应商合作过，而类似项目发生过一个重大问题，以至于延迟机械交付。项目经理与该同事会面询问该供应商的有关问题。项目经理执行的是哪项活动？（   ）

A. 规划采购

B. 规划风险管理

C. 列出供应商清单

D. 规划进度

9. 允许合同在完成之前由双方终止的条件称为下列哪一项？（   ）

A. 项目管理计划

B. 协商解决

C. 终止条款

D. 工作说明书

10. 在一个施工项目中，项目经理希望外包该施工场地的围墙。潜在供应商被邀请参加一个会议。采购公司的设计师准备修建围墙的成本估算，这个信息未在潜在供应商中分享。下列什么工具应该被用于执行采购？（ ）

A. 独立估算

B. 建议书评估技术

C. 专家判断

D. 筛选系统

11. 在项目收尾期间，供应商未履行提交强制性文档的合同义务，最终导致纠纷。若要解决与供应商的纠纷，项目经理应该怎么做？（ ）

A. 与该供应商谈判

B. 在项目文件中记录该纠纷

C. 在法院中解决该纠纷

D. 采取其他纠纷解决方案

12. 项目经理正在规划一个与之前已完成项目的范围类似的战略项目。当前项目使用业务合作伙伴提供的经验丰富人员，项目经理必须决定如何准备成本估算。项目经理首先该怎么做？（ ）

A. 使用卖方投标分析

B. 参考采购管理计划

C. 使用专家判断，以及组织知识库的支持

D. 参考之前项目的经验教训

13. 项目经理收尾一个项目，该项目包含多个承包商作为团队组成部分。项目经理也通知了项目团队的合同经理。为了进行正确的合同收尾，项目经理应该确保更新下列哪一项？（ ）

A. 经验教训、可交付成果验收和采购文件

B. 经验教训、可交付成果验收、预算和项目文档

C. 经验教训、预算和项目文档

D. 经验教训、可交付成果验收、预算和绩效

参考答案：
单项选择题：1. B，2. C，3. D，4. B，5. C，6. B，7. B，8. A，9. C，10. A，11. A，12. D，13. A

第十三章　科技项目干系人管理

第一节　科技项目干系人管理概述

科技项目干系人管理是指在科技项目中，对各种利益相关者进行识别、分析、沟通和协调的过程，旨在最大限度地满足干系人的需求和期望，确保项目能够顺利实施并达到预期的目标和效益。

一、科技项目干系人管理的重要性

1. 确保项目顺利实施

科技项目的实施往往涉及众多干系人，包括项目发起人、投资者、研发团队、供应商、客户等。对这些干系人的有效管理，可以确保各方对项目的期望、目标和约束有明确的认识和认同，从而减少矛盾和冲突，确保项目顺利进行。

2. 提高项目管理效率

通过对干系人的需求、期望和影响进行深入分析，可以更好地分配资源、优化工作流程和提高项目管理效率。例如，对供应商进行有效管理，可以确保物资和服务的及时供应，降低采购成本；对客户进行有效管理，可以更好地满足客户需求，提高客户满意度。

3. 降低项目风险

干系人的有效管理有助于降低项目风险。例如，及时识别和应对干系人的反对或质疑，可以避免或减轻项目过程中的障碍和阻力。同时，对干系人的需求和期望进行管理，可以预防或减轻项目过程中的变更和调整，降低项目成本和风险。

4. 增强团队凝聚力

通过与干系人的有效沟通和协作，可以建立互信、合作和共赢的关系，增强团队的凝聚力和向心力。这种关系不仅能提高团队成员的工作积极性和满意度，还能促进团队成员之间的知识分享和创新合作。

5. 提升组织形象和品牌价值

通过与干系人的有效沟通和合作，组织可以展示其专业能力、诚信和价值观，从而提升其在市场和社会中的形象和品牌价值。例如，对投资者进行有效管理，可以增强投资者对组织的信任和支持；对公众进行有效管理，可以提高公众对组织的认知度和好感度。

二、科技项目干系人管理的主要过程

（1）识别干系人——对科技项目中可能受到影响或对项目结果产生影响的各种干系人进行识别，并对各种干系人的利益、权力、态度等进行分析的过程。

（2）规划干系人管理——基于对干系人的识别和分析，制定干系人管理计划，包括明确沟通和协调的方式和频率、干系人参与决策的机制、解决利益冲突的方法等的过程。

（3）管理干系人参与——根据制定的干系人管理计划，积极地与各种利益相关者进行沟通、协调和合作，确保他们对项目的支持和参与的过程。

（4）控制干系人参与——持续地监控各种利益相关者的参与和态度变化，及时调整干系人管理策略，以确保项目在干系人的支持和合作下顺利实施的过程。

第二节　识别干系人

识别干系人是对科技项目中可能受到影响或对项目结果产生影响的各种干系人进行识别，并对各种利益相关者的利益、权力、态度等进行分析的过程。

一、干系人及其分类

科技项目干系人是指积极参与科技项目或其利益会受到科技项目执行或完成情况影响的个人或组织，还包括那些坚信自己是干系人的群体，这一群体认为他们会受项目的工作或结果的影响。

干系人包括但不限于以下几类：

内部干系人：包括项目团队成员、项目发起人、项目管理团队等直接参与或受项目影响的内部人员。

外部干系人：包括客户、用户、供应商、合作伙伴、竞争对手、政府监管机构、行业组织等外部实体或组织，他们可能受到项目影响或对项目有利害关系。

二、干系人分析

系统收集和分析各种定量与定性信息，确定应考虑哪些人的利益。识别出干系人及其利益、期望和影响并与项目目的联系。

1. 干系人分析步骤

（1）识别所有潜在干系人及其相关信息。

（2）识别干系人的影响，并分类和排序。

（3）评估关键干系人在各种情况下的可能出现的反应，策划对其施加影响（提高支持/降低负面影响）（表13-1）。

表13-1 干系人的识别与分析示例

干系人名称	组织/部门	角色和职责	利益、需求和期望	影响力和权力
客户公司A	客户公司	项目发起人	期望高质量产品交付	高影响力，控制项目资金
供应商B	供应商	产品供应商	期望合理的合同条件	有一定影响力，控制产品供应
项目团队成员A	内部团队	项目经理	期望合理的工作安排和待遇	对项目执行有直接影响
政府监管部门	政府机构	监管部门代表	期望项目符合法律法规	具有监管权力
竞争对手公司C	竞争对手	行业经理	期望项目不成功	有一定影响力，可能采取竞争手段

2. 干系人分类模型

干系人分类模型是项目管理中用于管理干系人的工具。以下是一些常见的干系人分类模型：

1）权力/利益方格

这种模型基于两个维度进行分类，一个是干系人的职权级别（权力），另一个是对项目成果的关心程度（利益）。根据这两个维度，可以将干系人分为四个类型：重点管理、令其满意、及时告知和保持关注。这种模型适用于小型项目和干系人与项目的关系较简单的情况（图13-1）。

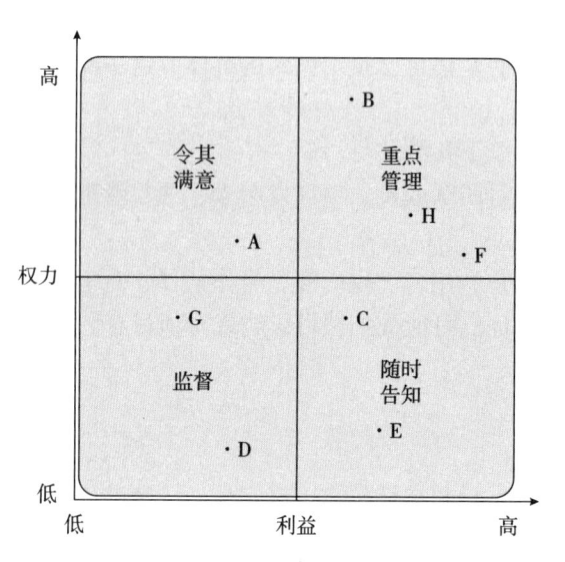

图13-1 干系人权力/利益方格示例

2）权力/影响力方格

这个模型与权力/利益方格类似，利益换成了对项目成果的影响能力（影响力）这一维度。通过这个模型，可以将干系人分为不同的类型，并根据其影响力和权力水平采取相应的管理策略。

3）干系人立方体

这是将上述两种方格模型整合到一个三维模型中的改良形式。其中，三个维度分别是：权力、利益和影响力。通过这个立方体模型，可以更全面地了解干系人的需求和期望，并采取相应的管理措施。

4）凸显模型

这个模型考虑了更多的因素，包括干系人的权力、紧迫性和合法性。通过评估这些因素，可以对干系人进行分类，并确定其相对重要性。这种模型适用于大型复杂项目或干系人社区内部存在复杂关系网络的情况。

5）影响方向

根据干系人对项目工作或项目团队本身的影响方向，可以将干系人分为不同的类型，如向上（高级管理层）、向下（临时团队或专家）、向外（供应商、政府部门等）和横向（项目经理的同级人员）。

三、干系人登记册

干系人登记册是项目管理中用于记录和管理项目干系人信息的工具，应在整个项目生命周期中定期查看并更新干系人登记册内容。干系人登记册通常包括以下内容：

干系人姓名：记录干系人的姓名或组织名称。

干系人角色：描述干系人在项目中的角色和职责，如客户、供应商、项目团队成员等。

干系人联系信息：包括干系人的联系地址、电话号码、电子邮件等联系方式。

干系人期望和需求：记录干系人对项目的期望和需求，包括经济利益、社会影响、环境影响等方面。

干系人权力和影响力：评估干系人在项目中的权力和影响力水平，以便确定干系人管理策略。

干系人分类：根据干系人的特点和利益类型，将干系人进行分类，以便有针对性地进行干系人管理。

第三节 规划干系人管理

规划干系人管理是基于对干系人的识别和分析，制定干系人管理计划，包括明确沟通和协调的方式和频率、干系人参与决策的机制、解决利益冲突的方法等的过程。这是一个反复的过程，由项目经理定期开展。

一、分析技术

1. 干系人的参与程度

干系人的参与程度可以根据其参与行为的程度和态度分为以下几类：

不知晓：干系人对项目及其潜在影响一无所知。

抵制：干系人知道项目及其潜在影响，但抵制项目工作或成果可能引发的任何变更。抵制者又可以根据抵制程度大小分为破坏者和怀疑者。

中立：干系人了解项目，但既不支持也不反对。

支持：干系人了解项目及其潜在影响，并支持项目工作或成果。

领导：干系人了解项目及其潜在影响，并积极参与以确保项目取得成功。

2. 干系人参与评估矩阵

干系人参与评估矩阵是一种工具，用于将干系人的当前参与程度与期望参与程度进行比较。这个矩阵可以帮助项目团队识别并评估项目干系人的参与程度和重要性。

在表 13-2 中，C 代表每个干系人的当前参与程度，而 D 是项目团队认为项目成功所需的参与程度（期望的）。

表 13-2　干系人参与评估矩阵

干系人	不知晓	抵制	中立	支持	领导
干系人1			C	D	
干系人2	C			D	
干系人3		C	D		
干系人4				DC	

通过比较干系人的当前参与程度和期望参与程度，项目团队可以识别出需要更多沟通、支持和管理的干系人。这有助于弥合当前与期望参与程度的差距，有效引导干系人参与项目。

二、干系人管理计划

干系人管理计划是规划干系人管理的核心输出，包括干系人的识别、评估、分类和管理策略等详细内容。该计划为项目经理和团队提供了指导，以确保与干系人的有效沟通和合作。包括但不限于：

（1）干系人登记册中资料。

（2）关键干系人的当前参与程度和所需参与程度。

（3）干系人变更的范围和影响。

（4）干系人之间的相互关系和潜在交叉。
（5）现阶段的干系人沟通需求。
（6）需要分发给干系人的信息、分发理由、时限和频率。
（7）更新和优化干系人管理计划的方法。

注意：干系人管理计划相当敏感，要谨慎处理抵制干系人的信息。

第四节　管理干系人参与

管理干系人参与是根据制定的干系人管理计划，积极地与各种利益相关者进行沟通、协调和合作，确保他们对项目的支持和参与的过程。

管理干系人参与包括以下要点：

（1）建立合作关系。与利益干系人建立互信和合作的伙伴关系，这有助于实现共同的目标并提高项目的成功率。在合作过程中，应保持开放和透明的沟通，及时解决问题和应对挑战。

（2）调动干系人参与项目，确保他们对项目的持续支持。

（3）管理干系人期望，确保项目目标实现。

（4）协调资源分配，确保合理分配资源，满足利益干系人的需求和期望。这包括人力、财力和物力资源的分配，以及确保利益干系人具备必要的技能和资源来支持项目的成功实施。

（5）预测问题和处理关注点。预测干系人可能提出的问题，及处理尚未成为问题的关注点。

（6）解决问题和冲突。在项目实施过程中，可能会出现各种问题和冲突。应及时识别、评估和解决这些问题和冲突，以确保项目的顺利进行。这可能需要与干系人进行深入的沟通和协商。

（7）持续改进和优化。在管理干系人参与的过程中，应持续改进和优化管理策略和方法。这可以通过收集反馈、分析数据和总结经验教训来实现。不断优化管理策略和方法有助于提高干系人的满意度和支持度。

（8）培训和支持团队成员。为团队成员提供干系人管理的培训和支持，确保他们具备必要的技能和知识来与干系人进行有效的沟通和合作。培训和支持可以包括沟通技巧、谈判技巧、解决问题的方法等。

干系人的影响能力通常在项目启动阶段最大。通常由项目经理负责调动干系人参与项目，并对他们进行管理，必要时可寻求发起人的帮助。

管理干系人参与的输入包括干系人管理计划、沟通管理计划、变更日志、问题管理程序等。

问题日志是管理干系人参与的输出，包括但不限于下列内容：
（1）问题描述：清晰而简洁地描述问题的本质和影响。
（2）问题识别日期：记录问题被发现的具体日期和时间。
（3）影响程度：描述问题对项目目标、进度或成本的影响程度。
（4）负责人：指定负责解决问题的团队成员或干系人。
（5）解决方案：记录提出的解决方案或计划，并指定解决方案的负责人和截止日期。
（6）状态：跟踪问题解决进度，包括已解决、正在解决中、待定等状态。
（7）备注：任何其他相关信息，例如与问题相关的讨论、会议记录等。

第五节 控制干系人参与

控制干系人参与是持续地监控各种利益相关者的参与和态度变化，及时调整干系人管理策略，以确保项目在干系人的支持和合作下顺利实施的过程。

应该对干系人参与进行持续监控。

控制干系人参与的输入包括干系人登记册、问题日志、工作绩效数据、项目沟通文件等。

控制干系人参与的输出有工作绩效信息、干系人登记册更新、问题日志更新等。

干系人登记册需要定期更新是因为：新干系人的加入、干系人信息变化（包括利益关系、态度、需求等）、原干系人退出项目或不受项目影响、其他原因。

思考题

一、单项选择题

1. 在项目启动阶段，发起人想了解干系人的参与程度，应该在干系人管理计划时应寻求：（　　）

A. 专家判断

B. 项目章程

C. 干系人参与评估矩阵

D. 发起人

2. 干系人的定义是什么：（   ）

A．任何与项目的结果有利益的人（INTEREST）

B．公司的客户

C．所有与公司有关系的人

D．与所有的公司有关系的人

3. 项目经理有15个干系人，后来又多识别2个，问项目经理用什么工具进行分析：（   ）

A．干系人分析

B．勾通需求分析

C．勾通模型

D．勾通技术

4. 权力/利益方格根据干系人权力的大小及利益大小（或项目关注度）对干系人进行分类，是干系人分析的方法之一。对于那些对项目有很高的权力同时又非常关注项目结果的干系人，项目经理应采取的干系人管理策略是（   ）。

A. 令其满意

B. 重点管理

C. 随时告知

D. 监督

5. 会上，一个干系人不同意范围，项目经理识别出其为项目发起主要干系人。哪个过程项目经理应识别到其相关重要性？（   ）

A. 制定干系人管理计划过程

B. 控制干系人影响过程

C. 管理干系人参与过程

D. 识别干系人过程

二、判断题

1.（   ）应在整个项目生命周期中定期查看并更新干系人登记册内容。

2.（   ）干系人的影响能力通常在项目启动阶段最小。

3.（   ）应该对干系人参与进行持续监控。

4.（   ）管理干系人参与不包括处理尚未成为问题的关注点。

5.（   ）干系人参与评估矩阵是一种工具，用于将干系人的当前参与水平与期望参与水平进行比较。

参考答案：

一、单项选择题：1.C，2.A，3.A，4.B，5.D

二、判断题：

1.（√）。

2.（×）解析：干系人的影响能力通常在项目启动阶段最大。

3.（√）。

4.（×）解析：管理干系人参与包括预测干系人可能提出的问题，及处理尚未成为问题的关注点。

5.（√）。

第三篇

应用篇

　　本篇包括第十四章。基于能源企业科技管理数字化转型的需求和趋势，介绍了中国石油科技管理数字化发展概况、需求及其科技管理平台建设目标和总体设计；从科技项目管理的视角，重点阐述中国石油科技项目管理数字化平台的典型操作实务。通过这一学习旅程，您将更直观并深刻地理解，借助数字化，科技项目管理知识体系如何在大型能源集团实践应用。本篇是前两篇的深化应用和升华，更展示了科技项目管理知识体系的内在价值和应用前景。

第十四章　中国石油科技管理平台建设与应用实践

第一节　科技管理数字化转型要求

一、数字技术发展对科技管理的影响

在新工业革命的背景下，数字化基础设施和数字化产业生态所构成的"新基建"已成为社会生产方式变革的重要条件，已成为推动社会生产方式变革的关键因素。人工智能、区块链、云计算、5G 以及大数据等新一代信息技术的快速发展与融合，正引领社会向物理与数字、线上与线下高度融合的方向发展。随着科学技术的飞速发展，新技术推动了经济结构的优化和生产效率的提升，科学技术更是成为社会发展的第一生产力、第一竞争力。党的十八大以来，前沿科技多次成为中共中央政治局集体学习的主题，党中央观大势、谋全局、抓根本，作出"必须把创新作为引领发展的第一动力"的重大战略抉择，实施创新驱动发展战略，坚持创新在我国现代化建设全局中的核心地位，把科技自立自强作为国家发展的战略支撑，走出一条从人才强、科技强，到产业强、经济强、国家强的发展道路。因此，科技管理作为支撑科技创新的重要能力被赋予了新的意义。

百度百科中定义：科技管理是指通过对管理科学的运用，对人力、物力、财力资源进行优化整合的管理行为。科技管理存在信息化、数字化、智能化的发展趋向。新一轮科技革命和产业变革兴起和演变中，以人工智能、云计算、区块链、大数据等为代表的数字技术必会促进生产力和生产关系的升级和重构，驱动生产和服务模式的创新，对科技管理的影响也日益显著，使得数字技术为科技管理提供了新的工具和手段，科技管理本身也向着数字化转型的方向发展。

二、国内外能源企业科技管理数字化转型典型案例分析

随着新一轮科技革命和产业变革深入发展，全球能源行业也正加快迈向数字化、智能化时代，科技管理的数字化转型也成为其中重要的环节。本节优选了四个科技管理数字化转型的典型案例，涵盖两家国外能源企业、两家国内能源企业，对其科技创新管理体系、科技项目管理组织模式及数字化特色技术应用进行分析，供各位读者参考。

【案例一】某国内大型能源集团

该集团是一家以煤炭生产为核心业务的综合性能源集团公司，拥有煤炭、电力、运输、化工等全产业链业务。随着煤炭行业企业不断优化重组，集团在科技项目管理方面也面临诸多挑战。在集团总部、分（子）公司等纵向管理层级中，各类信息数据的传输、共享与分析处理日趋复杂，管理难度不断提升；科技管理工作信息化程度不高，创新手段较少，操作相对单一、粗放、分散且重复工作量大，流程、规范、标准不统一，难以应对大量科技管理业务的处理要求，难以挖掘成员企业之间的联动关系，提升集团科技创新信息化管控能力的需求日益迫切。为此，集团以科技管理系统为抓手，10余年间持续开展科技管理系统的建设、优化与升级改造工作，通过科技管理系统有效支撑了全集团科技管理业务的开展，推动集团科技创新竞争力持续提升。

该集团以科技创新全生命周期闭环业务管理系统建设为基础，形成了产学研相结合，以潜在市场为平台、以技术需求为导向、以合作共赢为纽带、以战略联盟为保障的科技创新体系，建立了科技创新工作全生命周期管理系统，如图14-1所示。通过战略、运营、支持三级组织管控体系，实现了纵向到底的科技创新工作管理，同时以科技项目为核心，实现横向到边的科技项目全生命周期管理，支撑集团实现领先全球能源科技的发展战略。

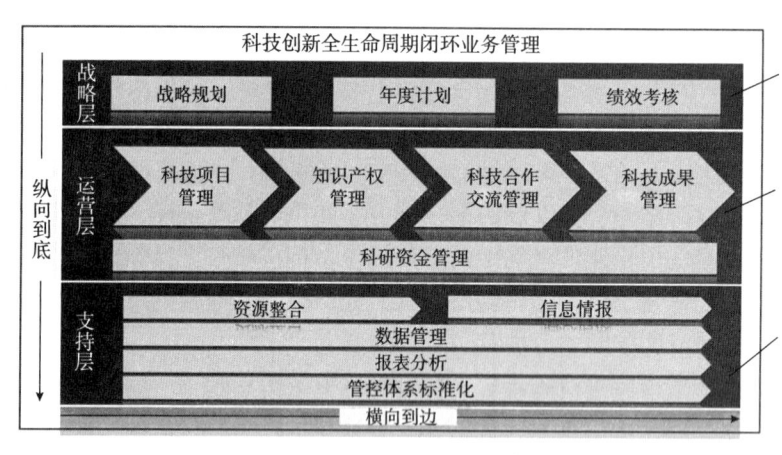

图14-1 某国内大型能源集团科技创新系统架构示意图

【案例二】某国内大型石油石化企业

该企业是一家石油石化主业突出、上中下游一体化经营、拥有境内外业务的大型集团式企业。该企业在科研领域的数据与知识资源非常丰富，但是信息散落在各处，知识资源获取的效率和复用率较低。为此，该企业制定了科研领域知识管理与共享体系总体规划，如图14-2所示，并开展了先试点后推广的建设策略。

该企业通过新一代数字技术搭建的知识管理平台，实现了科研项目知识智能推送，促进了项目团队资料共享与交流讨论。平台既实现了知识找人，也确保了项目过程和成果的自动存储，实现了人走知识留，同时可以根据个人需求提供定制化的知识服务，便于快速找到专家寻求帮助，及时获取新知识，随时分享个人知识，从而加速了企业科研人才的培养；平台建立了统一的科研知识交流空间，打破了组织区域界限，使科研人员可以围绕某个话题进行交流互动，促进知识分享与积淀；此外，平台还可以通过智能搜索随时随地解答科研生产人员遇到的问题，提供一站式"石油知识"检索服务，提高了科研资料与知识收集的效率，提升了该企业不同层级科研人员的工作效率，从而有效提升了企业的科技创新能力。

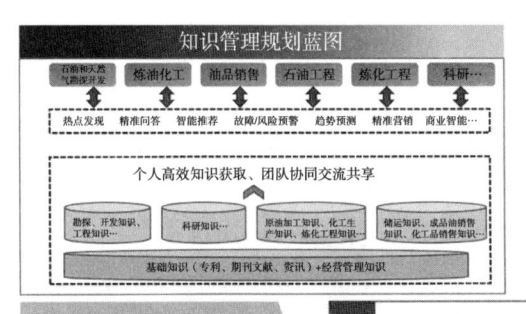

图 14-2　某大型石油石化企业知识管理总体规划

【案例三】某国际油服公司

该公司是一家全球领先的油服公司，致力于为客户提供实时的油气田综合技术服务和解决方案，其之所以能够持续保持全球领先的行业地位，与其不断的技术创新密不可分，而支撑起该公司技术创新能力的，则是其不断变革与突破的科技创新管理体系。该公司在近20年的发展中开展了两次变革。第一次变革中，通过对标最佳实践，调整了自身的科技项目管理组织架构，实现了科研项目与工程项目团队的整合，并优化了科研项目的管理流程。此外，公司还与世界顶级大学合作，实施了项目精益管理培训计划，全面提升了公司科技项目运营管理能力。第二次变革中，公司依托最新的数字化技术，将原有的仪器设备研发、软件开发和长期的专业知识积累串联起来，对分散的科技创新资源再次进行整合重组，形成了四大专业技术平台，实现了从单一技术创新到技术系统创新的巨大转变。

该公司依托强大的技术平台，在科技创新战略、创新模式和创新人才三个方面实现了巨大的管理提升。通过紧密融合科技项目成果与技术推广、产学研联合创新与客户协同创新，以及员工内部的相互培训与知识共享，公司有效促进了科技创新战略的有效落地（实施）。

【案例四】某国际石油公司

该公司在全球140多个国家和地区开展运营，拥有五大核心业务，包括勘探和生产、天然气及电力、煤气、化工和可再生能源等。为提升科研的战略地位并实现全球的统一管理，公司设立了专门的科研管理组织机构来优化科研项目管理。该机构包含集团层级统一的研发团队、各专业领域的研发项目团队及各地区公司的研究中心。如图14-3所示，集团级研发团队负责集团科研工作的统一规划、管理和运营；各专业领域研发组织基于集团的研发规划开展研发项目；遍布全球的各地区公司研究中心依据中心公司的项目安排进行具体科技项目的实施和执行，通过这种统一的管理方式，增加了各科研组织之间的协同，实现了科研项目的系统化有序发展。

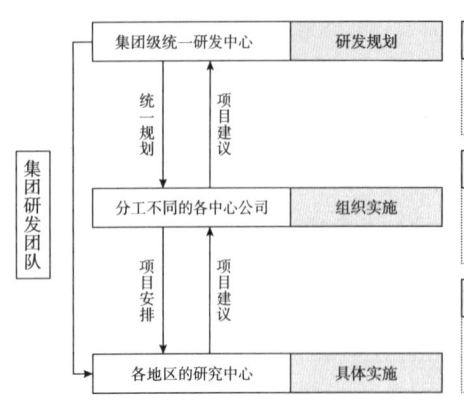

图 14-3　某国际石油公司科技研发三级管控模式

公司借助统一的科研管理信息系统，将三级科技研发组织统一管理，强化了科研管理的重点和方向：注重科研开发的效益评估，强化内外部合作并鼓励分享知识，最大限度利用科研开发成果。在科研过程中，专家会对科研项目技术、经济效益进行评估，以降低项目管理风险；加强内外部合作，鼓励知识分享，加强了与学术界、商业伙伴，乃至竞争对手的外部合作；通过内部信息交流网络平台促进科研人员之间的交流与沟通，提供了科研知识培训并交换意见、获取科研创意；通过统一系统，将科研成果在集团内部公开共享，开展广泛交流，寻求科研成果转化途径；此外，该平台为科研人员提供最大的流动可能，让科研人员能够深入了解业务，从而拓展了科研成果应用空间和领域。

通过以上案例可以清晰地看到，为促进科技创新能力的充分发挥，必须采用先进、适宜的科技管理战略，尤其是针对科研项目的全生命周期管理，通过运用信息化、数字化手段在项目过程、管理组织等多个方面实施多种举措，从而实现企业科技管理数字化转型和高质量发展。

第二节　中国石油科技管理数字化应用现状及发展概要

一、科技业务管理相关信息化情况简介

中国石油一贯注重采用信息化手段开展科技管理工作，自 2004 年起，为满足专利信

息化管理要求,开始构建信息系统。后续,该系统逐步扩展,增加了计划管理、科技项目管理、成果管理等功能模块,持续提升了科技项目的标准化、规范化、精细化管理水平,并将科技项目的成果、知识产权进行入库管理。为确保科技项目的全过程管理及基础科技条件平台管理,公司相继建立了重点实验室、试验基地管理、标准管理等信息系统,对科技业务的相关方面进行了信息化管理,初步构建了中国石油科技创新的信息化管理体系。

鉴于中国石油业务点多、面广、产业链长,为充分结合生产企业一线的科技研发需要,部分区域公司根据自身科技项目管理的特点和需求也分别建立了一些小型的科技项目管理信息系统或应用,实现科技成果的区域性记录。

基于中国石油对科技创新体制机制改革的要求,当前相对分散的信息化系统无论是从科技业务管理的支撑要求看,还是从新一代信息技术发展的趋势看,在业务覆盖范围、管理深度和精度、数据应用和智能化水平等方面,与国家、中国石油对科技创新的要求存在较大差距,与国内外大型能源企业的科技创新管理体制、科研项目管理的最佳实践存在差距。因此,中国石油提出了对现有信息化系统进行重构与整合的要求,旨在更有效地支撑中国石油科技创新发展布局,促进"数智中国石油"建设的推进。

二、中国石油科技管理数字化建设典型需求

中国石油提出要建立以科技项目全生命周期管理为核心的科技管理数字化平台的建设要求,实现科技项目全过程在线管理。通过分级授权实现开放共享,利用新一代科技管理平台的统一建设和应用,解决当前科技业务管理工作中存在的管理分散、科技项目多方投入和成果共享不充分等问题,满足中国石油一体化科技管理的要求,提升中国石油整体科技创新能力,促进中国石油科技业务的数字化转型。

在管理体系方面,当前中国石油对科技业务的统一管理办法缺乏有效的管理工具支撑,导致管理的标准化、精细化要求难以全部正确落实,难以快速支持决策制定;科研资源未能实现有效共享,缺乏科研成果与生产应用的一体化,无法充分利用中国石油整体统筹协调的优势来提升科研管理效率和水平。因此,需要提升科技管理与科研生产一体化管理能力,实现对中国石油科技业务的三级统一管控。

在业务方面,由于多级科技项目的全生命周期精细化管理及溯源能力不足,科研过程中数据沉淀与应用有待提高,科研知识资源共享不充分,业务协同能力不足,这些因素导致成果奖励、知识产权维护等管理会出现各种信息不对称引发的纠纷;科技项目全成本核算难、重复立项等问题;集团各企业之间的协同效率较低。因此,需要通过统一的数字化平台为科技项目执行的网络化管理、知识共享、成果与奖励管理提供依据支撑;形成以项目全生命周期为核心的科技创新业务价值链管理体系,满足中国石油科技创新发展要求。

在信息化、数字化、智能化技术方面来看,科技业务管理过程存在部分数据手动录入、人工核定、沟通成本高、工作效率低的现象;科研成果数字资产建设有待加强,科研人员在研发过程中对智能化工具利用率低。因此,需要在中国石油科技业务管理的各层级充分利用新一代信息技术,如云计算、大数据、人工智能等,积极拓展使用创新工具减轻科研人员的工作负担,促进科技项目管理的标准化及管理工具的有效使用,促进科技成果转化。

三、中国石油科技管理平台建设目标

中国石油要为中国石油各级科技管理、科研人员、科技成果转化推广人员提供数字化管理、应用和发展的平台，固化科技项目全过程管理，沉淀科研成果，提升知识共享能力，实现业务增值、技术赋能、管理提效，促进科技创新体制机制改革，充分发挥科技创新的引领作用，全力支撑中国石油实现科技实力位居中央企业和国际能源公司前列的目标。

（1）平台实现科研机构全覆盖、科技管理流程全在线、科研过程全可见、科研资源全在辖，落实中国石油科技管理业务"一个整体、三个层次、四类项目"的统一筹划和管控要求，加强项目全生命周期过程精细化管理，提升科技创新管理效率。

（2）平台实现各类科研数据、文件入统一知识库，推动科研成果和科研人员、科研设备等资源信息沉淀、流动、共享，服务于企业的生产经营活动。

（3）平台建立协同工作环境，实现企业内外部科研人员、科研过程的协作与交流，提升科技研发效率。

（4）平台采用新一代信息技术，提升数据服务能力、智能化业务管理能力，使技术能力赋能科技研发过程管理，提高科研工作效率和工作质量。

通过系统平台建设和应用，中国石油将全面推动科技创新体系管理模式改革，提升科技项目执行过程协同效率，提高科技管理决策的科学性，扩大科技资源共享应用范围，促进科技创新基础动能的进一步发挥，提升中国石油科技创新的社会影响力。

四、中国石油科技管理平台总体设计

中国石油科技管理平台按照中国石油数字和信息化项目管理要求，遵循统一性、规范性、安全性、创新性、实用性、可扩展性原则，坚持以推进科技资源共享为出发点，以科技项目管理为中心，以流程管理为抓手，整合项目全过程数据资源，构建科技项目全生命周期画像，提升全层级项目管理精细化水平和管理效率。

平台紧密围绕科技项目全生命周期管理的核心理念进行设计，参考项目管理核心活动及资源有效配置要求，将科技项目过程分为前、中、后三个阶段，固化在平台操作流程中。项目前期包括对科技发展规划、年度项目计划管理及实时跟踪等；项目中期包括项目及项目群的立项、项目过程、项目验收及项目归档等；项目后期包括成果奖励、知识产权、项目评价以及对项目知识的整合、传递和复用，提升项目管理决策水平等，真正实现科技项目端到端的精细化管理。

平台按照科技业务管理活动设计了覆盖中国石油科技活动全业务的应用功能模块，包含规划计划管理、项目管理、经费管理、成果与奖励管理、知识产权管理、实验室管理、创新基金管理、标准化管理、科技统计管理、项目协同管理等，依照"横向到边、纵向到底"的总体要求，提供系统管理、知识管理、智能分析等服务，如图14-4所示。

平台中以科技项目信息为核心纽带，链接项目全生命周期数据，组合项目相关的人、财、物信息构建项目整体视图，以项目协同管理为工具，提供项目过程管理模板，实现项目执行全过程记录，解决成果可追溯性、可审核性问题。通过规范业务操作数据、决策分析数据、智能应用数据，建立统一的数据管理平台，拉通项目、经费、成果等数据，实现数据关联和查询统计分析。

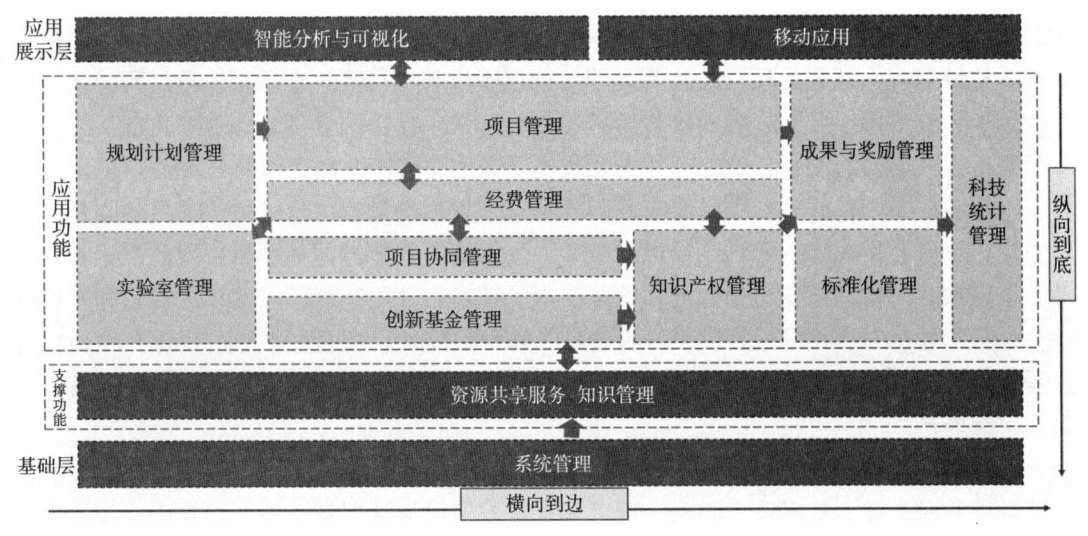

图 14-4　总体功能架构

第三节　中国石油科技项目管理操作实务

鉴于本书的目标读者，下文将重点从科技项目管理的角度出发，结合中国石油科技管理平台实践，给出典型操作实务，供读者参考。

中国石油科技项目按项目层级分为项目、课题、专题，根据科技项目的管理层级不同又划分为 A 级、B 级、C 级、D 级项目四类。四种类型项目管理按照分级授权的原则，在统一的管理平台上进行。

根据科技项目的特点，参考标准项目管理的活动及规范，中国石油科技管理平台中将科技项目管理划分为规划计划管理、开题管理、项目启动、计划任务书管理、项目过程管理、项目验收及归档六个阶段。

规划计划管理：规划计划管理是科技项目实施的起点，通过规划计划管理确认项目的战略目标、项目范围，同时对项目的工作投入、持续时间、资金成本、科研人员等进行估算，并为项目实施提供指导。

项目开题管理：开题管理是项目立项中的一个重要环节，既是对前期研究准备工作的总结，又是对项目正式启动前的一次全面工作部署。开题阶段需要编制详细的开题设计报告，并经过专家论证。

项目启动：开题论证通过后的项目即进入项目启动环节，项目启动环节约定研究目标、预拨经费额度等内容，全面启动实施。

项目计划任务书管理：计划任务书（合同）管理，是编制计划任务书（合同）并进行审批和签约的过程，是项目目标、项目计划、资源正式确立的过程。

项目过程管理：项目过程管理是确保项目按照既定目标顺利推进的关键，也是对项目的质量控制管理，有效的项目过程管理能帮助组织方和项目经理在项目执行过程中及时发现问题、调整方向。此外，项目过程管理中需要加强项目协同管理，加强项目成员之间、项目与干系人之间的沟通，确保项目团队成员之间信息的流通和工作的一致性。

项目验收及归档管理：项目验收及归档是项目管理的最后一个阶段，项目验收是确保项目交付物符合用户需求和预期目标的最后一道关卡，它能够评估项目成果的质量和完整性，确保项目交付物符合质量标准和规范要求。项目归档则是将项目的相关资料和文档整理、保存、备份并存档的过程，使项目管理工作形成闭环。项目归档也可以保存项目执行过程中产生的知识和经验，确保这些宝贵的资源能够被后续项目团队查阅、复用和借鉴，形成组织资产。

科技项目管理各阶段，依据业务活动实际，科技项目管理平台与中国石油大集中ERP系统进行紧密集成，实现业财联动，可以满足科技项目从计划到立项、验收全流程的从经费预算到费用支出、经费结算的全成本核算及管控，强化对科技项目实施过程中的人、财、物的动态监控和管理，全面提升中国石油对科技项目的管控能力、协同能力和价值创造能力。

一、科技项目管理组织与人员

1. 科技项目管理组织范围

中国石油的科技项目管理组织范围包括中国石油总部部门、专业公司、所属企业、创新联合体及中国石油外部相关科技合作单位（包括大学、外部研究院所等机构）。

2. 科技项目管理中的人员及权限

在中国石油科技项目管理过程中，依据中国石油组织机构层级、项目类型、项目过程管理特点等内容，将参与角色划分成以下几类：组织方单位领导、组织方管理部门负责人、组织方业务主管、承担单位科技管理部门负责人、承担单位项目主管、承担单位项目（课、专题）经理、研究人员、跟踪专家、其他人员等。在科技管理平台中，可根据不同角色配置不同的权限，每个项目角色在系统平台中的操作任务都会按照配置的权限自动执行，使得项目管理人员和项目成员在项目过程中各司其职，确保项目顺利进行，主要人员权限示例见表14-1。

表14-1　角色权限矩阵示例

阶段＼角色	组织方			承担单位			其他人员		
	组织方领导	组织方管理部门负责人	组织方业务主管	承担单位科技管理部门负责人	承担单位项目主管	承担单位项目（课专题）经理	研究人员	跟踪专家	专家
规划计划管理	审批	制定计划、下达计划	分配项目	分配项目	分配项目			参与	
项目开题管理	审批	审核	组织开题论证会	审核	审核	编制开题材料	参与	参与	参加论证
项目启动管理	审批	审核	启动	审核	审核	项目准备	参与	参与	
计划任务书管理	审批	审核	审核/签订	审核	审核	编制计划任务书	参与	参与	
项目过程管理	审批	审核	经费管理、阶段检查等	审核/监督执行	审核/监督执行	实施	参与	参与	参加论证
项目验收及归档	审批	审核	组织验收	审核	审核	项目验收/归档	参与	参与	参加验收

二、科技规划计划管理

中国石油科技规划计划管理体系按管理层级分为集团公司级、专业公司级、所属企业级三级，实行统一管理，分级分类授权管控。

1. 科技规划管理

科技发展规划依据国家及能源行业科技发展规划、中国石油总体规划要求进行编制和调整，通常规划期为 5 年。科技规划包括集团公司科技发展规划、专业公司科技发展规划和所属企业科技发展规划三类，并采用自顶向下、自下而上、上下结合的编制方式，科技发展规划是科技项目立项、管理、年度计划编制与执行的依据和前提。

2. 年度计划管理

这里的计划是指科技项目群年度计划。计划编制是项目管理中最重要的活动之一，作为集团性企业，年度计划编制是一项非常严肃和重要的工作，通常需要几个月的时间开展。年度计划管理活动主要包括计划意向管理、计划编制管理及计划下达与分配管理。

年度计划意向管理采取自下向上的管理模式，每年度进行采集，并于全年过程管理中开放科研需求管理，及时反映生产活动中的科研需求。

典型操作实务：

（1）年度计划意向。各级业务主管登录系统平台，录入年度意向启动的相关信息，启动意向通知。所属企业科技管理部门计划管理岗用户根据要求录入新增意向科技项目，审核通过后自动汇总并提报上级单位，作为计划编制的依据。

（2）计划编制管理。中国石油年度科技计划包括集团公司级、专业公司级和所属企业级三类,各管理层级科技管理部门负责编制,系统平台层面提供统筹辅助能力。各级单位科技管理部门计划管理人员负责编制。

(3)计划下达与分配。编制完成的年度计划经审核后发布,各级单位科技管理部门计划管理人员和业务主管按照计划要求可以分配至项目承担单位,完成计划下达。

典型系统操作如图 14-5、图 14-6、图 14-7 所示。

图 14-5　新增计划意向

图 14-6　新增计划

图 14-7　项目计划分配

三、开题管理

开题管理是科技研发类项目最重要的前期管理活动之一。科研项目具有独特性、研究思路开创性、研究结果具有一定的未知性等特点，因此开题研究及论证成为确立科研项目目标、范围的必要工作。中国石油科技管理平台固化了各级各类科技项目开题管理的流程，分为开题材料编制、开题材料审批、开题材料论证、开题论证后修改等功能。开题报告编制时需同时明确项目知识产权成果，如专利、技术秘密、软件著作权等。

典型操作实务：

开题材料编制时要明确项目背景、项目目标、研究路线、年度计划、人员安排、资源配置、经费预算等主要内容。开题材料一般由研究承担单位进行编制，经过审批及专家论证后确定。中国石油在科技管理平台中制定了不同层级、不同领域科技项目自开题材料编制模板、配置了业务审批及专家论证流程，为开题过程提供了明确工作引导。典型系统操作如图14-8、图14-9、图14-10、图14-11、图14-12所示。

图 14-8　开题材料编制

图 14-9　开题材料编制——研究计划编制

图 14-10　开题材料编制——人员工时编制

图 14-11　开题材料编制——经费预算表编制

图 14-12　开题材料编制——开题设计报告

四、项目启动

已通过开题论证的科技项目，组织方即可下达项目启动通知，根据约定的研究目标、研究路线、经费等内容，提供启动资金及必备条件资源。科技项目组可以根据项目启动要求组建项目组、召开启动会、编制项目计划任务书/合同等，全面启动实施。

典型操作实务：

各级科技项目组织方业务主管在系统中选择需启动项目，自动下发启动通知（图14-13）。需要拨付启动资金的，可以直接拨付启动资金。项目承担单位及项目经理接收到启动通知后，即可按规范开展后续项目执行工作。

图 14-13 项目启动通知

五、计划任务书管理

计划任务书是科技项目过程管理中最重要的环节，结合项目管理理念和过程，计划任务书编制承担了科技项目规划过程组的全部活动，需要明确科技项目的计划、范围、进度要求、成本管理要求、质量控制要求、资源规划、沟通方式、风险管理、采购计划与管理要求等项目管理各项重点内容，并形成签字盖章确认的计划任务书（或者合同）。中国石油通常对内部单位采用计划任务书模式，对外部单位（例如大学等）采用合同模式。计划任务书（或者合同）执行严格的分级分类审核与审查流程，确保科技项目管理过程清晰、有据可依。

典型操作实务：

计划任务书依据开题材料自动生成基础文件，项目经理登录系统后可以找到分配给自己的项目及需要编制计划任务书阶段的待办要求，依据基础文件进行编制（图14-14）。编制完成并提交审批后，自动推送至组织方进行审核和审查，确认后签订，自动盖章或选择盖章页上传认证（图14-15），自动生成项目编号，并依据任务分解建立经费执行依据。

图 14-14　科技项目计划任务书编制

图 14-15　科技项目计划任务书签订

六、项目过程管理

科技项目计划任务书（合同）签订之后，便正式进入项目过程管理阶段。项目过程管理是对项目进度和质量等把控的过程，也是项目组相关资源协同管理的过程。过程管理的规范化在提高项目管理效率、控制项目质量、降低项目风险等方面发挥着重要作用。

中国石油在科技管理平台中设置了标准的科技项目过程管理功能及流程，确保项目执行过程组、监控过程组的主要活动完成，主要包括实施计划管理、里程碑管理、阶段检查、不定期检查管理、重大进展报告管理、年度检查、工作日志、重要会议记录、外协采购管理、项目变更管理、项目终止管理等重点管理工作。

典型操作实务：

项目经理依据计划任务书（合同）及研究进展分阶段制定科技项目实施方案，细化工作目标、进度、人员等信息，对项目实施计划进行分解、分配，形成实施计划。在实施计划管理新增任务时对于关键节点的任务可以通过"是否里程碑"选项选择里程碑，针对里程碑任务可通过线上维护和跟踪，形成里程碑管理。科技项目执行过程中，组织方可以开展不定期检查、中期检查、阶段检查及年度检查等质量控制活动，对项目进度和质量进行把控。检查主要包括计划任务完成情况、主要进展、主要问题等。利用外协采购管理功能，项目经理可以依据外协研究任务合同约定对执行情况进行定期检查。对于科技专项等重大科技项目，需要在关键节点定期报告成果，根据沟通管理要求，重大事件需随时报告，形成重大进展报告。项目执行过程中，平台会依据重要进度节点或管理要求，给项目经理、项目组织方管理人员等提供待办工作提醒或进度预警等，协助共同做好项目质量管理。

科技研发类项目的特点就是具有一定的不确定性，因此项目过程中的变更管理对项目质量控制具有重要作用。中国石油科技管理平台设置了项目经理、项目组织方、项目干系人可以发起的各类项目变更，并具有资源自动联动及按权限审批的功能，确保项目过程进展全程可查询、可追溯。对于研究路线等各种原因导致科技项目无法继续执行的，经过组织方与项目承担方协商，必要时经过专家论证，项目经理或者项目组织方均可提出项目终止申请，经审批后，项目终止。

典型系统操作如图 14-16、图 14-17、图 14-18、图 14-19 所示。

图 14-16　新增项目实施计划

第十四章　中国石油科技管理平台建设与应用实践

图 14-17　科技项目中期检查

图 14-18　科技项目变更

预警 （共22项）   查看更多》

序号	预警规则类型	业务模块	预警内容	接收日期
1	通知	项目管理	新！②《C级测试_1436_0905》请您在2024-07-03前提交计划任务书	2024-06-12
2	通知	项目管理	❶《207002》请于2024-09-02前提交项目验收	2024-06-04
3	通知	项目管理	❶《DEV0907课题01》请于2024-07-15前提交自验收	2024-04-16
4	通知	项目管理	❶《DEV0908课题01》请于2024-07-15前提交自验收	2024-04-16
5	通知	项目管理	❶《计划任务书签订_1622_0828》请于2024-07-15前提交自验收	2024-04-16

待办事项 （共26项）   查看更多》

流程	环节	数量
中期检查	编写	2
职务创新成果申报	项目经理审核	2
软件著作权申报	项目经理审核	1
经费申请	经费申请	139
计划任务书	编写	1

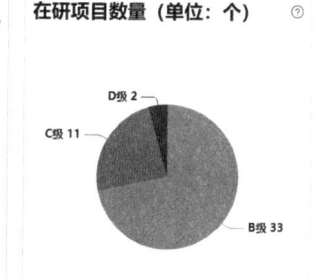

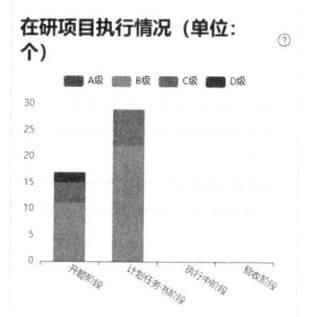

图 14-19　科技项目经理管理工作台

七、项目验收及归档管理

科技项目实施完成后，即进入项目收尾过程组的各项活动。中国石油规定需要按照项目计划要求及时对照计划任务完成情况、主要创新成果及效果等内容进行验收，组织方依据计划任务书（合同）组织验收或委托组织验收。项目验收前，承担单位需开展自验收，自验收后，向组织方提出验收申请，组织方组织项目验收。验收包含计划任务书（合同）中约定的全部内容，并出具财务决算报告。验收后，全部项目过程资料归档，并进行成果登记，全部完成后系统自动设置为关闭状态。经组织方批准后执行终止的科技项目也需要进行研究过程资料归档。科技项目全部过程及成果资料形成组织资产。

典型操作实务：

项目经理对实施完成的项目发起自验收，自验收完成后，项目经理提交验收申请，组织方业务主管进行系统上的形式审查后，组织验收。验收后项目经理需及时整理归档文件，按归档要求编辑归档信息。

典型系统操作如图 14-20、图 14-21、图 14-22 所示。

第十四章　中国石油科技管理平台建设与应用实践

图 14-20　项目自验收

图 14-21　项目验收决算表

图 14-22　项目归档

第四节　科技项目管理关键环节与技术

一、问题管理

科技项目是为创造独特的产品、服务或成果而进行的临时性工作，具有典型的项目管理的特征，又因其研究结果的不确定性，要求其在问题管理上有充分的考虑。

1. 科技项目主要问题

1）立项前期准备不够充分

科技项目从开始到结束的每一个阶段都有规定的具体执行内容,相互有连接和相关性，需要团队协作。目前，有些人在科研项目的立项中存在一些急功近利的想法，为了项目的快速启动或成立忽视了对项目从经费、技术、组织、社会、风险应对等方面进行科学性分析研究，没有前瞻性，缺乏立项依据，可能会造成项目与现阶段科学技术水平完全不符。项目立项工作的完整性、系统性决定了项目的成败。因此，前期准备工作对每个科技项目团队、组织都极为重要。

2）项目缺乏有效的动态监控机制

科技项目管理是一个有生命周期的过程，且经常存在多个团队联合开展的情况，项目的各单元的有效协同具有不容置疑的重要意义。有些项目管理部门对项目管理缺乏有力的动态监测，在项目执行中不能全程监测项目的执行情况，对项目投入的经费、实施情况没有持续的掌握，甚至项目承担单位存在有意改动项目研究目标和质量的问题。发生这些问题一方面是管理的问题,另一方面是缺乏相应的先进的科学的项目管理工具。因此,科技项目管理过程中建立相关的管理制度做依据,同时辅以项目管理工具就可以科学、有效地对项目进行动态监控。

2. 上述问题管理措施

1)树立并采用新的项目管理理念

科技项目的管理不同于其他项目的管理,在经济全球化的今天,全社会对高科技都抱有强烈的需求,这就要求科技项目要实现数量与质量并存,遵循科学研究的规律,科学决策、民主管理,将项目管理理念贯穿于科技项目管理全过程中,在项目论证、立项、实施的全部进程中利用新一代信息技术能力提供多样化的专家论证方式、提升立项评审效率。

2)建立健全项目监控评价机制

要做到科技项目的遴选、评估、监管都客观公正,就要引入科学专业的管理机制,建立健全项目监控评价体系,实现项目全程跟踪、评估和监测,管控项目风险,监督项目进程,评估项目进度,持续追踪项目经费、验收等。科技项目的监控评价机制要充分发挥专家委员会的作用,以便于全方位提供指导意见。例如,中国石油科技管理平台建立了集团公司统一的专家库,可以根据项目的不同阶段和论证要求选择合适的专家开展监控评价工作;同时,项目监控评价机制还要规范合同签订、进度追踪和结题收尾等各环节工作,明确项目实施的进程,促成科技成果转化。

3)加强项目管理培训力度

科技项目的收益是否高效,不仅仅取决于承担项目的团队是否有能力,还取决于项目组织方管理团队是否监管得力。项目组织方管理者的能力水平高低甚至直接影响整个科技项目的进程。粗放型项目管理模式会对科技项目效益不显著产生较大影响。定期对相关项目管理人员进行培训,有助于提高科技项目管理团队的管理水平,是实现项目管理科学性、精细化的途径,并将对各单位科技项目的研发及管理产生积极影响。

4)推进项目管理工具的应用

传统的项目管理方式,受到了人、地、时间的多重制约,项目管理效率一直不能提高,新科技的发展和深入应用很好地解决了这一问题。例如中国石油科技管理平台的实践就可以通过网络高效地为科技项目管理提供平台,打破时空界限,实现信息与资源共享,提高管理效率。

二、风险管理

科技项目,尤其是大型科研项目的特点是跨专业领域、跨单位联合研制、配套单位多且隶属关系不同,协作管理复杂,项目技术管理具有挑战性,管理难度较大,合理开展项目风险识别及管控在科研项目中尤为重要。

1. 主要风险

1)时间控制风险

大型科研项目一般研制时间长,不可控因素较多,同时技术状态变更频繁,一个技术指标的调整可能会影响整个方案的变更,在预定时间节点上存在多频度、动态的调整,甚至存在原定计划节点完全被推翻的情况。因此，时间进度的控制力度将影响整个科研项目的进展。

2）科研项目中成员变动风险

大型项目由于研制周期比较长，大多采用矩阵式项目组织结构，由于矩阵结构的特点，同一岗位的项目成员或负责人可能在项目研制过程中被多次替换。

3）科研项目经费风险

一般情况下，科研项目在开题编制时会考虑项目长期经费、研发难度、人员组成、专家利用等情况尽可能多地争取经费，但如果没有对实际执行情况进行充分考虑或管理时，就容易造成经费紧张或者经费浪费。

4）科研项目技术风险

较一般项目，科研项目的协调难度更大。由于创新研究的技术发展与应用的不确定性，大型科研项目的技术风险也更大，可能由于技术原因导致不能达到预期项目目标，如在立项论证中，对性能指标要求过高可能导致项目无法达到；在方案研究阶段可能使用了尚不成熟的新技术、新材料、新工艺等，致使项目延期；项目过程中可能还会由于技术不成熟出现技术质量问题。

2. 防范措施

1）合理配置资源

科研项目中，合适的项目研究人员是保证项目能够顺利完成的最重要的基础。科研项目团队应从业务管理结合技术能力的角度进行人员配置，建立以技术总负责人为首的研发团队，成立以业务总指挥为首的管理队伍，参与科研项目的人员应根据自身知识结构特点及专业结构合理配置、及时优化，搭建出有层次的研发管理团队。

2）项目不同进展阶段要采取及时合适的风险防范措施

（1）立项阶段。

一是要进行全面的准备工作；在项目开题论证之前，就应该对整个项目的研究内容、难点、计划、方案、风险进行分析，对项目的资源、参与科研的人员、具备的实验条件、经费、技术等进行客观的评估论证，并找到整个项目中存在的不确定性因素，制定风险管理计划和措施；对于技术实现和资源投入方案，应制定多个备选方案，并从中选出最优方案，这一点也是开题论证中最重要的工作之一。二是要在计划任务书或者合同签订过程中做出防范措施：应对风险的范围进行界定；尤其是外协合同，更应明确研究交付条款、项目经费等，确保合理，这些合理的合同条款对于项目进展中出现风险问题的解决会起到很重要的作用。

（2）项目决策阶段。

一是要重视市场及技术风险的管理，要在项目开始前做好充分的企业自身与市场分析，选择有技术发展前瞻性的新产品和新技术，并充分考虑技术服务公司的资质和管理能力；对于关键研发需要的零部件、原材料等，需要根据项目需求和研究目标要求对整个市场的供给状况予以关注和重视，针对性地制定出合理方案；对技术风险管理需要对项目关键技术方案从可靠性、可行性、适用性、经济性等多个方面进行比较。二是要建立完善的项目管理机制，建立合理完善的项目管理组织结构，对决策程序按照标准规范，强化专家评审机制,加强过程监督。

(3)项目研制阶段。

要做好项目过程预警及风险动态评估,及时收集项目进展的各种信息动态并分析以做好风险预警与预控工作;当风险发生时采取积极主动的措施将风险带来的负面影响及损失降到最低。

3)推进科技项目管理平台应用

将项目风险识别、风险预警、风险管理工具内置在科技管理平台中,可以有效地提升项目经理的管理能力和项目管理效果;这些工具非常依赖科技项目管理过程中的各类数据积累和分析,大数据技术的应用就成为其中的重中之重。

三、智能文档管理

科技项目研发过程中会产生大量的文档,通过各种类型的文档记录科研项目过程管理的重要进展、结果等,但目前科技项目管理的业务流转仍基于 Word/Excel/ 纸质文件,关键项目节点采用邮件 / 电话推动,效率低;相关材料散存在各级单位、各类项目组研发人员手中,协同关联性很差。随着企业数字化程度逐步提高,深入挖掘和利用项目研发过程文档中的数据和知识,可以成为构建企业数字资产的重要基础。超过 90% 的现有文档均为非结构化数据,人工处理费时、费力、易出错,如何更高效地处理文档并挖掘其中价值,是企业面临的新课题。智能文档管理就是要从科技项目管理的过程环节中直接形成电子化文档,通过使用 NLP、CV 等新技术自动形成通用文档、自动检查重复与错误、自动提取关键信息生成新的文档,贯穿在科技项目研发与管理的全过程中,提升科研人员的研究效率,提升科技项目的整体效果。这些技术随着通用人工智能技术的发展将越来越多地应用在科技项目管理中,中国石油科技管理平台也在项目立项、项目文档编制、项目协同管理过程中应用了这些技术。

思考题

一、选择题

1. 以下哪一项不属于中国石油科技管理平台的建设目标?(　　)

A. 平台实现科研机构全覆盖、科技管理流程全在线、科研过程全可见、科研资源全在辖,落实中国石油科技管理业务的统一筹划和管控要求

B. 平台实现各类科研数据、文件入统一知识库,推动科研成果和科研人员、科研设备等资源信息沉淀、流动、共享,服务于企业的生产经营活动

C. 平台建立协同工作环境，实现企业内外部科研人员、科研过程的协作与交流，提升科技研发效率

D. 平台实现外部科研机构及大学所有科研成果登记

2. 中国石油科技管理平台以下面哪一项为核心纽带，链接项目全生命周期数据，组合项目相关的人、财、物信息构建项目整体视图？（　　）

A. 项目编号

B. 项目名称

C. 项目干系人

D. 项目经费

3. 在科技项目管理的哪一个阶段需要进行人员工时的管理？（　　）

A. 开题管理

B. 项目启动

C. 计划任务书管理

D. 项目过程管理

4. 科技项目开题报告和计划任务书的编制由哪个角色来完成？（　　）

A. 项目经理

B. 项目主管

C. 科技处领导

D. 跟踪专家

5. 中国石油科技项目可分为以下哪几个层级？（　　）

A. 项目

B. 课题

C. 专题

D. 专项

6. 科技项目是为创造独特的产品、服务或成果而进行的临时性工作，具有典型的项目管理的特征，又因其研究结果的不确定性而存在很多问题，其中最为显著的问题有立项前期准备不够充分、项目缺乏有效的动态监控机制等。为解决上述问题应采取的管理措施有哪些？（　　）

A. 树立并采用新的项目管理理念

B. 建立健全项目监控评价机制

C. 加强项目管理培训力度

D. 推进项目管理工具的应用

二、判断题

1.（　　）通过开题论证但正在进行经费审查的科技项目，组织方即可下达项目启动通知，申请预拨付经费。

2.（　　）中国石油在科技管理平台中设置了标准的科技项目过程管理功能及流程，

确保项目执行过程组、监控过程组的主要活动完成,主要包括实施计划管理、里程碑管理、阶段检查、不定期检查管理、重大进展报告管理、年度检查、工作日志、重要会议记录等重点管理工作。

3.(　　)科技项目,尤其是大型科研项目的特点是跨专业领域、跨单位联合研制、配套单位多且隶属关系不同,协作管理复杂,项目技术管理具有挑战性,管理难度较大,合理开展项目风险识别及管控在科研项目中尤为重要。

三、问答题

1.科技项目管理实现数字化转型的关键因素有哪些?

2.科技项目管理与工程项目管理有什么不同点?在科技项目管理系统建设中的关键技术有哪些?

参考答案:

一、选择题:1.D,2.A,3.ABCD,4.A,5.ABC,6.ABCD

二、判断题:

1.(√)。

2.(√)。

3.(√)。

三、答案略。

附录1 外协管理

外部协作管理本质上属于项目采购管理的范畴，因其特殊性将其以附录的形式做简要介绍。外部协作（简称外协）是指在本单位承担的各级、各类研发任务中，由于本公司自身的技术能力、研发设备和研发人员等条件的制约，需要将项目的部分研发内容委托给本单位以外的具有相应能力的单位完成的一种形式。科研外协指科研单位将自己承担的科研项目中的一部分设计、加工、测试等业务委托给其他有能力完成的单位。随着我国科技事业的大力发展及国际市场多元化的激烈竞争，科研单位完全依靠自身能力已无法满足当前科研项目研发周期短、技术高精尖的新要求。因此，整合社会资源，进行科研外协将是大势所趋。

近年来，国家不断强化创新驱动发展战略，持续推进科技创新，这也是构建创新发展格局、实现高质量发展的必由之路。在这一背景下，中国石油进一步加强了科技投入，其科研单位的业务规模也在不断扩大。一方面，由于科研技术的复杂性，产品研发需要具有地域间隔的研究院所、企业的共同参与；另一方面，一些科研单位在业务快速增长的同时，由于受到人员编制和工资总额等因素限制，客观上也需要通过外协方式解决其任务量大与人员数量有限的矛盾。这就使许多单位有相当比例的工作需采用外协形式合作完成，外协作为现代经济发展的新模式，在科研单位中的费用比例不断增高。由于外协业务具有涉及面广、类型多样、利益关系较为隐蔽等特点，如果对外协管理不到位，不但会影响项目研发进度和研发目标，甚至影响单位战略目标的实现，使单位在遭受经济损失的同时，信誉及形象受损。外协管理是对本单位的外协项目进行规划、实施及监督的全过程管理，是实现项目整体研发目标的重要保障。因此，加强对科研单位外协的规范化管理具有重要意义。

一、外协管理流程

在科研单位的外协业务中，外协管理的流程主要包含外协立项申请、外协合作单位选择、外协合同签订、外协项目实施以及外协项目应用评价五个阶段。在每个阶段，都有不同的工作重点内容，每个阶段对于外协工作的顺利开展及完成均具有重要的意义，因此必须针对每个阶段进行相应的管理。

1. 外协立项阶段

根据科研项目开发需要，在立项阶段各单位结合自身业务能力，明确外协项目立项的必要性和外协项目范围。对于本单位因各种因素和能力无法完成的，或者单位需要投入过高的人力物力和材料才能完成的，导致成本过高的项目，可以考虑通过外协来完成需要的工作，达到降低成本和时间的目的。为确保外协工作的必要性和合理性，对于科研开发类外协项目，必须对外协合作理由及对项目研发的支撑作用进行充分分析，系统分析需合作的外协工作内容，本单位不具备或欠缺的硬件设备、技术条件及人力资源等情况，外协单位所具备的硬件设备、技术条件及人才基础对于项目的支撑作用。

在确定外协范围的同时，研发部门也应与财务部门配合，对外协项目的预算予以明确。在外协申请立项阶段，单位应编制项目技术方案，对项目进行分析、论证，对项目的内容、目标、要求和主要技术指标等进行阐述。为确保监督有效，应由外协项目需求部门、项目管理部门、质量管理部门、财务管理部门逐级进行审批。为降低风险，单位还可根据项目情况就外协项目进行公示，接受公开的监督。立项方案通过后，研发部门需要组织编制立项报告。立项报告就外协项目的依据、目的、意义、内容进行明确，同时对项目实施的预期成果、计划安排、项目分工、调研情况及供方情况、预算、风险分析及应对措施等进行阐述，对项目赢利能力进行分析说明。单位应根据项目金额、重要程度等组织立项评审，评审通过后无特殊情况，一般不予调整。确实需要进行范围、预算等关键内容调整的，应可作为新外协项目重新立项，从而可有效避免因外协项目范围确定不合理导致的企业损失。

2. 外协供方选择阶段

为避免选取风险，采取公开招标方式选择供方，该方式在公平公正性和充分竞争方面具有优势，对于外协质量和成本控制也十分有利。采用招标方式选取供方时，应在招标文件中对技术指标、评价标准、公开澄清问题等进行明确。邀请招标应向三家以上的潜在外协单位发放邀请函，明确外协项目各项具体的要求。同时从外协单位与项目研发相关的研发历史、研发基础及水平、前期合作研发基础等方面进行系统分析，设定评价指标及权重，作为评分依据。外协供方选择过程还包括：进行初步的市场询价比价，收集报价单，并进行初步议价，以议价后的价格作为外协供应商确定和合同谈判的依据。在取得各单位报价单的基础上，进行比较，并选取一家外协单位作为拟外协单位。在项目开题论证过程中，需由研发部门就外协单位的相关情况向专家组进行汇报，经论证后确定最终合作的外协单位。

单一来源方式选择外协单位，企业的话语权和主导权会降低，因此，一般不建议通过单一来源方式。但作为能源行业科研单位，研发的产品涉及研发需要、国家战略安全或涉及保密要求必须采取此种方式选择供方时，应注意从单位的合格供方名录中选择，若不在合格供方名录中，应先对供方进行审核评估，审核时单位外协业务主管部门、质量部门、财务部门、纪检部门等应参与其中。在审核供方是否具备合格供方资质时，应注意对供方的营业执照、经营范围、经营状况、履约能力、人才队伍、设施设备等质量基础能力进行重点审核。按照上述方式选择外协供方，达到合理确定外协价格、降低外协成本的目的，大大降低因外协单位不当导致的损失，同时，纪检部门的参与可避免外协项目存在商业贿赂等舞弊行为，保护单位相关参与人员。

3. 外协合同签订阶段

外协合同一般包括如下内容：（1）合作开发内容、分工及技术指标；（2）合作开发项目投资；（3）利用开发投资购置的设备、器材、资料的归属；（4）履行期限和地点；（5）双方权利和义务；（6）技术成果的提交和归属；（7）验收标准和方式；（8）保密；（9）违约责任；（10）合同变更、解除；（11）争议的解决；（12）合同效力及其他约定等。

签订外协合同前需与外协合作单位就合同各项条款进行详细沟通，共同确定合同中各项内容的合理性和规范性，避免不必要的纠纷。

签订外协合同前需针对合同各项条款进行谈判。为在谈判中占据主动，应提前整理出对方的资料，加强对谈判方的了解。合同谈判分为技术和商务两方面，参与合同谈判人员应对国家的法律法规、行业规章制度、合同涉及产品或服务的市场价格等均了然于心。在洽谈技术协议时应对技术要求、成果交付、时间节点、验收方式的完整性和准确性进行明确。商务协议应注意与技术协议进行匹配，同时关注合同价格、关键节点、进度和可行性、合同变更解除条款合理性等方面。涉及保密事项的，还应明确保密条款。作为监督事项，还应在合同中明确乙方是否接受甲方对外协经费支出情况进行监督检查，是否允许二次外协的情况等。合同签订审批流程中应由单位外协主管部门、审计部门、财务管理部门、法律管理部门、保密主管部门、纪检部门等参与其中。对外协供方的主体资格、授权情况、合同内容是否存在重大疏漏、是否有潜在的合同纠纷可能等进行再次审查，从而避免企业合法权益受到侵害。

4. 外协项目实施阶段

对于外协项目，应按项目管理模式进行监督管理。与外协方进行有效沟通，督促外协项目按照所签署的合同或协议开展工作。甲方应开展项目阶段评估、中期验收、终期成果验收等各阶段评估及验收。外协项目实施阶段，需要求外协单位对外协工作进行定期总结及汇报，提供研发报告及产品，也可到外协单位对外协工作进行现场跟踪。外协验收应编制验收大纲，对外协方交付的成果进行全面检查，研发部门人员按照外协合同，对合作开发内容、技术指标完成情况等逐项检查，对其是否符合合同要求的技术指标出具审查意见，做好原始记录并存档。如需进行调整应明确调整内容，以便在最终成果验收时对前期调整内容一并进行审查，确保项目达到合同要求。在专家审查的基础上，甲方业务管理部门、质量部门应定期对外协项目履约情况、工作状态、项目交付质量进行跟踪，对出现的偏差进行分析，及时修正差异。如果发生违反合同约定事项，法律部门应根据具体条款追究外协方的违约责任。以上措施可有效避免因外协项目管理不到位、服务质量差，导致无法实现外协项目的目标，致使企业利益受损失。

5. 外协项目应用评价阶段

甲方应对项目制定评价指标。评价可分为管理评价和经济评价两方面。管理评价主要是对外协项目的计划执行情况、合同履约情况、项目成果是否通过验收等方面进行评价。经济评估主要就项目成本与预算执行力的匹配、项目投入产出比是否合理、项目后续应用前景等方面进行评价。通过评价可以体现外协项目的实施效果、经费的利用率，对外协项目管理流程不断完善，持续改进，提高外协质量和效果十分有益。

外协项目验收结束，由研发部门提供外协满意度评分表，对外协单位在外协合同履行期间的研发质量水平、合同履约情况、合作态度、价格水平进行评价，供未来外协合作参考。对外协合作单位可从以下维度进行系统评估：科研开发能力、硬件设施、技术和产品交付能力、保密能力、成本控制、信誉和服务满意度、质量管理体系运行情况等，并将以上信息录入信息化管理系统，以供未来参考。未来研发过程中可优先选择战略合作伙伴、签署过价格协议、评价等级高的外协合作单位。

二、提升外协管理的措施

能够对企业外协管理产生影响的因素包括研发基础、设备、材料、人员、环境和方法。

（1）研发基础。已有研发基础确定本单位需要什么样的外协工作。

（2）设备与材料。研发项目离不开设备与材料，因此，设备与材料方面的因素也成为影响单位科研开发外协管理最重要的因素之一。

（3）管理方式。管理方式、企业管理制度方面的因素，也是外协管理所受到影响的几个重要因素，使用的管理方法是否符合科研单位研发现状，管理方式是否得当，执行力度如何，都会对科研外协管理的质量产生影响。

（4）环境因素。环境方面的影响主要包括外协管理人员生活和工作环境带来的影响，以及外协管理人员在做外协项目时所处的生活与工作环境，这两种因素都会对外协管理的质量造成影响。

综上所述，影响企业外协管理的因素是多方面的，主要包括研发基础、人、设备、材料、管理方式、工作人员生活和工作环境等几个方面，可以从这几个方面入手，采取措施，将其作为提升外协管理水平的重点内容。可以将环境、管理方法作为影响企业外协管理的主要因素，对其进行深入的研究，并制定科学、合理的改善对策，从根本上推动单位外协管理水平的进步，推动企业的快速发展。

1. 建立科学、合理、标准的规章制度

按做事有依据、做事按依据、做事留记录的原则，开展外协活动需要首先制定规章制度。规章制度制定前须充分学习国家相关法规和上级单位的管理规定，不能产生与之相违背的条款。为适应质量管理体系认证和相关方要求，规章制度需要涵盖外协管理、质量管理体系、保密、知识产权等各方面内容。同时管理规定需要与实践中发现的各种问题不断磨合、不断完善、持续改进。应当结合本单位的实际情况，建立科学、适用、标准的外协管理规章制度，对此，可以从以下几个方面入手：

1）建立并不断改进制度

实际工作中，应首先建立"外协单位管理办法"等制度，严格按照制度管理外协项目，经过实践的不断磨合，为适应科研开发、体系认证和时代发展不断提出要求、不断完善、持续改进，形成涵盖目的、范围、管理职责、管理内容、办法解释与修订、记录表式等六部分，对外协研发质量水平、合同履约情况、合作态度、价格水平等作出统一的标准化规定，以科学合理评价外协工作，并建立起对外协人员来说是简单、明白的要求说明；对院/所、项目组来说是统一的、标准化的、公开化的制度。

2）严格执行制度

除了建立和改进制度外，对制度的执行力度也是影响外协管理质量的原因之一，好的制度也要靠人的执行，只有将制度全面贯彻和落实在外协管理过程中，才能为整个管理过程保驾护航，避免杂乱无章的行为出现。

2. 对外协合作单位进行严把关

在外协单位进入企业工作前，应当对其资质按照要求进行严格的审查，比如说：是否具有完善的研发基础、人才力量及硬件条件、完善的资质文件，外协单位是否建立起了完善的研发责任管理制度等。一定要从源头抓起，执行准入制，优胜劣汰，这样既可以防止不具备研发条件和管理能力的单位进入外协供方中，还能与优质外协方建立起稳定的战略合作伙伴关系，良性循环，为今后的外协管理奠定基础。

3. 营造良好的外协管理环境

（1）在外协合同中明确规定外协工作内容、工作要求、研发进度及考核指标等内容，避免后期纠纷。

（2）每个外协项目设立甲方项目管理负责人，具体负责外协项目的日常管理。

（3）签订保密协议，明确责任义务，在此条件下，为外协提供必要的工作资料。

（4）强化与外协单位间的交流，牵头组织外协单位间的交流。

4. 培养外协战略伙伴

要积极运用现代化的网络技术，建立信息数据库，收集优秀外协单位的信息，开拓外协市场。外协队伍的发展和外协单位建立良好的合作关系是至关重要的，直接关系到单位的可持续发展。在外协过程中，要放弃单向有利的原则，转而寻求互利共赢，根据市场波动，制定合情合理的外协价格，鼓励外协单位的科研开发积极性，避免由于过分压价，使得外协单位采用减少研发内容、降低指标等手段降低成本，最终造成外协工作质量水平下降的情况产生。对于研发实力强、合作态度较好的外协单位，要积极培养为优秀的外协供方。通过和优秀的外协单位签订长期合作协议，与之建立长期合作关系，使外协单位在硬件和人才方面都有不断的提高，让外协单位和本单位一起成长，有能力更好地做好科研开发服务。

在企业发展的过程中，外协管理是非常重要的一项内容，外协单位的管理和单位科研项目开发有着极为密切的关系，一定不能无视外协管理的作用，要从企业外协管理规章制度的建设、执行与落实，企业外协管理人员素质和专业水平的提升，企业外协管理的环境提升，外协管理评价体系的建设等多个方面入手，切实地提升企业外协管理总体水平，推动企业快速发展，实现自身价值最大化。

附录 2 科技管理岗位职责与业务流程

科技管理岗位（高级）流程任务分析表

<table>
<tr><th rowspan="2">业务类别</th><th rowspan="2">工作职责</th><th rowspan="2">流程任务</th><th rowspan="2">工作质量标准</th><th rowspan="2">关键行为</th><th colspan="2">主要知识</th><th colspan="2">主要技能</th></tr>
<tr><th>知识类别</th><th>细分知识要点</th><th>技能类别</th><th>细分技能要点</th></tr>
<tr>
<td>A.科技项目管理</td>
<td>1.组织贯彻上级有关法律法规和方针政策及管理规定</td>
<td>1.组织宣传上级管理办法</td>
<td>1.研读熟悉有关法律法规、政策方针、管理办法规定，掌握主要内容；
2.指导组织相关培训宣贯与学习，使每个成员都对其要点100%了解</td>
<td>1.学习最新法律法规、政策方针、管理办法规定；
2.梳理上述资料要点；
3.核定宣贯计划，组织宣贯与学习</td>
<td>1.政策法规；
2.规章制度；
3.会议纪要；
4.领导讲话</td>
<td>1.中油科〔2019〕355号—中国石油天然气集团有限公司关于进一步深化科技体制机制改革的若干措施
2.中国石油天然气集团公司实施"大型油气田及煤层气开发"国家科技重大专项管理暂行办法；
3.中国石油天然气集团公司科学研究与技术开发项目管理办法；
4.中国石油天然气集团有限公司重大技术现场试验项目管理办法；
5.中国石油天然气集团公司科技创新基金项目管理办法；
6.中国石油天然气集团有限公司软课题管理办法；
7.中国石油天然气集团有限公司安全环保科技管理办法；
8.中国石油天然气集团有限公司关键核心技术攻关项目管理细则；
9.中国石油天然气集团公司科技项目内部招标投标管理办法等</td>
<td>1.政策解读能力</td>
<td>1.能够准确理解国家、国资委、集团公司有关方针政策、管理办法要点，具备政策解释能力</td>
</tr>
</table>

283

续表

业务类别	工作职责	流程任务	工作质量标准	关键行为	主要知识		主要技能	
					知识类别	细分知识要点	技能类别	细分技能要点
	1.组织贯彻上级有关法律法规和方针政策及管理规定	2.组织制定落实上级管理办法、方案实施	1.审定落实方案	1.审定落实方案	1.政策法规; 2.规章制度; 3.会议纪要; 4.领导讲话	1.政策、文件等资料	1.政策解读能力; 2.方案策划能力	1.熟悉上述资料,了解本单位实际; 2.能够准确把握现有管理工作和流程与上级要求的差异
		3.组织检查反馈落实情况	1.检查方案落实情况,确保本单位科技项目管理工作符合上级要求	1.组织督促检查; 2.审定结果反馈	1.政策法规; 2.规章制度; 3.会议纪要; 4.领导讲话	1.落实方案; 2.检查标准/规范/要求	1.政策解读能力; 2.总结归纳能力	1.能够准确找到实际工作与新要求落实的差异; 2.能够发现问题的本质,提出明确的整改措施
A.科技项目管理	2.组织制定落实科技项目管理办法	1.组织申报管理办法制(修)订计划	1.审定办法制(修)订计划	1.审定办法制(修)订计划	1.政策法规; 2.规章制度; 3.会议纪要; 4.领导讲话; 5.管理办法制(修)订流程	1.管理办法制(修)订、申报计划流程	1.规划计划能力; 2.政策梳理能力	1.了解本企业管理办法计划制定流程
		2.组织制(修)订管理办法	1.组织制(修)订科技项目管理相关办法,确保管理办法符合有关要求,并通过审批	1.组织讨论研讨,形成讨论稿; 2.审核审批	1.政策法规; 2.规章制度; 3.会议纪要; 4.领导讲话; 5.管理办法制(修)订流程	1.熟悉办法制(修)订需要解决的问题	1.政策解读能力	1.熟悉国家、国资委、集团公司有关方针政策、管理办法; 2.熟悉本单位现行管理办法主要内容

附录2 科技管理岗位职责与业务流程

续表

业务类别	工作职责	流程任务	工作质量标准	关键行为	主要知识		主要技能	
					知识类别	细分知识要点	技能类别	细分技能要点
	2.组织制定落实项目管理办法	3.组织发布实施管理办法	1.组织学习、优化相关管理流程,保证本单位科技项目管理符合新管理办法要求	1.组织办法学习;2.组织调整和优化工作流程,使其符合新的管理办法	1.监督检查流程	1.管理办法及附件格式	1.培训组织能力	1.能够准确指出新办法实施中存在的偏差,并给予及时纠正
A.科技项目管理	3.管控项目全过程	1.组织参加项目立项	1.根据科技项目计划安排,组织开展科技项目立项题,确保科技项目100%完成立项	1.组织、指导项目开题论证,审查开题准备材料;2.组织、参加开题论证会议;3.审查、审批计划任务书	1.规章制度;2.科技项目管理流程;3.办公平台应用;4.科研经费管理流程;5.项目管理理论	1.科技项目管理办法;2.开题论证流程及要求;3.计划任务书签订流程;4.科研项目经费预算编制指南;5.科技管理平台操作使用指南	1.项目管理能力;2.办公系统运用能力;3.组织协调能力	1.熟悉掌握项目管理办法及流程;2.审查开题论证、计划任务书是否合乎要求的能力;3.具备科技管理平台运用、使用能力
		2.组织项目实施	1.组织项目启动、实施、检查、调整和变更等过程管理,推动科技项目完成计划任务书要求	1.组织参加项目检查、审查准备材料;2.审批项目实施过程出现的研究任务调整或经费预算变更等;3.组织科研外协项目合同研究进展情况的检查与验收;4.组织编写、审核项目总结	1.规章制度;2.科技项目管理流程;3.办公平台应用;4.科研经费管理流程;5.项目管理理论	1.科技项目管理办法;2.检查会议流程及要求;3.项目总结编写模板;4.经费执行情况模板;5.科技管理平台操作使用指南	1.项目管理能力;2.办公系统运用能力;3.组织协调能力;4.风险管控能力	1.熟悉掌握项目管理办法及流程;2.具备指导编写、审核各种检查材料的能力;3.具备科技管理平台运用、使用能力

285

续表

业务类别	工作职责	流程任务	工作质量标准	关键行为	主要知识		主要技能	
					知识类别	细分知识要点	技能类别	细分技能要点
A. 科技项目管理	3. 管控项目全过程	3. 组织项目结题验收	1. 组织科技项目验收，确保项目结题管理办法符合合同要求，100%完成结题验收	1. 指导组织上级科技项目验收；2. 参与/组织项目验收，审查准备各种准备材料；3. 对需要进行现场检查、核查项目，指导组织做好现场检查、核查准备	1. 规章制度；2. 科技项目管理流程；3. 办公平台应用；4. 科研经费管理流程；5. 项目管理理论	1. 科技项目管理办法；2. 验收会议流程及要求；3. 验收准备材料及模板	1. 项目管理能力；2. 办公系统运用能力；3. 组织协调能力	1. 熟悉掌握项目管理办法及流程；2. 具备审核项目验收相关材料的能力；3. 具备科技管理平台运用、使用能力
		4. 组织项目归档	1. 审查、审批归档材料，使成档率达100%	1. 审查、审批归档材料	1. 规章制度；2. 科技项目管理流程	1. 档案管理办法；2. 归档材料清单	1. 办公系统运用能力	1. 熟悉档案归档管理系统；2. 熟悉科技项目归档要求
		5. 组织成果登记	1. 组织开展系统成果登记，配合成果审查，成果登记准确率不低于90%	1. 审定登记成果	1. 规章制度；2. 科技成果登记流程；3. 办公平台应用	1. 成果登记管理办法；2. 科技成果登记系统操作使用指南	1. 办公系统运用能力	1. 能够配合主管部门开展成果登记审查；2. 熟悉使用科技管理成果登记系统
		4. 组织参加项目后评估与评价	1. 根据科技项目管理办法要求，组织制定项目后评估与评价计划	1. 指导编写、审定项目后评估与评价计划	1. 规章制度；2. 科技后评估指南	1. 科技项目后评估管理办法；2. 项目后评估与评价准则	1. 政策解读能力；2. 组织协调能力	1. 熟悉项目管理办法；2. 熟悉科技项目后评估与评价的流程、方法和指标

286

附录2 科技管理岗位职责与业务流程

续表

业务类别	工作职责	流程任务	工作质量标准	关键行为	主要知识		主要技能	
					知识类别	细分知识要点	技能类别	细分技能要点
A.科技项目管理	4.组织参加项目后评估与评价	2.组织科技项目后评估与评价	1.配合有关部门组织科技项目后评估与评价，后评估与评价计划完成率100%	1.组织项目的后评估与评价工作	1.规章制度；2.后评估与评价流程；3.科技评估指南	1.科技项目管理办法；2.项目后评估及评价要求及流程；3.项目后评估与评价方法和指标	1.政策解读能力；2.组织协调能力	1.熟悉项目管理办法；2.熟悉项目后评估与评价方法和指标
		3.组织落实后评估与评价意见	1.根据评估与评价意见，组织落实与完善，达到评估意见要求	1.根据意见，审核落实与完善方案；2.组织与监督方案实施	1.规章制度；2.监督检查流程	1.后评估与评价意见；2.落实与完善方案	1.监督审查能力；2.组织协调能力	1.能够组织制定整改与完善方案；2.组织整改方案的落实
B.规划计划管理	1.组织贯彻上级有关法律法规和方针政策及管理规定	1.组织宣传上级管理办法	1.研读有关法律法规、政策方针、管理办法规定，掌握主要内容；2.指导组织相关培训学习，使每个成员对其要点100%了解	1.学习最新法律法规、政策方针、管理办法规定；2.审定宣贯计划，组织宣贯与学习	1.政策法规；2.规章制度；3.会议纪要；4.领导讲话	1.中国石油天然气集团有限公司科技发展规划与计划管理办法；2.中国石油天然气集团公司科技人管理暂行办法	1.政策解读能力；2.组织协调能力	1.能够对上级科技规划计划方面的方针政策、管理办法进行梳理和分析，具备政策解释能力
		2.组织制定落实上级管理办法、要求、方案	1.根据有关法律法规、政策方针、管理办法规定，审查落实方案内容，确定方案方针、责任人、完成时间等，方案具体可行要考核	1.审查方案，确定内容、责任人、完成时间；2.督促执行方案	1.政策法规；2.规章制度；3.会议纪要；4.领导讲话	1.相关政策、文件等资料	1.政策解读能力；2.方案策划能力	1.熟悉相关文件资料，了解本单位实际；2.能够准确把握现有管理工作流程与上级要求的差异

287

续表

业务类别	工作职责	流程任务	工作质量标准	关键行为	主要知识			主要技能	
					知识类别	细分知识要点	技能类别	细分技能要点	
B. 规划计划管理	1. 组织贯彻上级有关法律法规和方针政策及管理规定	3. 组织检查反馈落实情况	1. 检查方案落实情况，确保本单位规划计划管理工作100%符合上级要求	1. 组织督促检查；2. 审定结果反馈	1. 政策法规；2. 规章制度；3. 会议纪要；4. 领导讲话	1. 落实方案；2. 检查标准/规范/要求	1. 政策解读能力；2. 监督审查能力	1. 能够准确找到实际工作与新要求落实的差异；2. 能够发现问题的本质，提出明确的整改措施
	2. 组织管理中长期科技规划	1. 组织制定中长期科技规划	1. 组织编制中长期科技规划，参加中长期科技规划审查，确保规划目标清晰、任务明确，通过科委会批准	1. 组织编制中长期科技规划；2. 参加中长期科技规划的审查	1. 政策法规；2. 规章制度；3. 会议纪要；4. 企业科技创新战略	1. 集团公司科技发展规划计划管理办法；2. 国家和集团科技创新方针、政策；3. 集团及本企业中长期业务发展需求、技术发展趋势；4. 规划报告文本格式	1. 前瞻思考能力；2. 规划计划能力；3. 政策解读能力；4. 材料梳理能力；5. 总结归纳能力；6. 全局分析能力	1. 熟悉集团公司科技发展规划计划管理办法；2. 了解国家和集团公司科技创新方针、政策；3. 掌握集团公司及本企业中长期业务发展需求、技术发展趋势；4. 掌握科技规划的撰写要求，能指导完成中长期规划的规范编制
		2. 组织实施中长期科技规划	1. 依据中长期科技规划，检查分年度的组织落实情况，督促完成年度科技计划目标	1. 检查督促中长期科技规划的实施	1. 规章制度；2. 会议纪要	1. 集团公司科技发展规划文本；2. 中长期科技规划；3. 年度科技计划表单	1. 沟通协调能力；2. 资源统筹能力；3. 规划计划能力；4. 监督审查能力	1. 熟悉集团公司科技发展规划计划管理办法；2. 掌握科技规划的内容，能对规划的主要目标和任务进行监督检查

附录2 科技管理岗位职责与业务流程

续表

业务类别	工作职责	流程任务	工作质量标准	关键行为	主要知识		主要技能	
					知识类别	细分知识要点	技能类别	细分技能要点
	2.组织管理中长期科技规划	3.组织评估中长期科技规划	1.组织参加中长期科技规划中评估,调整和完善中长期科技规划内容	1.参加中长期科技规划中评估;2.审查需要调整和优化的中长期科技规划内容	1.规章制度;2.科技评估指南	1.集团公司科技发展规划计划管理办法;2.中长期科技规划文本	1.沟通协调能力;2.规划计划能力	1.熟悉集团公司科技发展规划计划管理办法;2.熟悉中长期科技规划中评估的程序;3.能指导完成科技评估报告的规范编写;4.能对需要调整和优化的中长期科技规划内容进行审查把关
B.规划计划管理	3.组织编制年度计划	1.组织制定年度计划	1.依据科技发展规划,组织制定年度计划并进行审查把关,确保计划内容明确、可行,通过科委会批准	1.组织编制年度计划;2.审查年度科技计划	1.规章制度;2.企业科技创新战略	1.集团公司科技发展规划计划管理办法;2.中长期科技规划文本	1.规划计划能力;2.政策解读能力	1.熟悉集团公司科技发展规划计划管理办法;2.掌握公司科技发展情况;3.能够对年度科技计划进行审查把关
		2.组织实施年度计划	1.按照年度计划要求,检查督促年度计划的实施,计划执行率不低于80%	1.检查督促年度计划的实施;2.对需要调整的年度计划内容进行审查把关	1.规章制度	1.集团公司科技发展规划计划管理办法;2.年度计划	1.沟通协调能力;2.监督审查能力	1.熟悉集团公司科技发展规划计划管理办法;2.熟悉年度计划的内容;3.能够对需要调整的年度计划进行审查把关

289

续表

业务类别	工作职责	流程任务	工作质量标准	关键行为	主要知识		主要技能	
					知识类别	细分知识要点	技能类别	细分技能要点
	4. 负责科技经费管理	1. 组织编制科技经费预算	1. 依据科技经费管理规定和相关工作计划,审查编制的科技经费预算,确保预算编制合规	1. 组织编制科技经费预算;2. 审定科技经费预算	1. 规章制度;2. 科研经费管理流程	1. 集团公司科技投入管理暂行办法等经费管理相关制度;2. 年度计划	1. 规划计划能力;2. 资源统筹能力	1. 熟悉集团公司科技投入管理暂行办法、经费预算等相关规定;2. 熟悉年度计划编制内容;3. 能够对编制的经费预算进行审查把关
		2. 组织落实计划科技经费	1. 检查督促科技经费的执行,对需要调整的经费计划进行审查,确保合规使用经费	1. 检查督促科技经费的执行;2. 审查需要调整的科技经费计划	1. 规章制度;2. 科研经费管理流程	1. 集团公司科技投入管理暂行办法等经费管理相关制度;2. 年度计划	1. 组织协调能力;2. 资源统筹能力	1. 熟悉集团公司科技投入管理暂行办法、经费预算等相关规定;2. 能够对需要调整的科技经费进行审查把关
		3. 组织科技经费核算	1. 组织科技经费核算,核查经费执行情况,确保科技经费执行率达到80%以上,无超预算、违规使用经费情况	1. 核查科技经费执行情况;2. 提出下一步实施意见	1. 规章制度;2. 科研经费管理流程	1. 集团公司科技投入管理暂行办法等经费管理相关制度;2. 经费执行情况报表单	1. 监督审查能力;2. 统计分析能力	1. 熟悉集团公司科技投入管理暂行办法、经费预算等相关规定;2. 熟悉经费核算流程
B. 规划计划管理	5. 负责科技统计	1. 组织开展科技统计	1. 依据科技统计年报相关通知要求,组织填报科技统计年报,要求填报数据完整、准确、真实	1. 传达上级统计安排的通知;2. 明确填报要求;3. 组织填报科技统计数据	1. 规章制度;2. 办公平台应用	1. 上级关于填报科技统计数据工作安排的通知;2. 科技统计年报报表;3. "科技管理平台-科技统计"用户使用手册;4. 科技统计指标解释	1. 办公系统运用能力;2. 政策解读能力	1. 熟悉"科技管理平台-科技统计"管理系统的基本操作;2. 能够准确理解科技统计上报指标

续表

附录2 科技管理岗位职责与业务流程

| 业务类别 | 工作职责 | 流程任务 | 工作质量标准 | 关键行为 | 主要知识 ||| 主要技能 |||
					知识类别	细分知识要点		技能类别	细分技能要点
B.规划计划管理	5.负责科技统计	2.审查科技统计结果	1.审查科技统计年报数据,确保上报数据完整、准确、真实	1.审查科技统计年报数据	1.规章制度；3.办公平台应用	1.上级关于填报科技统计数据工作安排的通知；2.科技统计年报报表；3."科技管理平台-科技统计"用户使用手册；4.科技统计指标解释		1.办公系统运用能力；2.政策解读能力；3.统计分析能力；4.监督审查能力	1.掌握"科技管理平台-科技统计"管理系统的基本操作；2.能够准确理解科技统计报表指标；3.能够对科技统计年报数据进行审查把关
C.交流合作与管理	1.组织贯彻上级有关法律法规和方针政策及管理规定	1.组织宣传上级管理办法	1.研读熟悉有关法律法规、政策方针、管理办法规定,熟悉主要内容；2.指导组织相关培训宣贯与学习,使每个成员都对其要点100%了解	1.学习最新法律法规、政策方针、管理办法规定；2.核定宣贯计划、组织宣贯与学习	1.政策法规；2.规章制度；3.会议纪要；4.领导讲话	1.集团公司关于对外科技交流和合作工作管理细则；2.中国石油天然气集团公司鼓励技术引进消化吸收再创新管理规定；3.集团公司关于推动集团公司科技工作国际化的指导意见		1.政策解读能力	1.能够准确理解国家、国资委、集团公司科技交流与合作方针政策,具备政策解释能力
	2.组织制定落实上级管理办法要求方案	1.审定落实方案	1.审定落实方案	1.审定落实方案	1.政策法规；2.规章制度；3.会议纪要；4.领导讲话	1.上述政策、文件等资料		1.政策解读能力；2.方案策划能力	1.熟悉上述资料,了解本单位实际；2.能够准确把握现有管理工作和流程与上级要求的差异

续表

业务类别	工作职责	流程任务	工作质量标准	关键行为	主要知识 知识类别	主要知识 细分知识要点	主要技能 技能类别	主要技能 细分技能要点
C. 交流与合作管理	1. 组织贯彻上级有关法律法规和方针政策及管理规定	3. 组织检查反馈落实情况	1. 检查方案落实情况，确保本单位科技交流与合作工作100%符合上级要求	1. 组织督促检查； 2. 审定结果反馈	1. 政策法规； 2. 规章制度； 3. 会议纪要； 4. 领导讲话	1. 上述方案	1. 政策解读能力； 2. 总结归纳能力	1. 能够准确找到实际工作与新要求落实的差异； 2. 能够发现问题的本质，提出明确的整改措施
	2. 制定落实科技交流与合作管理办法	1. 组织申报管理办法制（修）订计划	1. 审定科技交流与合作办法制（修）订计划	1. 审定科技交流与合作办法制（修）订计划	1. 政策法规； 2. 规章制度； 3. 会议纪要； 4. 领导讲话； 5. 管理办法制（修）订流程	1. 管理办法制（修）订、申报计划	1. 规划计划能力； 2. 政策梳理能力	1. 了解本企业管理办法计划制定流程
		2. 组织制（修）订管理办法	1. 组织制（修订）科技交流与合作管理办法，确保符合有关要求，并通过审批	1. 组织讨论研讨，形成讨论稿； 2. 审核报批	1. 政策法规； 2. 规章制度； 3. 会议纪要； 4. 领导讲话； 5. 管理办法制（修）订流程	1. 熟悉本单位相关科技交流与合作管理办法； 2. 熟悉本单位制（修）订的需要解决的问题	1. 政策解读能力	1. 熟悉国家、国资委、集团公司有关方针政策、管理办法； 2. 熟悉本单位现行管理办法主要内容
		3. 组织发布实施管理办法	1. 组织学习、优化相关管理流程，保证本单位科技交流与合作管理符合管理办法要求	1. 组织办法学习； 2. 组织调整流程化工作流程，使其符合新的管理办法	1. 监督检查流程	1. 管理办法及附件格式	1. 培训组织能力	1. 能够准确指出新办法实施中存在的偏差，并给予及时纠正

292

附录2 科技管理岗位职责与业务流程

续表

业务类别	工作职责	流程任务	工作质量标准	关键行为	主要知识		主要技能	
					知识类别	细分知识要点	技能类别	细分技能要点
C.交流与合作管理	3.制定科技交流与合作计划	1.组织制定科技交流与合作计划	1.审定科技交流与合作计划，并确保通过上级批准	1.组织编制科技交流与合作计划	1.规章制度；2.规划计划编制流程；3.会议纪要	1.科技交流与合作管理办法；2.科委会会议纪要；3.年度工作要点；4.计划格式要求；5.计划制定流程	1.规划计划能力；2.政策解读能力	1.掌握科技交流与合作管理办法；2.熟悉计划制定要求
		2.组织实施科技交流与合作计划	1.按照科技交流与合作要求，组织落实计划，计划执行率不低于80%	1.组织科技交流与合作计划分解任务；2.组织开展检查、调整与总结	1.规章制度	1.科技交流与合作管理办法；2.科技交流与合作计划	1.沟通协调能力；2.监督审查能力	1.熟悉管理办法；2.熟悉年度计划的内容
	4.组织开展科技交流活动	1.组织审定科技交流方案	1.审定科技交流活动流程安排，方案可行，符合计划要求	1.审定策划方案，确定科技交流活动时间、地点、流程、内容、负责部门	1.规章制度	1.科技交流与合作管理办法；2.科技交流与合作计划	1.方案策划能力	1.熟悉科技交流与合作管理办法
		2.组织科技交流活动	1.组织协调相关部门力量，按照策划方案组织完成科技交流活动	1.按照策划流程组织完成科技交流活动	1.规章制度	1.科技交流与合作管理办法；2.科技交流方案	1.沟通协调能力；2.活动组织能力	1.熟悉管理办法；2.具备会议组织与协调能力
	5.组织开展科技合作	1.组织合作项目立项	1.根据合作项目计划安排，组织开展合作项目立项开题，确保合作项目100%完成立项	1.统筹资源参与/组织开题论证	1.规章制度；2.科技项目管理流程；3.科研经费管理流程；4.项目管理理论	1.开题论证会议流程及要求；2.项目计划下达表；3.熟悉掌握项目管理办法	1.项目管理能力；2.团队协作能力；3.沟通协调能力	1.熟悉掌握项目管理办法以及流程

续表

业务类别	工作职责	流程任务	工作质量标准	关键行为	主要知识		主要技能	
					知识类别	细分知识要点	技能类别	细分技能要点
C.交流与合作管理	5.组织开展科技合作	2.组织合作项目实施	组织项目启动、实施、检查、调整和变更过程管理，推动计划任务书完成要求	1.组织项目中期检查；2.组织协调项目实施过程出现的研究任务调整或终止、经费预算变更等；3.组织科研外协项目合同研究进展情况的检查、监督与验收；4.组织完成项目总结	1.规章制度；2.科技项目管理流程；3.科研经费管理流程；4.项目管理理论	1.熟悉掌握项目管理办法及流程	1.项目管理能力；2.沟通协调能力	1.熟悉掌握项目管理办法及流程
		3.组织合作项目验收与归档	1.组织科技项目验收与归档，确保符合项目管理办法要求，100%完成结题验收、归档	1.组织上级科技项目自验收；2.参与/组织项目验收；3.组织验收项目归档	1.规章制度；2.科技项目管理流程；3.项目管理理论	1.项目管理办法；2.档案管理办法	1.项目管理能力；2.沟通协调能力	1.熟悉掌握项目管理办法及流程；2.具备组织协调科技项目验收的能力

附录2 科技管理岗位职责与业务流程

续表

业务类别	工作职责	流程任务	工作质量标准	关键行为	主要知识		主要技能	
					知识类别	细分知识要点	技能类别	细分技能要点
D. 科技条件平台管理	1.组织贯彻上级有关法律法规和方针政策及管理规定	1.组织宣传贯彻活动	1.研读熟悉有关政策方针、管理办法规定，熟悉主要内容；2.组织相关培训宣贯与学习，使每个成员对其要点100%了解	1.学习最新政策方针、管理办法规定；2.梳理上述资料要点；3.制定培训宣贯活动策划方案；4.组织培训等活动	1.政策法规；2.规章制度；3.会议纪要；4.领导讲话	1.国家、集团公司有关科技条件平台的制度办法、指导意见、讲话精神；2.培训组织流程；3.培训表单	1.政策解读能力；2.材料梳理能力	1.能够对科技条件平台方面的制度办法、指导意见、讲话精神等进行解释梳理和分析；2.能够准确理解并把握上述材料主要内容，关键要点，具备政策解释能力
		2.制定落实方案	1.根据政策方针、管理办法规定，制定落实方案，明确方案落实内容、责任人、完成时间等，方案要具体可行、可考核	1.根据上述资料要点，梳理工作要求；2.制定落实方案，明确内容、责任人、完成时间；3.执行方案	1.政策法规；2.规章制度；3.会议纪要；4.领导讲话；5.文件下发流程	1.上述政策、文件等资料；2.工作方案格式、文件或通知格式；3.文件下发流程	1.政策解读能力；2.材料梳理能力；3.方案策划能力；4.活动组织能力	1.熟悉相关文件资料，了解本单位实际；2.能够准确把握现有管理工作和流程与上级要求的差异；3.具备撰写工作方案的能力
		3.检查反馈落实情况	1.检查方案落实情况，确保本单位科技条件平台管理工作100%符合上级要求	1.根据工作方案，制定督促检查方案，包括方案、内容、对象、结果反馈等；2.执行督促检查；3.结果反馈，持续改进	1.政策法规；2.规章制度；3.会议纪要；4.领导讲话；5.监督检查流程	1.工作方案；2.检查流程；3.检查表单模板	1.政策解读能力；2.材料梳理能力；3.监督审查能力；4.总结归纳能力	1.能根据已有工作方案，找到实际工作与新要求落实的差异；2.能发现同题并提出整改措施

续表

业务类别	工作职责	流程任务	工作质量标准	关键行为	主要知识		主要技能	
					知识类别	细分知识要点	技能类别	细分技能要点
D. 科技条件平台管理	2. 制定落实科技条件平台管理办法	1. 申报管理办法制（修）订计划	根据本单位科技条件平台管理实际，提出科技条件平台制（修）订计划，符合管理办法制（修）订申报要求	1. 查阅制度汇编；2. 评估现有制度的充分性、适用性；3. 按照规章制度制（修）订要求，填写有关资料；4. 上报制（修）订计划	1. 政策法规；2. 规章制度；3. 会议纪要；4. 领导讲话；5. 管理办法制（修）订流程；6. 表单模版	1. 上级管理办法贯彻落实方案；2. 现有管理办法、管理办法申报计划流程；3. 管理办法制（修）订计划格式要求	1. 规划计划能力；2. 政策梳理能力	1. 熟悉国家、集团公司有关科技条件平台管理办法；2. 了解管理办法制（修）订流程；3. 熟悉公格式及规范要求
		2. 制（修）订管理办法	1. 根据有关政策方针，结合本单位实际，制（修）订科技条件平台管理办法，确保管理办法符合有关要求，并通过审批	1. 分析资料，起草管理办法；2. 讨论研讨，形成讨论稿；3. 有关部门征求意见，形成报批稿；4. 报批	1. 政策法规；2. 规章制度；3. 会议纪要；4. 领导讲话；5. 管理办法制（修）订流程；6. 表单模版	1. 制度制（修）订管理办法或实施细则；2. 上级或本单位科技条件平台管理办法；3. 公文格式及规范；4. 上报审批流程	1. 政策解读能力；2. 材料梳理能力；3. 公文写作能力	1. 熟悉上级有关科技条件平台方针政策、管理办法；2. 了解管理办法制（修）订流程；3. 熟悉公文格式及规范要求
		3. 发布实施管理办法	1. 对批准的管理办法进行及时发布、组织学习、优化相关管理流程，保证本单位科技条件平台管理符合管理办法要求	1. 通过OA系统发布；2. 组织办法学习；3. 调整和优化工作流程，使其符合新的管理办法	1. 监督检查流程；2. 管理办法制（修）订流程；3. 表单模版；4. 办公平台应用	1. 管理办法发布流程；2. 管理办法及附件格式	1. 办公系统运用能力；2. 培训组织能力；3. 会议组织能力	1. 熟练使用OA系统；2. 运用交流、培训、展示等手段，具备组织学习新办法能力

296

附录2 科技管理岗位职责与业务流程

续表

业务类别	工作职责	流程任务	工作质量标准	关键行为	主要知识		主要技能	
					知识类别	细分知识要点	技能类别	细分技能要点
D. 科技条件平台管理	3. 组织/参与制定并组织实施科技条件平台规划计划	1. 组织/参与制定科技条件平台规划	1. 制定规划，规划目标清晰、任务明确，确保通过审批	1. 签发科技条件平台规划编制的通知，审查分工安排、编制进度要求等；2. 组织/参与编制科技条件平台规划；3. 组织/参与审查科技条件平台规划；4. 上报审批	1. 规章制度；2. 规划计划编制流程	1. 集团公司科技发展规划计划管理办法；2. 国家和集团公司科技条件平台方针、政策；3. 集团及本企业业务发展需求、科技条件平台发展趋势；4. 规划报告文本格式；5. 科技条件平台规划编制的报批程序	1. 前瞻思考能力；2. 规划计划能力；3. 政策解读能力；4. 材料梳理能力；5. 总结归纳能力；6. 全局分析能力	1. 熟悉集团公司科技发展规划计划管理办法；2. 了解国家和集团公司科技条件平台方针、政策；3. 掌握集团公司及本企业中长期业务发展现状、科技条件平台发展趋势；4. 掌握科技规划规范完成的撰写要求，能完成中长期规划的指导编制；5. 掌握科技规划的报批程序
		2. 指导组织落实科技条件平台规划		1. 发布科技条件平台规划；2. 组织将科技条件平台分解部署到年度计划中	1. 规章制度；2. 表单模版	1. 集团公司科技条件平台规划计划管理办法；2. 科技条件平台发布流程；3. 科技规划发布流程；4. 年度科技计划表单	1. 材料梳理能力；2. 会议组织能力；3. 沟通协调能力；4. 资源统筹能力；5. 规划计划能力；6. 监督审查能力	1. 熟悉集团公司科技发展规划计划管理办法；2. 熟悉中长期科技规划的发布流程；3. 能通过组织规划宣贯会、编制简明读本、培训解读等方式开展宣贯；4. 掌握科技规划的主要内容，能对规划进行分解，提出贯彻实施规划的目标和任务；5. 能提出贯彻实施规划的具体方案或意见，明确责任分工

297

续表

业务类别	工作职责	流程任务	工作质量标准	关键行为	主要知识		主要技能	
					知识类别	细分知识要点	技能类别	细分技能要点
D. 科技条件平台管理	3. 组织/参与制定并组织实施科技条件平台规划计划		1. 定期组织开展科技条件平台规划评估，调整和完善科技条件平台规划	1. 制定科技条件平台规划评估方案；2. 组织开展科技条件平台评估；3. 结果反馈，调整和优化科技条件平台规划	1. 规章制度；2. 科技评估指南	1. 集团公司科技发展规划管理办法；2. 科技条件平台规划文本；3. 科技条件平台规划评估与调整流程	1. 沟通协调能力；2. 会议组织能力；3. 材料梳理能力；4. 总结归纳能力	1. 熟悉集团公司科技发展规划计划管理办法；2. 熟悉科技条件平台规划中评估程序；3. 能规范完成/指导完成科技条件平台规划评估报告的编写；4. 熟悉科技规划调整、报批的程序
	4. 组织科技条件平台的申报及建设	1. 组织申报科技条件平台立项	1. 根据条件平台规划，组织编制科技条件平台立项建议书并审查上报	1. 按平台建设目标要求，征集项目需求；2. 组织编制立项申报书；3. 审查、报批立项申报书	1. 规章制度；2. 投资项目管理流程；3. 表单模版	1. 上级科技条件平台管理办法；2. 科技条件平台建设要求及流程；3. 立项申报书模板	1. 政策解读能力；2. 沟通协调能力；3. 信息收集能力；4. 多媒体展示能力	1. 掌握科技条件平台管理办法；2. 熟悉科技条件平台规划；3. 熟悉立项申报书规范及要求；4. 熟悉立项上报流程
		2. 组织建设科技条件平台	1. 依据科技平台建设项目计划批复意见，组织实施科技条件平台建设，确保任务达到目标要求	1. 组织制定建设方案；2. 落实固定资产投资部分；3. 建设平台内部管理制度；4. 跟踪关键节点任务完成情况	1. 规章制度；2. 投资项目管理流程；3. 监督检查流程；4. 表单模版	1. 上级科技条件平台管理办法；2. 科技条件平台建设方案模板；3. 固定资产投资流程及要求；4. 制度建设流程及要求；5. 进展情况报送流程	1. 沟通协调能力；2. 项目管理能力；3. 资源统筹能力；4. 监督审查能力	1. 掌握上级科技条件平台管理办法；2. 熟悉科技条件平台建设项目批复；3. 熟悉建设方案模板；4. 熟悉固定资产投资流程及要求；5. 熟悉制度建设流程及要求；6. 熟悉进展情况报送模板

附录2 科技管理岗位职责与业务流程

续表

业务类别	工作职责	流程任务	工作质量标准	关键行为	主要知识		主要技能	
					知识类别	细分知识要点	技能类别	细分技能要点
	4. 组织科技条件平台的申报及建设	3. 组织参加科技条件平台建设项目验收	1. 根据科技条件平台建设项目验收要求，组织编制科技条件平台建设项目相关材料，确保材料内容及格式符合验收要求	1. 组织编制验收汇报材料；2. 上报验收材料；3. 配合完成验收相关工作	1. 规章制度；2. 投资项目管理流程；3. 监督检查流程；4. 表单模版	1. 上级科技平台建设管理办法；2. 平台建设方案；3. 验收材料要求及模板	1. 信息收集能力；2. 会议组织能力；3. 监督审查能力；4. 总结归纳能力；5. 多媒体展示能力	1. 熟悉上级科技平台建设管理办法；2. 熟悉平台建设方案；3. 熟悉验收材料要求及模板
D. 科技条件平台管理	5. 组织科技条件平台运行管理	1. 组织实验/试验项目管理	1. 根据科技条件平台建设规划，组织实验/试验项目实施，符合项目管理要求，达到预期目标	1. 按照本平台研发方向，征集拟改关实验技术和试验技术需求；2. 组织制定项目研发计划；3. 按照计划，组织开展实验/试验项目立项、过程管理和验收	1. 规章制度；2. 科技项目管理流程；3. 办公平台应用；4. 表单模版	1. 科技平台建设管理办法；2. 科技条件平台管理规划；3. 科研项目管理办法；4. 项目立项、过程管理和验收流程及材料模板	1. 项目管理能力；2. 沟通协调能力；3. 会议组织能力；4. 多媒体展示能力；5. 监督审查能力；6. 总结归纳能力	1. 熟悉科技条件平台建设管理办法；2. 熟悉科技条件平台管理规划；3. 熟悉科研项目管理办法；4. 熟悉项目立项、过程管理和验收流程及材料模板

续表

业务类别	工作职责	流程任务	工作质量标准	关键行为	主要知识			主要技能	
					知识类别	细分知识要点	技能类别	细分技能要点
D. 科技条件平台管理	5. 组织科技条件平台运行管理	2. 组织培育科研团队和学术带头人	1. 根据科技条件平台建设规划，组建学术团队，培育学术带头人，确保各研发方向团队人员结构合理，学术带头人具有影响力	1. 研发团队资源配置； 2. 征集研发团队建设需求； 3. 组织制定团队建设计划； 4. 执行计划	1. 规章制度； 2. 表单模版	1. 上级科技条件平台建设管理办法； 2. 科技条件平台规划； 3. 团队建设计划模板； 4. 团队资源配置要求	1. 政策解读能力； 2. 知事识人能力； 3. 资源统筹能力	1. 熟悉科技条件平台建设管理办法； 2. 熟悉科技条件平台规划； 3. 熟悉团队建设计划模板； 4. 熟悉团队资源配置要求
		3. 组织科研仪器设备／软件的运行、维护与更新	1. 根据科技条件平台建设方案要求，组织落实科研仪器设备／软件的运行，维护与更新，确保设备／软件正常使用，满足平台需求	1. 组织分析本平台科研仪器设备／软件现状； 2. 征集科研仪器设备／软件需求； 3. 组织制定仪器设备／软件维护／更新计划； 4. 执行计划，包括更新、维护、报废等	1. 规章制度； 2. 表单模版	1. 科技条件平台建设管理办法； 2. 科技条件平台建设规划； 3. 科研仪器设备软件需求申报表； 4. 科研仪器设备更新、报废流程	1. 信息收集能力； 2. 资源统筹能力； 3. 统计分析能力； 4. 监督审查能力	1. 熟悉科技条件平台建设管理办法； 2. 熟悉科技条件平台规划； 3. 掌握平台仪器设备资源／软件配置现状； 4. 熟悉平台仪器设备资源／软件更新、维护、报废流程； 5. 能根据科研仪器设备／软件计划督促、检查计划执行情况
		4. 组织学术／技术委员会会议	1. 根据科技条件平台运行管理要求，组织召开学术／技术委员会会议，确保会议按要求召开	1. 制定学术／技术委员会会议方案； 2. 组织会议； 3. 组织形成会议总结	1. 规章制度	1. 科技条件平台建设管理办法； 2. 会议组织流程	1. 会议组织能力； 2. 沟通协调能力； 3. 总结归纳能力	1. 熟悉科技条件平台建设管理办法； 2. 能根据平台发展方向和目标拟定学术／技术委员会会议的任务及主要内容

附录2 科技管理岗位职责与业务流程

续表

业务类别	工作职责	流程任务	工作质量标准	关键行为	主要知识 知识类别	主要知识 细分知识要点	主要技能 技能类别	主要技能 细分技能要点
D. 科技条件平台管理	5. 组织科技条件平台运行管理	5. 组织科技条件平台内外部交流与合作	1. 根据科技条件平台管理办法,组织科技条件平台内外交流与合作,明确交流与合作的内容、目标及时间安排	1. 征集平台内外部交流与合作需求; 2. 组织制定交流与合作计划; 3. 组织执行交流与合作计划; 4. 组织形成交流与合作总结	1. 规章制度; 2. 表单模版	1. 科技条件平台建设管理办法; 2. 科技条件平台规划; 3. 科技条件平台交流与合作相关材料模板; 4. 科技条件平台交流与合作流程与要求	1. 活动组织能力; 2. 沟通协调能力; 3. 总结归纳能力; 4. 监督审查能力; 5. 方案策划能力	1. 熟悉科技条件平台建设管理办法; 2. 熟悉科技条件平台规划; 3. 能够根据科技条件平台发展目标,提出内外交流主题与合作方向建议; 4. 能根据合作与交流计划检查、督促落实情况
		6. 监督科技条件平台规章制度落实	1. 根据科技条件平台管理办法和平台内部管理制度要求,组织制定监督方案,确保制度执行到位	1. 学习平台规章制度; 2. 制定监督方案; 3. 开展现场监督; 4. 总结监督反馈	1. 规章制度; 2. 监督检查流程; 3. 表单模版	1. 科技条件平台建设管理办法; 2. 科技条件平台规章制度; 3. 监督检查流程及相关材料模板; 4. 总结报告模板	1. 监督审查能力; 2. 政策解读能力; 3. 总结归纳能力	1. 熟悉科技条件平台建设管理办法; 2. 熟悉科技条件平台规章制度; 3. 熟悉监督检查流程及报告模板; 4. 熟悉总结报告模板
	6. 组织/参加科技条件平台自评估	1. 组织开展科技条件平台自评估	1. 根据科技条件平台管理办法要求,组织开展自评估,符合自评估管理要求	1. 组织编制自评估材料; 2. 组织开展自评估活动; 3. 形成自评估报告	1. 规章制度; 2. 监督检查流程; 3. 科技评估指南; 4. 表单模版	1. 科技条件平台相关管理办法; 2. 自评估流程及要求; 3. 自评估材料模板	1. 信息收集能力; 2. 政策解读能力; 3. 会议组织能力; 4. 材料梳理能力	1. 熟悉科技条件评估相关管理办法; 2. 熟悉自评估流程及要求; 3. 具备组织自评估会议的能力

续表

业务类别	工作职责	流程任务	工作质量标准	关键行为	主要知识		主要技能	
					知识类别	细分知识要点	技能类别	细分技能要点
D. 科技条件平台管理		2. 组织配合科技条件平台评估	1. 根据科技条件平台管理办法及上级主管部门要求，配合完成科技条件平台评估工作，符合评估管理要求	1. 组织编制评估材料；2. 配合开展评估活动	1. 规章制度；2. 监督检查流程；3. 科技评估指南；4. 表单模版	1. 科技条件平台相关管理办法；2. 评估流程及要求；3. 评估材料模板	1. 会议组织能力；2. 政策解读能力；3. 材料梳理能力；4. 沟通协调能力	1. 熟悉科技条件平台评估相关管理办法；2. 熟悉评估流程及要求；3. 具备组织参与评估会议的能力
		3. 组织落实科技条件平台评估意见	1. 根据评估意见，组织整改与完善，符合评估意见要求	1. 根据评估建议，制定整改完善方案；2. 组织方案实施；3. 形成总结报告	1. 规章制度；2. 监督检查流程；3. 科技评估指南；4. 表单模版	1. 科技条件平台评估意见建议；2. 整改完善方案模板；3. 整改工作进展情况表单；4. 总结模板	1. 监督审查能力；2. 方案策划能力	1. 能根据评估建议，制定整改完善方案；2. 能根据评估建议整改完善方案，检查督促整改工作落实
E. 科技成果管理	1. 组织贯彻上级有关法律法规和方针政策及管理规定	1. 组织宣传上级管理办法	1. 研读有关法律法规、方针政策及管理办法规定，掌握主要内容；2. 指导组织相关培训贯宣贯与学习，使每个成员都对其要点100%了解	1. 学习最新法律法规、政策方针、管理办法规定；2. 核定宣贯计划，组织宣贯与学习	1. 政策法规；2. 规章制度；3. 会议纪要；4. 领导讲话	1. 科技成果转化法；2. 科技进步法；3. 集团公司科技奖励办法；4. 集团公司自主创新重要产品认定办法；5. 集团公司科技成果转化奖励办法（试行）	1. 政策解读能力	1. 能够准确理解国家、国资委、集团管理有关方针政策，管理办法要求，并进行准确理解，具备政策解释能力

附录2 科技管理岗位职责与业务流程

续表

业务类别	工作职责	流程任务	工作质量标准	关键行为	主要知识			主要技能	
					知识类别	细分知识要点		技能类别	细分技能要点
	1.组织贯彻上级有关法律法规和方针政策及管理规定	2.组织制定落实上级管理办法要求方案	1.审定落实方案	1.审定落实方案	1.政策法规; 2.规章制度; 3.会议纪要; 4.领导讲话	1.科技成果转化法; 2.科技进步法; 3.集团公司科技奖励办法; 4.集团公司自主创新重要产品认定办法; 5.集团公司科技成果转化创效奖励办法(试行)	1.政策解读能力; 2.方案策划能力	1.熟悉上述资料,了解本单位实情; 2.能够准确把握现有管理工作和流程与上级要求的差异	
		3.组织检查反馈落实情况	1.检查方案落实情况,确保本单位科技成果管理工作100%符合上级要求	1.组织督促检查; 2.审定结果反馈	1.政策法规; 2.规章制度; 3.会议纪要; 4.领导讲话	1.落实方案	1.政策解读能力; 2.总结归纳能力	1.能够准确找到实际工作与新要求落实的差异; 2.能够发现问题的本质,提出明确的整改措施	
E.科技成果管理	2.制定落实科技成果管理办法	1.组织申报管理办法制(修)订计划	1.审定科技成果管理办法制(修)订计划	1.审定办法制(修)订计划	1.政策法规; 2.规章制度; 3.会议纪要; 4.领导讲话; 5.管理办法制(修)订流程	1.管理办法制(修)订、申报计划	1.规划计划能力; 2.政策梳理能力	1.了解本企业管理办法计划制订流程	
		2.组织制(修)订管理办法	1.组织制(修)订科技成果管理办法,确保有关要求,并通过审批	1.组织讨论研讨形成讨论稿; 2.审核报批	1.政策法规; 2.规章制度; 3.会议纪要; 4.领导讲话; 5.管理办法制(修)订流程	1.熟悉本单位相关科技成果管理办法; 2.熟悉办法制(修)订的问题	1.政策解读能力	1.熟悉国家、国资委、集团公司有关方针政策、管理办法; 2.熟悉本单位现行管理办法主要内容	

续表

业务类别	工作职责	流程任务	工作质量标准	关键行为	主要知识		主要技能	
					知识类别	细分知识要点	技能类别	细分技能要点
E. 科技成果管理	2. 制定落实科技成果管理办法	3. 组织发布实施管理办法	1. 组织学习、优化相关管理流程，保证本单位科技成果管理符合办法要求	1. 组织办法学习；2. 组织调整和优化工作流程，使其符合新的管理办法	1. 监督检查流程	1. 管理办法及附件格式	1. 培训组织能力	1. 能够准确指出新办法实施中存在的偏差，并给予及时纠正
	3. 组织科技成果的鉴定/评价	1. 组织申报科技成果鉴定/评价材料	1. 审定拟申报科技成果鉴定/评价材料，使其符合办法要求	1. 组织准备成果鉴定/评价材料	1. 规章制度；2. 科技成果鉴定/评价流程	1. 科技成果管理办法；2. 科技成果鉴定/评价管理办法/评价要求及流程	1. 政策解读能力；2. 组织协调能力	1. 熟悉科技成果管理办法、科技成果鉴定/评价管理办法；2. 了解成果申报要求及流程
		2. 组织参加成果鉴定/评价	1. 组织相关成果参加科技成果鉴定/评价	1. 组织材料审查；2. 组织参加科技成果鉴定/评价；3. 组织资料归档	1. 规章制度；2. 科技成果鉴定/评价流程	1. 科技成果管理办法；2. 科技成果鉴定/评价管理办法/评价要求及流程	1. 会议组织能力；2. 沟通协调能力	1. 熟悉科技成果管理办法、科技成果鉴定/评价办法；2. 了解科技成果鉴定/评价的流程
	4. 组织科技奖励	1. 组织申报科技奖励	1. 根据科技奖励办法，组织申报，确保申报材料内容完整，符合要求	1. 组织科技奖励申报材料	1. 规章制度；2. 科技奖励申报流程	1. 科技奖励办法；2. 科技奖励申报流程	1. 政策解读能力；2. 组织协调能力	1. 熟悉科技奖励办法；2. 了解科技奖励的申报要求
		2. 组织评审/推荐科技奖励	1. 根据科技奖励办法及流程，组织科技奖励的评审/推荐，确保评审/推荐过程符合工作要求	1. 组织对本单位申报材料进行形式审查；2. 组织专家评审；3. 组织推荐上级科技奖励	1. 规章制度；2. 科技奖励评审流程	1. 科技奖励办法；2. 科技奖励评审流程	1. 会议组织能力；2. 沟通协调能力	1. 熟悉科技奖励办法；2. 了解科技奖励的申报要求；3. 了解科技奖申报流程

附录2 科技管理岗位职责与业务流程

续表

业务类别	工作职责	流程任务	工作质量标准	关键行为	主要知识			主要技能	
^	^	^	^	^	知识类别	细分知识要点	技能类别	细分技能要点
E. 科技成果管理	5. 组织自主创新重要产品、成果创效申报	1. 组织申报自主创新重要产品认定	1. 组织自主创新重要产品申报，确保申报材料内容完整、符合要求	1. 组织准备自主创新重要产品认定材料； 2. 组织参加评审会议	1. 规章制度； 2. 自主创新重要产品认定流程	1. 集团公司自主创新重要产品管理办法； 2. 集团公司自主创新重要产品申报流程	1. 政策解读能力； 2. 组织协调能力	1. 了解自主创新重要产品认定管理办法； 2. 了解自主创新重要产品认定的申报要求及流程
^	^	2. 组织参加科技成果创效奖励申报	1. 组织参加科技成果创效奖励申报，保证申报工作符合要求	1. 组织准备成果转化创效奖励材料； 2. 组织参加评审会议	1. 规章制度； 2. 科技成果转化创效奖励流程	1. 集团公司科技成果转化创效奖励管理办法； 2. 集团公司科技成果转化创效奖励申报流程	1. 政策解读能力； 2. 组织协调能力	1. 熟悉科技成果转化创效奖励管理办法； 2. 了解科技成果转化创效奖励的申报要求及流程
^	6. 组织科技成果转化与推广	1. 组织制定科技成果转化推广计划	1. 组织制定科技成果转化推广计划，组织落实科技成果转化项目、考核目标等	1. 组织编制科技成果转化推广计划； 2. 组织下达科技成果转化推广计划	1. 规章制度； 2. 政策法规； 3. 规划计划流程	1. 集团公司科技成果转化推广有关要求	1. 政策解读能力	1. 准确理解集团公司关于成果转化推广的相关要求
^	^	2. 组织实施科技成果转化推广计划	1. 根据科技成果转化推广计划，实施推广计划，确保完成计划目标	1. 组织科技成果转化推广计划分解落实； 2. 组织跟踪任务进展	1. 规章制度； 2. 政策法规	1. 集团公司科技成果转化推广有关要求； 2. 科技成果转化推广计划	1. 政策解读能力； 2. 沟通协调能力； 3. 资源统筹能力	1. 准确理解集团公司关于成果转化推广的相关要求； 2. 熟悉成果转化推广方案； 3. 具有较强组织协调能力

续表

业务类别	工作职责	流程任务	工作质量标准	关键行为	主要知识		主要技能	
					知识类别	细分知识要点	技能类别	细分技能要点
E. 科技成果管理	6. 组织科技成果转化与推广	3. 组织评估科技成果转化推广效果	1. 根据科技成果推广有关要求，组织评估科技成果转化推广效果，形成评估总结	1. 组织专家进行评估	1. 规章制度；2. 科技评估指南	1. 集团公司科技成果转化推广有关要求；2. 科技成果转化推广计划；3. 科技成果转化推广评估方法和流程	1. 沟通协调能力	1. 准确理解集团公司关于成果转化推广的相关要求；2. 熟悉成果转化推广方案；3. 熟悉评估方法和流程；4. 具有较强组织协调能力
F. 知识产权管理	1. 组织贯彻上级有关法律法规和方针政策规定及管理规定	1. 组织宣传上级管理办法	1. 研读有关法律法规、政策方针、管理办法规定，熟悉主要内容；2. 组织相关培训宣贯与学习，使每个成员对其要点100%了解	1. 学习最新法律法规、政策方针、管理办法规定；2. 核定宣贯计划；3. 组织宣贯与学习	1. 政策法规；2. 规章制度；3. 会议纪要；4. 领导讲话	1.《中华人民共和国专利法》；2.《中华人民共和国专利法实施细则》；3.《中华人民共和国著作权法》；4.《中华人民共和国著作权法实施细则》；5.《中华人民共和国反不正当竞争法》；6.《专利代理条例》；7.《关于推进中央企业知识产权工作高质量发展的指导意见》；8.《推动知识产权高质量发展年度工作指引 2021》；9.《人民法院关于全面加强知识产权司法保护的意见》；10.《集团公司知识产权高质量发展意见》；11.《集团公司知识产权管理办法》；12.《中石油专利代理服务机构聘用办法》；13.《中石油计算机软件著作权管理办法》；14.《中国石油天然气集团有限公司技术秘密管理办法》；15.《中国石油所属单位年度专利申请考核指标》	1. 政策解读能力	1. 能够对国家、国资委、集团公司科技创新方针政策、管理办法进行梳理和分析；2. 能够把握相关材料重要内容、关键要求，具备并进行准确理解，政策解释能力

附录2　科技管理岗位职责与业务流程

续表

业务类别	工作职责	流程任务	工作质量标准	关键行为	主要知识			主要技能	
					知识类别	细分知识要点	技能类别	细分技能要点
	1. 组织贯彻上级有关法律法规和方针政策及管理规定	2. 组织落实上级管理办法要求方案	1. 审定落实方案	1. 审定落实方案	1. 政策法规；2. 规章制度；3. 会议纪要；4. 领导讲话	1. 相关制度政策文件等资料	1. 政策解读能力；2. 方案策划能力	1. 熟悉上述资料，了解本单位实际；2. 能够准确把握现有管理工作和流程与上级要求的差异
		3. 组织检查反馈实情况落实	1. 组织检查方案实施情况，确保本单位科技工作符合上级要求	1. 组织督促检查；2. 审定结果反馈	1. 政策法规；2. 规章制度；3. 会议纪要；4. 领导讲话	1. 相关制度政策文件等资料	1. 政策解读能力；2. 总结归纳能力	1. 能够准确找到实际工作与新要求的差异；2. 能够发现问题的本质，提出明确的整改措施
F. 知识产权管理	2. 组织制定落实知识产权管理办法	1. 组织申报管理办法制（修）订计划	1. 审定办法制（修）订计划	1. 审定办法制（修）订计划	1. 政策法规；2. 规章制度；3. 会议纪要；4. 领导讲话；5. 管理办法制（修）订流程	1. 管理办法制（修）订、申报计划流程	1. 规划计划能力；2. 政策梳理能力	1. 了解本企业管理办法计划制定流程
		2. 组织制（修）订管理办法	1. 组织制相关科技相关管理办法，确保有关要求，并通过审批	1. 组织讨论研讨，形成讨论稿；2. 审核报批	1. 政策法规；2. 规章制度；3. 会议纪要；4. 领导讲话；5. 管理办法制（修）订流程	1. 熟悉本单位相关现有管理办法；2. 熟悉制（修）订需要解决的问题	1. 政策解读能力	1. 熟悉国家、国资委、集团公司有关方针政策、管理办法；2. 熟悉本单位现行管理办法主要内容

307

续表

业务类别	工作职责	流程任务	工作质量标准	关键行为	主要知识		主要技能	
					知识类别	细分知识要点	技能类别	细分技能要点
F. 知识产权管理	2. 组织制定落实知识产权管理办法	3. 组织发布实施管理办法	1. 组织学习、优化相关管理流程,保证本单位科技管理符合办法要求	1. 组织办法学习; 2. 组织调整和优化工作流程,使其符合新的管理办法	1. 监督检查流程	1. 管理办法及附件格式	1. 培训组织能力	1. 能够准确指出新办法实施中存在的偏差,并给予及时纠正
	3. 组织开展知识产权战略研究	1. 组织制定知识产权规划	1. 针对行业内核心技术领域,结合企业发展战略,制定知识产权中长期发展目标,明确知识产权发展量化指标	1. 熟悉公司及本单位发展战略需求; 2. 组织调研关键与技术市场潜力与创新需求; 3. 组织制定本单位可量化的知识产权发展目标	1. 政策法规; 2. 规章制度; 3. 规划计划编制流程; 4. 企业知识产权战略	1. 相关制度政策文件等资料	1. 计划规划能力; 2. 前瞻思考能力	1. 了解公司及本单位发展需求,具备将知识产权工作融入整体战略的能力; 2. 掌握计划规划要点,能够审核计划规划
		2. 组织开展知识产权导航	1. 根据企业发展战略与企业技术发展与市场运维提供有预期、可考核的可行性决策依据	1. 组织制定企业技术发展与产业运行策略	1. 政策法规; 2. 规章制度; 3. 规划计划编制流程; 4. 企业知识产权战略	1. 相关制度政策文件等资料	1. 归纳总结能力; 2. 计划规划能力	1. 掌握编制知识产权发展规划的撰写要求
		3. 组织开展知识产权挖掘	1. 组织提炼具有专利申请和保护价值的技术创新点与产品保护方案	1. 组织分析关键技术创新点; 2. 组织提炼技术产品保护方案	1. 政策法规; 2. 规章制度; 3. 规划计划编制流程; 4. 企业知识产权战略	1. 创造性/新颖性原则; 2. 权利要求保护要求; 3. 技术层级分类方法	1. 材料解读能力	1. 了解技术产品保护方案

附录2 科技管理岗位职责与业务流程

续表

业务类别	工作职责	流程任务	工作质量标准	关键行为	主要知识			主要技能		
					知识类别	细分知识要点		技能类别	细分技能要点	
F. 知识产权管理	3. 组织开展知识产权战略研究	4. 组织开展知识产权布局	1. 组织构建专利保护网，形成保护严密的专利组合	1. 组织制定专利保护方案；2. 组织构建专利网；3. 组织形成核心/外围组合专利群	1. 政策法规；2. 规章制度；3. 规划计划编制流程；4. 企业知识产权战略	1. 专利组合原则与方法		1. 监督审查能力	1. 能够组织构建技术产品相对应的专利网络，能够组织形成以核心为主、外围为辅的组合专利群方案	
	4. 组织知识产权全过程管理	1. 组织编制知识产权专项经费预算	1. 依据企业内部技术发展实际，组织制定本单位知识产权专项经费，确保本单位知识产权年度相关费用100%保障	1. 审核专利维护清单；2. 审核预算费用；3. 上报	1. 政策法规；2. 规章制度	1. 专利代理机构聘用办法；2. 国家知识产权局收费标准；3. 文本撰写格式及规范；4. 上报流程		1. 细节把握能力	1. 了解本单位知识产权创造情况；3. 能够审核专项经费方案	
		2. 组织专利代理服务机构选聘与考核	1. 依据企业知识产权工作实际，组织制定专利代理服务机构的选聘方案与量化考核制度	1. 根据公司专利代理服务机构聘用办法，审核选聘方案；2. 组织选聘与考核	1. 政策法规；2. 规章制度；3. 监督检查流程	1. 《中石油专利代理服务机构聘用办法》；2. 选聘方案及流程；3. 考核标准及流程		1. 监督检查能力	1. 熟悉专利代理机构管理办法；2. 能够结合本单位工作实际，组织开展专利代理机构选聘；3. 了解专利代理机构选聘与考核的工作流程	

续表

业务类别	工作职责	流程任务	工作质量标准	关键行为	主要知识		主要技能	
					知识类别	细分知识要点	技能类别	细分技能要点
E.知识产权管理		3.负责专利、软件著作权、技术秘密申请	1.依据公司及本单位知识产权管理办法,确保知识产权分类比例、专利上限指标、申请上限指标、专利发明占比等指标100%符合公司要求	1.A类专利的线上审查/审批与上报	1.政策法规; 2.规章制度; 3.办公平台应用	1.公司知识产权管理办法; 2.科技管理平台操作指南; 3.申报/审批及上报流程	1.电子平台运用能力	1.熟悉公司知识产权管理办法; 2.熟练使用知识产权管理平台
		4.负责专利的维护管理	1.依据本单位工作实际,定期组织开展专利质量评价,及时维护、放弃相关专利或确认相关专利无效	1.审核年度待评估专利清单; 2.审核上报评估结果	1.政策法规; 2.规章制度; 3.办公平台应用; 4.监督检查流程; 5.专利价值评估方法	1.公司知识产权管理办法; 2.专利评估要求及流程; 3.维持缴费要求及流程; 4.专利放弃要求及流程; 5.专利无效要求及流程	1.政策解读能力	1.熟悉公司知识产权管理办法
	4.组织知识产权全过程管理	5.参与知识产权运营管理	1.根据公司管理办法,参与实施专利/技术的许可与转让,确保符合上级管理办法及要求	1.审核对外许可/转让流程; 2.审核知识产权许可/技术转让许可审批流程,上报本单位主管领导	1.政策法规; 2.规章制度; 3.表单模版	1.公司知识产权管理办法; 2.文本格式; 3.审批流程; 4.上报流程	1.监督审查能力	1.熟悉公司知识产权管理办法; 2.熟练掌握公司对外技术许可/转让申报审查流程的三级申报审查流程; 3.熟练掌握本单位对内技术许可/转让审批申报审查流程的两级申报审查流程

续表

业务类别	工作职责	流程任务	工作质量标准	关键行为	主要知识 知识类别	主要知识 细分知识要点	主要技能 技能类别	主要技能 细分技能要点
F. 知识产权管理	4. 组织知识产权全过程管理	6. 参与知识产权保护管理	1. 根据公司管理办法，参与知识产权的保护管理，确保符合上级管理办法及要求	1. 协助部门内外沟通协调；2. 审核情况说明	1. 政策法规；2. 规章制度	1. 说明情况撰写格式及要求；2. 协办流程	1. 风险把握能力；2. 沟通协调能力	1. 具备本单位部门间的沟通协调能力
F. 知识产权管理	5. 组织参加知识产权后评估	1. 组织制定知识产权后评估计划	1. 根据后评估管理办法，组织制定后评估计划	1. 组织制定后评估计划	1. 政策法规；2. 规章制度；3. 规划计划编制流程	1. 知识产权后评估管理办法；2. 知识产权后评估准则	1. 政策解读能力；2. 监督审查能力	1. 熟悉掌握知识产权后评估评估管理方法；2. 熟悉知识产权后评价的流程、方法和指标
F. 知识产权管理	5. 组织参加知识产权后评估	2. 组织/配合知识产权后评估评估工作	1. 组织/配合有关部门开展知识产权后评估，确保后评估计划完成率100%	1. 解读后评估方法和指标；2. 配合/组织开展后评估工作	1. 政策法规；2. 规章制度	1. 知识产权后评估办法；2. 知识产权后评估要求及流程；3. 知识产权后评估方法和指标	1. 政策解读能力	1. 了解知识产权后评估办法；2. 熟悉知识产权后评估方法和指标
F. 知识产权管理	5. 组织参加知识产权后评估	3. 组织落实后评估意见	1. 根据后评估意见，组织落实与完善，达到评估意见要求	1. 根据意见，审核落实与完善方案；2. 组织执行整改与完善方案；3. 监督检查改进情况	1. 政策法规；2. 规章制度；3. 监督检查流程	1. 后评估意见；2. 落实与完善方案；3. 监督检查流程	1. 监督审查能力	1. 能够监督检查落实情况，并给出改进建议

续表

业务类别	工作职责	流程任务	工作质量标准	关键行为	主要知识		主要技能	
					知识类别	细分知识要点	技能类别	细分技能要点
F.知识产权管理	6.组织知识产权文化建设	1.组织开展知识产权宣传周有关活动	1.根据国家及公司知识产权宣传周通知要求，审定知识产权宣传周活动方案，100%完成上级部门的工作要求	1.接收国家及公司年度知识产权宣传周活动通知；2.审核活动方案	1.政策法规；2.规章制度	1.国家及公司年度知识产权宣传周活动通知；2.活动方案	1.政策解读能力	1.了解国家及公司知识产权宣传周的相关政策与要求；2.具备审核知识产权宣传活动方案的能力
		2.组织参加知识产权岗位相关培训	1.根据公司要求及本单位实际，组织参加知识产权岗位培训，使培训人员对其主要任职能与岗位工作要求100%掌握	1.了解公司培训要求；2.审定培训参加单位	1.规章制度	1.培训流程及要求；2.审核上报流程	1.政策解读能力	1.了解知识产权岗位培训的内容及要求
G.标准化管理	1.组织贯彻上级有关法律法规、方针政策规定及管理规定	1.组织宣传贯彻上级管理办法	1.研读有关法律法规、方针政策规定、管理办法规定，使每个成员都对其主要内容100%了解和掌握	1.学习最新法律法规、政策方针、管理办法规定；2.梳理上述资料要点；3.组织宣贯与学习	1.政策法规；2.规章制度；3.会议纪要	1.国家及行业标准化相关法律法规及管理文件；2.集团公司标准化管理办法；3.集团公司企业标准制定管理办法；4.集团公司标准实施监督管理办法；5.集团公司优秀标准奖评选办法；6.国际标准化工作管理规定	1.政策解读能力；2.材料梳理能力	1.能够对国家、行业、集团公司标准化政策、管理办法进行解释梳理和分析，具备政策解释能力

附录2 科技管理岗位职责与业务流程

续表

业务类别	工作职责	流程任务	工作质量标准	关键行为	主要知识		主要技能	
					知识类别	细分知识要点	技能类别	细分技能要点
G. 标准化管理	1. 组织贯彻上级有关法律法规、方针政策及管理规定		1. 根据集团公司政策方针、管理办法规定，制定落实方案，明确方案落实内容、责任人、完成时间等，方案要具体可行，可考核	1. 审定落实方案；2. 组织执行方案	1. 政策法规；2. 规章制度；3. 会议纪要；4. 领导讲话	1. 上述政策、文件等资料；2. 工作方案格式、文件或通知格式；3. 文件下发流程	1. 政策解读能力；2. 方案策划能力	1. 掌握上述资料，明晰本单位实际；2. 能够准确把握现有管理工作和流程与上级要求的差异；3. 工作方案审定
	2. 建立标准体系	1. 建立标准体系	1. 根据企业发展战略及各相关方需求，组织建立与企业生产经营和管理相匹配的企业标准体系	1. 组织协调建立本企业标准体系；2. 发布企业标准体系	1. 国家标准；2. 规章制度；3. 会议纪要	1. GB/T 15496—2017《企业标准体系 要求》；2. GB/T 35778—2017《企业标准化工作 指南》；3. 标准明细表、编制说明模板	1. 方案策划能力；2. 组织协调能力	1. 明晰本单位发展战略和实际需求；2. 了解建立标准体系的方法和要求；3. 具有策划、组织协调能力
		2. 标准体系运行维护	1. 根据集团公司管理要求，组织实施标准监督检查，确保标准体系正常运行	1. 组织监督检查标准实施；2. 检查标准体系表更新情况	1. 国家标准；2. 规章制度；3. 会议纪要；4. 监督检查	1. GB/T 19273—2017《标准 评价与改进》；2. 集团公司标准实施监督管理办法；3. Q/SY 00003—2021《标准实施监督检查与评价规范》	1. 组织监督审查能力；2. 总结归纳能力	1. 了解体系中标准实施情况，具备组织检查能力；2. 具备问题分析总结能力
	3. 标准化知识培训	1. 制定本企业标准化培训计划	1. 审定标准宣贯或标准化知识年度培训计划，确保企业年度标准制（修）订工作顺利进行，以及年度重点实施标准的需求	1. 审定本企业年度标准化相关培训计划；2. 确认培训内容	1. 规章制度；2. 标准制（修）订计划；3. 年度标准化重点工作	1. GB/T 1及GB/T 20001等相关标准；2. ISO/IEC导则；3. Q/SY 00003—2021《标准检查和评价规范》；4. 国家及集团公司标准化政策；5. 年度重点实施标准	1. 组织协调能力；2. 规划计划能力	1. 能够根据企业年度标准化重点工作及标准制（修）订计划，审定相关人员培训计划；2. 能够根据培训对象落实培训内容

313

续表

业务类别	工作职责	流程任务	工作质量标准	关键行为	主要知识		主要技能	
					知识类别	细分知识要点	技能类别	细分技能要点
G. 标准化管理	3. 标准化知识培训	2. 组织培训活动	1. 审定培训内容及培训教师，并为培训活动配置相应资源，提高员工标准制（修）订能力和标准执行能力	1. 审定培训方案；2. 组织实施培训活动	1. 相关国家标准及企业标准；2. 标准制（修）订计划；3. 年度标准化重点工作	1. GB/T 1 及 GB/T 20001 等相关标准；2. ISO/IEC 导则；3. Q/SY 00003—2021《标准实施监督检查和评价规范》；4. 国家及集团公司标准化政策	1. 培训组织能力；2. 沟通协调能力	1. 根据企业实际需求审定培训计划及培训内容；2. 组织开展培训活动，并配置相关资源
	4. 组织标准全过程管理	1. 标准前期研究项目	1. 根据企业科技标准化需求，组织开展标准前期研究/国际标准培育等研究工作，提高企业科技成果标准转化率	1. 审定标准前期研究项目征集计划通知；2. 协调组织标准前期项目立项评审；3. 协调组织标准前期研究项目检查与验收	1. 规章制度；2. 标准化规划及标准体系；3. 科研项目管理流程及要求	1. 标准化管理相关文件；2. 科技项目管理办法	1. 项目审核、管理能力；2. 组织协调能力	1. 了解项目管理要求（含国际标准项目）；2. 具备组织协调能力
		2. 组织企业级标准的制（修）订、评审与发布	1. 根据企业生产需求组织企业标准制（修）订工作，满足生产要求	1. 审核标准制（修）订计划；2. 监督标准制定过程；3. 发布标准；4. 备案标准	1. 规章制度；2. 制（修）订流程	1. 集团公司标准化管理办法；2. 集团公司企业标准制定管理办法；3. 集团公司标准化信息平台使用；4. 中国石油天然气集团公司国际标准化工作管理规定	1. 组织协调能力；2. 资源统筹能力	1. 熟悉本企业标准化需求，能够指导本企业的标准制定、修订

314

续表

业务类别	工作职责	流程任务	工作质量标准	关键行为	主要知识		主要技能	
					知识类别	细分知识要点	技能类别	细分技能要点
G. 标准化管理		3. 组织申报高级别标准	1. 根据国家/行业/团体/集团公司制（修）订计划要求，组织企业申报相关标准项目，承担标准制（修）订工作	1. 审核立项材料，协调审核；2. 组织申报本企业的立项项目；3. 组织跟踪标准制定过程；4. 安排上报本企业已发布标准	1. 规章制度；2. 协调审核	1. 集团公司标准化管理办法；2. 集团公司企业标准制定管理办法；3. 国际/国家/行业标准制定管理规定；4. 集团公司国际标准化工作管理规定；5. 集团公司标准化信息平台使用	1. 项目审核能力；2. 组织协调能力	1. 掌握标准项目立项审核要求，熟悉国家标准/行业标准/团体标准/企业标准/集团公司标准立项材料要求；2. 能够按照各级标准立项要求，组织审核本企业的立项材料；3. 能够掌握本企业制定标准项目制定及完成程度
	4. 组织标准全过程管理	4. 组织宣贯标准	1. 根据企业生产需求及标准实施计划，组织标准实施宣贯，提高标准实施效果	1. 审定标准宣贯计划；2. 审定宣贯老师及宣贯材料；3. 组织开展宣贯活动	1. 规章制度；2. 会议纪要	1. 企业年度重点实施标准；2. 宣贯计划	1. 组织协调能力；2. 资源统筹能力	1. 掌握企业年度重点实施标准及标准实施薄弱点，审定标准实施宣贯计划；2. 能够审定落实标准宣贯材料及宣贯老师，并组织相关员工参与宣贯活动
		5. 监督检查标准实施情况	1. 根据集团公司相关管理办法，组织开展标准实施监督检查工作，发现并整改存在的问题	1. 审查标准实施信息反馈收集与处理；2. 组织标准实施现场检查	1. 规章制度；2. 执行标准	1. 集团公司标准化管理办法；2. 集团公司标准实施监督管理办法；3.Q/SY 00003—2021《标准实施监督检查和评价规范》	1. 组织协调能力；2. 现场检查能力	1. 了解集团公司标准实施监督检查的内容和要求；2. 了解并掌握现场检查标准实施情况的能力

续表

业务类别	工作职责	流程任务	工作质量标准	关键行为	主要知识			主要技能		
					知识类别	细分知识要点		技能类别	细分技能要点	
G. 标准化管理	4. 组织标准全过程管理	6. 评选表彰本企业的优秀标准	1. 根据集团公司相关管理办法，组织开展本企业的优秀标准评选工作，评奖工作方案科学、公正，评奖流程规范	1. 组织标准项目评审活动	1. 规章制度；2. 优秀标准评选工作流程	1. 优秀标准评选工作流程；2. 材料审核、公示、报批流程及模板		1. 政策理解能力；2. 沟通协调能力	1. 熟悉集团公司优秀标准奖励办法；2. 熟悉本企业的优秀标准评选标准及评选程序	
H. 综合管理	1. 组织贯彻上级有关法律法规和方针政策及管理规定	1. 组织宣传上级管理办法	1. 研读熟悉有关法律法规、政策方针、管理办法规定，掌握主要内容；2. 指导组织相关培训宣贯与学习，使每个成员对其要点100%了解	1. 学习最新法律法规、政策方针、管理办法规定；2. 审定宣贯计划，组织宣贯与学习	1. 政策法规；2. 规章制度；3. 会议纪要；4. 领导讲话	1. 国家、国资委关于科技创新改革要求；2. 集团公司关于科技创新战略的指导意见		1. 政策解读能力	1. 能够准确理解国家、国资委、集团公司有关方针政策、管理办法要点，具备政策解释能力	
		2. 组织制定落实上级管理办法实施方案	1. 审定落实方案	1. 审定落实方案	1. 政策法规；2. 规章制度；3. 会议纪要；4. 领导讲话	1. 国家、国资委关于科技创新改革要求；2. 集团公司关于科技创新战略的指导意见		1. 政策解读能力；2. 方案策划能力	1. 熟悉有关资料，了解本单位实际；2. 能够准确把握有管理的工作流程与要求工作的差异	
		3. 组织检查反馈落实情况	1. 检查方案落实情况，确保本单位科技工作符合上级要求	1. 组织督促检查；2. 审定结果反馈	1. 政策法规；2. 规章制度；3. 会议纪要；4. 领导讲话	1. 落实方案		1. 政策解读能力；2. 总结归纳能力	1. 能够准确找到实际工作与新要求落实的差异；2. 能够发现问题的本质，提出明确的整改措施	

附录2 科技管理岗位职责与业务流程

续表

业务类别	工作职责	流程任务	工作质量标准	关键行为	主要知识		主要技能	
					知识类别	细分知识要点	技能类别	细分技能要点
H. 综合管理	2. 组织制定落实科技综合管理办法	1. 组织申报管理办法制（修）订计划	1. 审定办法制（修）订计划	1. 审定办法制（修）订计划	1. 政策法规；2. 规章制度；3. 会议纪要；4. 领导讲话；5. 管理办法制（修）订流程	1. 管理办法制（修）订、申报计划流程	1. 规划计划能力；2. 政策梳理能力	1. 了解本企业管理办法计划制定流程
		2. 组织制（修）订）管理办法	1. 组织制订科技相关管理办法，确保管理办法符合有关要求，通过审批	1. 组织讨论研讨，形成讨论稿；2. 审核报批	1. 政策法规；2. 规章制度；3. 会议纪要；4. 领导讲话；5. 管理办法制（修）订流程	1. 熟悉本单位现有相关管理办法；2. 熟悉本办法制（修）订需要解决的问题	1. 政策解读能力	1. 熟悉国家、国资委、集团公司有关方针政策、管理办法；2. 熟悉本单位现行管理办法主要内容
		3. 组织发布实施管理办法	1. 组织学习、优化相关管理流程，保证本单位科技管理符合办法要求	1. 组织办法学习；2. 组织办法调整和优化工作流程，使其符合新的管理办法	1. 监督检查流程	1. 管理办法及附件格式	1. 培训组织能力	1. 能够准确指出新办法实施中存在的偏差，并给予及时纠正

317

续表

业务类别	工作职责	流程任务	工作质量标准	关键行为	主要知识		主要技能	
					知识类别	细分知识要点	技能类别	细分技能要点
H. 综合管理	3. 组织编写文字材料	1. 组织起草科委会报告	1. 科委会报告能够全面反映上年度本单位科技创新工作亮点，明确下年度的工作部署，得到上级领导同意	1. 确定科委会报告主题；2. 组织讨论，形成报批稿；3. 上报领导审定	1. 规章制度；2. 政策法规；3. 领导讲话	1. 本年度科技创新主要工作业绩；2. 下年度主要工作安排；3. 会议报告格式	1. 公文写作能力；2. 材料梳理能力；3. 政策解读能力；4. 细节把控能力；5. 沟通协调能力	1. 具备较强公文写作能力；2. 熟悉科委会工作职责和企业科技创新工作整体情况
		2. 组织起草年度工作要点	1. 根据科委会会议纪要，组织完善本年度科技创新工作，明确目标和具体工作计划，得到上级领导同意	1. 组织梳理科委会确定的年度工作目标和计划；2. 组织形成年度工作要点	1. 规章制度；2. 政策法规；3. 会议纪要；4. 领导讲话	1. 科委会工作报告；2. 科委会会议纪要；3. 工作要点格式要求	1. 公文写作能力；2. 细节把控能力；3. 沟通协调能力	1. 能够将科委会工作报告清楚地表达出来，并形成可操作、可考核的计划
		3. 组织起草年度总结报告	1. 组织起草年度工作总结报告，能够全面反映本部门各业务工作成绩和不足，并提出下年度的工作目标和具体工作计划，得到上级领导同意	1. 确定年终总结报告框架；2. 组织形成总结报告草稿；3. 组织讨论，形成报批稿	1. 规章制度；2. 政策法规；3. 领导讲话	1. 本年度科技创新主要工作要点和存在问题；2. 下年度工作主要目标和计划安排；3. 工作总结格式要求	1. 公文写作能力；2. 政策解读能力；3. 总结归纳能力	1. 熟悉企业科技创新工作整体情况；2. 能够凝练和总结出本企业的主要科技成果和科技工作亮点

附录2 科技管理岗位职责与业务流程

续表

业务类别	工作职责	流程任务	工作质量标准	关键行为	主要知识		主要技能	
					知识类别	细分知识要点	技能类别	细分技能要点
H.综合管理	4.组织科技创新绩效考核	1.组织制定相关单位科技创新绩效考核指标	1.根据单位实际,组织形成绩效考核方法和指标,合理设置科技创新指标被考核单位认可	1.结合单位实际,组织制定科技创新绩效考核指标;2.组织研讨,完善考核指标和指标解释	1.规章制度;2.科研绩效分析方法	1.科技创新及绩效考核概念;2.梳理相关单位科技创新工作定位;3.科技创新绩效考核办法要求;4.考核指标体系	1.政策解读能力;2.沟通协调能力;3.全局分析能力	1.了解科技创新的概念、特点、绩效考核原理;2.具备组织现场考核能力
		2.组织参加绩效考核	1.组织本单位所属企业科技创新绩效考核,考核结果得到被考核单位认可;2.参加上级单位对本单位的科技创新绩效考核,确保考核顺利完成	1.组织制定绩效考核方案;2.组织实施	1.规章制度;2.科研绩效分析方法	1.绩效考核办法;2.考核指标及解释;3.考核流程	1.活动组织能力;2.政策解读能力	1.了解科技创新的概念、特点、绩效考核原理;2.了解绩效考核方法和指标;3.了解考核流程
	5.组织科技培训	1.组织制定科技培训计划	1.根据科技工作要求,组织制定合理的培训计划,并确保该计划纳入单位年度培训计划中	1.了解上级和企业科技培训要求;2.组织制定科技培训计划	1.规章制度	1.相关管理办法;2.培训要求	1.政策解读能力;2.培训组织能力	1.了解相关培训项目策划;2.具备培训组织能力
		2.组织实施科技培训计划	1.根据科技培训计划,组织开展科技培训,计划执行率达到90%以上	1.组织开展培训	1.规章制度	1.培训计划;2.培训工作流程	1.培训组织能力;2.沟通协调能力	1.具备组织培训项目能力;2.能够准确把握企业科技创新培训要求

319

续表

业务类别	工作职责	流程任务	工作质量标准	关键行为	主要知识			主要技能	
					知识类别	细分知识要点	技能类别	细分技能要点
H.综合管理	6.负责其他事务管理	1.组织科委会办公室日常工作	1.根据科委会工作安排,组织做好科委会办公室日常工作,确保工作顺利完成	1.组织制定工作计划; 2.组织执行计划	1.规章制度	1.科委会工作流程	1.沟通协调能力	1.具备组织协调能力; 2.具备快速反应能力
		2.组织做好科研保密工作	1.组织制定科研保密工作,确保不发生泄密事件	1.组织制定保密规定和要求; 2.组织落实保密规定和要求; 3.组织定期检查	1.规章制度; 2.政策法规; 3.监督检查流程	1.国家保密法律法规; 2.公司保密规章制度; 3.科技保密规定; 4.科技保密工作流程	1.政策解读能力; 2.风险把控能力; 3.监督审查能力	1.熟悉保密制度要求; 2.掌握科技保密工作流程; 3.能够准确确定科技工作中涉密范围和密级
		3.组织做好科技期刊管理	1.组织做好科技期刊管理,符合国家、地方政府和集团公司要求	1.学习有关管理办法; 2.明确科技期刊管理内容和要求	1.规章制度	1.国家和集团公司期刊管理规章制度; 2.期刊变更事项、年审工作流程	1.政策解读能力; 2.沟通协调能力	1.了解国家和集团公司期刊管理规章制度; 2.了解期刊变更、年审等工作要求和流程

附录2 科技管理岗位职责与业务流程

科技管理岗位胜任能力（高级）

类别		行为标准	达标等级
专业能力	科技规划引领能力	• 辅助制定：能够参与科技发展战略规划的制定过程，提供有价值的建议和数据支持。对现有规章制度进行初步分析，提出合理的修订意见，辅助完善科技管理体系； • 主导规划：能够主导科技发展战略规划的制定工作，结合企业发展需求和行业趋势，制定具有前瞻性和可行性的规划方案，全面审查和优化科技管理规章制度，确保其科学合理、高效； • 战略推动：通过组织培训、交流等活动，推动科技发展战略规划的实施，确保各部门和单位积极落实规划目标，引领企业科技发展方向	★★★
	项目统筹能力	• 项目梳理：能够对各类科技项目进行初步整理和分类，了解项目的基本情况和需求，协助建立项目档案，记录项目的关键信息； • 进度跟踪：定期跟踪科技项目的进展情况，记录项目的完成进度和存在问题，及时向上级汇报项目进展，为决策提供依据； • 战略规划：能够及时根据企业发展战略和科技发展规划，制定科技项目的总体布局和推进计划，合理分配资源，确保重点项目得到优先支持	★★★
	成果转化能力	• 成果整理：对已有的科技成果进行系统整理和登记，建立成果档案，了解知识产权的基本概念和重要性，协助进行知识产权的初步申报工作； • 对接推动：能够主动寻找科技成果与市场需求的对接点，促进企业与外部机构的合作洽谈，协助制定成果转化方案，推动成果转化的初步实施； • 价值转化：能够通过有效的成果转化，实现科技成果的经济价值和社会价值最大化，不断总结经验，改进成果转化模式，提升企业的核心竞争力和创新能力	★★★
通用能力	开放变革	• 更新观念：以开放的心态广泛了解并借鉴行业内外优秀的科技管理实践； • 打破常规：敢于打破固有思维和模式，主动探索更有效的科技管理新模式，善于用新理念、新思路、新办法解决问题； • 推动变革：善于根据改革发展要求、企业发展需要、存在的实际问题等创造性地寻求最佳解决方案，推动积极变化	★★★
	战略执行	• 战略理解：深入理解组织战略制定的背景、原则和重点，知道科技管理在组织中的角色定位，了解科技管理工作对组织当前的目标及未来发展的意义； • 战略落地：能基于公司战略规划目标和部门长远发展制定行之有效的科技管理体系行动计划并落地执行； • 战略跟踪：在推行行动计划的过程中持续监控和反馈，即使面对挑战，也能采取积极有效措施解决问题	★★★
	学习创新	• 主动学习：对新事物保持好奇心，关注能源与化工行业的新动向、新技术，积极学习科技管理领域先进技术、专业知识与管理工具； • 创新突破：保持创新意识，结合工作实际，立足客户需求，在科技管理工作实践中求突破，在工作方法上求新意； • 驱动创新：在组织内营造创新的氛围，培养具有创新意识的科技管理人才，驱动团队将构想转化为实际成果，提升科技管理的效率及质量	★★★
	强化管理	• 管理理念：树立正确的管理理念，对管理制度和流程心存敬畏，强调制度、流程意识，严格按照制度执行； • 长效机制：结合业内外最佳实践，搭建和优化符合企业实际的系统化、科学化、标准化、可复制的管理与运营制度、流程体系，并持续不断地进行改善和优化； • 管理赋能：结合管理需要，引入人工智能、大数据、云计算等数智技术，提升科技管理效率，减少资源浪费	★★★

续表

类别		行为标准	达标等级
通用能力	依法治企	• 法治意识：树立正确的法治观念，提高法治意识，学习法律规章制度，依法办事； • 公平透明：严格遵守企业的规章制度，遵守程序，公平对待供应商、合作伙伴，公平对待员工； • 规范化管理：善于运用标准化制度来完善和规范企业运作，通过法律途径、渠道解决问题	★★★
	风险防控	• 风险意识：具备良好的风险意识和合规管理意识，掌握相关风险防控或合规管理办法，清晰认识风险防范的重要性，严格按照合规要求组织科技管理工作； • 风险识别：善于分析辨别工作各环节中存在的风险点及潜在的问题，防范和合理规避科技管理中的主要风险，能够积极发挥维稳信访管理在促进企业依法合规经营中的建设作用； • 风险应急：熟悉国家及行业相关法律法规，针对应急事件能迅速作出响应，采取相应措施将风险影响降至最小	★★★
	政治智慧	• 理论学习：时刻关注并学习政治理论和政策，正确理解、把握政策动向，并与科技管理领域紧密关联； • 政治敏锐：有政治敏锐度，能够正确把握政治环境和政治形势变化，把准企业改革发展方向，识别现象本质、清醒明辨行为是非； • 政策运用：能将政治判断和领悟转化为实际行动，有效执行政策和决策，妥善运用政策、规则平衡各方利益，为企业创造更大价值	★★★

附录2 科技管理岗位职责与业务流程

科技管理岗位（中级）流程任务分析表

业务类别	工作职责	流程任务	工作质量标准	关键行为	主要知识		主要技能	
					知识类别	细分知识要点	类别	细分技能要点
A. 科技项目管理	1. 组织贯彻上级科技项目管理相关法律法规、方针政策及管理规定	1. 组织宣传上级管理办法	1. 研读熟悉有关法律法规、政策方针、管理办法规定，熟悉主要内容； 2. 组织相关培训宣贯与学习，使每个成员都对其要点100%了解	1. 收集学习最新法律法规、政策方针、管理办法规定； 2. 梳理上述资料要点； 3. 制定宣贯计划； 4. 按照领导审批意见，组织宣贯与学习	1. 政策法规； 2. 规章制度； 3. 会议纪要； 4. 领导讲话	1. 中油科〔2019〕355号—中国石油天然气集团有限公司关于进一步深化科技体制机制改革的若干措施； 2. 中国石油天然气煤层气开发"国家科技重大专项管理暂行办法； 3. 中国石油天然气集团公司科学研究与技术开发项目管理办法； 4. 中国石油天然气集团公司重大技术现场试验项目管理办法； 5. 中国石油天然气集团公司软科学新基金课题管理办法； 6. 中国石油天然气集团有限公司科学研究课题管理办法； 7. 中国石油天然气集团有限公司安全环保科技管理办法； 8. 中国石油天然气集团有限公司关键核心技术攻关项目管理细则； 9. 中国石油天然气集团公司科技项目内部招投标管理办法	1. 政策解读能力； 2. 材料梳理能力	1. 能够对国家、国资委、集团公司科技创新方针政策、管理办法进行解释、梳理和分析； 2. 能够把握相关材料重要内容、关键要求要点，并进行准确理解，具备政策解释能力

323

续表

业务类别	工作职责	流程任务	工作质量标准	关键行为	主要知识		主要技能	
					知识类别	细分知识要点	类别	细分技能要点
A. 科技项目管理	1. 组织贯彻上级科技项目管理相关法律法规、方针政策及管理规定	2. 制定落实上级管理办法要求方案	1. 根据有关法律法规、政策方针、管理办法规定，制定落实方案，明确方案落实内容、责任人、完成时间等，方案要具体可行，可考核	1. 根据上述资料、要点，梳理工作要求； 2. 制定落实方案，明确内容、责任人、完成时间等； 3. 执行方案	1. 政策法规； 2. 规章制度； 3. 会议纪要； 4. 领导讲话； 5. 表单模板； 6. 文件下发流程	1. 上述政策、文件等资料； 2. 工作方案格式、文件或通知格式； 3. 文件下发流程	1. 政策解读能力； 2. 材料梳理撰写能力； 3. 方案策划能力； 4. 活动组织能力	1. 熟悉上述资料，了解本单位实际； 2. 能够准确把握现有管理工作和流程与上级要求的差异； 3. 具备撰写工作方案的能力
		3. 检查反馈落实情况	1. 检查方案落实情况，确保本单位科技项目管理工作100%符合上级要求	1. 根据工作方案，制定督促检查方案，包括频次、内容、对象、结果反馈等； 2. 执行督促检查； 3. 结果反馈，持续改进	1. 政策法规； 2. 规章制度； 3. 会议纪要； 4. 领导讲话； 5. 监督检查流程	1. 上述方案； 2. 检查流程； 3. 检查格式表单	1. 政策解读能力； 2. 材料梳理撰写能力； 3. 监督审查能力； 4. 总结归纳能力	1. 具备根据已有工作方案，找到实际工作与要求落实的差异； 2. 能够发现问题，提出整改措施
	2. 制定落实科技项目管理办法	1. 申报管理办法制（修）订计划	1. 根据本单位科技项目管理实际，提出科技项目管理办法制（修）订计划，符合管理办法制（修）订申报要求	1. 查阅制度汇编； 2. 评估现有制度的充分性、适用性； 3. 按照规章制度制（修）订要求，填写有关资料； 4. 上报制（修）订计划	1. 政策法规； 2. 规章制度； 3. 会议纪要； 4. 领导讲话； 5. 管理办法制（修）订流程； 6. 表单模版	1. 上级管理办法、管理办法贯彻落实方案； 2. 现有管理办法、管理办法制（修）订、申报计划流程； 3. 管理办法制（修）订计划格式要求	1. 规划计划能力； 2. 政策梳理能力	1. 熟悉国家、国资委、集团公司有关方针政策、管理办法； 2. 熟悉管理办法制（修）订格式要求； 3. 了解管理办法制定流程

324

附录2 科技管理岗位职责与业务流程

续表

业务类别	工作职责	流程任务	工作质量标准	关键行为	主要知识		主要技能	
					知识类别	细分知识要点	类别	细分技能要点
A. 科技项目管理	2. 制定落实科技项目管理办法	2. 参与制(修)订管理办法	1. 根据有关法律法规、政策方针、管理办法规定，结合本单位科技项目管理，制(修)订科技项目管理办法，确保管理办法符合有关要求，并通过审批	1. 分析资料，起草管理办法；2. 讨论研讨，形成讨论稿；3. 有关部门征求意见，形成报批稿；4. 报批	1. 政策法规；2. 规章制度；3. 会议纪要；4. 领导讲话；5. 管理办法制(修)订流程；6. 表单模版	1. 本单位相关科技项目管理办法；2. 上级部门科技项目管理规范；3. 文本撰写格式及规范；4. 上报审批流程	1. 政策解读能力；2. 材料梳理能力；3. 公文写作能力	1. 熟悉国家、国资委、集团公司有关方针政策、管理办法；2. 熟悉管理办法制(修)订格式要求；3. 了解管理办法制定流程
		3. 发布实施管理办法	1. 对批准的管理办法进行及时发布，组织学习，优化相关管理流程，保证本单位科技项目管理符合管理办法要求	1. 通过OA系统发布；2. 组织办法学习；3. 调整和优化工作流程，使其符合新的管理办法	1. 监督检查流程；2. 管理办法制(修)订流程；3. 表单模版；4. 办公平台应用	1. 管理办法发布流程；2. 管理办法及附件格式	1. 办公系统运用能力；2. 培训组织能力；3. 会议组织能力	1. 熟练使用OA系统；2. 能够运用交流、展示等手段，具备组织学习新办法的能力

续表

业务类别	工作职责	流程任务	工作质量标准	关键行为	主要知识 知识类别	主要知识 细分知识要点	主要技能 类别	主要技能 细分技能要点
A. 科技项目管理	3. 管控项目全过程	1. 参与/组织项目立项	1. 根据科技项目计划安排,参与/组织开展科技项目立项开展科题,确保科技项目100%完成立项	1. 根据上级部门项目顶层设计及本单位项目计划,确定项目类型,落实承研单位及项目经理; 2. 参与/组织项目开题论证,确定开题论证方式、时间、地点以及论证专家,编制论证指南; 3. 通知项目组做好开题材料准备,按照开题标准材料,汇报开题报告、汇报多媒体、专家签名表等模版,准备开题论证会议; 4. 参与/组织开题论证会议; 5. 组织计划任务书签订; 6. 科技管理平台开项目模块的培训与学习	1. 规章制度; 2. 科技项目管理流程; 3. 办公平台应用; 4. 表单模版; 5. 科研经费管理流程; 6. 项目管理理论	1. 科技项目管理办法; 2. 开题论证会议流程及要求; 3. 项目计划下达表; 4. 开题会议通知模版; 5. 开题报告编写模版; 6. 开题汇报多媒体模版; 7. 开题报告汇报模版; 8. 开题论证打分标准及模版; 9. 计划任务书签订流程; 10. 计划任务书签订指南; 11. 科技项目经费预算编制指南; 12. 科技管理平台操作使用指南	1. 项目管理能力; 2. 办公系统运用能力; 3. 公文写作能力; 4. 会议组织能力; 5. 团队协作能力; 6. 沟通协调能力; 7. 多媒体展示能力	1. 熟悉掌握项目管理办法以及流程,包括计划下达、任务落实、组织开题、计划书签订; 2. 具备召开项目开题论证会议组织协调能力; 3. 具备项目开题论证各种模板、文字材料、表格统计分析能力; 4. 能够审查开题论证材料及计划任务书是否合乎要求; 5. 具备科技管理平台运用、使用能力

326

附录2　科技管理岗位职责与业务流程

续表

业务类别	工作职责	流程任务	工作质量标准	关键行为	主要知识		主要技能	
					知识类别	细分知识要点	类别	细分技能要点
A. 科技项目管理	3. 管控项目全过程	2. 组织项目实施	1. 根据项目立项情况，下达研究任务，参与/组织项目启动、实施、检查、调整和变更等过程管理，推动科技项目完成计划任务书要求	1. 科技管理平台项目模块的培训与学习； 2. 参与/组织项目中期检查/年度检查/不定期检查； 3. 通知项目组做好检查准备，按照检查准备多媒体、专家组意见等模板准备材料； 4. 参与/组织项目检查会议； 5. 组织协调项目实施过程出现的研究任务调整或终止、经费预算变更等； 6. 定期组织科研外协项目合同研究进展情况的检查、监督与验收； 7. 组织编写、提交科技项目年度成果总结、经费执行情况报告	1. 规章制度； 2. 科技项目管理流程； 3. 办公平台应用； 4. 表单模版； 5. 科研经费管理流程； 6. 项目管理理论； 7. 监督检查流程	1. 科技项目管理办法； 2. 检查会议流程及要求； 3. 检查会议通知指南模板； 4. 检查会议汇报多媒体模板； 5. 检查会议汇报多媒体模板； 6. 专家意见模板； 7. 检查打分标准及模板； 8. 成果编写模板； 9. 经费执行情况模板； 10. 科技管理平台操作使用指南	1. 项目管理能力； 2. 办公系统运用能力； 3. 公文写作能力； 4. 会议组织能力； 5. 团队协作能力； 6. 沟通协调能力； 7. 风险管控能力	1. 熟悉掌握项目管理办法及流程、重点业务包括中期检查、项目变更、阶段成果编写等； 2. 具备组织协调中期检查各种模板、文字材料、表格统计分析的编写能力； 3. 具备科技管理平台运用、使用能力

续表

业务类别	工作职责	流程任务	工作质量标准	关键行为	主要知识		主要技能	
					知识类别	细分知识要点	类别	细分技能要点
A. 科技项目管理	3. 管控项目全过程	3. 参与/组织项目结题验收	1. 参与/组织科技项目结题验收，确保符合项目管理办法要求，100%完成结题验收	1. 组织上级科技项目自验收，形成专家意见，验收不合格的项目进行整改； 2. 自验收合格项目，组织提出验收申请，组织上报项目材料； 3. 参与/组织验项目自验项目、组织、确定验收内容、验收方式、时间、地点以及专家，编制会议指南等； 4. 通知项目组做好验收准备，按照验收汇报多媒体模板准备验收汇报； 5. 参与/组织专家验收会议； 6. 对需要进行现场检查，核查项目，组织做好现场检查，核查准备 7. 科技管理平台项目模块的培训与学习	1. 规章制度； 2. 科技项目管理流程； 3. 办公平台应用； 4. 表单模版； 5. 科研经费管理流程； 6. 项目管理理论	1. 科技项目管理办法； 2. 验收会议流程及要求； 3. 项目自验收材料模板； 4. 验收会议通知模板； 5. 验收会议指南模板； 6. 项目验收评价报告编写模板； 7. 财务决算报告模板； 8. 项目研究报告模板； 9. 验收项目汇报多媒体模板； 10. 专家意见模板； 11. 验收打分标准及模板	1. 项目管理能力； 2. 办公系统运用能力； 3. 公文写作能力； 4. 会议组织能力； 5. 团队协作能力； 6. 沟通协调能力； 7. 总结归纳能力	1. 熟悉掌握项目管理办法及流程； 2. 具备组织协调科技项目验收相关工作的能力； 3. 具备编写材料、模板编制以及表格统计分析能力； 4. 具备科技管理平台运用、使用能力

附录2 科技管理岗位职责与业务流程

续表

业务类别	工作职责	流程任务	工作质量标准	关键行为	主要知识		主要技能	
					知识类别	细分知识要点	类别	细分技能要点
A. 科技项目管理		4. 组织项目归档	1. 组织验收后的科技项目归档，审查归档材料，使得项目归档完成率达100%	1. 组织验收项目归档，配合档案管理部门，验收归档材料；2. 组织上传平台归档材料及归档完成证明材料	1. 规章制度；2. 科技项目管理流程；3. 办公平台应用；4. 表单模版；5. 监督检查流程	1. 档案管理办法；2. 归档流程；3. 归档材料清单；4. 归档证明	1. 审查监督能力；2. 沟通协调能力；3. 办公系统运用能力	1. 熟悉档案归档管理系统及归档流程；2. 熟悉科技项目归档要求
	3. 管控项目全过程	5. 组织成果登记	1. 依据科技项目管理办法、科技成果登记管理办法，组织开展系统成果登记，配合成果登记审查，成果登记准确率不低于90%	1. 组织项目在成果登记管理系统进行成果登记，初步审查登记成果；2. 上报科技成果登记信息；3. 配合成果登记主管部门，审查登记情况，不合格的重新填报	1. 规章制度；2. 科技成果登记流程；3. 办公平台应用；4. 表单模版；5. 监督检查流程	1. 成果登记管理办法；2. 科技成果登记系统操作使用指南；3. 成果登记流程；4. 成果登记材料要求	1. 审查监督能力；2. 沟通协调能力；3. 办公系统运用能力	1. 熟悉成果登记管理办法及登记流程；2. 能够配合主管部门开展科技成果登记管理；3. 熟练使用科技成果登记系统
	4. 组织参加项目后评估与评价	1. 组织制定科技项目后评估与评价计划	1. 根据科技项目管理办法要求，梳理后评估与评价项目，制定后评估与评价计划	1. 组织梳理通过验收并应用2年以上的重大科技项目；2. 制定后评估与评价计划	1. 规章制度；2. 科技项目管理流程；3. 表单模版；4. 科技评估指南	1. 科技项目管理办法；2. 项目后评估及评价准则；3. 项目后评估及评价计划模板	1. 规划计划能力；2. 方案策划能力；3. 沟通协调能力；4. 材料梳理能力	1. 熟悉项目管理办法；2. 熟悉后评估与评价的流程、方法和指标

329

续表

业务类别	工作职责	流程任务	工作质量标准	关键行为	主要知识		主要技能	
					知识类别	细分知识要点	类别	细分技能要点
A. 科技项目管理	4. 组织参加项目后评估与评价	2. 组织/配合科技项目后评估	1. 组织/配合有关部门组织科技项目后评估与评价,后评估与评价项目计划完成率100%	1. 解读后评估与评价的方法和指标; 2. 组织项目组准备后评估与评价材料; 3. 配合/组织开展项目的后评估与评价工作; 4. 组织后评估与评价意见整理	1. 规章制度; 2. 科技项目管理流程; 3. 表单模版; 4. 科技评估指南	1. 科技项目管理办法; 2. 项目后评估及评价要求及流程; 3. 项目后评估及评价准备材料清单与模板; 4. 项目后评估与评价方法和指标	1. 沟通协调能力; 2. 会议组织能力; 3. 团队协作能力; 4. 材料梳理能力	1. 熟悉项目管理办法; 2. 熟悉项目后评估与评价方法和指标; 3. 依据评估计划,具备组织协调评估会议能力
		3. 组织落实后评估意见	1. 根据后评估与评价意见,组织整改与完善,达到评估意见要求	1. 根据意见,制定整改与完善方案; 2. 组织执行整改与完善方案; 3. 结果反馈,持续改进	1. 规章制度; 2. 表单模版	1. 后评估意见; 2. 整改与完善方案	1. 监督审查能力; 2. 沟通协调能力; 3. 总结归纳能力	1. 能够组织汇总后评估与评价专家意见; 2. 能够组织制定合理、可落实的整改方案

续表

业务类别	工作职责	流程任务	工作质量标准	关键行为	主要知识			主要技能	
					知识类别	细分知识要点	类别	细分技能要点
B. 规划计划管理	1. 组织贯彻上级科技规划计划及政策方针政策及管理法规规定	1. 组织宣传贯彻活动	1. 研读有关法律法规、政策方针、管理办法规定，熟悉主要内容；2. 组织相关培训宣贯与学习，使每个成员都对其要点100%了解	1. 学习有关法律法规、方针政策、管理办法上述资料要点；2. 梳理上述资料要点；3. 制定培训宣贯活动策划方案；4. 落实培训活动	1. 政策法规；2. 规章制度；3. 会议纪要；4. 领导讲话	1. 中国石油天然气集团有限公司科技发展规划计划管理办法；2. 中国石油天然气集团公司科技人管理暂行办法；3. 培训组织流程；4. 培训表单	1. 政策解读能力；2. 材料梳理能力	1. 能够对上级科技规划计划方面的方针政策、管理办法进行解释梳理和分析；2. 能够把握相关材料重要内容、关键要求理解，并进行准确理解，具备政策解释能力
		2. 制定落实上级管理办法要求方案	1. 根据有关法律法规、政策方针、管理办法规定，制定落实方案，明确方案落实内容、责任人、完成时间等，方案要具体可行，可考核	1. 根据相关资料要点，梳理工作要求；2. 制定落实方案，明确内容、责任人、完成时间等；3. 执行方案	1. 政策法规；2. 规章制度；3. 会议纪要；4. 领导讲话；5. 文件下发流程	1. 相关政策、文件等资料；2. 工作方案格式、文件或通知格式；3. 文件下发流程	1. 政策解读能力；2. 材料梳理能力；3. 方案策划能力；4. 活动组织能力	1. 熟悉相关文件资料，了解本单位实际；2. 能够准确把握现有管理工作和流程写上级要求的差异；3. 具备撰写工作方案的能力

附录2 科技管理岗位职责与业务流程

331

续表

业务类别	工作职责	流程任务	工作质量标准	关键行为	主要知识		主要技能	
					知识类别	细分知识要点	类别	细分技能要点
	1. 组织贯彻上级科技规划管理相关的法律法规、方针政策及管理规定	3. 检查反馈落实情况	1. 检查方案落实情况，确保本单位规划计划管理工作100%符合上级要求	1. 根据工作方案，制定督促检查方案，包括频次、内容、对象、结果反馈等；2. 执行督促检查；3. 结果反馈，持续改进	1. 政策法规；2. 规章制度；3. 会议纪要；4. 领导讲话；5. 监督检查流程	1. 相关工作方案；2. 检查流程；3. 检查格式表单	1. 政策解读能力；2. 材料梳理能力；3. 监督审查能力；4. 总结归纳能力	1. 具备根据已有工作方案、找到实际工作与新要求落实的差异；2. 能够发现问题，提出整改措施
B. 规划计划管理	2. 组织管理中长期科技规划	1. 组织/参与制定中长期科技规划	1. 制定中长期科技规划，规划目标清晰、任务明确，保证通过科委会批准	1. 发布中长期科技规划编制的通知，明确分工安排、进度安排，编制要求等；2. 组织/参与编制中长期科技规划；3. 组织/参与审查、修改中长期科技规划；4. 上报审批	1. 政策法规；2. 规章制度；3. 会议纪要；4. 规划计划编制流程；5. 企业科技创新战略	1. 集团公司科技发展规划计划管理办法；2. 国家和集团科技创新方针、政策；3. 集团业务及本企业中长期业务发展需求、技术发展趋势；4. 规划报告文本格式；5. 科技发展规划编制的报批程序	1. 前瞻思考能力；2. 规划计划能力；3. 政策解读能力；4. 材料梳理能力；5. 总结归纳能力；6. 全局分析能力	1. 熟悉集团公司科技发展规划计划管理办法；2. 了解国家和集团科技创新方针、政策；3. 掌握集团业务及本企业中长期业务发展需求、技术发展趋势；4. 掌握科技规划的撰写要求，能规范完成指导中长期规划的编制；5. 掌握中长期规划的报批程序

续表

附录2 科技管理岗位职责与业务流程

业务类别	工作职责	流程任务	工作质量标准	关键行为	主要知识		主要技能	
					知识类别	细分知识要点	类别	细分技能要点
B.规划计划管理	2.组织管理中长期科技规划	2.组织实施中长期科技规划	1.依据中长期科技规划分年度组织实施，组织完成年度科技计划目标	1.发布中长期科技规划；2.组织将中长期科技规划分解部署到年度计划中	1.规章制度；2.会议纪要；3.表单模版	1.集团公司科技发展规划计划管理办法；2.中长期科技规划文本；3.中长期科技规划发布流程；4.年度科技计划表单	1.材料梳理能力；2.会议组织能力；3.沟通协调能力；4.资源统筹能力；5.规划计划能力；6.监督审查能力	1.熟悉集团公司科技发展规划计划管理办法；2.熟悉中长期科技规划的发布流程；3.能通过组织规划宣贯会、编制简明读本、培训解读等方式开展宣贯；4.掌握科技规划的内容，能对规划的主要目标和任务进行分解，提出贯彻实施规划的具体方案或意见，明确责任分工

333

续表

业务类别	工作职责	流程任务	工作质量标准	关键行为	主要知识		主要技能	
					知识类别	细分知识要点	类别	细分技能要点
B. 规划计划管理	2. 组织管理中长期科技规划	3. 组织评估中长期科技规划	1. 组织开展中长期科技规划中期评估,调整和完善中长期科技规划	1. 制定中长期科技规划评估方案; 2. 组织开展中长期科技规划评估; 3. 结果反馈,调整和优化中长期科技规划	1. 规章制度; 2. 科技评估指南; 3. 表单模版	1. 集团公司科技发展规划计划管理办法; 2. 中长期科技规划文本; 3. 材料准备清单与模板; 4. 中长期科技规划评估与调整流程	1. 沟通协调能力; 2. 会议组织能力; 3. 团队协作能力; 4. 材料梳理能力; 5. 总结归纳能力	1. 熟悉集团公司科技发展规划计划管理办法; 2. 熟悉中长期科技规划中评估的程序; 3. 能规范完成/指导完成科技发展规划中期评估报告的编写; 4. 熟悉科技规划调整、报批的程序
	3. 编制实施年度计划	1. 制定年度计划	1. 依据科技发展规划,制定年度计划,计划内容明确,可行,确保通过科委会批准	1. 组编制年度科技计划; 2. 报批科技年度计划; 3. 下达年度科技计划	1. 规章制度; 2. 规划计划编制流程; 3. 表单模版; 4. 企业科技创新战略	1. 集团公司科技发展规划计划管理办法; 2. 中长期科技规划文本; 3. 年度科技计划报批与下发流程; 4. 年度计划表单	1. 规划计划能力; 2. 政策解读能力; 3. 材料梳理能力; 4. 信息收集能力; 5. 办公系统运用能力	1. 熟悉集团公司科技发展规划计划管理办法; 2. 掌握公司科技发展规划进展情况; 3. 掌握年度科技计划的报批、下达程序

附录2 科技管理岗位职责与业务流程

续表

业务类别	工作职责	流程任务	工作质量标准	关键行为	主要知识		主要技能	
					知识类别	细分知识要点	类别	细分技能要点
B.规划计划管理	3.编制实施年度计划	2.组织实施年度计划	1.按照年度计划要求，组织落实本年度计划任务，计划执行率不低于80%	1.按照年度计划分解任务；2.开展年度计划的检查、调整与总结	1.规章制度；2.表单模版	1.集团公司科技发展规划计划管理办法；2.年度计划；3.实施计划表单；4.调整计划流程；5.年度计划执行情况总结	1.沟通协调能力；2.监督审查能力；3.办公系统运用能力；4.总结归纳能力	1.熟悉集团公司科技发展规划计划管理办法；2.熟悉年度计划的内容；3.熟悉年度计划调整的相关流程；4.能够规范编写年度计划执行情况总结
	4.负责科技经费管理	1.组织编制经费预算	1.依据科技经费管理规定，组织编制科技经费预算，预算编制合理合规	1.依据年度计划组织各工作主管、相关单位填报科技经费预算；2.整理汇总科技经费预算计划表	1.规章制度；2.科研经费管理流程；3.表单模版	1.集团公司科技投入管理暂行办法；2.年度计划；3.经费预算表单	1.规划计划能力；2.资源统筹能力；3.信息收集能力；4.统计分析能力	1.熟悉集团公司科技投入管理暂行办法、经费预算等相关规定；2.熟悉年度计划内容；3.能够合理编制经费预算

335

续表

业务类别	工作职责	流程任务	工作质量标准	关键行为	主要知识		主要技能	
					知识类别	细分知识要点	类别	细分技能要点
B.规划计划管理		2.落实计划科技经费	1.完成报批、下达、调整等科技经费执行程序,严格按经费预算严格执行	1.编制科技经费年度（批次）计划; 2.报批科技经费年度（批次）计划; 3.下达科技经费年度（批次）计划; 4.依据各项经费实施情况及需求,调整科技经费计划	1.规章制度; 2.科研经费管理流程; 3.表单模版	1.集团公司科技投入管理暂行办法等经费管理相关制度; 2.年度计划; 3.数据收集流程; 4.经费报批、下达、调整流程	1.组织协调能力; 2.办公系统运用能力; 3.资源统筹能力	1.熟悉集团公司科技投入管理暂行办法、经费管理等相关规定; 2.熟悉经费报批、下达、调整的流程
	4.负责科技经费管理	3.组织科技经费核算	1.依据科技经费决算情况考核,确保科技经费执行率达到80%以上,无超预算,无违规使用经费情况	1.组织各单位上报科技经费决算表; 2.编制科技经费执行情况汇总表; 3.核查经费执行情况	1.规章制度; 2.科研经费管理流程; 3.表单模版	1.集团公司科技投入管理相关制度; 2.经费决算数据收集流程; 3.经费决算表单; 4.经费执行情况表单; 5.科目余额表	1.监督审查能力; 2.统计分析能力; 3.信息收集能力	1.熟悉集团公司科技投入管理暂行办法、经费管理等相关规定; 2.熟悉经费核算的上报、核查流程

续表

业务类别	工作职责	流程任务	工作质量标准	关键行为	主要知识			主要技能	
					知识类别	细分知识要点		类别	细分技能要点
B. 规划计划管理	5. 负责科技统计	1. 组织开展科技统计	依据科技统计年报相关通知要求，组织填报科技统计年报，要求填报数据完整、准确、真实	1. 传达上级年度科技统计通知，明确填报要求；2. 组织填报年度科技统计数据	1. 规章制度；2. 科技统计管理流程；3. 办公平台应用；4. 表单模版	1. 上级关于填报科技统计数据工作安排的通知；2. 科技统计年报报表；3. "科技管理平台-科技统计"用户使用手册；4. 科技统计指标解释		1. 办公系统运用能力；2. 信息收集能力；3. 统计分析能力；4. 政策解读能力	1. 掌握"科技管理平台-科技统计"管理系统的基本操作；2. 能够准确理解科技统计报表指标；3. 能够全面、准确地填报数据，进行基础的填报、统计、分析
		2. 审查汇总科技统计数据	1. 审核并汇总科技统计年报，汇总后的数据完整、准确、真实	1. 审核科技统计年报数据；2. 填报企业科技活动调查等相关数据；3. 汇总科技统计年报数据	1. 规章制度；2. 科技统计管理流程；3. 办公平台应用；4. 表单模版	1. 上级关于填报科技统计数据工作安排的通知；2. 科技统计年报报表；3. "科技管理平台-科技统计"用户使用手册；4. 科技统计指标解释		1. 办公系统运用能力；2. 信息收集能力；3. 统计分析能力；4. 政策解读能力；5. 监督审查能力	1. 掌握"科技统计-科技管理平台"管理系统的基本操作；2. 能够准确理解科技统计报表指标；3. 能够全面，进行基础的填报、统计、分析
		3. 上报科技统计结果	1. 通过科技统计系统，上报科技统计数据，并通过审核	1. 系统输入科技统计年报数据；2. 审核上报	1. 规章制度；2. 科技统计管理流程；3. 办公平台应用；4. 表单模版	1. 上级关于填报科技统计数据工作安排的通知；2. 科技统计年报报表；3. "科技管理平台-科技统计"用户使用手册；4. 科技统计指标解释；5. 上报、审核数据流程		1. 办公系统运用能力；2. 监督审查能力	1. 掌握"科技统计-科技管理平台"管理系统的基本操作；2. 能够准确理解科技统计报表指标；3. 能够全面、准确地输入，核实数据，进行基础的填报、统计、分析

续表

业务类别	工作职责	流程任务	工作质量标准	关键行为	主要知识		主要技能	
					知识类别	细分知识要点	类别	细分技能要点
C. 科技交流与合作管理	1. 组织贯彻上级科技交流与合作相关的法律法规、方针政策及管理规定	1. 组织宣传上级管理办法	1. 研读熟悉有关法律法规、方针政策、管理办法规定，熟悉主要内容；2. 组织相关培训宣贯与学习，使每个成员都对其要点100%了解	1. 收集学习最新法律法规、政策方针、管理办法规定；2. 梳理上述资料要点；3. 制定宣贯计划；4. 按照领导审批意见，组织宣贯与学习	1. 政策法规；2. 规章制度；3. 会议纪要；4. 领导讲话	1. 中国石油天然气集团公司鼓励技术引进消化吸收再创新管理规定	1. 政策解读能力；2. 材料梳理能力	1. 能够对国家、国资委、集团公司科技交流与合作方针政策、管理办法进行解读、梳理和分析；2. 能够把握相关材料重要内容、关键要求要点，并进行准确理解，具备政策解释能力
		2. 制定落实上级管理办法要求方案	1. 根据有关法律法规、政策方针、管理办法规定、制定落实方案，明确方案落实内容、责任人、完成时间等，方案要具体可行、可考核	1. 根据上述资料要点、梳理工作要求；2. 制定落实方案，明确内容、责任人、完成时间等；3. 执行方案	1. 政策法规；2. 规章制度；3. 会议纪要；4. 领导讲话；5. 文件下发流程	1. 上述政策、文件资料；2. 工作方案格式、文件或通知格式；3. 文件下发流程	1. 政策解读能力；2. 材料梳理能力；3. 方案策划能力；4. 活动组织能力	1. 熟悉上述资料，了解本单位实情；2. 能够准确把握现有管理工作和流程与上级要求的差异；3. 具备撰写工作方案的能力
		3. 检查反馈落实情况	1. 检查方案落实情况，确保本单位科技交流与合作工作100%符合上级要求	1. 根据工作方案、制定督促检查方案，包括频次、内容、对象、结果反馈等；2. 执行督促检查，结果反馈；3. 结果反馈，持续改进	1. 政策法规；2. 规章制度；3. 会议纪要；4. 领导讲话；5. 监督检查流程	1. 上述方案；2. 检查流程；3. 检查格式表单	1. 政策解读能力；2. 材料梳理能力；3. 监督审查能力；4. 总结归纳能力	1. 具备根据已有工作方案，找到实际工作与新要求之间的差异；2. 发现问题，提出整改措施

附录2 科技管理岗位职责与业务流程

续表

业务类别	工作职责	流程任务	工作质量标准	关键行为	主要知识		主要技能	
					知识类别	细分知识要点	类别	细分技能要点
C.科技交流与合作管理	2.制定落实科技交流与合作管理办法	1.申报管理办法制（修）订计划	1.根据本单位科技交流与合作实际，提出科技交流与合作法制（修）订工作计划，符合管理办法制（修）订要求	1.查阅制度汇编；2.评估现有制度的充分性、适用性；3.按照规章制度制（修）订要求，填写有关资料；4.上报制（修）订计划	1.政策法规；2.规章制度；3.会议纪要；4.领导讲话；5.管理办法制（修）订流程；6.表单模版	1.上级管理办法贯彻落实方案；2.现有管理办法制（修）订计划流程；3.管理办法制（修）订计划格式、申报要求	1.规划计划能力；2.政策梳理能力	1.熟悉国家、国资委、集团公司有关科技交流与合作管理方针政策、管理办法；2.熟悉管理办法制（修）订格式要求；3.了解管理办法制定流程
		2.制（修）订管理办法	1.根据有关法律法规、政策方针、管理办法规定，结合本单位实际，制（修）订科技交流与合作管理项目管理办法，确保管理办法符合有关要求，并通过批准	1.分析资料，起草管理办法；2.讨论研讨，形成讨论稿；3.有关部门征求意见，形成报批稿；4.报批	1.政策法规；2.规章制度；3.会议纪要；4.领导讲话；5.管理办法制（修）订流程；6.表单模版	1.本单位相关管理办法；2.上级部门科技交流与合作管理办法；3.文本撰写格式及规范；4.上报审批流程	1.政策解读能力；2.材料梳理能力；3.公文写作能力	1.熟悉国家、国资委、集团公司有关科技交流与合作管理方针政策、管理办法；2.熟悉管理办法制（修）订格式要求；3.了解管理办法制定流程
		3.发布实施管理办法	1.对批准的管理办法进行及时发布，组织学习，优化相关管理流程，保证本单位科技交流与合作管理符合管理办法要求	1.通过OA系统发布；2.组织办法学习；3.调整和优化工作流程，使其符合新的管理办法	1.监督检查流程；2.管理（修）订流程；3.表单模版；4.办公平台应用	1.管理办法发布流程；2.管理办法及附件格式	1.办公系统运用能力；2.培训组织能力；3.会议组织能力	1.熟练使用OA系统；2.运用交流、培训、展示等手段，具备组织学习新办法的能力

续表

业务类别	工作职责	流程任务	工作质量标准	关键行为	主要知识		主要技能	
					知识类别	细分知识要点	类别	细分技能要点
		3. 制定科技交流与合作计划	1. 结合企业相关行业发展现状与需求，编制的企业目标明确，可操作的科技交流与合作计划，并确保通过上级批准	1. 征集科技交流与合作需求； 2. 编制科技交流与合作计划； 3. 报批科技交流与合作计划； 4. 下达科技交流与合作计划	1. 规章制度； 2. 规划计划； 3. 会议纪要； 4. 表单模版	1. 科技交流与合作管理办法； 2. 科委会会议纪要点； 3. 年度工作要求； 4. 计划格式表单； 5. 计划制定流程	1. 规划计划能力； 2. 政策解读能力； 3. 材料梳理能力； 4. 信息收集能力； 5. 办公系统运用能力	1. 掌握科技交流与合作管理办法； 2. 熟悉计划制定流程； 3. 熟悉工作格式表单
C. 科技交流与合作管理		2. 组织实施科技交流与合作计划	1. 按照科技交流与合作计划，组织落实实施计划，计划执行率不低于80%	1. 按照科技交流与合作计划分解任务； 2. 开展检查、调整与总结	1. 规章制度； 2. 表单模版	1. 科技交流与合作管理办法； 2. 科技交流与合作计划； 3. 实施计划表单； 4. 调整计划流程； 5. 年度计划执行情况总结	1. 沟通协调能力； 2. 监督审查能力； 3. 办公系统运用能力； 4. 总结归纳能力	1. 熟悉科管管理办法； 2. 熟悉年度计划的内容； 3. 熟悉年度计划调整的相关流程； 4. 能够规范编写年度计划执行情况总结
	4. 组织开展科技交流活动	1. 策划科技交流活动方案	1. 统筹科技交流活动各方资源，设计科技交流活动流程安排，方案可行，符合计划要求	1. 编制策划方案，确定科技交流活动时间、地点、内容、流程、负责部门； 2. 上报活动策划	1. 规章制度； 2. 表单模版	1. 科技交流与合作管理办法； 2. 科技交流与合作计划； 3. 策划方案规范； 4. 策划方案上报流程	1. 方案策划能力	1. 熟悉科管管理办法； 2. 能够梳理和解读计划任务； 3. 能够清晰、充分撰写活动策划方案

附录2 科技管理岗位职责与业务流程

续表

业务类别	工作职责	流程任务	工作质量标准	关键行为	主要知识		主要技能	
					知识类别	细分知识要点	类别	细分技能要点
C.科技交流与合作管理	4.组织开展科技交流活动	2.组织科技交流活动	1.组织协调相关部门力量，按照策划方案组织完成科技交流活动	1.发布科技交流活动通知； 2.做好科技交流活动准备工作； 3.按照策划流程组织完成科技交流活动	1.规章制度； 2.表单模版	1.科技交流与合作管理办法； 2.科技交流方案； 3.交流活动流程	1.沟通协调能力； 2.活动组织能力	1.熟悉科技交流与合作管理办法； 2.具备会议组织与协调能力
		3.形成科技交流成果	1.组织汇总科技交流收获，形成科技交流成果总结材料并上报	1.汇总整理科技交流活动记录； 2.上报交流活动总结材料	1.规章制度； 2.表单模版	1.科技交流与合作管理办法； 2.科技交流方案； 3.交流活动记录； 4.总结材料格式要求	1.总结归纳能力	1.熟悉科技交流与合作管理办法； 2.能够对活动材料进行总结和整理； 3.熟悉总结材料撰写格式

续表

业务类别	工作职责	流程任务	工作质量标准	关键行为	主要知识		主要技能	
					知识类别	细分知识要点	类别	细分技能要点
C. 科技交流与合作管理	5. 组织开展科技合作	1. 组织合作项目立项	1. 根据合作项目计划安排，参与/组织开展立项、开题，确保项目100%完成立项	1. 根据上级部门项目顶层设计及本单位项目计划，确定项目类型，以及研究单位及项目经理； 2. 参与/组织项目开题论证，确定开题论证方式，以及论证专家，时间、地点，编制会议指南，并通知所有参与开题论证人员； 3. 通知项目组做好开题材料，按照项目开题汇报多媒体、专家组签名表等模板准备开题材料； 4. 参与/组织开题论证会议； 5. 组织计划开务书签订； 6. 科技管理平台项目模块的培训与学习，通过科技管理平台，实现科技项目实施全过程管理	1. 规章制度； 2. 科技项目管理流程； 3. 办公平台应用； 4. 表单模板； 5. 科研经费管理流程； 6. 项目管理理论	1. 开题论证会议流程及要求； 2. 项目计划下达表； 3. 开题会议通知模板； 4. 开题论证会议指南模板； 5. 开题汇报多媒体模板； 6. 开题报告编写模板； 7. 开题论证打分标准及模板； 8. 计划任务书编制模板； 9. 计划任务书签订流程； 10. 科研项目经费预算编制指南； 11. 熟悉掌握项目管理办法	1. 项目管理能力； 2. 办公系统运用能力； 3. 公文写作能力； 4. 会议组织能力； 5. 团队协作能力； 6. 沟通协调能力； 7. 多媒体展示能力	1. 熟悉掌握项目管理办法及流程，包括计划下达，任务落实，组织开题，计划任务书签订； 2. 具备召开项目开题论证会议组织协调能力； 3. 掌握项目开题论证各种模板，文字材料、表格统计的编写； 4. 能够审查开题论证材料及计划任务书是否合乎要求； 5. 具备科技管理平台运用、使用能力，实现科技项目实施全过程管理； 6. 具备科技管理平台运用、使用能力

附录2 科技管理岗位职责与业务流程

续表

业务类别	工作职责	流程任务	工作质量标准	关键行为	主要知识		主要技能	
					知识类别	细分知识要点	类别	细分技能要点
C. 科技交流与合作管理	5. 组织开展科技合作	2. 组织合作项目实施	1. 根据项目立项开题情况，下达研究任务，参与、组织项目启动、实施、检查、调整管理，推动过程管理，变更管理、完成计划任务书要求	1. 科技管理平台项目模块的培训与学习，通过科技管理平台，实现科技项目实施全过程管理； 2. 参与/组织项目中期检查/年度检查/不定期检查； 3. 通知项目组做好检查准备，按照检查汇报多媒体、专家组意见等模板准备检查材料； 4. 参与会议； 5. 组织协调项目实施过程中出现的研究任务调整或终止、经费预算变更等； 6. 定期组织科研外协项目合同研究进展情况的检查、监督与验收； 7. 组织编写、提交科技项目年度成果总结、经费执行情况报告	1. 规章制度； 2. 科技项目管理流程； 3. 办公平台应用； 4. 表单模版； 5. 科研经费管理流程； 6. 项目管理理论； 7. 监督检查流程	1. 熟悉掌握项目管理办法； 2. 检查会议管理流程及要求； 3. 科技管理平台使用指南； 4. 检查会议通知模板； 5. 检查会议指南模板； 6. 检查汇报多媒体模板； 7. 专家意见模板； 8. 检查打分标准及模板； 9. 中期检查成果编写模板； 10. 经费执行情况模板	1. 项目管理能力； 2. 办公系统运用能力； 3. 公文写作能力； 4. 会议组织能力； 5. 团队协作能力； 6. 沟通协调能力； 7. 风险管控能力	1. 具备科技管理平台运用、使用能力； 2. 熟悉掌握项目实施管理办法及流程，重点业务包括中期检查、项目变更，阶段成果编写等； 3. 具备组织协调中期检查会议的能力； 4. 掌握中期检查各种模板、文字材料、表格统计分析的编写能力

续表

业务类别	工作职责	流程任务	工作质量标准	关键行为	主要知识		主要技能	
					知识类别	细分知识要点	类别	细分技能要点
C. 科技交流与合作管理	5. 组织开展科技合作	3. 组织合作项目验收与归档	1. 参与/组织科技项目结题自验收归档，确保符合项目管理办法要求，100%完成结题验收、归档	1. 组织上级科技项目自验收，形成专家合格意见，对不合格的项目进行整改； 2. 自验收合格提出申报项目，组织上报项目材料； 3. 参与/组织验项目验收，确定验收方式、时间、地点以及专家、会议指南等，编制会议指南等； 4. 通知验收准备好验收汇报材料，按照模板组织多媒体汇报验收意见汇报； 5. 参与/组织验收会议； 6. 对需要进行现场检查、核查的项目，组织做好现场检查、核查准备； 7. 科技项目管理平台培训与学习，通过项目管理平台模块实现科技项目全过程管理； 8. 组织自验收，配合归档部门，组织归档材料审查； 9. 归档材料上传平台归档材料及归档完成证明材料	1. 规章制度； 2. 科技项目管理流程； 3. 办公平台应用； 4. 表单模版； 5. 科研经费管理流程； 6. 项目管理理论	1. 项目管理办法； 2. 档案管理办法； 3. 验收会议流程及要求； 4. 项目自验收材料模板； 5. 验收会议通知模板； 6. 验收会议指南模板； 7. 项目验收评价报告模板； 8. 财务决算报告模板； 9. 项目研究报告模板； 10. 专家意见、专家名单模板； 11. 验收项目汇报多媒体模板； 12. 验收打分标准及模板； 13. 归档流程； 14. 归档材料清单； 15. 归档证明	1. 项目管理能力； 2. 办公系统运用能力； 3. 公文写作能力； 4. 会议组织能力； 5. 团队协作能力； 6. 沟通协调能力； 7. 总结归纳能力	1. 熟悉掌握项目管理办法及流程； 2. 具备组织协调科技项目验收\模板以及目的能力； 3. 具备编写材料\模板以及关键文字统计分析能力； 4. 具备科技管理平台使用能力； 5. 熟悉档案归档管理体系统及归档流程； 6. 熟悉科技项目归档要求

附录2 科技管理岗位职责与业务流程

续表

业务类别	工作职责	流程任务	工作质量标准	关键行为	主要知识		主要技能	
					知识类别	细分知识要点	类别	细分技能要点
D. 科技条件平台管理	1. 组织贯彻上级科技条件平台管理相关的法律法规、方针政策及管理规定	1. 组织宣传贯彻活动	1. 研读熟悉有关政策方针、管理办法规定，熟悉主要内容；2. 组织相关培训宣贯与学习，使每个成员都对其要点100%了解	1. 学习最新政策方针、管理办法规定；2. 梳理上述资料要点；3. 制定培训宣贯活动策划方案；4. 组织培训活动	1. 政策法规；2. 规章制度；3. 会议纪要；4. 领导讲话	1. 国家、集团公司有关科技条件平台的制度办法、指导意见、讲话精神；2. 培训组织流程；3. 培训表单	1. 政策解读能力；2. 材料梳理能力	1. 能够对科技条件平台方面的制度办法、指导意见、讲话精神等进行解释梳理和分析；2. 能够准确理解并把握上述材料的主要内容、关键要点，具备政策解释能力
		2. 制定落实方案	1. 根据有关政策方针、管理办法规定，制定落实方案，明确方案落实内容、责任人、完成时间等，方案要具体可行，可考核	1. 根据上述资料要点，梳理工作要求；2. 制定落实方案，明确内容、责任人、完成时间等；3. 执行方案	1. 政策法规；2. 规章制度；3. 会议纪要；4. 领导讲话；5. 文件下发流程	1. 上述政策、文件等资料；2. 工作方案格式；3. 文件或通知格式	1. 政策解读能力；2. 材料梳理能力；3. 方案策划能力；4. 活动组织能力	1. 熟悉相关文件资料，了解本单位实际；2. 能够准确把握现有管理工作和流程与上级要求的差异；3. 具备撰写工作方案的能力
		3. 检查反馈落实情况	1. 检查方案落实情况，确保本单位科技条件平台管理工作100%符合上级要求	1. 根据工作方案，制定督促检查方案，包括频次、内容、对象等；2. 执行督促检查；3. 结果反馈，持续改进	1. 政策法规；2. 规章制度；3. 会议纪要；4. 领导讲话；5. 监督检查流程	1. 工作方案；2. 检查流程；3. 检查表单模板	1. 政策解读能力；2. 材料梳理能力；3. 监督审查能力；4. 总结归纳能力	1. 能根据已有工作方案，找出新工作要求与实际落实的差异；2. 能发现问题并提出整改措施

续表

业务类别	工作职责	流程任务	工作质量标准	关键行为	主要知识		主要技能	
					知识类别	细分知识要点	类别	细分技能要点
D. 科技条件平台管理	2. 制定落实科技条件平台管理办法	1. 申报管理办法制（修）订计划	根据本单位科技条件平台管理实际，提出科技条件平台管理制（修）订计划，符合管理办法制（修）订申报要求	1. 查阅制度汇编；2. 评估现有制度的充分性、适用性；3. 按照规章制度制（修）订要求，填写有关资料；4. 上报制（修）订计划	1. 政策法规；2. 规章制度；3. 会议纪要；4. 领导讲话；5. 管理办法制（修）订流程；6. 表单模版	1. 上级管理办法贯彻落实方案；2. 现有管理办法制（修）订申报计划流程；3. 管理办法制（修）订计划格式要求	1. 规划计划能力；2. 政策梳理能力	1. 熟悉国家、集团公司有关科技条件平台管理办法；2. 了解管理办法制（修）订流程；3. 熟悉管理办法制（修）订格式要求
		2. 制（修）订管理办法	根据有关政策方针、管理办法规定，结合本单位管理实际，制（修）订科技条件平台管理办法，确保管理办法符合有关要求，并通过审批	1. 分析资料，起草管理办法；2. 讨论研讨，形成讨论稿；3. 有关部门征求意见，形成报批稿；4. 报批	1. 政策法规；2. 规章制度；3. 会议纪要；4. 领导讲话；5. 管理办法制（修）订流程；6. 表单模版	1. 制度制（修）订管理办法或实施细则；2. 上级或本单位科技条件平台管理办法；3. 公文格式及规范；4. 上报审批流程	1. 政策解读能力；2. 材料梳理能力；3. 公文写作能力	1. 熟悉有关科技条件平台管理办法；2. 了解管理办法制（修）订流程；3. 熟悉公文格式及规范要求
		3. 发布实施管理办法	1. 对批准的管理办法进行及时发布，组织学习相关管理流程，保证本单位科技条件平台管理符合管理办法要求	1. 通过OA系统发布；2. 组织办法学习；3. 调整优化相关工作流程，使其符合新的管理办法	1. 监督检查流程；2. 管理办法制（修）订流程；3. 表单模版；4. 办公平台应用	1. 管理办法发布流程；2. 管理办法及附件格式	1. 办公系统运用能力；2. 培训组织能力；3. 会议组织能力	1. 熟练使用OA系统；2. 运用交流、培训、展示等手段，具备组织学习新办法的能力

346

附录2 科技管理岗位职责与业务流程

续表

业务类别	工作职责	流程任务	工作质量标准	关键行为	主要知识		主要技能	
					知识类别	细分知识要点	类别	细分技能要点
D. 科技条件平台管理	3. 组织/参与制定并组织实施科技条件平台规划计划	1. 组织/参与制定科技条件平台规划	1. 制定科技条件平台规划，规划目标清晰，任务明确，重点任务、预算基本明确，确保通过审批	1. 发布科技条件平台规划编制的通知，明确分工安排、进度安排，编制要求等；2. 组织/参与编制科技条件平台规划；3. 组织/参与审查、修改科技条件平台规划；4. 上报审批	1. 规章制度；2. 规划计划编制流程；3. 表单模版	1. 集团公司科技发展规划计划管理办法；2. 国家和集团公司及本企业业务发展需求，科技条件平台发展趋势；3. 集团公司及本企业业务发展趋势；4. 规划报告文本格式；5. 科技条件平台规划编制的报批程序	1. 前瞻思考能力；2. 规划计划能力；3. 政策解读能力；4. 材料梳理能力；5. 总结归纳能力；6. 全局分析能力	1. 熟悉集团公司科技发展规划计划管理办法；2. 了解国家和集团公司科技条件平台方针、政策；3. 掌握集团公司及本企业中长期业务发展需求，科技条件平台发展趋势；4. 掌握科技规划范完成中长期规划的撰写要求，能规范完成中长期规划的撰写/指导完成中长期规划的编制；5. 掌握科技规划的报批程序

347

续表

业务类别	工作职责	流程任务	工作质量标准	关键行为	主要知识		主要技能	
					知识类别	细分知识要点	类别	细分技能要点
D. 科技条件平台管理		2. 组织实施科技条件平台规划	1. 依据科技条件平台规划分年度组织实施，组织完成年度科技计划目标	1. 发布科技条件平台规划；2. 组织将科技条件平台分解部署到年度计划中	1. 规章制度；2. 表单模版	1. 集团公司科技发展规划计划管理办法；2. 科技条件平台规划文本；3. 科技规划发布流程；4. 年度科技计划表单	1. 材料梳理能力；2. 会议组织能力；3. 沟通协调能力；4. 资源统筹能力；5. 规划计划能力；6. 监督审查能力	1. 熟悉集团公司科技发展规划计划管理办法；2. 熟悉中长期科技规划的发布流程；3. 能通过组织规划宣贯会、编制简明读本、培训解读等方式开展宣贯；4. 掌握科技条件平台规划的主要目标内容，能对规划任务进行分解，提出贯彻实施意见，明确具体方案或意见，明确责任分工
	3. 组织/参与制定并组织实施科技条件平台规划计划		1. 定期组织开展科技条件平台规划评估，调整和完善科技条件平台规划	1. 制定科规划评估方案；2. 组织开展科技条件平台规划评估；3. 结果反馈，调整和优化科技条件平台规划	1. 规章制度；2. 科技评估指南；3. 表单模版	1. 集团公司科技发展规划计划管理办法；2. 中长期科技准备清单与模板；3. 中长期科技规划评估与调整流程	1. 沟通协调能力；2. 会议组织能力；3. 材料梳理能力；4. 总结归纳能力	1. 熟悉集团公司科技规划计划管理办法；2. 熟悉中长期科技条件平台中评估的程序；3. 能规范完成/指导完成科技发展规划中期评估报告的编写；4. 熟悉科技规划调整、报批的程序

附录2 科技管理岗位职责与业务流程

续表

业务类别	工作职责	流程任务	工作质量标准	关键行为	主要知识		主要技能	
					知识类别	细分知识要点	类别	细分技能要点
D.科技条件平台管理	4.组织科技条件平台的申报及建设	1.组织申报科技条件平台立项	1.根据条件平台规划,组织编制科技条件平台立项建议书并审查上报	1.按平台建设目标要求,征集立项需求; 2.组织编制立项申报书; 3.审查,报批项申报书	1.规章制度; 2.投资项目管理流程; 3.表单模版	1.上级条件平台管理办法; 2.科技平台立项要求及流程; 3.立项申报书模板	1.政策解读能力; 2.沟通协调能力; 3.信息收集能力; 4.多媒体展示能力	1.掌握条件平台管理办法; 2.熟悉条件平台规划; 3.熟悉立项申报书填报规范及要求; 4.熟悉立项上报流程
		2.组织建设科技条件平台	1.依据科技条件平台建设项目计划批复意见,组织实施科技条件平台建设,确保完成建设任务,达到目标要求	1.组织制定建设方案; 2.落实固定资产投资部分; 3.建设平台内部管理制度; 4.跟踪关键节点任务完成情况	1.规章制度; 2.投资项目管理流程; 3.监督检查流程; 4.表单模版	1.上级条件平台管理办法; 2.平台建设项目批复; 3.建设方案模板; 4.固定资产投资流程及要求; 5.制度建设流程及要求; 6.进展情况报送模板	1.沟通协调能力; 2.项目管理能力; 3.资源统筹能力; 4.监督审查能力	1.掌握上级条件平台管理办法; 2.熟悉平台项目批复; 3.熟悉建设方案模板; 4.熟悉固定资产投资流程及要求; 5.熟悉制度建设流程及要求; 6.熟悉进展情况报送模板

349

续表

业务类别	工作职责	流程任务	工作质量标准	关键行为	主要知识		主要技能	
					知识类别	细分知识要点	类别	细分技能要点
D. 科技条件平台管理	4. 组织科技条件平台的申报及建设	3. 组织参加科技条件平台建设项目验收	1. 根据科技条件平台建设项目验收要求，组织编制科技条件平台建设项目相关材料，确保材料内容及格式符合验收要求	1. 组织编制验收材料汇报材料；2. 上报验收材料；3. 配合完成验收相关工作	1. 规章制度；2. 投资项目管理流程；3. 监督检查流程；4. 表单模版	1. 上级科技平台建设管理办法；2. 平台建设方案；3. 验收材料要求及模板	1. 信息收集能力；2. 会议组织能力；3. 监督审查能力；4. 总结归纳能力；5. 多媒体展示能力	1. 熟悉上级科技平台建设管理办法；2. 熟悉平台建设方案；3. 熟悉验收材料要求及模板
	5. 组织科技条件平台运行管理	1. 组织实验/试验项目管理	1. 根据科技条件平台建设规划，组织实验/试验项目实施，符合项目管理要求，达到预期目标	1. 按照本平台研发方向，征集试验技术和改实实验技术需求；2. 组织制定项目研发计划；3. 按照计划，组织开展实验/试验项目立项、过程管理和验收	1. 规章制度；2. 科技项目管理流程；3. 办公平台应用；4. 表单模版	1. 科技平台建设管理办法；2. 科技平台中长期规划；3. 科研项目管理办法；4. 项目立项、过程管理及材料模板	1. 项目管理能力；2. 沟通协调能力；3. 会议组织能力；4. 多媒体展示能力；5. 监督审查能力；6. 总结归纳能力	1. 熟悉科技平台建设管理办法；2. 熟悉科技平台中长期规划；3. 熟悉科研项目管理办法；4. 熟悉项目立项、过程管理和验收流程及材料模板

350

附录2 科技管理岗位职责与业务流程

续表

业务类别	工作职责	流程任务	工作质量标准	关键行为	主要知识		主要技能	
					知识类别	细分知识要点	类别	细分技能要点
D.科技条件平台管理	5.组织科技条件平台运行管理	2.组织培育科研团队和学术带头人	1.根据科技条件平台建设规划，组建学术团队，培育学术带头人，确保各研发方向团队人员结构合理，学术带头人具有影响力	1.研发团队资源配置；2.征集研发团队建设需求；3.组织制定团队建设计划；4.执行计划	1.规章制度；2.表单模板	1.上级科技平台建设管理办法；2.科技平台建设中长期规划；3.团队建设计划模板；4.团队资源配置要求	1.政策解读能力；2.知事识人能力；3.资源统筹能力	1.熟悉科技平台建设管理办法；2.熟悉科技条件平台建设规划；3.熟悉团队建设计划模板；4.熟悉团队资源配置要求
		3.组织科研仪器设备/软件的运行，维护与更新	1.根据科技条件平台建设方案要求，组织落实科研仪器设备/软件的运行，维护与更新，确保设备/软件正常使用，满足平台需求	1.组织分析本平台科研仪器设备/软件现状；2.征集科研仪器设备/软件需求；3.组织制定科研仪器设备/软件维护/更新计划；4.执行计划，包括更新、维护、报废等	1.规章制度；2.表单模板；3.科研仪器设备管理流程	1.科技平台建设管理办法；2.科技平台建设中长期规划；3.科研仪器设备软件需求申报表；4.科研仪器设备软件更新、报废流程	1.信息收集能力；2.资源统筹能力；3.统计分析能力；4.监督审查能力	1.熟悉科技平台建设管理办法；2.熟悉科技平台建设中长期规划；3.掌握平台仪器设备资源/软件配置现状；4.熟悉平台仪器设备资源/软件更新、报废流程；5.能根据科研仪器设备/计划督促、检查计划执行情况
		4.组织学术/技术委员会会议	1.根据科技条件平台运行管理要求，组织召开学术/技术委员会会议，确保按委员会会议要求召开	1.制定学术/技术委员会会议方案；2.组织会议；3.组织形成会议总结	1.规章制度；2.会议组织流程	1.科技平台建设管理办法；2.会议组织流程	1.会议组织能力；2.沟通协调能力；3.总结归纳能力	1.熟悉科技平台建设管理办法；2.能根据平台发展方向和目标拟定学术/技术委员会会议的任务及主要内容

续表

业务类别	工作职责	流程任务	工作质量标准	关键行为	主要知识		主要技能	
					知识类别	细分知识要点	类别	细分技能要点
D. 科技条件平台管理	5. 组织科技条件平台运行管理	5. 组织科技条件平台内外部交流与合作	1. 根据科技条件平台管理办法，组织科技条件平台内外部交流与合作，明确交流与合作的内容、目标及时间安排	1. 征集平台内外部交流与合作需求； 2. 组织制定交流与合作计划； 3. 组织执行交流与合作计划； 4. 组织形成交流与合作总结	1. 规章制度； 2. 表单模版	1. 科技条件平台建设管理办法； 2. 科技条件平台中长期规划； 3. 科技条件平台交流与合作相关材料模版； 4. 科技条件平台交流与合作流程及要求	1. 活动组织能力； 2. 沟通协调能力； 3. 总结归纳能力； 4. 监督审查能力； 5. 方案策划能力	1. 熟悉科技条件平台建设管理办法； 2. 熟悉科技条件平台中长期规划； 3. 能够根据科技条件平台发展目标，确定内外部交流主题与方向； 4. 能根据合作与交流计划检查、督促落实合作情况
		6. 监督科技条件平台规章制度落实	1. 根据科技条件平台管理办法和平台管理制度要求，确保制度执行到位	1. 学习平台规章制度； 2. 制定监督方案； 3. 开展现场监督； 4. 总结监督反馈	1. 规章制度； 2. 监督检查流程； 3. 表单模版	1. 科技条件平台管理办法； 2. 科技条件平台规章制度； 3. 监督检查流程及报告模版	1. 监督审查能力； 2. 政策解读能力； 3. 总结归纳能力	1. 熟悉科技条件平台建设管理办法； 2. 熟悉科技条件平台规章制度； 3. 熟悉监督检查流程及相关材料模版； 4. 熟悉总结报告模版
	6. 组织/参加科技条件平台评估	1. 组织开展科技条件平台自评估	1. 根据科技条件平台管理办法要求，组织开展自评估，符合自评估管理要求	1. 组织编制自评估材料； 2. 组织开展自评估活动； 3. 形成自评估报告	1. 规章制度； 2. 监督检查流程； 3. 科技评估指南； 4. 表单模版	1. 科技条件平台相关管理办法； 2. 自评估流程及要求； 3. 自评估材料模版	1. 信息收集能力； 2. 政策解读能力； 3. 会议组织能力； 4. 材料梳理能力	1. 熟悉自评估相关管理办法； 2. 熟悉自评估流程及要求； 3. 具备组织自评估会议的能力

附录2 科技管理岗位职责与业务流程

续表

业务类别	工作职责	流程任务	工作质量标准	关键行为	主要知识			主要技能	
					知识类别	细分知识要点		类别	细分技能要点
D. 科技条件平台管理	6. 组织/参加科技条件平台评估	2. 组织配合科技条件平台评估	1. 根据科技条件平台管理办法及上级主管部门要求，配合完成科技条件平台评估工作，符合评估管理要求	1. 组织编制评估材料； 2. 配合开展评估活动	1. 规章制度； 2. 监督检查流程； 3. 科技评估指南； 4. 表单模版	1. 科技条件平台相关管理办法； 2. 评估流程及要求； 3. 评估材料模板		1. 会议组织能力； 2. 政策解读能力； 3. 材料梳理能力； 4. 沟通协调能力	1. 熟悉科技条件平台评估相关管理办法； 2. 熟悉评估流程及要求； 3. 具备组织参与评估会议的能力
		3. 组织落实科技条件平台评估意见	1. 根据科技条件平台评估意见，组织整改完善，符合评估意见要求	1. 根据评估建议，制定整改完善方案； 2. 组织方案实施； 3. 形成总结报告	1. 规章制度； 2. 监督检查流程； 3. 科技评估指南； 4. 表单模版	1. 整改完善方案模板； 2. 整改工作进展情况表单； 3. 总结模板		1. 监督审查能力； 2. 方案策划能力	1. 能根据评估建议，制定整改完善方案； 2. 能根据评估建议整改完善方案，检查督促整改工作落实

续表

业务类别	工作职责	流程任务	工作质量标准	关键行为	主要知识		主要技能	
					知识类别	细分知识要点	类别	细分技能要点
E. 科技成果管理	1. 组织贯彻上级科技成果管理相关的法律法规、方针政策及管理规定	1. 组织宣传上级管理办法	1. 研读熟悉科技成果管理有关法律法规、方针政策、管理办法内容，熟悉主要内容；2. 组织相关培训宣贯与学习，使每个成员都对其要点100%了解	1. 收集学习最新法律法规、政策方针、管理办法规定；2. 梳理上述资料主要内容；3. 制定宣贯计划；4. 按照领导审批意见，组织宣贯与学习	1. 政策法规；2. 规章制度；3. 会议纪要；4. 领导讲话	1.《中华人民共和国科学技术进步法》；2.《国家科学技术奖励条例》；3.《中华人民共和国促进科技成果转化法》；4.《科技成果评价试点暂行办法》；5.《国有科技型企业股权和分红激励行办法》；6.《中国石油天然气集团有限公司科学技术奖励办法》；7.《中国石油天然气集团有限公司科技成果登记管理办法》；8.《中国石油天然气集团公司自主创新重要产品认定管理办法》；9.《中国石油天然气集团公司科技成果转化创效奖励办法》（试行）等	1. 政策解读能力；2. 材料梳理能力	1. 能够对国家、国资委、集团公司科技政策管理办法进行解释分析；2. 能够把握科技成果管理相关重要内容，理解要求，并进行准确理解，具备政策解释能力关键要点
		2. 制定落实上级管理办法要求方案	1. 根据科技成果管理有关法律法规、政策方针，制定落实方案，明确方案落实内容、责任人、完成时间等，方案具体可行，可考核	1. 根据上述资料、要点，梳理工作要求；2. 制定落实方案，明确内容、责任人、完成时间等；3. 执行方案	1. 政策法规；2. 规章制度；3. 会议纪要；4. 领导讲话；5. 文件下发流程	1. 上述政策、文件等资料；2. 工作方案格式、文件或通知格式；3. 文件下发流程	1. 政策解读能力；2. 材料梳理能力；3. 方案策划能力；4. 活动组织能力	1. 熟悉上述资料，了解本单位实际；2. 能够准确把握现有管理工作和上级要求之间的差异；3. 具备撰写工作方案的能力

续表

附录2 科技管理岗位职责与业务流程

业务类别	工作职责	流程任务	工作质量标准	关键行为	主要知识			主要技能	
					知识类别	细分知识要点		类别	细分技能要点
E.科技成果管理	1.组织贯彻上级科技成果管理相关的法律法规、方针政策及管理规定	3.检查反馈落实情况	1.检查方案落实情况,确保本单位科技成果管理工作100%符合上级要求	1.根据工作方案,制定督促检查方案,包括频次、内容、对象等; 2.执行督促检查; 3.结果反馈,持续改进	1.政策法规; 2.规章制度; 3.会议纪要; 4.领导讲话; 5.监督检查流程	1.上述方案; 2.检查流程; 3.检查格式表单		1.政策解读能力; 2.材料梳理能力; 3.监督审查能力; 4.总结归纳能力	1.具备根据已有工作方案,找到实际落实要求的差异; 2.发现问题,提出整改措施
	2.制定落实科技成果管理办法	1.申报管理办法制(修)订计划	1.根据本单位科技成果管理实际,提出科技成果管理办法制(修)订计划,符合管理办法制(修)订申报要求	1.查阅制度汇编; 2.评估现有制度的充分性、适用性; 3.按规章制度制(修)订要求,填写有关资料; 4.上报制(修)订计划	1.政策法规; 2.规章制度; 3.会议纪要; 4.领导讲话; 5.管理办法制(修)订流程; 6.表单模版	1.上级管理办法贯彻落实方案; 2.现有管理办法制(修)订流程; 3.管理办法制(修)订计划格式要求		1.规划计划能力; 2.政策梳理能力	1.熟悉国家、国资委、集团公司有关科技政策、管理方针管理办法; 2.了解管理办法制(修)订流程; 3.熟悉管理办法制(修)订格式要求
		2.起草或修订管理办法	1.根据有关法律法规、政策方针、管理办法规定,结合本单位科技成果管理实际,制、修(订)科技成果管理办法,确保科技成果管理办法符合有关要求,并通过审批	1.分析资料,起草管理办法; 2.讨论研讨,形成本修订稿; 3.有关部门征求意见,形成报批稿; 4.报批	1.政策法规; 2.规章制度; 3.会议纪要; 4.领导讲话; 5.管理办法制(修)订流程; 6.表单模版	1.本单位相关科技成果管理规范; 2.上级部门科技成果管理及规范; 3.文本撰写格式及要求; 4.上报审批流程		1.政策解读能力; 2.材料梳理能力; 3.公文写作能力	1.熟悉国家、国资委、集团公司有关科技政策、管理方针管理办法; 2.了解管理办法制(修)订流程,熟悉管理办法制(修)订格式要求

355

续表

业务类别	工作职责	流程任务	工作质量标准	关键行为	主要知识		主要技能	
					知识类别	细分知识要点	类别	细分技能要点
E. 科技成果管理	2. 制定落实科技成果管理办法	3. 发布实施科技成果管理办法	1. 对批准的管理办法进行及时发布，组织学习，优化相关管理流程，保证本单位科技成果管理符合管理办法要求	1. 通过OA系统发布；2. 组织办法学习；3. 调整和优化工作流程，使其符合新的管理办法	1. 监督检查流程；2. 管理办法（修）订流程；3. 表单模版；4. 办公平台应用	1. 管理办法发布流程；2. 管理办法及附件格式	1. 办公系统运用能力；2. 培训组织能力；3. 会议组织能力	1. 熟练使用OA系统；2. 运用交流、培训、展示等手段，具备组织学习新办法的能力
	3. 组织科技成果的鉴定/评价	1. 组织申报科技成果鉴定/评价材料	1. 根据科技成果管理办法，在规定期限内组织科技成果鉴定/评价，确保科技成果鉴定/评价材料的内容完整，符合要求	1. 收发通知，明确成果鉴定/评价要求；2. 组织准备成果鉴定/评价材料；3. 上报材料	1. 规章制度；2. 科技成果鉴定/评价流程；3. 表单模版	1. 科技成果管理办法；2. 科技成果鉴定/评价管理办法；3. 科技成果鉴定/评价要求及流程；4. 成果鉴定/评价上报材料表单	1. 政策解读能力；2. 监督审查能力；3. 组织协调能力；4. 办公系统运用能力	1. 熟悉科技成果管理办法、科技成果鉴定/评价管理办法；2. 掌握成果鉴定/评价申报要求及流程；3. 能够协助制作成果鉴定/评价准确填报材料
		2. 组织参加科技成果鉴定/评价	1. 根据科技成果管理办法和工作手册，组织相关成果参加科技成果鉴定/评价	1. 组织材料审查；2. 组织成果参加科技成果鉴定/评价；3. 组织资料归档	1. 规章制度；2. 科技成果鉴定/评价流程；3. 表单模版	1. 科技成果管理办法；2. 科技成果鉴定/评价管理办法；3. 科技成果鉴定/评价要求及流程；4. 成果鉴定/评价上报材料表单；5. 归档要求	1. 会议组织能力；2. 沟通协调能力；3. 组织协调能力	1. 熟悉科技成果管理办法、科技成果鉴定/评价管理办法；2. 掌握科技成果鉴定/评价流程
	4. 组织科技奖励	1. 组织申报科技奖励	1. 根据科技奖励办法，组织科技奖励在规定期限内申报，确保奖励申报材料内容完整、符合要求	1. 发布通知，明确申报要求及流程；2. 收集材料	1. 规章制度；2. 科技奖励申报流程；3. 办公平台应用；4. 表单模版	1. 科技奖励办法；2. 科技奖励申报流程；3. 科技奖励申报材料格式；4. 科技奖励信息管理系统说明手册	1. 政策解读能力；2. 监督审查能力；3. 组织协调能力	1. 熟悉科技奖励办法；2. 能够协助准确申报的申报要求；3. 熟悉科技奖励申报材料；4. 熟悉科技奖励申报流程；5. 熟悉科技奖励信息管理系统

附录2 科技管理岗位职责与业务流程

续表

业务类别	工作职责	流程任务	工作质量标准	关键行为	主要知识			主要技能	
					知识类别	细分知识要点		类别	细分技能要点
	4. 组织科技奖励	2. 组织评审/推荐科技奖励	1. 根据科技奖励办法及流程，组织科技奖励的评审、推荐，确保评审、推荐过程符合工作要求	1. 对本单位申报材料进行形式审查；2. 组织专家评审；3. 公示评审结果；4. 公示异议处理或报批；5. 推荐上级科技奖励	1. 规章制度；2. 科技奖励流程；3. 办公平台应用；4. 表单模版	1. 科技奖励办法；2. 科技奖励评审申报流程；3. 科技奖励信息管理系统说明手册；4. 公示、报批流程及模板		1. 会议组织能力；2. 沟通协调能力；3. 细节把控能力；4. 办公系统运用能力	1. 熟悉科技奖励办法；2. 熟悉科技奖励的申报要求；3. 熟悉科技奖励的申报流程；4. 熟悉科技奖励信息管理系统
E. 科技成果管理	5. 组织自主创新重要产品、成果创效申报	1. 组织申报自主创新重要产品认定	1. 根据自主创新重要产品认定办法及流程，在规定期限内组织自主创新重要产品申报，确保申报材料内容完整，申报工作符合要求	1. 收发通知，明确申报要求；2. 组织准备自主创新产品认定材料；3. 上报；4. 组织参加评审会议	1. 规章制度；2. 自主创新重要产品认定流程；3. 表单模版	1. 集团公司自主创新重要产品认定管理办法；2. 集团公司自主创新重要产品认定流程；3. 集团公司自主创新重要产品认定材料格式		1. 政策解读能力；2. 监督审查能力；3. 组织协调能力	1. 熟悉自主创新重要产品认定管理办法；2. 熟悉自主创新重要产品的申报要求；3. 熟悉自主创新重要产品的申报流程
		2. 组织参加科技成果转化创效奖励评审	1. 根据科技成果转化创效奖励管理办法，在规定期限内组织科技成果转化创效奖励申报，保证申报工作符合要求	1. 收发通知，明确申报要求；2. 组织准备成果转化创效奖励材料；3. 上报；4. 组织参加评审会议	1. 规章制度；2. 科技成果转化创效奖励流程；3. 表单模版	1. 集团公司科技成果转化创效奖励管理办法；2. 集团公司科技成果转化创效奖励申报流程；3. 集团公司科技成果转化创效奖励申报表单		1. 政策解读能力；2. 监督审查能力；3. 组织协调能力	1. 熟悉科技成果转化创效奖励办法；2. 熟悉科技成果转化创效奖励的申报要求及流程

续表

业务类别	工作职责	流程任务	工作质量标准	关键行为	主要知识		主要技能	
					知识类别	细分知识要点	类别	细分技能要点
E. 科技成果管理	6. 组织科技成果转化与推广	1. 负责制定科技成果转化推广计划	1. 根据科技成果转化推广有关要求,制定科技成果转化推广计划,组织落实科技成果转化项目,考核转化目标等	1. 征集科技成果转化推广需求; 2. 编制科技成果转化推广计划; 3. 报批科技成果转化推广计划; 4. 下达科技成果转化推广计划	1. 规章制度; 2. 政策法规; 3. 规划计划流程; 4. 表单模版	1. 集团公司科技成果转化推广计划模版; 3. 科技成果转化推广计划制定流程	1. 规划计划能力; 2. 政策解读能力; 3. 材料梳理能力; 4. 总结归纳能力	1. 准确理解集团公司关于成果转化推广的相关要求; 2. 熟悉成果转化推广计划模板; 3. 熟悉科技成果转化推广计划制定流程
		2. 组织实施科技成果转化推广计划	1. 根据科技成果转化推广计划,组织落实、实施推广计划,确保完成计划目标	1. 按照科技成果转化推广计划分解任务; 2. 组织跟踪任务进展	1. 规章制度; 2. 政策法规; 3. 表单模版	1. 集团公司科技成果转化推广计划; 2. 科技成果转化推广计划; 3. 组织实施成果转化推广计划的流程表和表单	1. 政策解读能力; 2. 沟通协调能力; 3. 资源统筹能力; 4. 监督审查能力	1. 准确理解集团公司关于成果转化推广的相关要求; 2. 熟悉成果转化推广方案; 3. 具有较强的组织协调能力
		3. 评估科技成果转化推广效果	1. 根据科技成果推广有关要求,组织科技成果转化推广效果评估,形成评估总结	1. 收集科技成果转化推广材料; 2. 组织专家进行评估; 3. 形成评估意见	1. 规章制度; 2. 科技评估指南; 3. 表单模版	1. 集团公司科技成果转化推广计划; 2. 科技成果转化推广计划; 3. 科技成果转化推广评估方法和流程	1. 沟通协调能力; 2. 材料梳理能力; 3. 总结归纳能力	1. 准确理解集团公司关于成果转化推广的相关要求; 2. 熟悉成果转化推广方案; 3. 熟悉评估方法和流程; 4. 具有较强的组织协调能力

附录2 科技管理岗位职责与业务流程

续表

业务类别	工作职责	流程任务	工作质量标准	关键行为	主要知识		主要技能	
					知识类别	细分知识要点	类别	细分技能要点
F.知识产权管理	1.组织贯彻上级知识产权管理相关的法律法规、方针政策及管理规定	1.组织宣传上级管理办法	1.研读熟悉有关法律法规、政策方针、管理办法规定,熟悉主要内容; 2.组织相关培训宣贯学习,使每个成员都对其要点100%了解	1.收集学习最新法律法规、政策方针、管理办法规定; 2.梳理上述资料要点; 3.制定宣贯计划; 4.按照领导审批意见,组织宣贯与学习	1.政策法规; 2.规章制度; 3.会议纪要; 4.领导讲话	1.《中华人民共和国专利法》; 2.《中华人民共和国专利法实施细则》; 3.《中华人民共和国著作权法》; 4.《中华人民共和国著作权法实施细则》; 5.《中华人民共和国反不正当竞争法》; 6.《专利代理条例》; 7.《关于推进中央企业知识产权工作高质量发展的指导意见》; 8.《推动知识产权高质量发展年度工作指引(2021)》; 9.《人民法院关于全面加强知识产权司法保护的意见》; 10.《集团公司知识产权管理办法》; 11.《集团公司知识产权服务机构聘用办法》; 12.《中石油专利管理办法》; 13.《中石油计算机软件著作权管理办法》; 14.《中国石油天然气集团有限公司技术秘密管理办法》; 15.《中国石油所属单位年度专利申请考核指标》	1.政策解读能力; 2.材料梳理能力; 3.总结归纳能力	1.能够对国家、国资委、集团公司科技创新方针政策、管理办法进行解释梳理和分析; 2.能够把握相关材料的重要内容、关键要求要点,并进行准确解理,具备政策解释的能力

续表

业务类别	工作职责	流程任务	工作质量标准	关键行为	主要知识			主要技能	
					知识类别	细分知识要点	类别	细分技能要点
F. 知识产权管理	1. 组织贯彻上级知识产权管理相关的法律法规、方针政策及管理规定		1. 根据有关法律法规、政策方针、管理法规法，制定落实方案，明确内容、责任人，方案要具体可行，可考核	1. 根据上述资料，梳理工作要点；2. 制定落实方案，明确内容、责任人，完成时间等；3. 执行方案	1. 政策法规；2. 规章制度；3. 会议纪要；4. 领导讲话；5. 文件下发流程	1. 上述政策、文件等资料；2. 工作方案格式，文件或通知格式；3. 文件下发流程	1. 政策梳理能力；2. 总结归纳能力；3. 公文写作能力	1. 熟悉上述资料，了解本单位实际；2. 能够准确把握现有管理工作和流程与上级要求的差异；3. 具备撰写工作方案的能力
		3. 检查反馈落实情况	1. 检查方案落实情况，确保本单位科技项目管理工作100%符合上级管理要求	1. 根据工作方案，制定督促检查方案，包括频次、内容、对象、结果反馈等；2. 执行督促检查，结果反馈，持续改进	1. 政策法规；2. 规章制度；3. 会议纪要；4. 领导讲话；5. 监督检查流程	1. 上述方案；2. 检查流程；3. 检查格式表单	1. 政策梳理能力；2. 细节把握能力	1. 能够根据已有工作方案，找到实际工作要求落实的差异；2. 能够发现问题，提出整改措施
	2. 制定落实知识产权管理办法	1. 申报管理办法制（修）订计划	1. 根据本单位管理实际，提出相关产权管理办法制（修）订计划，符合管理办法制（修）订申报要求	1. 查阅制度汇编；2. 评估现有制度的充分性、适用性；3. 按照规章制度制（修）订要求，填写有关资料；4. 上报制（修）订计划	1. 政策法规；2. 规章制度；3. 会议纪要；4. 领导讲话；5. 管理办法制（修）订流程；6. 表单模版	1. 上级管理办法贯彻落实方案、计划与计划流程；2. 管理办法制（修）订计划要求	1. 规划计划能力；2. 政策梳理能力	1. 熟悉国家、国资委、集团公司有关知识产权管理方针政策、管理办法；2. 了解管理办法制（修）订流程；3. 熟悉管理办法制（修）订格式要求

附录2 科技管理岗位职责与业务流程

续表

业务类别	工作职责	流程任务	工作质量标准	关键行为	主要知识			主要技能	
					知识类别	细分知识要点		类别	细分技能要点
		2. 制(修)订管理办法	根据有关法律法规、政策方针、管理办法规定,结合本单位知识产权管理,制(修)订知识产权管理办法,确保管理办法符合有关要求,并通过审批	1. 分析资料,起草管理办法; 2. 讨论研讨,形成初稿; 3. 有关部门征求意见,形成报批稿; 4. 报批	1. 政策法规; 2. 规章制度; 3. 会议纪要; 4. 领导讲话; 5. 管理办法制(修)订流程; 6. 表单模版	1. 上级部门相关科技项目管理办法; 2. 本单位相关科技项目管理规范; 3. 文本撰写格式及规范; 4. 上报审批流程		1. 政策梳理能力; 2. 公文写作能力	1. 熟悉国家、国资委、集团公司有关知识产权管理方针政策、管理办法; 2. 了解管理办法制定流程、熟悉管理办法制(修)订格式要求
		3. 发布实施管理办法	对批准的管理办法进行及时发布、组织学习、优化相关管理流程,保证本单位知识产权管理符合新的管理办法要求	1. 通过OA系统发布; 2. 组织办法学习; 3. 调整和优化工作流程,使其符合新的管理办法	1. 监督检查流程; 2. 管理办法制(修)订流程; 3. 表单模版; 4. 办公平台应用	1. 管理办法发布流程; 2. 管理办法及附件格式		1. 电子平台运用能力; 2. 沟通协调能力; 3. 组织培训能力	1. 熟练使用OA系统; 2. 运用交流、培训、展示等手段,具备组织学习新办法的能力
F. 知识产权管理	3. 组织开展知识产权战略研究	1. 组织制定知识产权规划	1. 针对行业内核心技术领域,结合企业发展战略,制定知识产权中长期发展目标,明确知识产权发展量化指标	1. 学习收集公司及本单位发展战略需求; 2. 组织调研本单位技术市场潜力与创新需求; 3. 组织制定本单位量化的知识产权发展目标	1. 政策法规; 2. 规章制度; 3. 规划计划编制流程; 4. 企业知识产权战略; 5. 表单模版	1. 公司及本单位发展战略; 2. 市场调研方式与方法; 3. 技术潜力分析方法; 4. 发展目标制定原则		1. 信息收集能力; 2. 计划规划能力; 3. 前瞻思考能力; 4. 公文写作能力	1. 了解公司及本单位发展需求,具备将知识产权工作嵌入整体战略的能力; 2. 熟练运用信息平台、电话沟通、实地交流等方式,调研分析技术创新需求; 3. 掌握计划规划的撰写要求,能规范完成计划规划的编制

361

续表

业务类别	工作职责	流程任务	工作质量标准	关键行为	主要知识		主要技能	
					知识类别	细分知识要点	类别	细分技能要点
F. 知识产权管理	3. 组织开展知识产权战略研究	2. 组织开展知识产权导航	1. 根据企业发展战略与技术发展成果，为企业运营市场提供有预期、可考核的可行性决策依据	1. 组织开展关键技术领域专利信息检索与查新；2. 分析建立核心技术产品与专利配伍关系；3. 组织构建专利导航地图；4. 组织制定企业技术发展与产业运行策略	1. 政策法规；2. 规章制度；3. 规划计划编制流程；4. 企业知识产权战略；5. 表单模版	1. 检索数据库种类；2. 数据库使用方法；3. 技术/专利地图构建方法；4. 导航地图撰写方法；5. 决策撰写格式及规范	1. 信息收集能力；2. 电子平台运用能力；3. 归纳总结能力；4. 计划规划能力；5. 公文写作能力	1. 熟练运用知识产权相关信息平台，查新检索相关领域现有技术；2. 掌握专利信息检索与分析方法；3. 掌握编制知识产权发展规划的撰写要求
		3. 组织开展知识产权挖掘	1. 根据专利信息分析结果，组织提炼具有专利申请和保护价值的技术创新点与方案	1. 组织分析与剖析关键技术创新点；2. 组织梳理核心技术创新点提炼与产品保护方案；3. 依据市场潜力与需求，组织制定技术产品层级	1. 政策法规；2. 规章制度；3. 规划计划编制流程；4. 企业知识产权战略；5. 表单模版	1. 创造性/新颖性原则；2. 权利要求保护方法；3. 技术层级分类方法	1. 材料解读能力；2. 统计分析能力；3. 公文写作能力	1. 能够组织梳理关键技术，审核把关创新要点；2. 能够根据技术优先发展、重点保护、市场效益等指标，组织制定技术产品保护方案；3. 能够组织确定技术产品层级

附录2 科技管理岗位职责与业务流程

续表

业务类别	工作职责	流程任务	工作质量标准	关键行为	主要知识			主要技能	
					知识类别	细分知识要点		类别	细分技能要点
	3.组织开展知识产权挖掘	4.组织开展知识产权布局	1.依据技术创新方案，组织构建专利保护网，形成保护严密的专利组合	1.依据不同技术层级组织形成专利保护方案；2.综合时间、地域和技术产品多维度因素，组织构建专利网；3.依据专利网络的耦合关系，组织形成核心/外围组合专利群	1.政策法规；2.规章制度；3.规划计划编制流程；4.企业知识产权战略；5.表单模版	1.专利撰写要务；2.专利组合原则与方法	1.监督审查能力；2.统计分析能力	1.具备对权利要求书的审查把关能力；2.能够组织构建技术产品相对应的专利网络；3.能够组织形成以核心为主、外围为辅的组合专利群方案
F.知识产权管理	4.组织知识产权全过程管理	1.组织编制知识产权专项经费预算	1.依据企业内部技术发展实际，组织制定本单位专项知识产权经费，确保本单位知识产权相关年度费用100%保障	1.统计近年专利申请数量，结合工作实际，估算年度申请数量；2.梳理专利有效库存，确定维护清单；3.依据专利代理申请/授权/维护等相关收费标准，确定预算费用；4.起草专项经费申请说明；5.上报	1.政策法规；2.规章制度；3.表单模版	1.专利代理机构聘用办法；2.国家知识产权局收费标准；3.文本撰写格式及规范；4.上报流程	1.细节把握能力；2.统计分析能力；3.公文写作能力	1.掌握本单位知识产权创造情况；2.了解专利全过程费用；3.能够组织制定费用合理、实施流程合规、业务单位方便操作的专项经费方案

363

续表

业务类别	工作职责	流程任务	工作质量标准	关键行为	主要知识		主要技能	
					知识类别	细分知识要点	类别	细分技能要点
F. 知识产权管理	4. 组织知识产权全过程管理	2. 负责专利代理服务机构管理	1. 依据企业知识产权工作实际，制定专利代理服务机构的选聘与量化考核制度	1. 根据公司专利代理服务机构聘用办法，组织制定本单位选聘方案； 2. 依据专利代理机构考评指标体系和计算方法，组织制定本单位（规范性目录）考评指标； 3. 组织选聘或考核； 4. 上报选聘或考核结果	1. 政策法规； 2. 规章制度； 3. 监督检查流程； 4. 表单模版	1.《中石油专利代理服务机构聘用办法》； 2. 考评指标体系和计算方法（规范性目录）； 3. 选聘方案及流程； 4. 考核标准及流程； 5. 上报审批流程	1. 监督检查能力	1. 熟悉专利代理服务机构管理办法； 2. 能够依据公司专利代理服务机构聘用办法，结合本单位工作实际，组织开展专利代理选聘； 3. 能够依据专利代理机构考评指标体系和计算方法，组织制定适合于本单位的考核指标，并组织实施； 4. 了解专利代理机构选聘与考核的工作流程
		3. 负责专利、软件著作权、技术秘密申请	1. 依据公司及本单位知识产权管理办法，确保知识产权申报流程知识产权分类比例，申请上限占比，专利发明指标等100%指标符合公司要求	1. 负责本单位申请专利/软件著作权分级分类论证； 2. 组织本单位专利/软件/技术秘密认定； 3. 专利/软件著作权/技术秘密合作的线上申请/审批上报	1. 政策法规； 2. 规章制度； 3. 办公平台应用； 4. 监督检查流程； 5. 表单模版	1. 公司知识产权管理办法； 2. 专利/软件著作权申报书撰写格式及要点； 3. 科技管理平台操作指南； 4. 申报/审批及上报流程	1. 监督审查能力； 2. 电子平台运用能力	1. 熟悉公司知识产权管理办法； 2. 掌握知识产权申报书撰写格式、标准和要求； 3. 熟练使用知识产权管理平台

附录2 科技管理岗位职责与业务流程

续表

业务类别	工作职责	流程任务	工作质量标准	关键行为	知识类别	主要知识 细分知识要点	类别	主要技能 细分技能要点
F. 知识产权管理	4. 组织知识产权全过程管理	4. 负责专利的维护管理	1. 依据本单位工作实际，定期组织开展专利质量评价，及时维护、放弃、无效相关专利	1. 依据发明专利满15年、使用新型专利满五年的标准，梳理证清单，依据专利技术领域组织专利价值评估，上报评估结果； 2. 根据评估结果，梳理有效专利清单，委托代理公司，按时间节点完成缴费，将缴费发票报送财务； 3. 根据评估结果，梳理放弃专利清单，委托代理公司办理相关手续，并妥善保存手续合格通知书； 4. 接收无效专利通知，委托代理机构分析无效可能性，组织开展诉讼，并将结果上报	1. 政策法规； 2. 规章制度； 3. 办公平台应用； 4. 监督检查流程； 5. 专利价值评估方法； 6. 表单模版	1. 公司知识产权管理办法； 2. 专利评估要求及流程； 3. 维持缴费要求及流程； 4. 专利放弃要求及流程； 5. 专利无效要求及流程	1. 会议组织能力； 2. 沟通协调能力	1. 熟悉公司知识产权管理办法； 2. 能够依据专利技术领域分类、组织确定评估专家名单，并完成评审会议、材料的准备； 3. 能够建立与专利代理机构顺畅的沟通机制； 4. 熟悉本单位内外相关业务部门间的工作流程； 5. 具备单位内外相关部门的沟通协调能力

365

续表

业务类别	工作职责	流程任务	工作质量标准	关键行为	主要知识			主要技能	
					知识类别	细分知识要点		类别	细分技能要点
E. 知识产权管理	4. 组织知识产权全过程管理	5. 参与知识产权运营管理	1. 根据公司管理办法，参与实施专利/技术的许可与转让，确保符合上级管理办法及要求	1. 接收与汇总科研所《对外许可/转让审批报告》，审查完成人与二级单位主管领导签字/盖章手续，汇总上报本单位主管领导审核签字/盖章手续，汇总上报科技管理部；2. 接收科研所《知识产权/技术转让许可审批表》，审查二级单位主管领导及本单位财务部门签字/盖章手续，汇总上报本单位主管领导	1. 政策法规；2. 规章制度；3. 表单模版	1. 公司知识产权管理办法；2. 文本格式；3. 审批流程；4. 上报流程		1. 监督审查能力	1. 熟悉公司知识产权管理办法；2. 熟练掌握公司对外技术许可/转让审批流程；3. 熟练掌握本单位内技术许可/转让审批申报审查流程
		6. 参与知识产权保护管理	1. 根据公司管理办法，参与知识产权的保护管理，确保符合上级管理办法及要求	1. 接收涉嫌侵权案件；2. 通知发明人撰写情况说明；3. 配合企管法规处当面调解；4. 委托代理公司配合企管诉讼	1. 政策法规；2. 规章制度；3. 监督检查流程；4. 表单模版	1. 说明情况撰写格式及要求；2. 协办流程		1. 材料解读能力；2. 风险把握能力；3. 沟通协调能力	1. 具备快速反应能力；2. 能够针对权利要求书的争议点，配合制定调解或其他解决方案，最大程度减少本单位涉嫌侵权与被侵权风险

附录2 科技管理岗位职责与业务流程

续表

业务类别	工作职责	流程任务	工作质量标准	关键行为	主要知识 / 知识类别	主要知识 / 细分知识要点	主要技能 / 类别	主要技能 / 细分技能要点
F. 知识产权管理	5. 组织参加知识产权后评估	1. 组织制定知识产权后评估计划	1. 根据后评估管理办法，梳理知识产权后评估清单，制定后评估计划	1. 根据管理办法要求，组织梳理知识产权后评估清单；2. 组织制定后评估计划	1. 政策法规；2. 规章制度；3. 规划计划编制流程；4. 表单模版	1. 知识产权后评估管理办法；2. 知识产权后评估准则；3. 知识产权后评估计划模板	1. 会议组织能力；2. 公文写作能力	1. 熟悉掌握项目管理办法；2. 熟悉知识产权后评估与评价的流程、方法和指标
		2. 组织/配合知识产权后评估	1. 组织/配合有关部门开展知识产权后评估，确保后评估计划完成率100%	1. 解读后评估的方法和指标；2. 组织准备后评估材料；3. 配合/组织开展后评估工作；4. 组织后评估意见整理	1. 政策法规；2. 规章制度；3. 表单模版	1. 知识产权后评估办法；2. 知识产权后评估要求流程；3. 知识产权后评估准备材料清单与模板；4. 知识产权后评估方法和指标	1. 会议组织能力；2. 材料解读能力	1. 了解知识产权后评估办法；2. 依据评估计划，具备组织协调评估会议的能力；3. 熟悉知识产权后评估方法和指标
		3. 组织落实后评估意见	1. 根据后评估意见，组织落实与完善，达到评估意见要求	1. 根据意见，组织制定完善方案；2. 组织执行整改与完善方案；3. 结果反馈，持续改进	1. 政策法规；2. 规章制度；3. 监督检查流程；4. 表单模版	1. 后评估意见；2. 落实与完善方案；3. 监督检查流程	1. 总结归纳能力；2. 监督审查能力	1. 能够组织汇总后评估与评价专家意见；2. 能够组织制定合理、可落实的监督检查方案

367

续表

业务类别	工作职责	流程任务	工作质量标准	关键行为	主要知识		主要技能	
					知识类别	细分知识要点	类别	细分技能要点
F. 知识产权管理	6. 组织知识产权文化建设	1. 组织开展知识产权宣传周有关活动	1. 根据国家及公司知识产权宣传周活动通知要求，组织制定知识产权宣传周活动方案，100%完成上级部门的工作要求	1. 接收国家及公司年度知识产权宣传周活动通知；2. 下发知识产权宣传周活动通知；3. 编写知识产权宣传多媒体，介绍知识产权基础知识，展示本单位知识产权成果，分享典型案例；4. 邀请业内专家开展知识产权相关大讲堂；5. 总结本年度知识产权工作成果及进展；6. 上报科技管理部	1. 政策法规；2. 规章制度；3. 表单模版	1. 接收国家及公司年度知识产权宣传周活动通知，并下发；2. 组织编写并播放知识产权宣传多媒体，并宣传展示；3. 邀请业内专家开展知识产权大讲座；4. 总结本年度知识产权工作成果及进展；5. 撰写活动总结并上报科技管理部	1. 政策梳理能力；2. 活动组织能力；3. 总结归纳能力；4. 公文写作能力	1. 了解国家及公司知识产权宣传周的相关政策与要求；2. 具备知识产权宣传活动的组织协调能力；3. 具备活动总结撰写的能力
		2. 组织参加知识产权岗位相关培训	1. 根据公司要求及本单位工作实际，组织参加知识产权岗位培训，使培训人员对岗位职能与工作要求100%掌握	1. 按照公司要求传达并下发培训通知；2. 依据业务领域，本单位工作需求，征询主管领导意见，确定参加单位；3. 汇总上报培训人员名单；4. 组织参加培训	1. 规章制度；2. 表单模版	1. 培训流程及要求；2. 审核上报流程	1. 沟通协调能力；2. 培训组织能力	1. 了解知识产权培训的内容及要求；2. 具备组织落实集体培训的能力

附录2 科技管理岗位职责与业务流程

续表

业务类别	工作职责	流程任务	工作质量标准	关键行为	主要知识 知识类别	主要知识 细分知识要点	主要技能 类别	主要技能 细分技能要点
G. 标准化管理	1. 组织贯彻上级标准化管理相关的法律法规、方针政策规定及管理规定	1. 组织宣传贯彻上级管理办法	1. 研读熟悉集团公司标准化相关管理办法及国家相关政策方针; 2. 组织相关培训宣贯与学习,使每个成员都对其要点100%了解	1. 收集学习最新法律法规、政策方针、管理办法规定; 2. 梳理上述资料要点; 3. 制定宣贯计划	1. 政策法规; 2. 规章制度; 3. 会议纪要	1. 国家及行业标准化相关法律法规及管理文件; 2. 集团公司标准化管理办法; 3. 集团公司企业标准化管理办法; 4. 集团公司标准实施监督管理办法; 5. 集团公司优秀标准奖评选办法; 6. 国际标准化工作管理规定	1. 政策解读能力; 2. 材料梳理能力	1. 能够对国家、行业、集团公司标准化政策、管理办法进行解释梳理和分析; 2. 能够把握相关材料的重要内容、关键行准确梳理理解,具备政策解读能力
		2. 制定并落实上级管理办法的工作方案	1. 根据集团公司政策方针、规定,制定落实方案,明确方案落实内容、责任人、方案要求; 2. 成时间等,方案要求具体可行,可考核	1. 根据上述资料要点,梳理工作要求; 2. 制定落实方案,明确内容、责任人、完成时间; 3. 执行方案	1. 政策法规; 2. 规章制度; 3. 会议纪要; 4. 领导讲话; 5. 文件下发流程	1. 上述政策、文件等资料; 2. 工作方案格式、文件或通知格式; 3. 文件下发流程	1. 政策解读能力; 2. 材料梳理能力; 3. 方案策划能力; 4. 活动组织能力	1. 掌握上述资料,明晰本单位实际; 2. 能够准确把握现有管理工作和流程与上级要求的差异; 3. 具备撰写工作方案的能力
	2. 建立标准化体系	1. 建立标准体系	1. 根据企业发展战略及各相关需求,组织建立与企业生产经营和管理相匹配的企业标准体系	1. 梳理分析企业标准化需求; 2. 设计企业标准体系结构; 3. 编制标准明细表; 4. 编制标准体系编制说明; 5. 发布企业标准体系	1. 国家标准; 2. 规章制度; 3. 会议纪要; 4. 表单模板	1.GB/T 15496—2017《企业标准体系要求》; 2.GB/T 35778—2017《企业标准化工作指南》; 3. 标准明细表、编制说明模板	1. 标准解读能力; 2. 材料梳理能力; 3. 方案策划能力; 4. 总结归纳能力	1. 掌握上述资料,明晰本单位标准化需求; 2. 熟悉建立标准体系的方法和要求; 3. 具备根据设计要求调整标准体系结构、编制标准体系的能力

续表

业务类别	工作职责	流程任务	工作质量标准	关键行为	主要知识		主要技能	
					知识类别	细分知识要点	类别	细分技能要点
G. 标准化管理	2. 建立标准体系	2. 运行维护标准体系	1. 根据集团公司管理要求，定期更新标准体系表，记录和反馈标准实施信息，开展监督检查，监督标准实施；3. 维护更新标准体系表	1. 跟踪标准体系中标准并进行信息反馈；2. 监督检查标准实施；3. 维护更新标准体系表	1. 国家标准；2. 规章制度；3. 会议纪要；4. 监督检查；5. 表单模板	1. GB/T 19273—2017《企业标准化工作评价与改进》；2. 集团公司标准实施监督管理办法；3. Q/SY 00003—2021《标准实施监督检查与评价规范》；4. 标准体系表填写规范	1. 政策解读能力；2. 材料梳理能力；3. 监督审查能力；4. 总结归纳能力	1. 掌握体系表中标准的实施情况，具备信息沟通能力；2. 跟踪了解标准修订情况，及时更新标准
	3. 培训标准化知识	1. 制定本企业标准化培训计划	1. 制定标准宣贯或标准知识培训计划，确保企业年度标准化培训工作顺利进行，以及年度重点实施标准化的需求	1. 统计分析企业员工标准化知识需求；2. 制定本企业年度标准化相关培训计划；3. 落实培训内容	1. 规章制度；2. 标准制（修）订计划；3. 年度标准化重点工作；4. 标准制定程序	1. GB/T 1 及 GB/T 20001 等相关标准；2. ISO/IEC 导则；3. Q/SY 00003—2021《标准实施监督检查和评价规范》；4. 国家及集团标准化政策；5. 年度重点实施标准	1. 培训知识识别能力；2. 规划计划能力	1. 能够根据企业年度标准化工作及标准制（修）订计划制定相关人员培训计划；2. 掌握标准化相关知识，根据培训对象落实培训内容
		2. 组织培训活动	1. 根据培训计划落实培训内容及培训教师，组织开展培训活动，提高员工标准制（修）订能力和标准执行能力	1. 制定培训方案；2. 组织实施培训活动	1. 相关国家标准；2. 标准制（修）订计划；3. 年度标准化重点工作；4. 标准制定程序；5. 表单模板	1. 上述标准和文件；2. 培训方案模板	1. 培训知识识别能力；2. 培训组织能力；3. 沟通协调能力	1. 能够根据培训计划及培训内容落实培训；2. 能够有序组织开展培训活动；3. 能够收集培训效果反馈，并根据反馈调整培训方案

附录2 科技管理岗位职责与业务流程

续表

业务类别	工作职责	流程任务	工作质量标准	关键行为	主要知识 知识类别	主要知识 细分知识要点	主要技能 类别	主要技能 细分技能要点
G. 标准化管理	4. 管理标准制（修）订及实施全生命周期项目	1. 组织开展标准前期研究项目	根据企业科技成果及标准化需求，组织开展标准前期研究/国际标准培育等企业标准培育研究项目，提高企业科技成果标准转化率	1. 标准前期研究项目征集计划通知；2. 组织标准前期研究项目立项评审；3. 组织标准前期研究项目检查及验收	1. 规章制度；2. 标准化规划及标准体系；3. 科研项目管理流程及要求	1. 标准化管理相关文件；2. 科技项目管理办法	1. 组织协调能力；2. 办公系统运用能力	1. 熟悉项目管理要求（含国际标准培育项目）；2. 具备召开项目论证会议组织协调能力
		2. 组织企业级标准的制（修）订、评审与发布	根据企业生产需求组织企业标准制（修）订工作，满足生产要求	1. 制定标准制（修）订计划；2. 指导与监督标准制定过程；3. 发布标准	1. 规章制度；2. 制（修）订流程；3. 备案管理	1. 集团公司标准化管理办法；2. 集团公司企业标准制定管理办法；3. 集团公司标准化信息平台使用；4. 集团公司国际标准化管理规定	1. 组织协调能力；2. 办公系统运用能力；3. 资源统筹能力	1. 掌握企业标准制订流程，包含计划征集、计划下达、制定过程跟踪管理、标准发布；2. 能够按照集团公司要求按时在信息系统备案标准
		3. 组织申报高级别标准	根据国家/行业/团体/集团公司制（修）订集计划要求，组织企业申报相关标准项目，承担本企业标准制（修）订工作	1. 审核立项项目、协调立项；2. 申报本企业的立项材料；3. 跟踪标准制定过程；4. 上报本企业已发布标准	1. 规章制度；2. 协调审核；3. 制（修）订流程	1. 集团公司标准化管理办法；2. 集团公司企业标准制定管理办法；3. 国际/国家/行业/企业标准管理规定；4. 集团公司国际标准化管理规定；5. 集团公司标准化信息平台使用	1. 项目审核能力；2. 组织协调能力；3. 办公系统运用能力	1. 掌握标准项目审核要求，熟悉国家标准/行业标准/团体标准/企业标准立项材料要求；2. 能够按照各级标准立项要求，审核本企业的立项材料，并按要求向相关专家申报；3. 能够跟踪掌握标准制定过程及完成进度；4. 能够按照集团公司报本企业年度发布的标准

续表

业务类别	工作职责	流程任务	工作质量标准	关键行为	主要知识			主要技能	
					知识类别	细分知识要点	类别	细分技能要点
G. 标准化管理	4. 管理标准制(修)订及实施全生命周期	4. 组织宣贯标准	1. 根据企业生产需求及标准实施计划，组织标准实施宣贯，提高标准实施效果	1. 制定标准宣贯计划；2. 落实宣贯老师及宣贯材料；3. 组织标准宣贯活动实施	1. 规章制度；2. 会议纪要；3. 表单模板	1. 企业年度重点实施标准；2. 宣贯计划模板	1. 计划制定能力；2. 组织协调能力	1. 掌握企业年度重点实施标准及标准实施薄弱点，并据此制定标准实施计划；2. 能够落实标准宣贯老师、相关材料及宣贯员工参与宣贯活动
		5. 监督检查标准实施情况	1. 根据集团公司相关管理办法，组织开展标准实施监督检查工作，发现并整改存在的问题	1. 配套岗位标准；2. 收集与处理标准实施反馈信息；3. 监督检查标准实施情况	1. 规章制度；2. 执行标准	1. 集团公司标准化管理办法；2. 集团公司标准实施监督检查和评价规范；3. Q/SY 00003—2021《标准实施监督检查和评价规范》	1. 组织协调能力；2. 现场检查能力	1. 掌握集团公司标准实施监督检查的内容和要求；2. 掌握和处理标准实施过程中的问题，并向相关专标委反馈信息；3. 掌握现场检查标准实施情况的能力
		6. 评选表彰本企业的优秀标准	1. 根据集团公司相关管理办法，组织开展本企业的优秀标准成果评选工作，提高	1. 发布通知，明确标准项目申报要求及流程；2. 组织标准项目评审活动；3. 公示评审结果	1. 规章制度；2. 优秀标准评选工作流程	1. 优秀标准评选工作流程；2. 材料审核、公示、报批流程及模板	1. 政策理解能力；2. 会议组织能力；3. 沟通协调能力	1. 熟悉集团公司优秀标准奖励办法；2. 熟悉本企业的优秀标准评选及评选程序

附录2 科技管理岗位职责与业务流程

续表

业务类别	工作职责	流程任务	工作质量标准	关键行为	主要知识		主要技能	
					知识类别	细分知识要点	类别	细分技能要点
H.综合管理	1.组织贯彻上级有关法律法规和方针政策及管理规定	1.组织宣传贯彻活动	1.研读集团公司科委会会议纪要、集团公司年度科技工作要点资料、集团公司领导关于科技创新工作要求等；2.组织相关培训宣贯与学习，使每个成员都对其要点100%了解	1.收集学习集团公司科委会会议纪要、科技工作要点、领导讲话等材料；2.梳理上述资料要点；3.制定宣贯计划；4.按照领导审批意见，组织宣贯与学习	1.政策法规；2.规章制度；3.会议纪要；4.领导讲话	1.国家和国资委关于科技创新的指导意见；2.集团公司科委会会议纪要及领导讲话要点；3.集团公司科技工作要点等文件；4.活动策划方案和格式要求；5.宣贯培训工作方案要求格式表单	1.政策解读能力；2.材料梳理能力	1.能够对国家、国资委、集团公司科技创新方针政策、管理办法进行解释梳理和分析；2.能够把握相关材料重要内容，关键要求，并进行准确理解，具备政策解释解读能力
		2.制定落实方案	1.根据上述材料，制定落实方案，明确方案落实内容、责任人、方案要具体可行、可考核	1.根据上述资料要点，梳理工作要求；2.制定落实方案，明确落实内容、责任人、完成时间等；3.执行方案	1.政策法规；2.规章制度；3.会议纪要；4.领导讲话；5.文件下发流程	1.上述政策、工作方案格式、文件或通知格式；2.工作方案格式、文件下发流程	1.政策解读能力；2.材料梳理能力；3.方案策划能力；4.活动组织能力	1.熟悉上述资料，了解本单位实际；2.能够准确把握现有管理工作和流程与上级要求的差异；3.具备撰写工作方案能力
		3.检查反馈落实情况	1.检查方案落实情况，确保本单位综合管理工作100%符合上级要求	1.根据工作方案，制定督促检查方案，包括频次、内容、对象等；2.执行督促检查；3.结果反馈，持续改进	1.政策法规；2.规章制度；3.会议纪要；4.领导讲话；5.监督检查流程	1.上述方案；2.检查流程；3.检查格式表单	1.政策解读能力；2.材料梳理能力；3.监督审查能力；4.总结归纳能力	1.具备根据已有工作方案，找到实际工作与新要求的差异；2.发现问题，提出整改措施

续表

业务类别	工作职责	流程任务	工作质量标准	关键行为	主要知识			主要技能		
					知识类别	细分知识要点		类别	细分技能要点	
H. 综合科技管理	2. 制定落实综合科技管理办法	1. 申报管理办法制（修）订计划	1. 根据本单位科研综合管理实际，提出相应管理办法制（修）订计划，符合管理办法制（修）订申报要求	1. 查阅现有规章制度；2. 分析现有规章制度的充分性、适应性；3. 按照规章制度制（修）订要求，填写有关资料；4. 上报	1. 政策法规；2. 规章制度；3. 会议纪要；4. 领导讲话；5. 管理办法制（修）订流程；6. 表单模版	1. 上级管理办法贯彻落实方案；2. 现有管理办法制（修）订计划流程；3. 管理办法制（修）订要求		1. 规划计划能力；2. 政策梳理能力	1. 熟悉国家、国资委、集团公司有关科技管理方针政策、管理办法；2. 了解管理办法制（修）订流程；3. 熟悉管理办法制（修）订格式要求	
		2. 起草或修订管理办法	1. 根据有关法律法规、政策方针、管理办法规定，结合本单位实际，起草相关管理办法，确保管理办法符合有关要求，并通过审批	1. 分析资料，起草管理办法；2. 讨论研讨，形成报批稿；3. 有关部门会签意见；4. 报批	1. 政策法规；2. 规章制度；3. 会议纪要；4. 领导讲话；5. 管理办法制（修）订流程；6. 表单模版	1. 本单位相关科技项目管理办法；2. 上级部门科技项目管理办法；3. 文本撰写格式及规范；4. 上报审批流程		1. 政策解读能力；2. 材料梳理能力；3. 公文写作能力	1. 熟悉国家、国资委、集团公司科技创新方针政策、管理办法；2. 了解管理办法制（修）订流程，熟悉管理办法制（修）订格式要求	
		3. 发布实施管理办法	1. 对批准的管理办法进行及时发布、组织学习、优化相关管理流程，保证本单位科技工作流程，使其符合新的管理办法要求	1. 通过OA系统发布；2. 组织办法学习；3. 调整和优化有关流程，使其符合新的管理办法要求	1. 监督检查流程；2. 管理办法制（修）订流程；3. 表单模版；4. 办公平台应用	1. 管理办法发布流程；2. 管理办法及附件格式		1. 办公系统运用能力；2. 培训组织能力；3. 会议组织能力	1. 熟练使用OA系统；2. 运用交流、培训、展示等手段，具备组织学习新办法的能力	

续表

附录2 科技管理岗位职责与业务流程

业务类别	工作职责	流程任务	工作质量标准	关键行为	主要知识		主要技能	
					知识类别	细分知识要点	类别	细分技能要点
H. 综合管理	3. 组织编写文字材料	1. 负责起草科委会报告	1. 科委会报告能够全面反映上年度本单位科技创新工作亮点，提出下年度工作部署，得到的上级领导同意	1. 与主管领导沟通，明确科委会报告主题；2. 起草报告框架，并请报告主管领导；3. 资料收集，形成报告草稿；4. 组织讨论，形成报批稿；5. 上报领导审定	1. 规章制度；2. 政策法规；3. 领导讲话	1. 本年度科技创新主要工作业绩；2. 征求下年度主要工作安排；3. 会议报告格式	1. 公文写作能力；2. 信息收集能力；3. 材料梳理能力；4. 政策解读能力；5. 细节把控能力；6. 沟通协调能力	1. 能够收集整理分析本企业科技创新资料；2. 具备较强公文写作能力；3. 了解科委会工作职责和企业科技创新工作整体情况
		2. 负责起草年度工作要点	1. 根据科委会会议纪要，完善本年度科技创新工作计划；科技工作目标和具体工作计划，明确责任人和时间节点，工作要求等内容，得到上级领导同意	1. 查阅科委会会议纪要；2. 梳理科委会确定的年度工作目标和本年度工作计划；3. 分解年度工作计划，形成工作任务；4. 整理形成年度工作要点；5. 报批；6. 下发	1. 规章制度；2. 政策法规；3. 会议纪要；4. 领导讲话	1. 科委会工作报告；2. 科委会会议纪要；3. 工作要点格式要求；4. 文件下发流程	1. 公文写作能力；2. 信息收集能力；3. 细节把控能力；4. 沟通协调能力；5. 资源统筹能力	1. 能够对本年度工作部署进行分解；2. 能够准确理解科委会工作报告，条理清楚地表达出来，并形成可操作、可考核的计划

续表

业务类别	工作职责	流程任务	工作质量标准	关键行为	主要知识		主要技能	
					知识类别	细分知识要点	类别	细分技能要点
		3. 负责起草年度总结报告	1. 起草年度工作总结报告，能够全面反映本部门各业务工作成绩和不足，并提出下年度明确的工作目标和具体的工作计划，得到上级领导同意	1. 与主管领导沟通，确定年终工作总结报告框架；2. 资料收集，形成总结报告草稿；3. 组织讨论，形成报批稿；4. 上报领导审定	1. 规章制度；2. 政策法规；3. 领导讲话	1. 本年度科技创新主要工作要点和存在问题；2. 下年度工作主要目标和计划安排；3. 工作总结格式要求	1. 公文写作能力；2. 信息收集能力；3. 材料梳理能力；4. 政策解读能力；5. 总结归纳能力	1. 具备本企业科技创新资料收集整理归纳能力；2. 了解企业科技创新工作整体情况；3. 能够凝练和总结出本企业的主要工作亮点及科技成果和科技工作亮点
	3. 组织编写文字材料	4. 负责起草其他相关材料	1. 按照其他文件要求，完成相关材料起草，得到对方认可	1. 了解相关文件要求；2. 收集有关材料；3. 起草相关材料；4. 报领导审定	1. 规章制度	1. 材料要求；2. 资料格式	1. 公文写作能力；2. 信息收集能力；3. 材料梳理能力；4. 沟通协调能力；5. 总结归纳能力	1. 具备公文写作能力；2. 具备资料收集整理归纳能力
H. 综合管理	4. 组织科技创新绩效考核	1. 制定相关单位科技创新绩效考核指标	1. 根据单位实际，形成绩效考核方法和指标，指标设置科学、合理，被考核单位认可	1. 学习有关要求；2. 结合单位实际，制定科技创新绩效考核指标；3. 组织研讨，完善考核指标和指标解释；4. 报领导审定	1. 规章制度；2. 科研绩效分析方法	1. 科技创新及绩效考核概念；2. 整理相关单位科技创新工作定位；3. 科技创新绩效考核办法要求；4. 考核指标体系	1. 政策解读能力；2. 信息收集能力；3. 统计分析能力；4. 沟通协调能力；5. 全局分析能力	1. 了解科技创新的概念、特点、绩效考核原理；2. 能够抽提出科技创新绩效考核的共性指标和不同单位的个性指标；3. 具备组织现场考核能力

376

续表

业务类别	工作职责	流程任务	工作质量标准	关键行为	主要知识		主要技能	
					知识类别	细分知识要点	类别	细分技能要点
H.综合管理	4.组织科技创新绩效考核	2.组织参加绩效考核	1.组织本单位所属企业科技创新绩效考核，考核结果得到上级单位认可；2.参加上级单位对本单位的科技创新绩效考核，确保顺利完成	1.制定绩效考核方案；2.组织实施；3.结果总结与反馈	1.规章制度；2.科研绩效分析方法；3.表单模版	1.绩效考核办法；2.考核指标及解释；3.考核流程；4.考核资料格式表单	1.活动组织能力；2.统计分析能力；3.信息收集能力；4.政策解读能力	1.了解科技创新的概念、特点、绩效考核原理；2.熟悉绩效考核方法和指标；3.熟悉考核流程和相关材料模版
	5.组织科技培训	1.制定科技培训计划	根据科技工作要求，制定合理的培训计划，并确保该计划纳入单位年度培训计划中	1.了解上级和企业科技培训要求；2.征集科技培训需求；3.制定科技培训计划；4.上报	1.规章制度；2.规划计划编制流程；3.表单模版	1.相关管理办法；2.培训要求；3.计划格式；4.计划报批流程	1.规划计划能力；2.政策解读能力；3.材料梳理能力；4.信息收集能力；5.培训组织能力	1.熟悉相关培训能力；2.具备培训项目策划能力；3.熟悉单位计划编制格式要求和流程
		2.组织实施科研综合培训	根据科技培训计划，组织开展科技培训，计划执行率达到90%以上	1.根据培训计划，制定培训方案；2.组织开展培训	1.规章制度；2.监督检查	1.培训计划；2.培训工作流程	1.培训组织能力；2.沟通协调能力	1.具备组织培训的能力；2.能够准确把握企业科技创新培训要求
		3.组织培训项目评价反馈	1.对培训项目进行评价，形成评价反馈结果，并将改进建议100%落实到下年度培训项目中	1.收集培训反馈；2.改进培训计划和项目	1.规章制度；2.监督检查流程；3.表单模版	1.培训计划；2.培训项目评价工作流程；3.评价工作流程	1.监督审查能力；2.总结归纳能力；3.统计分析能力	1.熟悉评价工作流程；2.熟悉培训评价指标体系

续表

业务类别	工作职责	流程任务	工作质量标准	关键行为	主要知识		主要技能	
					知识类别	细分知识要点	类别	细分技能要点
H. 综合管理	6. 负责其他事务管理	1. 组织科委会办公室日常工作	根据科委会工作安排，承担科委会办公室日常工作，确保工作顺利完成	1. 梳理科委会年度工作内容；2. 制定工作计划；3. 执行计划	1. 规章制度；2. 表单模版	1. 涉及科委会职责文件；2. 科委会工作流程	1. 细节把控能力；2. 快速反应能力；3. 沟通协调能力	1. 具备组织协调能力；2. 具备快速反应能力
		2. 负责部门内外沟通与协调	做好部门内外沟通与协调，不出现纰漏	1. 接任务；2. 反馈和处理任务	1. 规章制度；2. 表单模版	1. 本部门工作职责；2. 岗位工作分工	1. 沟通协调能力	1. 具备组织协调能力；2. 具备沟通能力；3. 有耐心、细心
		3. 负责科研保密工作	制定科研保密规定，做好保密工作，确保不发生泄密事件	1. 学习有关文件要求，明确科技工作涉密范围；2. 组织制定保密规定和要求；3. 组织落实保密规定和要求；4. 组织定期检查	1. 规章制度；2. 政策法规；3. 监督检查流程；4. 表单模版	1. 国家保密法律法规；2. 公司保密规章制度；3. 科研保密规定；4. 保密工作流程；5. 科技保密工作表单	1. 政策解读能力；2. 风险把控能力；3. 监督审查能力	1. 熟悉保密制度要求；2. 掌握科技工作流程；3. 能够准确确定科技工作中涉密范围和密级；4. 熟悉科技保密工作流程及材料格式
		4. 负责OA上报、下达流程管理	1. 做好OA上报，不出现拖延、遗漏等事件	1. 学习OA系统功能，公文管理要求；2. 来文接收，报主管领导审批；3. 发文格式审核，报主管领导审批；4. 文件处理流程跟踪；5. 收发文归档	1. 规章制度；2. 办公平台应用	1. OA系统操作手册；2. 公文格式要求；3. 部门职责和岗位分工	1. 办公系统运用能力；2. 沟通协调能力；3. 公文写作能力	1. 熟悉使用OA系统；2. 熟悉公文格式要求；3. 具备较强公文写作能力

续表

业务类别	工作职责	流程任务	工作质量标准	关键行为	主要知识		主要技能	
					知识类别	细分知识要点	类别	细分技能要点
H. 综合管理		5. 管理科技期刊	1. 做好科技期刊管理工作，符合国家、地方政府和集团公司要求	1. 学习有关管理办法要求；2. 明确科技期刊管理内容和要求；3. 协助科技期刊编辑部做好日常管理	1. 规章制度；2. 表单模版	1. 国家和集团公司期刊管理规章制度；2. 期刊变更事项、年审等工作流程；3. 各种事项变更材料表单	1. 政策解读能力；2. 沟通协调能力	1. 熟悉国家和集团公司期刊管理规章制度；2. 掌握期刊变更、年审等工作要求和流程
	6. 负责其他事务管理	6. 完成其他相关工作	1. 按照其他相关工作要求，不出现问题	1. 明确相关工作要求；2. 完成对应工作	1. 规章制度；2. 表单模版	1. 相关工作工作流程和要求	1. 沟通协调能力；2. 细节把控能力	1. 熟悉本单位工作职责；2. 具备沟通和协调日常事务的能力

附录 2　科技管理岗位职责与业务流程

379

科技管理岗位胜任能力（中级）

类别		行为标准	达标等级
专业能力	科技规划引领能力	• 辅助制定：能够参与科技发展战略规划的制定过程，提供有价值的建议和数据支持。对现有规章制度进行初步分析，提出合理的修订意见，辅助完善科技管理体系； • 主导规划：能够主导科技发展战略规划的制定工作，结合企业发展需求和行业趋势，制定具有前瞻性和可行性的规划方案，全面审查和优化科技管理规章制度，确保其科学合理、高效	★★
	项目统筹能力	• 项目梳理：能够对各类科技项目进行初步整理和分类，了解项目的基本情况和需求，协助建立项目档案，记录项目的关键信息； • 进度跟踪：定期跟踪科技项目的进展情况，记录项目的完成进度和存在问题，及时向上级汇报项目进展，为决策提供依据	★★
	成果转化能力	• 成果整理：对已有的科技成果进行系统整理和登记，建立成果档案，了解知识产权的基本概念和重要性，协助进行知识产权的初步申报工作； • 对接推动：能够主动寻找科技成果与市场需求的对接点，促进企业与外部机构的合作洽谈，协助制定成果转化方案，推动成果转化的初步实施	★★
通用能力	开放变革	• 更新观念：以开放的心态广泛了解并借鉴行业内外优秀的科技管理实践； • 打破常规：敢于打破固有思维和模式，主动探索更有效的科技管理新模式，善于用新理念、新思路、新办法解决问题	★★
	战略执行	• 战略理解：深入理解组织战略制定的背景、原则和重点，知道科技管理在组织中的角色定位，了解科技管理工作对组织当前的目标及未来发展的意义； • 战略落地：能基于公司战略规划目标和部门长远发展制定行之有效的科技管理体系行动计划并落地执行	★★
	学习创新	• 主动学习：对新事物保持好奇心，关注能源与化工行业的新动向、新技术，积极学习科技管理领域先进技术、专业知识与管理工具； • 创新突破：保持创新意识，结合工作实际，立足客户需求，在科技管理工作实践中求突破，在工作方法上求新意	★★
	强化管理	• 管理理念：树立正确的管理理念，对管理制度和流程心存敬畏，强调制度、流程意识，严格按照制度执行； • 长效机制：结合业内外最佳实践，搭建和优化符合企业实际的系统化、科学化、标准化、可复制的管理与运营制度、流程体系，并持续不断地进行改善和优化	★★
	依法治企	• 法治意识：树立正确的法治观念，提高法治意识，学习法律规章制度，依法办事； • 公平透明：严格遵守企业的规章制度，遵守程序，公平对待供应商、合作伙伴，公平对待员工	★★
	风险防控	• 风险意识：具备良好的风险意识和合规管理意识，掌握相关风险防控或合规管理办法，清晰认识风险防范的重要性，严格按照合规要求组织科技管理工作； • 风险识别：善于分析辨别工作各环节中存在的风险点及潜在的问题，防范和合理规避科技管理中的主要风险，能够积极发挥维稳信访管理在促进企业依法合规经营中的建设作用	★★
	政治智慧	• 理论学习：时刻关注并学习政治理论和政策，正确理解、把握政策动向，并与科技管理领域紧密关联； • 政治敏锐：有政治敏锐度，能够正确把握政治环境和政治形势变化，把准企业改革发展方向，识别现象本质、清醒明辨行为是非	★★

附录 2 科技管理岗位职责与业务流程

科技管理业务相关文件、制度、管理办法、规范清单

业务模块	文件名称
科技项目管理	1. 中油科〔2019〕355号_中国石油天然气集团有限公司关于进一步深化科技体制机制改革的若干措施
	2. 中国石油天然气集团公司实施"大型油气田及煤层气开发"国家科技重大专项管理暂行办法
	3. 中国石油天然气集团公司科学研究与技术开发项目管理办法
	4. 中国石油天然气集团有限公司重大技术现场试验项目管理办法
	5. 中国石油天然气集团公司科技创新基金项目管理办法
	6. 中国石油天然气集团公司软科学研究课题管理办法
	7. 中国石油天然气集团有限公司安全环保科技管理办法
	8. 中国石油天然气集团有限公司关键核心技术攻关项目管理细则
	9. 中国石油天然气集团公司科技项目内部招标投标管理办法
	10. 中国石油天然气集团公司科技项目经费管理办法
	11. 中国石油天然气集团有限公司科技项目经费预算编制指南
	12. 中国石油天然气集团公司科技成果登记管理办法
	13. 中国石油天然气股份有限公司科学研究与技术开发项目管理办法
	14. 中国石油勘探与生产分公司科技管理规定（试行）
	15. 国家科技重大专项（民口）管理规定
	16. 国家科技重大专项（民口）资金管理办法
	17. 国家油气科技重大专项经费管理暂行规定
	18. 国务院关于改进加强中央财政科研项目和资金管理的若干意见（国发2014【11】）
	19. 三部委关于印发《进一步深化管理改革 激发创新活力确保完成国家科技重大专项既定目标的十项措施》的通知
	20. 关于印发《大型油气田及煤层气开发国家科技重大专项项目（课题）示范工程综合绩效评价工作细则（试行）》的通知
	21. 关于进一步做好中央财政科研项目资金管理等政策贯彻落实工作的通知（财科教〔2017〕6号）
	22. 财政部关于印发《中央财政科研项目专家咨询费管理办法》的通知（财科教〔2017〕128号）
	23. 关于进一步完善中央财政科研项目资金管理等政策的若干意见（中办发【2016】50号）
	24. 关于印发《中央和国家机关会议费管理办法》的通知
科技规划计划管理	1. 中国石油天然气集团有限公司科技发展规划计划管理办法
	2. 中国石油天然气集团公司科技投入管理暂行办法
科技交流与合作管理	中国石油天然气集团公司鼓励技术引进消化吸收再创新管理规定

续表

业务模块	文件名称
科技成果管理	1.《中华人民共和国科学技术进步法》
	2.《国家科学技术奖励条例》
	3.《中华人民共和国促进科技成果转化法》
	4.《科技成果评价试点暂行办法》
	5.《国有科技型企业股权和分红激励暂行办法》
	6.《中国石油天然气集团有限公司科学技术奖励办法》
	7.《中国石油天然气集团有限公司科技成果登记管理办法》
	8.《中国石油天然气集团公司自主创新重要产品认定管理办法》
	9.《中国石油天然气集团公司科技成果转化创效奖励办法》（试行）
知识产权管理	1.《中华人民共和国专利法》
	2.《中华人民共和国专利法实施细则》
	3.《中华人民共和国著作权法》
	4.《中华人民共和国著作权法实施细则》
	5.《中华人民共和国反不正当竞争法》
	6.《专利代理条例》
	7.《关于推进中央企业知识产权工作高质量发展的指导意见》
	8.《推动知识产权高质量发展年度工作指引2021》
	9.《人民法院关于全面加强知识产权司法保护的意见》
	10.《集团公司知识产权高质量发展意见》
	11.《集团公司知识产权管理办法》
	12.《中石油专利代理服务机构聘用办法》
	13.《中石油计算机软件著作权管理办法》
	14.《中国石油天然气集团有限公司技术秘密管理办法》
	15.《中国石油所属单位年度专利申请考核指标》
标准化管理	1.国家及行业标准化相关法律法规及管理文件
	2.集团公司标准化管理办法
	3.集团公司企业标准制定管理办法
	4.集团公司标准实施监督管理办法
	5.集团公司优秀标准奖评选办法
	6.国际标准化工作管理规定

参考文献

[1] ［美］Project Management Institute．项目管理知识体系指南（第六版）．北京：电子工业出版社，2018．

[2] ［美］Project Management Institute．项目经理能力发展框架（第3版）．北京：电子工业出版社，2020．

[3] 詹姆斯·奥罗克．管理沟通．北京：中国人民大学出版社，2018．

[4] 凯西·施瓦尔贝．IT项目管理．北京：机械工业出版社，2023．

[5] ［美］Project Management Institute．项目管理知识体系指南（第七版）．美国：项目管理协会出版社，2022．

[6] 王雪松．项目管理知识体系在石油企业科技项目管理中的应用研究[J]．石油科技论坛，2018，37（01）：10-13．

[7] 房东毅，杨久香，于庆，等．科技项目PMBOK模型构建及应用[J]．天然气与石油，2017，35（06）：107-112．

[8] 杜炎．互联网项目管理实践精粹．北京：电子工业出版社，2018．

[9] 田瑞南，刘佳赟，孙道青，等．石油企业科技项目过程管控问题识别与分析[J]．中国市场，2020，（32）：118-119．

[10] 【美】辛西娅·斯奈德·迪奥尼西奥．活用PMBOK® 指南：与《PMBOK® 指南》（第7版）配套的项目管理实战模板．傅永康，吴江，陈万茹译．北京：电子工业出版社，2024．

[11] 吴树廷，陈雷，王洪伟，等．科技骨干人员项目管理能力提升培训体系构建与应用[J]．石油组织人事，2024，（01）：57-61．

[12] 吴树廷．浅谈如何提高项目利益相关方管理效果[J]．项目管理技术，2018，16（10）：119-123．

[13] 邢柳，王鹏，顾鑫．外协管理全流程风险控制研究[J]．价值工程，2018（30）：77-79．

[14] 牟懋竹，董仲博，曹大成，等．面向多品种、小批量航天产品的外协管理与实践[J]．质量与可靠性，2022（2）：36-40．

[15] 许小明．科研外协管理流程初探[J]．科技创新导报，2017（23）：190-191．

[16] 方沅蓉．基于国拨科研经费的关联交易外协管理研究[J]．理论研究，2021（07）：92-93．

[17] 朱剑影，吴家宣，王超．航天产品外协管理研究[J]．管理锦囊，2015（11）：53．